U0248634

生态工程：理论与实践
Ecological Engineering：Theory and Practice

王夏晖 等 著

科学出版社

北京

内 容 简 介

本书系统阐述了生态工程的起源、定义、分类及国内外生态工程发展现状，总结生态工程理论基础、基本原理和调控模拟技术，构建了生态工程规划与设计方法体系，分别对水生态系统修复工程、生物多样性保护工程、矿山生态修复工程、自然生态系统修复工程、城乡生态系统修复工程、海岸与海岛生态修复工程等的关键技术及典型案例进行了总结，提出生态工程全过程管理体系。从生态工程促进生态产品价值实现和"双碳"目标达成、现代信息技术运用、生态工程学科发展等对未来发展趋势进行了阐述。面向建设人与自然和谐共生的美丽中国，首次创新提出"基于自然的生态工程范式"。

本书可供从事生态保护修复、环境科学与工程、生态环境规划与设计等领域的广大科技工作者、工程技术人员，以及相关院校师生参考。

图书在版编目(CIP)数据

生态工程：理论与实践/王夏晖等著. -- 北京：科学出版社，2024. 6. -- ISBN 978-7-03-078709-5

Ⅰ. X171.4

中国国家版本馆 CIP 数据核字第 2024J5D432 号

责任编辑：李晓娟／责任校对：樊雅琼

责任印制：徐晓晨／封面设计：无极书装

科学出版社 出版

北京东黄城根北街 16 号

邮政编码：100717

http://www.sciencep.com

北京建宏印刷有限公司印刷

科学出版社发行　各地新华书店经销

*

2024 年 6 月第 一 版　开本：787×1092　1/16

2024 年 11 月第二次印刷　印张：28

字数：680 000

定价：268.00 元

（如有印装质量问题，我社负责调换）

本书撰写者名单

主　　笔　王夏晖

副 主 笔　王　波　牟雪洁　张丽荣　迟妍妍

　　　　　许开鹏　刘桂环

成　　员　(按姓名笔画排序)

于　洋　王　君　王晶晶　车璐璐

文一惠　付　乐　朱振肖　华妍妍

刘国波　刘　洋　刘斯洋　李嘉诚

张丽苹　张　萍　张逸凡　张　箫

金世超　郑利杰　孟　锐　胡振琪

柳文华　柴慧霞　黄　金　程　钊

谢　婧　裴向军　戴　超

前　言

当前，全球面临生物多样性丧失、气候变化和污染加剧等重大生态威胁，生态系统退化正在破坏人类赖以生存的食物和自然资源，甚至危及一些区域人类的生存。同时，洪涝灾害、土地荒漠化、外来物种入侵、海岸退化等问题仍普遍存在，人与自然的关系尚不和谐，只有更好地平衡人类社会与自然界的关系，维护生态系统多样性、稳定性和可持续性，才能促进全球可持续健康发展。为此，联合国先后启动了可持续发展十年、生态系统恢复十年、海洋科学促进可持续发展十年等系列行动，一些研究机构积极推动基于自然的解决方案（Nature-based Solution，NbS），促进全球生态系统恢复和应对人类社会风险挑战。中国长期致力于生态保护修复事业，相继实施了"三北"防护林建设、京津风沙源治理、水土流失和荒漠化防治等重大生态工程，统筹推进山水林田湖草沙一体化保护和系统修复，着力提升生态系统质量和稳定性。在全球共同努力实施生态系统保护和恢复、积极应对全球气候变化背景下，世界各国普遍认为，未来一段时期是通过生态恢复改善人类福祉、推动可持续发展的关键期。

生态工程是既古老又年轻的一门学科，被认为是实现可持续发展的重要手段和有效路径。中国始于先秦的"天人合一""道法自然"等哲学思想蕴含着丰富的生态工程理念，桑基鱼塘、多水塘系统、梯田耕作等诸多朴素自发的生态工程实践活动已有悠久历史，是中国生态工程起源及发展的代表和典范。20世纪60年代，基于全球生态危机和工业化"末端治理"困境的深刻反思，国际上逐步形成了一门生态学的分支学科——生态工程科学。自生态工程概念提出的60多年来，其理论和方法体系得到不断完善，研究对象从自然要素逐步转向自然-社会-经济复合生态系统，研究尺度从局地尺度生态系统服务提升转向大尺度生态安全格局重塑，研究目标从生态系统结构与功能优化转向人类生态福祉提升和社会挑战综合应对，研究方法从野外台站样地观测转向基于多源大数据信息的高精度模拟和预测。这些研究新动向，一定程度上标志着生态工程科学已经随着相关交叉学科发展和现代技术进步进入到了一个新的历史发展阶段。

近年来，国内外学者聚焦"基于自然"理念、"整体系统"观念、"拟自然"技术、"生态友好"材料、"绿色低碳"装备等，深入开展了生态工程理论、技术和实践研究。在国际上，基于自然的解决方案（NbS）被逐步应用于生物多样性保护、气候变化适应、农业可持续发展、城市韧性提升等领域。在国内，生态工程近年来多以山水林田湖草沙一体化保护修复或国土空间生态修复等为主题开展研究和实践，侧重于生态工程内涵特征、实践路径、区划格局、技术标准、理论认知等领域。但由于生态工程具有明显的尺度空间嵌套、生态要素叠加、系统属性融合等特性，在具体实践中往往面临生态工程的系统性、整体性和协同性设计不足的问题。本书在回顾国际和国内生态工程发展历程的基础上，辨析了生态工程的概念和基本特征，系统阐述了生态工程演进过程和最新研究及应用动态，并结合最新实践进展，提出了生态工程的关键科学问题和未来发展趋势。

本书共12章。第1章，阐述生态工程起源、定义、分类及生态工程发展现状。第2章，提出生态工程理论基础、基本原理和调控方法，以及生态工程相关模拟方法和模型构建思路。第3章，介绍生态工程规划与设计方法和实践案例。第4～第9章，分别介绍水生态系统修复工程、生物多样性保护工程、矿山生态修复工程、自然生态系统修复工程、城乡生态系统修复工程、海岸与海岛生态修复工程等的原理、技术及工程案例。第10章，阐述生态工程全过程管理体系，涵盖了运维方案设计、运行监督、信息管理等。第11章，从新时期生态工程促进生态产品价值实现视角，介绍了区域生态示范建设和生态产品价值实现研究及应用进展。第12章，面向未来生态工程发展趋势，提出新技术新方法运用、生态工程科学发展和生态工程新范式探索展望。

全书由王夏晖负责统稿。第1章由王波、车璐璐、王夏晖等撰写；第2章由柴慧霞、牟雪洁等撰写；第3章由朱振肖、张箫、张萍等撰写；第4章由柳文华、牟雪洁、刘斯洋、于洋、许开鹏等撰写；第5章由张丽荣、朱振肖、孟锐、金世超、王君、程钊、刘洋等撰写；第6章由迟妍妍、王晶晶、刘斯洋、张丽苹、付乐、胡振琪、裴向军、王夏晖等撰写；第7章由黄金、牟雪洁、于洋等撰写；第 8 章由郑利杰、车璐璐等撰写；第 9 章由于洋、黄金等撰写；第 10 章由戴超、车璐璐、王波等撰写；第 11 章由华妍妍、文一惠、李嘉诚、谢婧、张逸凡、刘国波、刘桂环等撰写；第 12 章由车璐璐、王波、柴慧霞、王夏晖等撰写。

本书出版得到了中国工程院战略研究与咨询项目（2023-HYZD-04）（2022-HZ-12）、兵团科技攻关项目（2018AB026）资助。书稿写作过程中，得到了国内外生态工程理论和技术研究领域的院士、专家和生态工程案例所在地区有关部门及人员的大力支持，在此一并表示感谢。

著　者

2023 年 11 月

| 目　　录 |

第 1 章 | 绪 论

生态工程是解决全球和区域面临的自然–经济–社会多重挑战的有效路径之一。本章通过对全球生态危机背景下生态问题的回顾总结，重点分析生态工程兴起的时代背景和发展条件，在阐述生态工程定义与分类的基础上，从国际和国内视角，对生态工程特点和作用进行介绍。最后，系统总结我国生态工程的发展历程、阶段特征及其实践进展。

1.1 生态工程的产生背景

20 世纪 60 年代，全球面临生态危机困境，生存和发展成为人类面临的共同问题。西方发达国家主要面临着由于高度的工业化和集约型农业带来的环境污染和其他社会问题。中国等发展中国家则面临着人口增长、资源过度开发以及由此引起的多种环境污染和生态破坏问题。这些问题不仅影响了各国可持续发展进程，还造成了诸如气候变化、生物多样性丧失等全球性生态问题。多年来，人们一直在试图通过采取各类措施解决这些问题，生态工程在此背景下逐步发展起来。

1.1.1 全球背景

全球生态危机主要表现为粮食危机、人口激增、环境污染和资源短缺，这些问题在不同国家和地区表现不尽相同。如西欧发达国家主要面临的是由于高度工业化带来的环境污染和社会问题，主要表现为空气污染、水污染和酸雨事件等。例如，1952 年伦敦发生了严重的烟雾事件，在伦敦地区造成至少数千人死亡（金博文，2014）。在 20 世纪 50 年代初和 70 年代末，位于英格兰的 Barningham 湖两度发生大规模的鱼类死亡事件（Sayer et al., 2016）。80 年代，欧洲的酸雨问题被认为是当时最严峻的环境威胁，由酸雨导致的水生生物死亡、森林退化和土壤酸化得到了媒体的持续关注（Grennfelt et al.，2020）。与此同时，美国也遭受了工业化和集约型农业带来的环境污染问题。美国国家研究院的调查显示，在农耕区施用的化学氮肥有 70% 未被作物吸收，大部分进入地下水系造成水体污染，并导致土壤盐化，还有部分进入大气造成臭氧层破坏。此外，美国的药物滥用也造成食品安全问题。由于畜牧业中激素类药物滥用，造成了奶制品中激素超标，以及疯牛病等的蔓延（钦佩，1998）。在日本，生态环境破坏主要表现在工业废水、废气、废渣等造成的公害问题。第二次世界大战以后，日本发生了水俣病、四日市哮喘、尼崎病、痛痛病等多起公害事件，造成数千人死亡或患病，引发了民众抗议和诉讼（陈祥，2018）。这些环境事件引起了政府和公众的高度关注，从 60 年代后期，西方国家的公众展开了大规模的环境保护抗议运动。以《寂静的春天》（Carson，2002）、《增长的极限》（Meadows et al.，2004）和《生命的蓝图》（Goldsmith，1972）等为代表，人类开始关注自然、关注人类行为对自然环境的影响，在这种背景下，人们开始寻求解决生态危机的路径。

尽管发达国家尝试采用"末端治理"模式，希望达到污染物清除和零排放，但是多年实践证明，将重点放到末端，即在危害发生后再进行净化处理的措施有很大的局限性（Mitsch，1998）。首先，企业只有有限的资源来解决、控制污染问题。其次，当企业尝试在末端使用一种技术取代另一种技术的时候，往往并不能达到理想的处理效果，而只是把污染物从一种介质转入另一种介质（Odum，1989），最终仅仅是达到了污染形式的改变。而且这种治理的投资越来越大，需要消耗大量能源，不仅给企业和国家造成较大负担，还有可能造成二次污染。此外，这种模式大多数是依靠"命令与控制"型方法运作，易造成企业的消极应付，这也影响了其作用的发挥。进入 90 年代后，人们设想将末端治理改为全过程控制的清洁生产技术，通过对生产的组织、操作及产品消费过程的管理，从而达到清洁生产目的。但由于清洁生产多数属于非法规管理型的措施，尤其强调鼓励和自愿，在组织上缺乏计划任务要求，并且在执行中未提供适当资助，也未规定公众和企业在其中的地位与作用，未建立具体目标（Mitsch，1998）。特别是缺乏可实现清洁生产的工艺手段，使得清洁生产实际无法达到最终目标。在上述手段和措施无法实现生态环境问题根本治理情况下，以系统观、整体观为指导的生态工程路径应运而生，它属于全新的、多学科相互渗透的应用学科领域，面向可持续发展和自然–经济–社会复合生态系统的综合调控，即解决环境问题的答案蕴含在生态系统本身，通过生态工程实现区域生态环境问题系统解决。

1.1.2 国内背景

我国有着悠久的生态工程发展史和实践应用基础。我国生态工程理念始于先秦，在儒家、道家的哲学思想中均有体现，例如，儒家"天人合一"的思想体现了顺应自然规律、追求人地和谐的朴素生态观，道家"道法自然"的伦理价值观体现了认识自然规律、合理开发利用的可持续发展思想（陈晶晶，2021）。此外，我国有数千年农作传统和经验，就生态工程的实际应用来说，已有十分悠久的历史。其中，轮套种制度、垄稻沟鱼、桑基鱼塘、多水塘系统、梯田耕作等诸多朴素自发的生态工程实践活动在一些地区广泛推行，是生态工程萌芽和发展的典型实践（钦佩和张晟途，1998）。

然而，作为一个独特的研究领域，生态工程在我国近代的发展有着特殊的时代背景。中华人民共和国成立以来，快速的工业化和城市化带动了我国经济的快速发展，同时也带来了严重的生态退化问题，主要表现为水土流失、沙漠化、土地退化、森林资源减少等。在以"大跃进"和"人民公社"为代表的时期，以及后续调整期，生态环境受到了很大破坏，尤其是森林和草原。以大炼钢铁为例，许多地方不顾当地实际情况，为了获取炼钢的燃料，在没有焦炭和煤炭的情况下就用木炭替代，导致大面积森林被砍伐（陶格斯，2009）。此外，农牧业快速发展也导致森林和草原锐减。过快增长的人口，促进了大规模"开荒"运动，使原来的森林、草原和湿地变成了耕地。特别是北方农牧交错区因为过度放牧导致沙漠化严重（宋乃平和张凤荣，2006）。在此之后，至20世纪70年代中期，我国人口增长至9.56亿，经济总量年均增长7.1%。在人口与经济增长的双重压力和"以粮为纲"政策导向下，开垦更多耕地需求大幅提升，使森林、草原等重要生态系统面积进一步减少（曹雪等，2014）。

改革开放以后，资源高强度开发和林草植被破坏使荒漠化和水土流失日趋严重，区域生态系统服务功能不断退化，导致了我国在20世纪末出现了严重的生态问题，最为典型的就是北方频发的沙尘暴和 1998 年长江流域特大洪水（钱正安等，2002）。黄土高原地区由于植被破坏、土壤侵蚀、人口增加等原因，导致水土流失严重，入黄河泥沙高达每年 16 亿 t；西北地区由于气候变化、过度放牧、开垦等原因，沙漠化面积不断扩大；全国范围内由于农业生产、工业建设、城市扩张等，导致耕地面积减少，土地质量下降。这些问题给社会经济可持续发展带来了前所未有的挑战（吕永龙等，2019）。重大自然灾害的频发引起国家重视，开始关注传统的经济发展方式和人地关系问题，促进了可持续发展共识的形成（陈盼和施晓清，2019），生态建设重要性日益凸显，在汲取国际生态保护先进理念和中华传统生态文化精髓基础上，我国生态工程研究和实践进入新的历史发展阶段（周立华等，2021）。

1.2 生态工程定义及分类

1.2.1 生态工程定义

1962 年，美国著名生态学家 Odum 等学者将"自我组织"的生态学概念运用到工程研究中，首次提出生态工程概念，并将其定义为"人类通过运用少量辅助能而对以自然能为主的系统进行的环境控制"（Odum，1962）。这个概念在 Odum 的著作中不断得到补充和更新（Goldsmith，1972；Odum，1989；Odum，2007；Odum et al.，1976a，1976b）。1971 年，Odum 在著作《环境、权利与社会》中，延伸了生态工程的概念，认为"生态工程是自然的经营管理，力图以一种独特的观点补充传统工程，或者可以称作是一种和大自然的合作关系"。1983 年，Odum 在系统生态学领域中再次更新了生态工程的定义，即"这种融合生态系统的新式工程设计，便是一种利用自我组织系统的领域"（李天安，1994）。1984 年，中国著名生态学家马世骏提出了生态工程概念，即"应用生态系统中物种共生与物质循环再生原理、结构与功能协调原则，结合系统最优化方法设计的分层多级利用物质的生产工艺系统"（马世骏和王如松，1984）。1989 年，由 Mitsch 和 Jorgensen 主编的《生态工程》一书总结了具有共同性质和原则的各类工程技术，明确界定生态工程概念及使用范畴，提出"生态工程是为了人类社会及其自然环境二者的利益而对人类社会及其自然环境进行的设计",自此以后,生态工程作为一门国际学术界公认的新学科正式诞生(Jorgensen and Mitsch,1989)。随后,国际学术杂志 *Ecological Engineering*(1991 年)的刊发和国际生态工程学会(International Ecological Engineering Society,IEES)(1993 年)的成立,推动了生态工程学科快速发展。2012 年,Mitsch 在多年研究基础上提出,"生态工程是为了实现对人类和自然的双赢,把人类社会与自然环境的需求结合起来设计可持续生态系统的学科"(Mitsch,2012)。国际生态工程学会汇集全球生态学家智慧,将生态工程定义为"为了提高人类福祉,利用生态学的基本原理和整体思维方式作为解决问题方法的一门工程学"。

1.2.2 生态工程分类

近年来,各国学者从应用领域、生态模型和应用目的等多角度对生态工程进行了分类。如颜京松从应用领域进行划分,将生态工程分为生态工业、生态农业、生态人居、生态旅游、生态保护与恢复等。基于以上分类,将生态工程进一步聚焦在生态保护与修复,分为生态保护、自然恢复和生态重建(颜京松和王如松,2001)。钦佩从生态建模的角度进行了划分,将生态工程分为了生态系统恢复、污染物处理与循环工程,农林牧复合生态工程,城镇生态工程,海滨生态工程,并基于研究对象进行了更细致的划分。以生态系统恢复为例,进一步分为湿地生态恢复、矿区废弃地生态恢复、沙地山地生态恢复和海滨盐土生态恢复(钦佩,1998)。在《生态工程学》(第四版)一书中,综述了中西方生态工程的异同,总结出从应用目的不同,还可以划分成以保护环境为主,兼顾经济效益的生态(恢复)工程和追求经济、生态、环境和社会综合效益的生态(综合治理)工程。

综合上述观点,结合研究对象、应用目的和工程技术区别,可将生态工程划分为农业生态工程、产业生态工程、环境生态工程、林业生态工程、景观生态工程、城乡生态工程等。其中,农业生态工程是应用生态学原理,结合现代农业科学技术和管理手段,优化农业生态系统结构和功能,提高农业生产力和资源利用效率,保护农业环境和生物多样性,实现农业可持续发展的活动;产业生态工程是指结合清洁生产技术和循环经济理念，优化产业系统的物质、能量和信息流动，提高产业系统的资源利用效率和经济效益，减少产业系统对环境的负面影响，实现产业可持续发展；环境生态工程主要包括污染控制和生态修复，通过优化环境系统的结构和功能，提高环境自净能力和生态服务功能，恢复和保护环境质量与生态安全；林业生态工程通过优化森林生态系统的结构和功能，提高森林资源的数量和质量，保护森林环境和生物多样性，实现森林可持续经营；景观生态工程注重生态价值和应用价值的统一，优化景观系统的结构和功能，提高景观系统的美学价值和生态价值，保护景观资源和文化遗产；城乡生态工程是优化城市系统的结构和功能，提高城乡人居环境质量和生态效益，保护环境和生态文化传承，实现城乡区域可持续发展。

本书面向我国生态保护修复实际需求，综合生态系统分类和面临的生态问题类型，着重从水生态系统修复工程、生物多样性保护工程、矿山生态修复工程、自然生态系统修复工程、城乡人居生态工程、海岸和海岛生态工程等进行介绍。

1.3　生态工程发展现状

生态工程是应对人类对自然界高强度干扰活动产生负面生态影响的重要防控和修复手段之一，国内外在生态工程的产生、发展和实践方面存在异同，本节以代表性生态工程为例介绍当前生态工程发展现状。

1.3.1　国际发展现状

追溯国外生态工程的产生，最初是在农业生态系统得到较为广泛应用，为解决集约化农场造成的生物物种多样性锐减，土地资源耗竭和土壤、水体、农产品污染问题，发达国家发展了多种形式的替代农业，如综合农业、再生农业、有机农业、持久农业、生物农业、生物动力农业和自然农业等。上述替代农业的共性在于强调发挥农业生态系统中的生物学过程，包括：①利用生物种群间的相生相克关系，调动共生互利关系和自我调节能力；②提倡最大限度地依靠作物轮作，加强对秸秆、家畜粪便、豆科作物、绿肥及其他有机废弃物的利用，培肥土壤保持土壤肥力，持续供给作物养分；③以生物防治措施来防治病虫害，避免大量使用无机化肥、农药。在美国，主要以从事有机农业的研究和开发为特色（钦佩，1998）。自 Rooclale J. l. 于 1943 年创办第一家有机农场以来，有机农业生产者至 80 年代末达到 24 万人，为美国农民总数的 1%（刘濛和张蕊，2013）。西欧各国侧重于生物农业和生物动力农业，其中畜牧业占较大比重，农场类型包括专业奶牛场、畜牧场、综合农场和种植场等。如荷兰国家实验农场对替代农业系统的比较研究开始于 1979 年，采用 10 年轮作，作物中 7% 作为饲料。澳大利亚建立了 50 个有机农场，最大规模的达到 5000hm²。亚洲国家也开展了生态农场的研究和建设，其中著名的有菲律宾的马雅农场，泰国的蜀农场，实行立体种养与资源循环利用。日本致力于自然农业研究，农业生态工程强调土壤生物在适宜条件下正常发展，使土壤肥沃，生产力提高（赵博勇，2009）。近年来，在农业生态系统工程研究方面，国外学者试图通过建立一套替代农业计算机信息系统和技术体系，推动该项产业的发展。与此同时，替代农业的发展逐渐引起了政府的重视。如 1980 年美国农业部组织了有机农业调查并推荐有机农业模式；1985 年美国国会通过食物安全法，强调低投入农业对食物安全有利，十分重视低投入农业的研究、教育和推广。

进入 20 世纪后，随着各国工业化和城市化进程加快，面对环境污染和生态破坏问题，许多国家实施了重大生态工程，如美国"罗斯福工程"、苏联"斯大林改造大自然计划"、加拿大"绿色计划"、法国"林业生态工程"、日本"治山计划"、韩国"治山绿化计划"、北非"绿色坝工程"、印度"社会林业计划"、菲律宾"植树造林计划"等（李世东和翟洪波，2002）。以上工程的实施，对改善工程区生态环境发挥了积极作用。

由于生态工程的零（低）能耗、无污染等优势，一些地区探索利用其基本原理解决环境污染、海洋富营养化等问题，如美国 20 世纪 70 年代，在佛罗里达种植柏树使之成为森林湿地，处理污水中有机物和金属元素；在俄亥俄州，应用蒲草为主的湿地生态系统处理煤矿酸性废水的生态工程；在马萨诸塞州的沿海沼泽及盐滩上利用生态工程处理地表径流，以防止海洋富营养化（钦佩和张晟途，1998）；在德国建立了以芦苇为主的湿地处理废水的生态工程（颜京松和 Mitsch，1994）；爱沙尼亚利用种植水生维管束植物净化污水；在瑞典，污水处理的生态工程受到很大重视，处理城市居民 80% 的生活污水。

近年来，国外生态工程开始重视"基于自然"理念和"拟自然"技术应用，如欧洲莱茵河一度被称为"欧洲下水道"，在经历污水治理、水质恢复等阶段后，开始将生态系统恢复作为最终目标，实施了生态修复和提高补充工程，经过50多年修复，莱茵河成为生物多样性丰富、更加贴近自然的河流生态系统（王思凯等，2018）。基于自然的解决方案（NbS）作为近年一种国际主流化方案，也被广泛应用于生物多样性保护、气候变化适应、农业可持续发展等领域。当前，欧美等发达国家在生态工程实践方面走在前列，涉及森林、草原、河流生态恢复和废弃矿地修复等，如欧洲的矿山废弃地生态恢复、北美国家的水体和林地生态恢复，新西兰的草原生态恢复等，工程技术和管理已较为成熟（任海等，2004）。

在科学研究方面，国外的生态工程研究主要体现在环境设计和模型构建方面，较为集中在水污染治理领域（钦佩和张晟途，1998）。在全世界发行的英文版《生态工程》专著中，12项研究与应用实例中，有9项与环境保护及污染物处理利用有关，特别是污水处理与湖泊、海湾的富营养化防治领域。例如，荷兰自20世纪70年代起，已试验调控一些小型湖泊生态系统的结构，增加直接摄食藻类以及在阳光和营养方面有竞争力的生物种类，防止水体富营养化；丹麦自1972年就开始研究与试用湖泊富营养化防治的生态工程，建立模型并进行了改进与修正。1991年在瑞典举行的污水处理生态工程国际学术会议上，20多个国家的学者所做报告反映出各国在这方面进展很快，特别是在揭示生态工程机理，以及在各组分相互关系的定量基础上，利用计算机建立数学模型，构建生态工程模式并对效果进行预测评估。

1.3.2 国内发展现状

自生态工程在我国正式提出后，有计划组织的农业生态工程或生态农业试点地区或农场就有2000多个，特别是防护林工程对减少径流泥沙、拦洪削减洪峰、防风固沙、改善保护区内农田小气候，从而促进农业增产及多种经营方面发挥良好效益。我国传统农业中的许多生态工程技术，由于符合生态学原理，在今天的农业实践中仍被证明行之有效。如稻田养鱼、桑基鱼塘等，这些具有10个世纪历史的技术至今仍被我国南方许多地区采用。当代生物调控、信息智能、机械工程、环境治理等现代技术也逐步被生态工程采用，大幅提高了生态工程效率。我国农业生态工程的目标注重生态效益和经济效益结合，强调农业生产与环境保护同步发展。

我国生态工程发展具有着鲜明时代特征，由其特定的经济社会发展阶段决定，体现了对自然灾害的深刻反思。在生态工程技术方面，我国长期以来已有许多自发的废物利用、再生循环的传统技术，如生活污水及粪便用作农田肥料等。但研究、设计与应用生态工程，以及在生态学原理指导下的研究工作则在20世纪50年代逐步开始。马世骏等提出调控湿地生态系统的结构与功能来防治蝗虫灾害；有关科研单位在有机磷和有机氮污染的湖泊建设生态工程（朱大奎和王颖，2020）；引进并筛选光合细菌，揭示多种光合细菌的生活、繁殖条件及其动态，并使用其处理有机废水（李云，2005）；人工建造海滩盐沼植被，调控海滩生态系统结构（王颖，1996）。在生态工程设计方面，由于生态系统服务—结构—过程之间关系复杂，受到高强度人类活动影响，使生态工程设计和技术难度较大，一些学者围绕生态系统服务对人类活动的响应机制（谢高地等，2006），以及工程管理体系整体设计与本土化适用技术等开展了研究（傅伯杰，2021；彭建等，2020）。此外，刘世梁等（2019）通过对贵州省生态系统服务和景观脆弱度分析，辨析了保护与发展冲突区，识别生态修复优先区，提高了生态工程实施针对性；史芳宁等（2019）通过广西左右江生态网络分析，将"山水林田湖草"一体化调控理念落实到具体地区；彭建等（2020）基于国土空间生态修复侧重于系统性、整体性、综合性等认知，开展了市县尺度的生态安全格局识别与优化生态修复分区研究。在生态工程实际应用方面，针对西北、华北、东北地区的风沙危害和水土流失问题，以及1998年长江特大洪灾和2000年北方大面积沙尘暴等（王思凯等，2018），我国实施了大规模生态工程建设，三北防护林工程是我国最早实施的规模较大的生态工程（周立华和刘洋，2021；王夏晖等，2021）。党的十八大以来，受生态文明理念影响，我国坚持生态优先、绿色发展。开展山水林田湖草沙一体化保护和修复工程，已成为贯彻新发展理念、推动生态文明建设、实现人与自然和谐共生的重要抓手和现实路径之一（周妍等，2022）。截至2021年，财政部、自然资源部和生态环境部共部署了相关生态工程35个，其中2016~2018年，分三批次在24个省（自治区、直辖市）共安排25个山水林田湖草生态保护修复工程试点（周妍等，2023）。试点工程大都位于"两屏三带"和大江大河等我国生态安全战略格局骨架的核心区域，工程技术策略主要包含了重要生态系统保护修复、生物多样性保护、流域水环境保护治理、污染与退化土地修复治理、矿山生态修复、土地综合整治等内容（罗明等，2019）。2020 年国家发展和改革委员会、自然资源部发布《全国重要生态保护和修复重大工程总体规划（2021—2035 年）》，针对自然生态系统脆弱、生态受损退化的问题，加快推进青藏高原生态屏障区、黄河重点生态区、长江重点生态区、东北森林带、北方防沙带、南方丘陵山地带、海岸带等"三区四带"生态屏障建设（王夏晖和张箫，2020）。

回顾我国生态工程发展历程，重大生态工程始终聚焦重点生态区突出问题，修复内容由治山、治水、治沙等单一内容逐渐拓展到山水林田湖草沙一体化保护和修复。目前主流生态工程多以系统观为指导，以生态系统或复合生态系统为对象，对工程区进行全面规划，其目的是同步获得生态、经济和社会效益；以调控生态系统结构与功能为主，提高生态系统自净能力与环境容量，通过分层多级利用，使污染物质尽可能资源化，实现循环利用。

对国内外生态工程实践进行总结，这些生态工程通常遵循生态学基本原理，充分发挥了生态系统自身的净化、调节、缓冲等功能。近年来国外生态工程侧重于"拟自然"和"再野化"技术应用，注重工程管理创新，推进生态修复标准化。我国更加强调"山水林田湖草沙生命共同体"理念，通过自然保护地体系建设、生态格局优化、生态网络构建等，强化了生态系统的多要素关联、多过程耦合、多目标协同，注重生态保护修复制度创新，加强生态工程全过程管理。紧跟国际发展趋势，在"基于自然"理念开展生态保护修复、"拟自然"和"再野化"技术、生态工程标准化等方面也在加快研究和实践（王夏晖等，2022）。

1.3.3 生态工程发展阶段

依据各时期生态保护修复主流理念和主导技术方法的不同，可将我国生态工程发展划分为启动实施、重点治理和系统修复三个阶段（表1-1）。

表 1-1 我国重大生态工程发展阶段及特征

发展阶段	工程名称	启动时间	实施背景	阶段特征
启动实施阶段 (1978~1997年)	三北防护林工程	1978年	西北、华北和东北风沙危害和水土流失	改革开放后,经济快速发展,生态退化和自然灾害频发,启动实施了防沙治沙、水土流失、天然林保护等重大生态工程,但尚处于探索阶段
	沿海防护林体系建设工程	1988年	沿海地区台风、海啸等自然灾害频发,严重威胁人民群众生命财产安全	
	长江流域防护林体系建设工程	1989年	过度采伐森林,导致流域水土保持能力持续削弱,生态环境不断恶化	
重点治理阶段 (1998~2011年)	天然林资源保护工程	1998年	天然林资源过度采伐,导致林区森林资源危机。1998年长江发生特大洪灾	《全国生态环境建设规划》确立了生态保护聚焦重点地区、重点生态问题实施一批重点工程的总基调。坚持经济发展与生态保护并重,启动了防沙治沙、草地修复、湿地保护、石漠化治理等重大生态工程
	退耕还林工程	1999年	由于盲目毁林开垦等,造成了严重的水土流失和风沙危害,自然灾害频频发生	
	京津风沙源治理工程	2000年	京津乃至华北地区多次遭受风沙危害,特别是2000年春季,北方扬沙和沙尘暴天气多次影响首都	
	退牧还草工程	2003年	西部地区受超载过牧等影响,天然草原加速退化	
	湿地保护工程	2003年	受围垦和过度开发等影响,重要自然湿地及其生物多样性普遍遭受破坏	
	岩溶地区石漠化综合治理工程	2008年	石漠化严重制约着西南熔岩地区经济社会发展	
系统修复阶段 (2012年以来)	山水林田湖草生态保护修复工程试点	2016年	受高强度的国土和矿产开发利用等影响,我国一些生态系统破坏退化严重,生态功能下降	党的十八大以来,实施了以山水林田湖草沙系统治理为代表的生态工程,在进一步完善单要素修复体系同时,探索以国土空间生态修复为主的多要素一体化保护修复
	重要生态系统保护和修复重大工程	2020年	我国自然生态系统总体仍较为脆弱,经济发展带来的生态保护压力依然较大	

1）启动实施阶段（1978～1997年）。改革开放后，随着经济快速发展，我国生态环境问题日益凸显（宋连春等，2006；周生贤，2005）。1978年启动"三北"防护林工程建设，因规模宏大、效益明显，被称为我国当代的"绿色长城"（马国青和宋菲，2004）。20世纪80年代后，由于上游森林破坏和中下游围湖造田，长江流域发生洪灾频率增加，造成重大损失。平原绿化工程（1988年）、沿海防护林体系工程（1988年）、长江中上游防护林工程（1989年）等相继启动，通过对森林生态系统的保护，在减少水土流失、保障农业发展等方面发挥了重要作用。

2）重点治理阶段（1998～2011年）。1998年，国务院印发《全国生态环境建设规划》，确立了该阶段生态保护聚焦重点地区、重点生态问题实施一批重点工程的总基调。2007年，党的十七大将"科学发展观"写入党章。受可持续发展理念影响，坚持经济发展与生态保护并重，我国启动了京津风沙源、天然林保护工程、退耕还林、退牧还草、湿地保护等一系列生态工程，初步建立了防沙治沙、草地修复、湿地保护、石漠化治理等工程技术体系，但多为单一生态要素的修复治理，系统修复仍然不足。与20世纪末相比，该阶段生态工程资金投入和建设规模都大大提高。草原保护和治理也纳入了国家生态建设内容，这对遏制草原退化具有重要意义。

3）系统修复阶段（2012年以来）。2012年，党的十八大将"生态文明"纳入中国特色社会主义"五位一体"总体布局。2015年，国务院出台《生态文明体制改革总体方案》，明确要求树立山水林田湖是一个生命共同体的理念，按照生态系统的整体性、系统性及其内在规律，统筹考虑自然生态各要素、山上山下、地上地下、陆地海洋以及流域上下游，进行整体保护、系统修复、综合治理，增强生态系统循环能力，维护生态平衡。2017年，党的十九大报告提出，实施重要生态系统保护和修复重大工程，优化生态安全屏障体系，构建生态廊道和生物多样性保护网络，提升生态系统质量和稳定性。2018年，习近平总书记在全国生态环境保护大会上强调，要深入实施山水林田湖草一体化生态保护和修复，开展大规模国土绿化行动，加快水土流失和荒漠化石漠化综合治理。2022年，党的二十大报告提出，以国家重点生态功能区、生态保护红线、自然保护地等为重点，加快实施重要生态系统保护和修复重大工程。在这一阶段，各项重大生态工程持续推进，生态治理理念越来越趋于系统性和整体性，生态工程类型趋向于区域综合性治理工程，更加注重生态系统治理方式的多样性（吴运连和谢国华，2018）。实施了以山水林田湖草沙系统治理为代表的生态工程，在进一步完善单要素修复体系的同时，探索了以国土空间生态修复为主的多要素一体化修复体系（白中科等，2019），我国生态工程发展进入新时期。

参 考 文 献

白中科，周伟，王金满，等．2019. 试论国土空间整体保护、系统修复与综合治理 ［J］. 浙江国土资源，（2）：25.

曹雪，金晓斌，王金朔，等．2014. 近300年中国耕地数据集重建与耕地变化分析 ［J］. 地理学报，69（7）：896-906.

陈晶晶．2021. 生态文明视阈下我国生态文化的建构 ［D］. 沈阳：中共辽宁省委党校.

陈盼，施晓清．2019. 基于文献网络分析的生态文明研究评述 ［J］. 生态学报，39（10）：3787-3795.

陈祥．2018. 尼崎大气污染事件与日本大发展时代的问题探析 ［J］. 史学理论研究，（4）：5.

傅伯杰．2021. 国土空间生态修复亟待把握的几个要点 ［J］. 中国科学院院刊，36（1）：64-69.

金博文．2014. 1952年英国伦敦烟雾事件原因探析 ［J］. 安庆师范学院学报（社会科学版），（2）：87-90.

李世东，翟洪波．2002. 世界林业生态工程对比研究 ［J］. 生态学报，（11）：1976-1982.

李天安．1994. 生态工程：地球生命支持系统的共营者 ［J］. 世界科学，（2）：26-27.

李云．2005. 长江口及其邻近海域浮游异养细菌、寡营养细菌、光合细菌的分离鉴定、分布规律及与生态环境因子关系 ［D］. 上海：华东师范大学.

刘濛，张蕊．2013. 美国有机农业的发展概况 ［J］. 世界农业，（3）：96-98.

刘世梁，董玉红，孙永秀，等．2019. 基于生态系统服务提升的山水林田湖草优先区分析——以贵州省为例 ［J］. 生态学报，39（23）：9.

吕永龙，王一超，苑晶晶，等．2019. 可持续生态学 ［J］. 生态学报，39（10）：15.

罗明，于恩逸，周妍，等．2019. 山水林田湖草生态保护修复试点工程布局及技术策略 ［J］. 生态学报，39（23）：8692-8701.

马国青，宋菲．2004. 三北防护林工程区森林状况综合评价 ［J］. 干旱区资源与环境，（5）：108-111.

马世骏，王如松．1984. 社会-经济-自然复合生态系统 ［J］. 生态学报，（1）：1-9.

彭建，李冰，董建权，等．2020. 论国土空间生态修复基本逻辑 ［J］. 中国土地科学，34（5）：18-26.

钱正安，宋敏红，李万元．2002. 近50年来中国北方沙尘暴的分布及变化趋势分析 ［J］. 中国沙漠，（2）：10-15.

钦佩．1998. 生态工程学 ［M］. 南京：南京大学出版社.

钦佩，张晟途．1998. 生态工程及其研究进展 ［J］. 自然杂志，（1）：24-28.

任海，彭少麟，陆宏芳．2004. 退化生态系统恢复与恢复生态学 ［J］. 生态学报，24（8）：9.

史芳宁，刘世梁，安毅，等 . 2019. 基于生态网络的山水林田湖草生物多样性保护研究——以广西左右江为例 ［J］. 生态学报，39（23）：9.

宋连春，杨兴国，韩永翔，等 . 2006. 甘肃气象灾害与气候变化问题的初步研究 ［J］. 干旱气象，（2）：63-69.

宋乃平，张凤荣 . 2006. 重新评价"以粮为纲"政策及其生态环境影响 ［J］. 经济地理，（4）：628-631.

陶格斯 . 2009. 中国环境问题的历史变化 ［J］. 环境科学与管理，34（8）：188-192.

王思凯，张婷婷，高宇，等 . 2018. 莱茵河流域综合管理和生态修复模式及其启示 ［J］. 长江流域资源与环境，27（1）：10.

王夏晖，何军，牟雪洁，等 . 2021. 中国生态保护修复 20 年：回顾与展望 ［J］. 中国环境管理，13（5）：85-92.

王夏晖，陆军，饶胜 . 2015. 新常态下推进生态保护的基本路径探析 ［J］. 环境保护，43（1）：29-31.

王夏晖，王金南，王波，等 . 2022. 生态工程：回顾与展望 ［J］. 工程管理科技前沿，41（4）：1-8.

王夏晖，张箫 . 2020. 我国新时期生态保护修复总体战略与重大任务 ［J］. 中国环境管理，12（6）：82-87.

王颖 . 1996. 海岸海洋科学研究与实践 ［M］. 南京：南京大学出版社 .

吴运连，谢国华 . 2018. 赣州山水林田湖草生态保护修复试点的实践与创新 ［J］. 环境保护，46（13）：80-83.

谢高地，肖玉，鲁春霞 . 2006. 生态系统服务研究：进展、局限和基本范式 ［J］. 植物生态学报，（2）：191-199.

颜京松，Mitsch W J. 1994. 中国与西方国家的生态工程比较 ［J］. 生态与农村环境学报，10（1）：45-52.

颜京松，王如松 . 2001. 近十年生态工程在中国的进展 ［J］. 农村生态环境，17（1）：1-8，20.

赵博勇 . 2009. 生态农业及其发展模式研究 ［D］. 西安：西北大学 .

周立华，刘洋 . 2021. 中国生态建设回顾与展望 ［J］. 生态学报，41（8）：3306-3314.

周生贤 . 2005. 全面加强沿海防护林体系建设 加快构筑我国万里海疆的绿色屏障 ［J］. 中国林业产业，（7）：6-11.

周妍，苏香燕，应凌霄，等 . 2023. "双碳"目标下山水林田湖草沙一体化保护和修复工程优先区与技术策略研究 ［J］. 生态学报，43（9）：3371-3383.

周妍，周旭，张丽佳，等 . 2022. 山水林田湖草沙一体化保护和修复实践与成效研究 ［J］. 中国土地，（8）：4-8.

朱大奎，王颖 . 2020. 环境地质学（第二版）［M］. 南京：南京大学出版社 .

Carson R. 2002. Silent Spring ［M］. Boston：Houghton Mifflin Harcourt.

Goldsmith E. 1972. Blueprint for Survival ［M］. Boston：Houghton Mifflin Harcourt.

Grennfelt P，Engleryd A，Forsius M，et al. 2020. Acid rain and air pollution：50 years of progress in environmental science and policy ［J］. Ambio，49（4）：849-864.

Jorgensen S E, Mitsch W J. 1989. Ecological Engineering: An Introduction to Ecotechnology [M]. Hoboken: John Wiley & Sons.

Meadows D, Randers J, Meadows D. 2004. Limits to Growth: The 30-Year Update [M]. Chelsea Green Publishing.

Mitsch W J. 1998. Ecological engineering—the 7-year itch [J]. Ecological Engineering, 10 (2): 119-130.

Mitsch W J. 2012. What is ecological engineering? [J]. Ecological Engineering, 45: 5-12.

Odum H T. 1962. Man in the ecosystem [J]. Bulletin of the: Connecticut Agricultural Experiment Station, 652: 57-75.

Odum H T. 1989. Ecological engineering and self-organization [J]. Ecological engineering: an introduction to ecotechnology, 101: 79-101.

Odum H T. 2007. Environment, Power, and Society for the Twenty-First Century: The Hierarchy of Energy [M]. New York: Columbia University Press.

Odum H T, Ewel K C, Ordway J W, et al. 1976a. Cypress wetlands for water management, recycling and conservation [R]. Gainesville, Fla: Third Annual Report to the National Science Foundation and the Rockefeller Foundation. Center for Wetlands, University of Florida.

Odum H T, Odum E C, Frankel E. 1976b. Energy basis for man and nature [J]. American Journal of Physics, 45 (2): 226-227.

Sayer C D, Davidson T A, Rawcliffe R, et al. 2016. Consequences of Fish Kills for Long-Term Trophic Structure in Shallow Lakes: Implications for Theory and Restoration [J]. Ecosystems, 19 (7): 1289-1309.

|第 2 章| 　　理论基础、原理与方法

生态工程以生态学基本理论为基础，遵循生态学原理和科学规律，采用系统化、生态化调控方法和手段，对自然-经济-社会复合生态系统实施保护和修复。本章重点介绍生态工程的科学基础、基本原理、生态调控方法与模型应用，为生态工程的规划设计和实施提供重要理论及方法支撑。

2.1　生态工程科学基础

生态工程学是在生态学基础上发展起来的一门新的交叉学科，主要涉及生态系统生态学、景观生态学、恢复生态学、人类生态学等多个学科，这些不同生态学分支学科对生态工程设计与实施具有很强的理论基础支撑作用。

2.1.1　生态系统生态学

生态系统生态学（ecosystem ecology）是生态学的二级学科，是研究生态系统结构、过程、功能、演替机制，以及生态系统与人类相互作用关系的学科。由于生态系统生态学深刻揭示了不同自然生态系统的自我调节与演变规律，有助于帮助决策者因地制宜、科学布局各类生态工程，更好地实现生态保护修复目标，有效促进和提升生态系统质量与稳定性，因而成为生态工程实施的重要学科基础之一。

1. 基本概念

生态系统是地球表层的重要组成部分，又是人类生存和发展的物质基础（方精云等，2018）。1935 年，英国生态学家 Tansley 正式提出"生态系统"（ecosystem）这一概念，即是由生物群落、非生物环境及二者动态相互作用共

同组成的综合系统。他指出，生态学家需要考虑"整体系统"，强调生物有机体与环境之间、各生物有机体之间及其各环境要素之间的相互联系，不能相互割裂或独立对待（约恩森 S E，2017）。生物从环境中获取生活所需的物质和能量，并在生命活动过程中向周围环境排放某些物质和能量。不同的生物之间通过多种关系，如食物链关系相互联系在一起。环境中的各种要素也相互影响、相互制约。因此，生态系统可以理解为一定地域（空间）内，自下而上的所有生物和环境相互作用，具有能量转化、物质循环和信息传递的统一体（张金屯和李素清，2004）。由此可见，生态系统作为一个研究单元，是具有一定边界的系统，其空间尺度范围可以从一洼池塘、一片湖泊和一条流域到整个生物圈。

生态系统生态学就是以生态系统为研究对象的生态系统科学，主要研究生态系统的组成与结构、过程与功能、发展与演替，系统内和系统间的物质循环、能量流动和信息传递以及自然变化和人为活动的影响与调控机制的学科（蔡晓明，2000；于贵瑞等，2020；温学发，2020）。

2. 生态系统组成与结构

世界上现存的生态系统多种多样，从热带红树林到温带高山湖泊，每个生态系统都有其独特的组分和动态。虽然不同生态系统之间有很大的差别，但其基本组成是相似的，即每个生态系统都包含支持生命所必需的生物群落：生产者、分解者、消费者及其所依存的非生物环境。生态系统中所有发生的过程均受到自然环境的影响，如太阳为生态系统提供能量，气候、地形、土壤、水分、温度等也以各自的方式影响着生物。生态系统中的生物也通过多种途径影响和控制非生物环境，如植物的呼吸作用向大气释放氧气，吸收二氧化碳与水，使大气中氧的含量增加，在地球生物进化中使高等生物进化和生存成为可能。生态系统中生物要素与非生物环境要素相互制约、相互促进的过程中，所表现的非生物环境对生物变化的影响和生物的生命活动对非生物环境的影响，通过一定的反馈机制调控构成自然生态系统进化发展的基本动力。

3. 物质循环与能量流动

生态系统中的生物群落通过食物网不断地进行着物质循环、能量流动与信息传递。生态系统中的任何生物生命过程就是不断地同周围环境进行新陈代谢的过程，是一种物质运动过程，这些物质经过植物的光合作用，由非生物环境进入生物体，在生态系统的食物链中不断传递，或经分解再返回自然环境，然后被生物再次吸收，组成生态系统复杂的物质循环。根据循环途径不同，通常可分为水循环，碳、氮等气态循环，磷、硫等沉积循环。

物质是能量的载体，能量贮存于物质的化学键中。在物质循环的同时，植物通过光合作用将太阳辐射能量转化为贮存于有机物质中的化学潜能，并通过食物链不断进行能量传递和转化。物质循环与能量流动是不可分割地联系在一起的，但二者有显著差异，即它们的再循环能力不同。生态系统中的化学物质通过生态系统组分可进行再循环，但能量的流动是单向的、无法再循环，且仅一小部分能量被传递到下一营养级，大部分能量被转化为热量，最终从系统中散失。例如，在水域生态系统中，任何地方的能量传递效率都在 $2\% \sim 24\%$，平均为 10%。

此外，生态系统中各组分之间还通过食物链进行着各种各样的信息传递，包括光、声、温度、湿度、颜色等物理信息，抗生素、激素等化学信息，以及影响生物生长、发育、繁殖、迁徙的营养信息、行为信息，等等。生态系统各组分之间通过广泛的信息传递建立复杂的联系，促进系统进化与发育，调节、控制系统内物质循环、能量流动，进而维持生态系统平衡。

4. 生态过程功能与发展演替

自然生态系统内各生物组分之间通过不断的物质循环、能量流动、信息传递，进而形成复杂多样的生态过程，并在此基础上维持提供一定产品和服务的能力，即生态功能。例如，植物通过光合作用、传粉、养分循环等生态过程形成初级生产力，通过蒸腾作用增加区域水汽和湿度，这些生态过程成为土壤保持、水源涵养、气候调节等各类生态功能发挥的重要基础。河湖、湿地等生态系统通过水循环过程，有效发挥水源涵养、洪水调蓄等生态功能。生态系统过程与功能是生态完整性和生态演变规律的主要表现形式，也是生态系统生态学研究的核心内容。

在自然状态下，生态系统是不断发展变化的，并遵循一定的演变规律，主要分为周期性变化和群落演替两种。周期性变化包括季节变化、年龄变化等。

群落生态演替是群落的长期变化，是指一个群落被另一群落取代的过程，是生物与其环境长期作用的结果。在时间足够长且无外界因素干扰的情况下，演替将不断进行并最终形成与区域环境条件相适应的、组成和结构相对稳定的群落，即演替顶级群落，在没有较大的外界干扰情况下，顶级群落可以长期存在下去。而气候变化和人类活动等外界干扰可以显著改变生态演替的方向和速度，进而影响生态系统稳定性与生态功能的发挥。例如，气候变化可降低生态系统中各群落的适应能力，不合理农业开垦带来的水土流失、草地退化，往往阻碍或延缓群落向顶级状态演替。

5. 气候变化与人类调控

自然生态系统自身具有一定的自组织性、自我调节能力和抵抗外界干扰的能力，在外界环境相对稳定的情况下，不断发展演替并维持生态系统平衡和稳定。但当外界干扰超过一定强度后，将引起生态系统发生不可逆转的变化。其中，气候变化和人类活动已成为影响自然生态系统过程与功能的两个重要干扰因素。IPCC 第六次评估报告（AR6）第二工作组报告《气候变化 2022：影响、适应和脆弱性》研究结果表明，气候变化对陆地、淡水、沿海和公海海洋生态系统造成了重大损害，极端高温、陆地和海洋上的大规模死亡事件，以及海岸带森林的损失，导致了数百个当地物种的损失。同时，不可持续的土地利用、自然资源利用、森林砍伐等人为因素进一步加剧了气候脆弱性，频繁的热浪、干旱和洪水带来的影响已超过一些动植物的承受极限，造成生物多样性丧失，并对生态系统、社会、地区和人群适应气候变化的能力产生不利影响（匡舒雅等，2022）。

同时，人类既是生态系统进化的产物，也是生态系统的调控者，不合理的开发建设活动已深刻影响和改变自然生态系统功能，如造成水土流失、土地沙化、荒漠化、湿地萎缩、生物多样性丧失等问题。与此同时，人类通过采取基于自然的解决方案、进行生态系统适应性管理、实施山水林田湖草沙一体化保护修复工程等各类生态保护修复措施，也可以对生态系统过程与功能进行优化调控，并有效促进局部生态系统功能的整体恢复。

2.1.2　景观生态学

景观生态学是现代生态学的一个年轻分支，它是以景观为对象，重点研究其结构、功能、动态变化及管理的一门宏观生态学科。景观既有地理学的理解，也有视觉美学的理解，景观生态学兼具了生态学、地理学、景观设计等多学科内涵。而生态工程在实现受损生态系统恢复的目标基础上，还要兼顾区域整体景观格局、一定的景观美学价值。

1. 基本概念

景观的概念多种多样，从一般的视觉美学上理解，景观反映的是一种地形地貌景色的图像，主要突出一种综合和直观的视觉感受（傅伯杰等，2011），荷兰著名景观生态学家佐纳维尔德（L. S. Zonneveld）将它称为感知的景观。从地理学上理解，景观是包含一定地域单元、并有相互影响和作用的地理过程综合体（傅伯杰等，2011；何东进，2019）。

景观生态学（landscape ecology）的概念是德国植物学家特罗尔 1939 年在利用航空相片研究东非土地利用问题时首次提出来的，用来表示支配一个区域单位的自然—生物综合体的相互关系的分析。德国汉诺威工业大学景观管理和自然保护研究所首次对景观生态学作了理论解释，认为景观生态学是研究相关景观系统的相互作用、空间组织和相互关系的一门学科。Forman 和 Godron（1986）认为景观生态学探讨诸如森林、草原、沼泽、道路和村庄等生态系统的异质性组合、相互作用和变化，研究对象涵盖了从荒野到城市景观。1998年景观生态学会将景观生态学定义为："对不同尺度上景观空间变化的研究，它包括景观异质性的生物、地理和社会的因素，是一门连接自然科学和相关人类科学的交叉学科（何东进，2019）。"我国学者傅伯杰（1991）认为，景观生态学是以整个景观为对象，运用生态系统原理和系统方法研究景观结构和功能、景观动态变化以及相互作用机制，研究景观的美化格局、优化结构、合理利用和保护。

根据上述概念定义，与其他相关学科相比，景观生态学强调空间异质性、等级结构、空间尺度的重要性，主要有以下特点。

（1）整体性和系统性

景观生态系统是由相互作用的斑块组成、以相似的方式重复出现、具有高度空间异质性的区域。在景观生态系统中，由于各组分间的有机结合，使得"整体大于部分之和"这个系统论的核心思想得以真正体现。因而，景观生态学强调研究对象的整体特征和系统属性，任何一个子系统对于它的各要素来说，是一个独立完整的整体，而对上一级系统来说，又是从属部分，景观生态系统以"整体"的形式出现，它的组成斑块也是一个相对独立完整的整体。

（2）异质性和尺度性

景观的空间异质性（spatial heterogeneity）是指景观系统的空间复杂性和变异性。景观异质性对景观稳定性、景观生产力的干扰在景观中的传播速率、方向和方式等都有显著影响。尺度（scale）是研究对象的空间维度，一般用空间分辨率和空间范围来描述，尺度越小，对细节的把握能力越强，而对整体的概括能力越弱。生态学中许多事件和过程都与一定的时间和空间尺度相联系。由于对景观异质性和尺度效应的普遍重视，强调研究对象的空间格局、生态过程与时空尺度之间的相互作用和控制关系是景观生态学的重要特点。

（3）综合性和宏观性

景观生态学重点之一是研究宏观尺度问题，其重要特点和优势之一就是高度的空间综合能力。特别是在利用遥感技术、地理信息系统技术、数学模型技术、空间分析技术等技术研究和解决宏观综合问题方面具有明显优势。在景观水平上将资源、环境、经济和社会问题进行综合，探讨人地关系以及人类活动方式调控，研究景观生态安全格局及其建设途径，为区域可持续发展提供理论和技术支持。

（4）目的性和实践性

由于景观生态学中的问题直接来源于现实景观管理中与人类活动密切相关的实际问题，景观生态学研究成果通过景观规划途径在景观建设和管理实践中得到应用，其应用效果反过来成为进一步深入研究的基础。

2. 景观生态学基本理论

景观生态学作为综合性交叉学科，其理论直接来源是生态学与地理学，同时也从现代科学如系统科学、信息科学以及研究实践中不断深化。概括起来，基本理论主要包括等级结构理论、时空尺度、耗散结构与自组织理论、渗透理论、岛屿生物地理学理论、复合种群理论等。

（1）等级结构理论

等级结构又称为等级系统理论，是 20 世纪 60 年代以来逐渐发展形成的关于复杂系统结构、功能和动态的系统理论。它继承了系统论的基本概念与原则，并突出系统的整体性、有序性、层次性和尺度特征。等级理论认为，等级系统是一个由若干单元组成的有序系统，每一个层次都由不同的亚系统或整体元组成。处于等级系统中高层次的行为或动态（如全球植被变化），常表现出大尺度、低频率、慢速度特征；而低层次的行为或动态（如局部植物群落中物种组成的变化），则表现出小尺度、高频率、快速度的特征。高层次信息往往可表达为常数，而低层次信息则常以平均值形式表达。等级系统具有垂直结构和水平结构，垂直结构是指等级系统中层次数目、特征及其相互作用，而水平结构则是指同一层次上整体元的数目、特征和相互作用关系。基于等级理论，在研究复杂系统时，一般至少需要同时考虑 3 个相邻层次，即核心层、上一层和下一层，只有如此，方能较为全面了解、认识和预测所研究的对象。

（2）时空尺度

景观生态学尺度是对研究对象在空间上或时间上的测度，分别称为空间尺度和时间尺度。而着眼于更深入全面的分析视角，尺度可以表述为维数（dimension）、种类（kind）和组分（component）三重概念（邬建国，2007）。

从维数角度看，尺度包括空间尺度、时间尺度和组织尺度。空间尺度一般是指研究对象的空间规模和空间分辨率。时间尺度是指某一生态过程和事件持续时间长短和考察其过程与变化的时间间隔。组织尺度即用生态学组织层次定义的研究范围和空间分辨率，生态学组织层次包括了个体、种群、群落、生态系统、景观和区域多个层次，不同的层次对应不同的空间尺度、时间尺度。

从种类角度划分，包括现象尺度、观测尺度、分析或模拟尺度。现象尺度包括格局尺度以及影响格局的过程尺度。观测尺度是指取样尺度或测量尺度，如样方或像元大小。分析或模拟尺度则是指在空间分析或模拟过程中所用的时空分辨率和范围尺度。

从组分角度划分，尺度包括粒度、幅度、间距、分辨率和地图比例尺等。空间粒度是景观中最小可辨识单元所代表的特征长度、面积或体积。幅度是研究对象在空间或时间上的持续范围或长度。幅度与粒度在逻辑上相互制约，大幅度通常对应着粗粒度，小幅度通常对应着细粒度。间距则是相邻单元之间的距离。

（3）耗散结构与自组织理论

耗散结构是指远离平衡的非线性区域形成的新的稳定有序结构。生态系统是典型的耗散结构，具有自组织性。耗散结构理论的意义在于：首先，生态系统是开放系统，与外界环境不断发生能量和物质交换；其次，所有生态系统都远离热力学平衡态；最后，生态系统中普遍存在着非线性动力学过程，如种群控制机制、种间相互作用关系，以及生物地球化学过程中的反馈调节机制。

（4）渗透理论

渗透理论研究是研究流体在多孔介质中运动扩散的理论基础。渗透过程一般存在一个临界值（渗透阈限或临界阈限），即当渗透阈限达到某一临界值时，将发生景观要素渗透、扩散。针对不同生态过程，该理论具有不同的生态学意义和应用。例如，诸如森林火灾、病虫害、水土流失等生态过程在接近临界值时开始发生，生态系统管理应尽可能使其低于这一临界值，降低灾害蔓延的可能性。针对物种保护，则应尽可能提高临界值，促进种群交流扩散。

（5）岛屿生物地理学理论

MacArthur 和 Wilson（1967）系统发展了岛屿生物地理学平衡理论，其核心内容是岛屿上物种丰度取决于两个过程，即物种迁入和灭绝。岛屿是面积有限的孤立生境，生态位有限，已定居的生物种越多，留给外来种迁入的空间就越小，而已定居种随外来种的侵入其灭绝概率增大。对某一岛屿而言，迁入率和灭绝率将随岛屿中物种丰富度的增加而分别呈下降或上升趋势，当二者相等时，岛屿物种丰富度达到动态平衡状态。此外，岛屿物种丰富度、灭绝率与岛屿距大陆距离、岛屿面积有关。离大陆越远的岛屿物种迁入率越小，岛屿面积越小其灭绝率越大，因此，面积较大而距离较近的岛屿比面积较小距离较远的生物物种数目要大。

岛屿生物地理学理论的最大贡献就是把生境斑块的空间特征与物种数量联系在一起，为景观生态学发展奠定了理论基础，最直接的应用价值是为自然保护区规划布局提供了科学指导。

（6）复合种群理论

美国生态学家 R. Levins 在 1970 年首次采用"复合种群"一词，并将其定义为："由经常局部性绝灭，但又能重新定居而再生的种群所组成的种群"。复合种群是由经常局部与空间上相互隔离、但又有功能联系（繁殖体或生物个体的交流）的 2 个或 2 个以上亚种群组成的种群系统。亚种群之间的功能联系主要指生境斑块间的生物个体或繁殖体的交流，亚种群出现在生境斑块中，复合种群的生境则对应于景观斑块镶嵌体。复合种群理论强调种群在景观斑块复合体中的运动、消长，揭示种群生态过程和相互作用，对景观生态学、生态保护具有重要意义。

3. 景观结构与格局分析

景观是异质性地域综合体，斑块、廊道与基质构成了景观的基本空间单元，也是最常见、最简单的景观空间格局构型，是决定景观生态过程、功能发生变化的主要因素。

其中，斑块是外观上不同于周围环境的相对均质的非线性地表区域，具有相对同质性。通常，斑块的大小、形状、空间配置与分布等结构特征决定和影响着其自身的生态功能。例如，斑块越大，生境空间的异质性和多样性增加；斑块的形状越复杂，与周边基质的相互作用就越多；不同大小和形状斑块之间的空间配置与分布关系也对物种栖息、迁徙扩散有重要影响。

廊道是指不同于两侧基质，以条带状出现的狭长地带。它既可以呈隔离的条状，如公路、河道；也可以与周围基质呈过渡性连续分布，如某些更新过程中的带状采伐迹地。廊道既是重要的景观传输通道，也提供特殊的生物生境，并对景观中的物质、能量、生物流有过滤、阻碍、截流、屏障功能，同时兼具文化美学功能。廊道的宽度、连通性、曲度等结构特征与生态功能密切相关，通常廊道宽度越大、连通性越高，其对物种迁徙、物质能量流动、生物多样性维护的支撑作用就越强。多种廊道相互交叉又可形成生态网络，促进景观内的能量、物质及信息交流。

基质则是景观中面积最大、连通性最好、相对同质的景观组分。它是景观中的背景结构，影响能流、物质流、物种流，对景观总体动态起重要控制作用（傅伯杰等，2011）。要将基质与斑块区别开，主要通过相对面积、连通性、控制程度来判断，即通常基质的面积超过现存任何其他景观要素类型的总面积、连通性高于其他景观要素、对景观动态的控制程度也较其他景观要素类型大。

斑块、廊道、基质这些最基本的景观要素构成了景观空间格局的基本模式。现实中，各类景观要素在空间上镶嵌组合，形成多种多样的景观空间格局。景观空间格局反映景观的基本属性，它与景观生态过程和功能有密切关系，探讨景观空间格局与生态过程、生态功能之间的关系是景观生态学的核心内容。研究景观空间格局变化及其对区域生态功能、生物多样性保护的影响机制，对开展生态保护与修复、加强生态系统适应性管理具有重要的理论与现实意义。

2.1.3 恢复生态学

恢复生态学属于应用生态学的一个分支学科，它是研究生态系统退化机理、退化生态系统恢复与重建技术的学科。恢复生态学在强调自然性与理论性的同时，更加注重学科理论的应用性，尤其是侧重对受损退化生态系统的恢复与管理理论和技术方法。

1. 基本概念

恢复生态学最早是由两位英国学者 Aber 和 Jordan 于 1985 年提出的，但他们没有给出确切的定义。20 世纪 80 年代以来，恢复生态学得到迅速发展，但由于恢复生态学具有高度的综合性及理论和实践的双重特性，因此不同学者对其定义也不尽相同，主要有三方面学术观点。

第一种是强调恢复到干扰前的理想状态，较有代表性的是美国自然资源修复委员会的定义，即使一个生态系统恢复到较接近其受干扰前的状态即为生态恢复（Cairns，1995）；第二种是强调其应用生态学过程，较有代表性的是我国学者彭少麟提出的定义，他们指出恢复生态学是研究生态系统退化的原因与过程、退化生态系统恢复的机理与模式、生态恢复与重建的技术和方法的科学（彭少麟等，2020）；第三种是强调生态整合性恢复，较有代表性的是国际恢复生态学会（Society for Ecological Restoration，SER）提出的定义，即生态恢复是帮助研究生态整合性（ecological integration）恢复和管理过程的科学，生态整合性包括生物多样性、生态过程和结构、区域及其历史情况、可持续的社会实践等。

尽管上述定义角度不同、各有侧重，但其相同点就是，恢复生态学是研究那些在自然灾变和人类活动压力条件下退化或受损生态系统的恢复和重建问题的学科，具有较强的应用性和实践意义。

2. 生态系统退化的原因与机制

引起生态系统退化的原因是多方面的，但其基本机理是在干扰的压力下，生态系统的结构与功能发生变化，干扰是生态系统退化的驱动力（彭少麟等，2020），并主要包括自然干扰和人为干扰。其中，自然干扰因子较多，包括火、冰雹、洪水、干旱、台风、滑坡、海啸、地震、火山、冰河作用等自然因素对生态系统的干扰作用；人类干扰包括有毒化学物质的释放与污染、森林砍伐、植被过度利用、露天开采等人类活动因素对生态系统的影响。当前，自然生态系统的退化往往是多种干扰力的综合作用，且人类过度干扰是主要驱动力。

生态系统受外界干扰的过程普遍遵循阈值理论，当干扰和破坏使生态系统跨越阈值则会导致严重的退化。系统的球–盆体模型很好地描述了生态系统阈值理论与生态系统退化。球在盆体中不停运动，一个盆体则代表了一组状态。这一组状态具有同样的功能与反馈，使得球的运动趋于平衡，虚线表示将不同盆体分开的阈值（Walker et al., 2004；彭少麟等，2020）。当系统遭到外界干扰和破坏时，如果球的运动超过盆体边缘这一界限，系统则会出现不同的平衡状态，即系统进入另一个盆体。进入新盆体的系统具有不同的结构和功能，可以说系统已经跨越某一阈值进入新的态势（退化生态系统）。与阈值有关的系统状态（球的位置）也非常关键，但并非唯一要素。如果外界条件引起盆体变小，盆体的弹性则会下降，系统更容易跨越阈值进入另一个盆体。这种情况下，即使日渐变小的干扰因素也能轻推系统使其跨越阈值。

3. 退化生态系统的特征及恢复途径

干扰是使生态系统发生退化的主要机理，在干扰的压力下，生态系统的结构发生变化，进而影响生态系统过程与功能。自然干扰作用总是使生态系统返回到生态演替的早期状态。人类干扰不仅会将生态系统位移到早期或更为初级的演替阶段，还可能加快或延缓演替的速度，甚至改变演替方向。例如，当草原过牧，超出草原生态系统的自然恢复能力时，植被往往会出现"逆向演替"，先是偏中生的植物和不耐践踏的丛生禾草消失、种类简化，耐旱、耐践踏的植物比例不断增加，接着植被高度、盖度、生产力有规律地降低，最后形成稀疏植被，生态功能明显下降。在生态本底脆弱的地区，人类干扰将引起生态系统不可逆的变化，如水土流失、土地荒漠化和盐碱化等。此外，生态系统的退化过程总是伴随着生物多样性降低，尤其是动植物多样性、微生物多样性的降低。

开展生态系统恢复就是要基于生态学原理，通过一定的生物措施、工程措施或方法，人为地改变和切断生态系统退化的主导因子或过程，促使退化的生态系统重新进入正向演替阶段，逐步恢复生态系统原有的结构、过程与功能，恢复提升生物多样性水平，达到新的生态平衡。其中，生物措施主要是采取自然和人工相结合的方式，恢复重建森林、草地、灌丛等人工植物群落。对严重退化的生态系统，必须辅以工程措施，加快生态系统内部关键种、食物链及优势群落的恢复。

2.1.4 人类生态学

人类生态学也是现代生态学的分支领域，它是研究人类与其自然环境相互关系、相互作用规律的学科，对解决当今人类面临的诸多重大生态环境问题具有重要的现实意义。由于人类生态学深刻揭示了人与自然的耦合关系、相互作用机理，有助于帮助决策者找到人与自然和谐共生的科学实施路径。而生态工程本质上也是人类主动调控人与自然关系、解决各类生态问题的重要手段，因而人类生态学也成为指导生态工程实施的重要理论之一。

1. 基本概念

人类生态学这一科学术语最早由美国芝加哥学派的代表 Park 于 1915 年在其论文《城市：对于开展城市环境中人类行为研究的几点意见》中首次提出，将人类生态学定义为研究人和社会机构的结构秩序及其形成机制的科学。

20世纪六七十年代以来，随着人类活动对自然环境的影响日益深刻和生态环境问题的全球化，人类生态学逐渐兴起并成为研究人口、资源和环境之间关系的科学。90年代以后，人类生态学开始向人类可持续发展方向拓展，重点关注人类和生态系统的可持续能力建设。

综上所述，人类生态学是研究人类社会系统和自然环境相互作用关系的科学，包括人类生态系统结构、演化与平衡，人类社会可持续发展等，根本目标是在依赖自然生态系统提供的产品与服务基础上，研究如何寻求和实现人类社会的可持续发展。

2. 人类生态系统结构与功能

人类生态系统不同于自然生态系统，它是由社会系统、经济系统、自然生态系统耦合而成的复合生态系统。在人类生态系统中，人既是生产者、又是消费者，同时还是生态环境的调控者，即人类处于该复合生态系统的核心。人类生态系统通过系统各组成成分之间、各子系统之间的有机组合，形成具有内在联系的统一整体。其中，一方面，自然生态系统是人类生存和发展的物质基础，持续为人类社会提供不可缺少的水、空气、生物、原材料等各类生态产品和服务；另一方面，人类具有能动性，为满足人类自身需求，必须不断加强和提高社会生产，通过各种方式消费生态产品和服务，不断改变系统内的物质循环与能量流动过程。自然生态系统与人类社会经济系统二者相互作用、相互制约，组成复杂的、以人类活动为中心的复合生态系统。

3. 人类生态系统的特征

由于人是人类复合生态系统的核心，因此人类生态系统有区别于自然生态系统的显著特征。主要包括以下四个方面。

1）人类的强烈干预。城镇开发、交通、水利等各类人类活动的强烈干扰显著改变原有自然生态系统结构与功能，人类的经济、社会活动和人类种群增长成为影响生态系统的决定性因素，可通过人为调节和干扰促使复合系统不断发展。

2）复杂的开发系统。人类生态系统的能量交换和物质循环是一个开放系统，该系统需要依靠外部环境不断输入物质和能量，同时经过人类生产生活消费向外部环境排出废弃物。一旦其排出的废弃物超过环境自净能力，就会引起环境恶化和生态破坏。

3）功能多样性。人类生态系统是由社会、经济、自然三个子系统构成的复杂、多层次的开放系统，各层次内部以及各层次子系统之间的关系非常复杂。因而人类生态系统的功能具有多样性，如社会、经济子系统的生产、生活、人工调控功能，自然子系统的自组织、反馈、调节、文化等功能。

4）受自然和经济社会规律双重制约。人类生态系统结构的多子系统、复合性特征决定了人类生态系统的演化既遵循自然发展规律，也遵循社会经济发展规律。因此，人类生态系统研究要深入探究自然与经济社会的耦合关系、调控反馈机制，以促进人与自然和谐共生。

4. 人类生态系统的调控机制

随着经济社会的不断发展和人类活动压力，人类生态系统的正常运转已受到严重威胁，产生了各类生态环境问题，必须采取科学手段进行有机调控，促进人类可持续发展。

人类生态系统是复合生态系统，具有一定的自我调节与调控机制。其中最主要的调控手段包括经济手段、生态手段两方面。目前国内外采用经济手段解决生态环境问题的途径和方法很多，如排污收费、排污权交易、碳排放权交易等，在一定程度上促进了各类主体积极承担生态环境治理责任，真正实现"谁污染、谁治理，谁破坏、谁修复，谁受益、谁补偿"。近年来，随着人们对生态环境问题、气候变化的关注度越来越高，制定生态保护修复政策、采取生态工程措施等生态手段已成为调控人与自然关系的重要方式。例如，通过制定生态保护各项法规、标准、规划等政策措施，有效预防和调控各类人类开发建设活动对自然生态系统的干扰影响；在遵循自然规律基础上，通过推动实施各类生态保护修复工程，有效促进重要自然生态系统的保护以及受损生态系统的恢复，提升生态系统的质量与稳定性，进而提高优质生态产品供给能力，增进人类福祉。

2.2 生态工程原理

生态工程原理是实施生态工程的重要理论基础。目前，国内外学者从生态学、生物学、工程学、环境学、经济和社会等不同领域，总结出了众多的原理（马世骏，1986，1989；Mitsch et al.，1993）。结合前人研究和我国长期的生态工程实践，分别从生态工程的核心原理、生态学原理、工程学原理和经济学原理四个方面介绍。

2.2.1 生态工程的基本原则

生态工程建设的目的是遵循自然界物质循环规律，提高生态系统的抵抗力、稳定性，因此，生态工程所遵循的基本原则可归纳为整体、协调与平衡、自生、循环再生四个方面。

1. 整体

生态系统是由相互作用和相互联系的若干组成部分结合而成的具有特定功能的整体，其基本特性就是集合性，表现在系统各组分间是相互联系、依赖、作用、制约的不可分割的整体，整体的作用和效应大于各组分之和。

（1）整体论和还原论

还原论方法是自然科学研究最基本方法。还原论者认为复杂系统可以通过它各个组成部分的行为及其相互作用来加以解释。支持还原论的学者，确信整个世界可还原为最简单的要素，因此在研究中习惯于将一个整体按照不同成分要素分开，再进行要素分析、定量表述，从而简化研究，更容易阐述科学结果。

整体论强调系统的整体功能。整体论者认为还原论方法不能揭示复杂系统或有机整体的性质和功能，应该以整体观为指导，在系统水平上来研究区域整体修复。整体理论是综合了解系统，如生物圈、生态系统整体性质以及解决威胁区域乃至全球生态失衡问题的必要基础（钦佩等，2019）。

事实上，整体论和还原论作为两种不同的研究方法，在研究中视情况选择合适的方法。整体论目前只能进行一下初步的研究，了解大致的、整体的规律，要进一步地进行深层次的分析研究，必须使用还原论的方法。

（2）社会–经济–自然复合生态系统

生态工程研究与处理的对象是作为有机整体的社会–经济–自然复合生态系统，或由异质性生态系统组成、比生态系统更高层次水平的景观（钦佩等，2019；白晓慧和施春红，2017）。这个复合生态系统由社会的、经济的、自然的三类亚系统组成，构成了相互联系、相互作用、相生相克的复杂生态关系，包括人与自然之间的促进、抑制、适应、改造关系，人对资源开发、利用、加工、储存、保护与破坏，人类生产和生活活动中的竞争、共生、隶属关系等（钦佩等，2019；马世骏，1983）。

2. 协调与平衡

（1）协调原理

在自然界中，任何一种稳态的生态系统，在一定时期内均具有相对稳定而协调的内部结构和功能。生态系统中物质的迁移、转化、代谢、积累、释放等功能，在空间上、时间上要遵循一定的序列，按一定层次结构来进行且各层次、环节间的量及物质和能的流通量也各有一定的协调比。一个健康的生态系统需要与其他生态系统相互协调。例如，在一个农业景观中，农田和森林之间需要相互协调，以平衡农业生产和自然保护之间的关系。

（2）平衡原理

在某一生态系统内的生物（种类、数量）与非生物环境因素之间，通过相互制约、转化、补偿、交换等作用，在结构、物质和能量流通上达到相对稳定的平衡状态。这种相对稳定状态是依靠系统内的自我调控作用达到的，又称自然生态平衡。

衡量一个生态系统是否处于平衡状态，主要包括结构平衡、功能平衡、收支平衡 3 个方面：①结构平衡：系统中生物种类、数量保持相对稳定，维护与保障物质的正常循环畅通；②功能平衡：系统中生产者、消费者和还原者之间构成完整的、协调的营养级结构；③收支平衡：系统边界物质与能量的输入、输出在数量上基本平衡。

生态平衡是生态系统一种相对稳定的、动态的平衡状态。动态的平衡是因为生态系统是开放系统，它不断地与外部环境进行物质和能量交换，输入与输出在不断地发生变化。一旦维持生态系统平衡的某些因素发生变化，改变原有的平衡状态，生态系统会依靠其自我调控能力进入一个新的平衡状态。

3. 自生

在生态学中，自生原理指的是自然界中所有生态系统都具有自我调适和自我修复的能力，能够维持动态平衡状态。

（1）自组织原理

自然生态系统通过自我设计，能够很好地适应周围环境，同时生态系统演变也能使周围的理化环境变得更为适宜。生态系统的自组织理论是指生态系统通过反馈作用，依照最小耗能原理，建立内部结构和生态过程，并使之发展和进化的行为。自我优化就是具有自组织能力的生态系统，在发育过程中，向能耗最小、功率最大、资源分配和反馈作用分配最佳的方向进化的过程。

（2）自我调节机制

自我调节是指生态系统中的各个生物种群之间相互作用、从而实现内部平衡的调节机制。生态系统的自我调节主要表现在三方面。

1）同种生物种群间密度的自我调节。种群通过自身竞争和阻挡措施控制本种的数量，当它达到生态系统内环境条件允许的最大种群密度值时，种群不再增长；而当超过最大种群密度值时，种群增长将成为负值，密度将下降。种群生态学中的逻辑斯蒂增长方程和曲线，就是对这种种群内自我调节机制的定量描述。

2）异种生物种群之间数量调节。在不同种动物与动物之间、植物与植物之间，以及植物、动物和微生物三者之间普遍存在异种生物种群之间的数量调节。有食物链联结的类群或需要相似生态环境的类群，猎食者对被食者的捕食行为可以保持被捕食物种群数量稳定。

3）生物与环境之间的相互适应调节。生物要经常从所在的生境中摄取需要的养分，生境则需对其输出的物质进行补偿，二者之间进行物质输出与输入的供需适应性调节。

4. 循环再生

生物的生存、繁衍和发展，都离不开物质在各类生态系统中、生态系统间的小循环和在生物圈中的生物地球化学大循环。物质循环是能流过程中从有序的能向无序能（熵）的直线变化中的一个漩涡或干扰，将能转变为熵，是阻滞熵变的。从物质生产和生命再生角度看，物质循环的每个环节都是为物质生产或生命再生提供机会，促进循环就可更多发挥物质生产潜力，提供生物生长繁衍的条件。

2.2.2 生态工程的生态学原理

生态学原理是生态工程的首要理论基础，在生态工程建设与应用当中必须遵循生态学的一些基本原理。

1. 物种共生原理

自然界任何一种生物都不能离开其他生物而单独生存和繁衍，生物之间的关系可分为竞争抗生与互惠共生两大类（江伟钰等，2005）。一般用"+"号代表一种生物对另一种生物有利，"-"号代表一种生物对另一种生物有害，"0"号代表一种生物对另一种生物没利也没害。表 2-1 是表示 A、B 两种生物的关系分类。

表 2-1　自然界生物间相互关系

A 生物	B 生物	相互关系	作用特征
+	+	互惠共生、协作	互利
+	0	偏利共生	偏利
0	0	零关系	无作用
0	-	他感	抗生
+	-	捕食、寄生、草食	捕食、寄生
-	-	捕食、寄生	捕食、寄生

来源：钦佩等，2019

2. 生态位原理

生态系统中各种生态因子都具有明显的变化梯度，这种变化梯度中能被某种生物占据利用或适应的部分称之为生态位，它是生物种群所占据的基本生活单位。生态位是普遍的生态学现象，每一种生物在自然界中都有其特定的生态位。在生态工程设计、调控工程中，合理运用生态位原理，可以构成一个具有多样化种群、稳定而高效的生态系统。

3. 食物链原理

在自然生态系统中，由生产者、消费者、分解者所构成的食物链，从生态学原理看，它是一条能量转化链、物质传递链，也是一条价值增值链。这种食物链关系使得生态系统维持着动态平衡。生态学研究的物质、能量也是在这种食物链构成的食物网络中转化和传递的。加强食物链原理在生态工程中的科学应用，对提高人工生态系统的功能十分重要。

4. 限制因子原理

温度、土壤、水分、养料、光照、空气和其他相关生物等对生物生长、发育、生殖、行为和分布有直接或间接影响的环境要素称之为生态因子，这些生态因子是彼此联系、相互制约、相互促进的（白晓慧和施春红，2017）。一种生物的生存和繁荣，必须得到其生长和繁殖所需要的各种基本物质（岳天祥，1991），在"稳定状态"下，当某种基本物质的可利用量小于或接近所需的临界最小量时，该基本物质便成为限制因子（钦佩等，2019）。耐受性定律和最小因子定律合称为限制因子原理。

（1）最小因子定律

1840 年德国化学家 Liebig 提出"植物的生长取决于那些处于最少量因素的营养元素"，被称为"Liebig 最小因子定律"。Liebig 在后来的研究中指出，在实践应用中，Liebig 定律只能严格地适用于稳定状态，即在能量和物质的流入和流出是出于平衡的情况下才使用，同时还要考虑因子间的替代作用。

（2）物种耐性定律

1913 年生态学家 Shelford 指出，生物的生存需要依赖环境中的多种条件，而且生物对环境因子的耐受性是有上限和下限的，被称为"Shelford 耐受性定律"。任何一个生态因子在数量或质量上的不足或过多、接近或达到某种生物的耐受上下限时，就会使该生物衰退或不能生存下去。由于环境因子的相互补偿作用，一个种的耐性限度是变动的，当一个环境因子处于适宜范围时，物种对其他因子的耐性限度将会增大，反之则会下降。

5. 生物与环境协同进化原理

生态系统作为生物与环境的统一体，既要求生物要适应其生存环境，又同时伴有生物对生存环境的改造作用，这就是协同进化原理。协同进化原理认为生物不是被动地受环境作用和限制，而是在生物生命活动周期中，通过排泄物、尸体、残体等释放能力、物质于环境，使得环境得到物质补偿，保证生物的延续，因此，生物与环境是相互依存的整体。

2.2.3　生态工程的工程学原理

生态工程是把人类的生产生活需求与生态环境统一起来考虑，主要目的是人工生态系统的建造和调控。钱学森教授给"系统"所下的定义是"由相互作用和相互依赖的若干组成部分结合而成的具有特定功能的有机整体"。因此，生态工程的应遵循以下原理。

1. 系统的整体性原理

系统的整体性原理指系统要素之间相互关系及要素与系统之间的关系以整体为主进行协调，局部服从整体，使整体效果为最优。作为一个稳定高效的系统必然是一个和谐的整体，各组分之间必须有适当的比例关系和明显的功能分工与协调，只有这样才能使系统顺利完成能量、物质、信息、价值的转换和流通。生态工程设计和建造过程中，一个重要任务就是如何通过整体结构而实现人工生态系统的高效功能。

2. 功能的综合性原理

人工建造生态系统的重要目标是要求其整体功能最高，即使系统整体功能

大于组成系统各部分之和，具体公式为

$$\bar{\omega} > \sum_{i=1}^{n} p_i (i = 1, 2, 3, \cdots, n)$$

式中，$\bar{\omega}$ 表示系统的总体功能；p_i 代表组成系统的各组分的功能。

当 $\bar{\omega} = \sum_{i=1}^{n} p_i$ 时，说明综合动能等于零，也就是这种系统的综合功能由于不合理而没有体现出来。

当 $\bar{\omega} < \sum_{i=1}^{n} p_i$ 时，说明系统结构各组分不合理而产生拮抗作用，也就是我们常说的内耗。

从系统功能的整体性来说，系统要素的功能必须服从系统整体的功能，否则，就要削弱整体功能，从而也就失去了系统功能的作用。

3. 结构的有序性原理

一个系统必须具备自然或人为划定的明显边界，边界内的功能具有明显的相对独立性。同时，每一个系统本身一定是由两个或两个以上的组分构成。生态工程实施中必须遵循生物与环境统一的原则，对环境与生物进行充分协调与选择，不但要考虑生物之间的和谐有序，还要考虑环境与生物的相关关系，从而建造一个和谐高效的人工生态系统。因为生物只能在适宜的环境条件下才可以体现其最高生物产量，同时，生物对环境质量也相应有最佳的改善与提高。

4. 人工调控原理

在生态工程的建设中，人工调控必须与系统内部的自然调控相结合，人工调控途径按其调控对象分为环境调控、生物调控、结构调控、输入输出调控和复合调控等。

1）环境调控。改善生态环境，满足生物生长发育的需要，如植树造林，覆盖地膜等。

2）生物调控。通过良种选育、杂交良种应用和遗传与基因工程技术，创造转化物质与废弃物效率高、能适应外界环境的优良物种。

3）结构调控。通过调整生态系统结构，可以改善系统中能量与物质的流动与分配，增强系统的机能。

4）输入输出调控。通过人为控制生态系统环境中输入的肥料、水源、土壤和种子等的品质与数量，来改善生态系统功能。

5）复合调控。综合考虑自然环境和各种社会条件，如政策与法律、市场交易和交通运输等，实现自然调控与社会调控相结合。

2.2.4 生态工程的经济学原理

生态工程的实质是遵循自然界物质循环的规律充分发挥生产潜力，实现经济的可持续发展。因此，经济学是生态工程的理论基础之一，生态工程建设与设计应当遵循以下原理。

1. 自然资源价值原理

自然资源能够给人类社会带来巨大的收益，因此它是有价值的资产，资源价值是资源资产所有权的经济权益的重要体现。自然资源开发具有双重效应，资源开发推动经济增长是要付出环境生态代价的。在宏观发展战略的把握上，应该寻求资源开发过程中生态与经济的最佳平衡，以最小的投入获取最大的收益，并尽可能减少其生态环境负面效应。

2. 生态经济平衡原理

生态经济平衡是指生态系统及其物质、能量供给与经济系统对这些物质、能量需求之间的协调状态，是生态平衡与经济平衡的协调统一。生态工程所涉及的生态系统可持续发展不仅要靠其自身的调节，而且还要靠经济力量促进。在解决生态环境问题的同时，生态工程的设计和运行还应注意因地制宜地发挥当地自然资源和社会经济资源的优势，使其所涉及的生态经济系统结构得到进一步优化，功能得到进一步提高。

3. 生态贡献价值原理

生态系统贡献价值包括在维持大气和水生态环境质量、控制洪水、维持物种遗传库以及食物网和营养循环等方面的支持作用。生态系统贡献价值大小与其在整个系统中的物理、化学和生物作用直接相关，对贡献值评估需要理解生态系统在一个综合生态经济系统中的作用及其对扰动的反应能力，采用"生态–经济"模型评估时，模型描述的详细程度和分辨率必须能够评估对经济上重要的生态系统商品输出和便利设施的影响。

4. 生态经济效益原理

生态经济效益是评价各种生态经济活动和工程项目的客观尺度，对任何一项环境生态工程项目都需要进行近期和长期的生态经济效益的比较、分析与论证，在解决环境问题的同时，取得最佳生态经济效果，促进社会经济发展。生态工程建设的目标是在环境与生物、人类与社会之间构建一个具有较强的生物自然再生和环境自然净化、物质循环利用及社会再生产能力的系统。

2.3　生态调控方法

生态调控是指为了维护生态系统的平衡，促使系统向更有序的、稳定的高级方向发展，采取行政、立法、科技、经济、教育宣传及规划等方式，通过保护、修复治理工程等综合措施，对生态系统的空间布局、结构与功能等进行调节控制。

2.3.1　生态安全格局构建和优化

通过区域生态安全格局的构建，可以达到对特定生态过程的有效调控，从而保障生态系统功能及服务的充分发挥。

1. 构建和优化生态安全格局逻辑思路

生态安全格局的构建模式仍在不断完善，目前最常用的是"源地—廊道"的组合方式识别、构建生态安全格局，初步形成区域生态安全格局的构建范式（彭建等，2017），具体可以概括为以下三大基本步骤。

一是源地的确定。将对区域生态过程与功能起决定作用以及对区域生态安全具有重要意义或者担负重要辐射功能的生境斑块，识别为确保区域生态安全的源地。

二是廊道的识别。生态廊道是指生态网络体系中对物质、能量与信息流动具有重要连通作用，尤其是为动物迁徙提供重要通道的带状区域。

三是重要节点的设置。阻力面在源地所处位置下陷，在最不容易到达的区域高峰突起，两峰之间会有低阻力的谷线、高阻力的脊线各自相连；而多条谷线的交汇点，以及单一谷线上的生态敏感区、脆弱区，则构成影响、控制区域生态安全的重要战略节点。

2. 构建和优化生态安全格局的模型方法

随着"3S"等新技术的深层开发与应用，生态安全格局构建的方法与手段更趋多样化、简便化与精确化。

（1）最小累积阻力模型

"源地识别—阻力面构建—廊道提取"的研究框架是构建生态安全格局的典型范式，通过建立反映物种空间运动趋势阻力面来判断生物物种的空间安全格局，这一阻力面可用最小累积阻力模型构建：

$$\mathrm{MCR} = f_{\min} \sum_{i=m, j=n} (D_{ij} \times R_i)$$

式中，MCR 为最小累积阻力值；f 为最小累积阻力与生态过程的正相关关系；D_{ij} 为物种从源 j 出发到达景观单元 i 的空间距离；R_i 为景观单元 i 对某物种运动的阻力系数。

最小累积阻力模型综合考虑了景观单元之间的水平联系，相比于传统的概念和数学模型，该模型能较好地反映景观格局变化与生态过程演变之间的相互作用与关系，具有良好的实践性与扩展性，在格局构建和优化工作中应得到进一步广泛应用。

（2）马尔可夫（Markov）模型

马尔可夫模型是一种基于转移概率的数学统计模型，由于土地利用的动态演化过程具有较明显的马尔可夫性质，可以利用土地利用类型的状态转移概率（不同用地类型之间相互转换的面积数量或比例关系）来对土地利用的面积进行预测，模型公式如下：

$$S_{t+1} = P_{ij} \times S_t$$

$$P_{ij} = \begin{bmatrix} P_{11} & P_{12} & \cdots & P_{1n} \\ P_{21} & P_{22} & \cdots & P_{2n} \\ \vdots & \vdots & \ddots & \vdots \\ P_{n1} & P_{n2} & \cdots & P_{nn} \end{bmatrix}$$

$$P_{ij} \in [0,1), \sum_{i,j=1}^{n} P_{ij} = 1 (i,j = 1,2,\cdots,n)$$

式中，S_t，S_{t+1} 分别为 t、$t+1$ 时刻的土地利用状态；P_{ij} 为状态转移矩阵；n 为土地利用类型。

预测土地利用变化时常常要考虑时间间隔对土地利用转移的影响，因此引入土地利用动态度来对状态转移矩阵进行改进。改进后的转移矩阵为

$$P'_{ij} = K \times T_2 \times P_{ij}$$

$$K = \frac{(S_2 - S_1)}{S_1} \times \frac{1}{T_1} \times 100\%$$

式中，K 为土地利用动态度；S_1、S_2 分别为期初和期末的某类土地利用类型的面积；T_1 为期初年份和期末年份的间隔数；T_2 为预测年份和基准年份的间隔数。需要说明的是，P'_{ij} 中的 P_{11}，P_{22}，$\cdots$，P_{nn} 为不变土地面积，因此不需要与土地利用动态度相乘计算。

根据新修订的 P'_{ij} 值，可以计算出预测年份与基准年份的土地利用转移矩阵，从而得出各类土地利用类型的面积。

$$S_{t+1} = P'_{ij} \times S_t$$

改进后的马尔可夫模型在预测土地利用数量规模上具有明显的优势，一方面既考虑了前一时段的土地利用现状，又考虑了不同土地利用类型之间的转换概率；另一方面还充分反映了时间间隔对土地利用变化预测的影响。

（3）CLUE-S 模型

CLUE-S 模型是在 CLUE 模型的基础上改进而成的，适用于小区域的模型。CLUE-S 模型内，以栅格为研究单元，栅格上的土地利用类型表示栅格的土地利用状况。

在 CLUE-S 模型中，需要通过 Logistic 回归方程求得各类用地的发展概率，利用邻域相关构建空间自相关权重的 Auto-Logistic 模型在求得各地类发展概率方面较一般的 Logistic 模型具有更好的预测能力。Auto-logistic 一般表达式

如下：

$$\log \frac{P_i}{1 - P_i} = \beta_0 + X\beta + \gamma \sum_{j=1}^{n} y_i W_{ij}$$

$$W_{ij} = \frac{\sum_{n=1}^{N} S_{jn}}{N}$$

式中，X 代表由一系列驱动因素构成的向量；y_i 代表事件的状态，为二值变量；W_{ij} 代表空间权重值；S_{jn} 为栅格 j 周围每个邻域栅格与 j 的相似性，用地类型相同为 1，否则为 0；N 为邻域栅格 j 的邻域总数；β、β_0 为模型参数。

（4）PLUS 模型

PLUS 模型是基于元胞自动机的一种斑块生成土地利用变化模型，集成了基于土地扩张分析策略（LEAS）的规则挖掘框架和基于多类型随机种子（CARS）的 CA 模型，该模型可以挖掘土地扩张和景观变化的驱动因素，更好地模拟土地利用斑块的产生和演化。LEAS 综合了转化分析策略（TAS）和格局分析策略（PAS）的优势，采用随机森林算法对扩张部分进行采样，对驱动因子和扩张因素进行挖掘，计算出各地类的发展概率和驱动因子对用地扩张所做的贡献。CARS 模块结合了随机种子和阈值递减机制，在发展概率的约束下，对未来景观格局进行模拟预测。

2.3.2 生态基础设施建设

生态基础设施是保持、改善和增加生态系统服务必备的一系列条件和组合，其类型包括城市绿地、湿地、农田、生物滞留池、绿色屋顶等自然和半自然系统，是城市可持续发展的重要保障和支撑（韩林桅等，2019）。

1. 径流滞蓄

植被种类选择、基质填料筛选与生态基础设施结构坡度设计是当前生态基础设施径流滞蓄功能与技术提升的主要措施。

（1）植被种类选择

抗旱能力和持水性能是选择植被种类的主要指标标准，兼顾不同气候条件下的适宜性。植被的种类是主要的选择标准，并且要考虑植被在不同气候条件下的适宜性。Vijayaraghavan（2016）研究发现，在亚洲芦苇、灯草、香蒲属和荸荠属植被较为常见；而在世界范围内，常用抗旱能力强的景天属植物布设简单式绿色屋顶。

（2）基质填料筛选

在基质中添加有机物、增加基质层深度均可以提高基质的持水性能，增加绿色屋顶的雨水保留率从而减小雨水径流（韩林桅等，2019）。有研究表明，生物炭和有机膨润土提升了基质的物理结构和持水性，并在降雨期间提高了基质的养分保留能力和酶活性调节能力（谢鹏，2023）。

（3）生态基础设施结构坡度设计

绿色屋顶设计应着重考虑结构稳定性和实用性，坡度较大、结构容易滑落、抗风性较低、不利于保留雨水的，不能实施绿色屋顶。因此，减小屋顶坡度等措施可以增加绿色屋顶的雨水保留率，从而减小雨水径流。

2. 水质净化

水文状况、进水方式、植被和填料选择是决定生态基础设施污染物去除效率的主要因素。

（1）水文循环调控

水文状况影响生物群落的组成和生物化学过程，以及污染物的迁移。常见的水文循环调控措施，有采用"蓄、净、用、排"的雨水管理模式，对城市绿地雨水系统进行净化（杨帆和邓宏，2019）；还有利用生态河道–湿地–人工回灌系统的建设，通过絮凝沉淀及人工湿地的多级净化后，经渗滤池渗透补给地下水，治理污染河道并改善水生态（唐双成，2016）。近年来利用浮动介质反应器和电化学方法去除污染物的研究逐渐增多（韩林桅等，2019）。

（2）植被选择

去除污染物能力是植物净化水质的关键，常根据不同的污染类型选择不同吸附性能的植被。对污染物的吸附能力高或是去除效率相对较高，是植被选择的标准。氮高效净化植物主要有沉水植物中的粉绿狐尾藻和挺水植物中的美人蕉、芦苇、芦竹、水葱、慈姑、菖蒲等；磷高效净化植物主要属于漂浮植物和挺水植物，可选择的植物有凤眼莲、大薸、泽泻、菰等。漂浮植物在去除水中多种重金属方面具有明显优势，凤眼莲、大藻、浮萍、紫萍对很多重金属的去除率可达到或接近90%（陈琳等，2022）。

（3）基质选择

选择合适的基质材料，是提高人工湿地净化污水能力的关键措施。由于具有微生物附着的活性表面以及高渗透系数，复合基质的吸附能力优于单一基质。天然材料、人工材料和工业废料是目前基质主要来源，并且经济、环保的材料越来越受欢迎。

3. 气候调节

目前生态基础设施气候调节功能的研究对象主要为绿色屋顶与可渗透路面。

（1）绿色屋顶设计

绿色屋顶气候调节功能的主要影响因素包括植被、基质以及灌溉与排水系统。植被的选择标准主要包括耐旱、耐贫瘠、快速繁殖、无需维护等特征，多种植被的混合种植可以加强绿色屋顶的实施效果。基质的持水性能、吸附能力以及基质的体积、深度对基质中水分和养分的影响也会进一步影响植被的生长状况。排水系统的使用可以为绿色屋顶系统提供水气平衡，而灌溉系统可以增加绿色屋顶的蒸发量从而提高绿色屋顶的降温效果。

（2）可渗透路面设计

可渗透路面的气候调节功能主要通过增加路面水分蒸发量和减少太阳辐射吸收量来实现，主要措施为在路面材料中添加高热容材料增加表面蓄热能力或透水/保水性添加剂增加蒸发水量，以及增加路面反照率或增加植被或人工遮阳设备来减少对太阳辐射的吸收量。

2.3.3 再野化与荒野保护

荒野保护和再野化是目前国际上生态保护修复领域的前沿和热点，是近年来兴起的一种生态保护修复新方法，旨在通过减少人类干扰，提升特定区域中的荒野程度，以提升生态系统韧性和维持生物多样性，使生态系统达到能够自我维持的状态。

1. "3C" 再野化模式

北美的再野化可以概括为"3C"模式，即强调核心区（core）、生态廊道（corridor）和食肉动物（carnivore）（罗明等，2019）。再野化针对受人类干扰较大的区域，致力于通过一系列措施提升并恢复景观的荒野程度，并在区域尺度中将荒野地联通起来，从而有效保护生物多样性与生态系统完整性。黄石国家公园对狼的重新引入是北美再野化实践的一个经典案例。1926 年，狼在黄石国家公园里绝迹，天敌的减少导致当地赤鹿数量激增，生态平衡遭到破坏。1995 年再次引入狼群，赤鹿数量开始减少并趋于平稳，并且改变了行为模式，致使黄石国家公园的生态系统结构和功能趋于完整，生态系统逐渐恢复到健康状态（杨锐和曹越，2019）。

2. 被动式管理模式

欧洲再野化实践侧重于乡村人口减少和农用地废弃后的一种可能的土地管理方式，通过再野化能够创造新的荒野地，同时降低人类控制程度、开展被动式管理，最终为生物多样性和人类带来益处。在欧洲，再野化通常发生在撂荒农田、废弃矿山等区域，这些再野化行动通过恢复物种和生态过程来减轻现在和过去的人类活动对生态系统的干预和影响，进而提升自然生态系统的荒野程度，并维持或增加生物多样性。欧洲建立了 8 个再野化试点区域，每个试点区域均设置了再野化的 10 年愿景，并在物种重引入方面开展科学研究，促进自然主导的生态修复，并将利益相关方纳入实践。

3. 基于复杂性理论的 "TSD" 模型

Perino 等（2019）基于社会生态系统弹性与复杂性理论提出了 "TSD" 模型（T：trophic complexity，营养级复杂性；S：stochastic disturbances，随机扰动；D：dispersal，扩散），强调对废弃景观生态退化的被动管理，因而也称为"被动再野化"（passive rewilding）。"TSD"模型的直接目的是恢复生态功能，而非恢复特定生物多样性，因此是一种生态再野化（ecological rewilding），其行为主要包括建立禁猎区、低干预林业管理、剥离农业用地、移除扩散障碍物和恢复自然洪水区（王宏新等，2021）。

4. 山水林田湖草沙保护与修复实践

中国被定义为"巨型荒野国家"之一（Watson et al.，2018；Cao et al.，2019）。相对于荒野保护而言，国内再野化相关研究成果更加缺乏。中国猫科动物保护联盟于 2017 年启动的"带豹回家，修复华北荒野"项目，是国内较早开展的区域尺度系统性再野化的实践探索，该项目旨在修复太行山地区的荒野质量与生物多样性，同时助力华北豹的自然扩散。总体而言，我国已经开展了若干与再野化相关的实践项目，包括退耕还林、退牧还草、退耕还湿、物种重引入、生态廊道建设、生态移民、近自然林业等，但尚未出现系统性、长期性的再野化研究与实践项目。

我国山水林田湖草沙生态保护修复项目的根本目的是生态保护修复，包含了生物多样性保护目标，遵循"生命共同体""遵循自然规律"原则，强调"保护优先，自然恢复为主""采用近自然方法"，与强调过程导向、自然力量占主导的国际再野化实践在理念、目标、内容和方法等方面具体一致性（杨锐和曹越，2019）。因此，我国可基于现有山水林田湖草沙生态保护修复项目，提炼适应于中国特色的再野化与荒野保护模式。

2.3.4 多尺度生态修复模式

生态修复是指对已退化、损害或彻底破坏的生态系统进行恢复的过程，其修复对象不仅包括生态系统结构和功能，也包括提升生态系统服务。

1. 宏观尺度：优化生态安全格局

随着生态学、区域生态学、景观生态学等学科发展，政策制定者、学术研究人员等逐渐认识到生态保护修复的关键在于维护区域整体的生态安全格局，重点在于生态过程的保护与修复，生态修复工程的实施也逐渐向宏观尺度延展。宏观尺度的生态修复，重点落实生态保护红线，通过"点、线、面"相结合模式，构筑优化全域生态安全格局，加强以国家公园为主体的自然保护地体系建设，建设生态廊道，整体协调生态斑块、生态廊道、生态基质的空间布局，使得生态资源的生态功能得到最大程度的发挥，为宏观层面的生态修复奠定基础。

2. 中观尺度：生态功能分区管控

生态功能的提升取决于生态系统结构、过程的整体保护与系统修复，加强生态功能分区管控，进行生态敏感性、生态功能重要性评估，并根据评估结果细分生态功能分区，结合不同生态功能分区特征，制定生态修复策略和技术模式（表2-2），提升生态修复针对性。

表2-2　不同生态功能类型区主要修复模式

生态产品供给类型	修复重点	主要修复模式
水源涵养功能类型区	林草植被修复	建设水源涵养林，选择乡土树种，改良土壤基质
	湿地修复	疏浚淤泥，补给水体沉积物，增强湿地水源涵养功能
	废弃矿山修复	实施崩塌、滑坡地质灾害治理、边坡整形、废渣清理、采坑回填、客土覆盖、场地平整、挡渣墙、截排水沟、种植经济林、灌溉工程等措施，修复损毁山体
水土保持功能类型区	林草植被修复	采取人工造林或飞播造林种草、封山育林育草等林业措施，开展乔灌草结合营造水土保持林，快速恢复植被
	湿地修复	湿地生境修复：湿地基底恢复、湿地水状况恢复和湿地土壤恢复；湿地生物修复：物种选育和培植技术、物种引入技术、物种保护技术、种群种间调控技术
	流域综合治理	农林业模式、经济林（作物）模式、生态农业模式、林草模式、传统农业模式等
	废弃矿山修复	采取物理改良、化学改良和生物改良相结合的方式进行土壤改良，恢复植被，采取梯式动态复垦等方式进行土地复垦
	农用地整治	修建梯田、坡耕地治理、淤地坝、治沟造地
防风固沙功能类型区	土地沙化治理	实施沙地及干旱阳坡综合治理工程，通过采取网格治沙造林、客土造林、多年生容器苗造林等措施，采用植物再生沙障技术、新型高分子与沙生植物种植相结合固沙技术等
	森林生态系统修复	采取人工造林、干旱阳坡造林、稀疏林地补植补造、封山育林等方式恢复植被
	草地恢复治理	实施草场改良和人工种草，实行围封禁牧、划区轮牧、季节性休牧、舍饲圈养等措施，保护和恢复草原植被。在草地退化严重、出现流动沙地的区域实施网格化治沙项目
	合理利用水资源	控制高耗水农作物面积和用水量

生态产品 供给类型	修复重点	主要修复模式
生物多样性保护功能类型区	优化生物多样性网络	斑块–廊道–基质、景观格局优化技术、生态廊道建立
	林草植被修复	实施低效林及退化草地修复改造工程，提高整体生物量，修复野生动植物生境
	湿地修复	湿地生境修复：湿地基底恢复、湿地水状况恢复和湿地土壤恢复；湿地生物修复：物种选育和培植技术、物种引入技术、物种保护技术、种群种间调控技术；生态系统结构与功能修复：生态系统总体设计技术、生态系统构建与集成技术
	水土污染治理	采取植物、生物措施，降解水土污染物，改善动植物生境

3. 微观尺度：生态要素修复

山水林田湖草沙要素之间在景观尺度上是高度关联的，因此，生态修复和重建应从自然地理规律出发，科学评判区域地带性植被的种植适宜性，在厘清自然资源要素相互作用关系及其资源环境效应的基础上，确定适于本地自然地域条件的恢复方式和山水林田湖草沙空间配置模式。

（1）山体修复

针对山体现状资源禀赋以及受损情况，开展生态修复：①矿山修复——加强受损山体修复和保育，恢复植被，防止滑坡、泥石流等地质灾害；②生态复绿——加强裸露山体的植被绿化，村庄、道路、山体三者点、线、面互动，种植乡土适生植物，重建植被群落，提高森林覆盖率；③景观绿化——依自然山形轮廓，对周边景观构筑物进行修复美化，打造郊野公园等新的功能片区。

（2）水生态修复

水生态修复，主要是指对受损、退化或被破坏的水域生态系统进行的修复恢复过程，这些水域既包括河流，又包括湖泊水库，还有海洋。水生态修复应该是河湖生态系统的整体修复，修复任务应该是包括水文、水质、地貌和生物在内的全面改善。目前常见的生态水修复技术主要有三种方式：物理方法、化学方法，以及生物生态方法，主要通过工程、物理、化学、生物和管理等技术，进行重建、改进、修补、更新、再植等。

（3）森林生态系统修复

受损林地的修复措施主要有林分结构改造修复、采伐更新修复、补植补造、抚育复壮修复、病虫害防治、林地管理修复等。常用的受损林地修复技术包括土壤基质修复技术、造林技术和树木种植技术。土壤基质改良应依据土壤特性和植被自然恢复的规律，以生物修复为主，以物理和化学修复为辅。植物筛选方面，在林地植被修复过程中应遵循自然演替规律，采用不同演替阶段的"乡土"物种对受损林地进行植被恢复。

（4）农田生态系统修复

农田生态系统修复主要是通过木本植物带、防风林、草带、森林等多种方式，在农业生产环节进行生态工程建设，重建农业生态系统，修复生态环境，保护和改善农业生态环境。通过农田林网建设改善农田小气候，改良土壤，提高肥力，减轻干热风和倒春寒、霜冻、沙尘暴等灾害性气候危害，减少水土流失。

（5）草地生态系统修复

针对退化的草原生态系统，常用的恢复措施包括工程措施、农艺措施、养护管理等。工程措施是指通过采取围封禁牧、振动深松等工程改造的方式进行草原生态治理。农艺措施指通过补播草种、施肥、除杂、灌溉、松土、鼠虫害治理、植被重建等综合手段，进行草原改良。管护措施是相对综合的措施，针对家畜超载作为草原退化的主要原因，开展以草定畜，落实禁牧、休牧、轮牧等利用制度。

（6）沙地生态系统修复

沙地生态系统的修复主要包括封沙育林育草、荒漠植被改良、防风固沙林带建设和水资源管制 4 项措施。封沙育林育草即在原有植被遭到破坏或有条件生长植被的地段，设置围栏，实施封禁，使天然植被逐渐恢复。荒漠植被改良的关键在于防风固沙以及引水灌溉，保护已有植被，并且有计划地栽培沙生植物，引入荒漠藻类进行治理。建设防风固沙林带，选取当地野生荒漠植被的优势物种，采用开挖水平沟方式栽植，营造以旱生灌木和乔木混交为主的防风固沙林带。水资源管制，主要针对荒漠化地区的地下水、降水和冰川融化采取不同的利用方式，引导水资源节约高效利用，实施有力的技术手段加强管理。

(7) 湿地生态系统修复

湿地修复包括湿地生境恢复、湿地生物恢复、生态系统结构与功能恢复三项技术。湿地生境恢复是指通过采取各项技术措施来增加生境的稳定性，主要包括湿地基底恢复、湿地水状况恢复和湿地土壤恢复等。湿地生物恢复技术，主要利用植物等生物对受损的湿地生态系统进行自然化的过渡，包括物种选育和培植技术、物种引入技术、物种保护技术、种群种间调控技术等。生态系统结构与功能恢复是以恢复生态学、景观生态学和生态规划为理论依据制定的，主要包括生态系统总体设计技术、生态系统构建与集成技术等。

2.3.5 全过程适应性管理

生态系统适应性管理是以生态系统可持续性为目标，通过监测、评估、调控等一系列综合活动，不断探索认识生态系统内在规律从而协调人与自然关系的过程，即通过有意识的人为活动建立对生态系统的适应性并提升生态系统的恢复力（王祺等，2015）。

1. 不确定系统的适应性管理模型

不确定系统的适应性管理模型（planning and learning for uncertain systems，PLUS），基于马尔可夫决策过程（POMDP）的框架，利用贝叶斯风险最小化的启发式方法，克服模型不确定性下决策的计算复杂性，允许将不确定性合并，以人口动态模型的概率分布形式表示历史观测值，在出现一组新的观测值时自适应地更新模型并降低不确定性，目的是找到一个最优决策。

2. 绿色生态规划适应性模型

绿色生态规划适应性模型（I-NATURE）是一个开放系统，不断与外界环境进行物质、能量、资源和信息的交换，表现出对外界变化的自发应对能力，并产生对新功能和新机制的调整，使新的功能和需求建立起新的适应关系。这个具有自适应和自组织能力的复杂系统，包含诸如产业系统、自然系统、建筑系统交通系统、城市空间系统、能源与资源系统等多个个体，通过自发地调整组织内容、优化结构和发挥潜能，形成与功能需求和环境变化相适应的机制，修复被破坏的山体、河流、植被等自然要素。

3. 压力–状态–响应模型

20 世纪 80 年代，经济合作与发展组织和联合国环境规划署共同开发出"压力–状态–响应模型"（pressure-state-response model，PSR 模型），从人与自然环境相互作用的关系出发，对经济与环境之间的内在逻辑关系进行解读，客观诠释了可持续发展中人类活动与资源环境之间的相互依存、相互制约的关系和影响（图 2-1）。近年来，越来越多的学者以 PSR 模型的分析思路为核心来讨论生态系统对环境变化的适应机理。PSR 模型通过压力指标、状态指标和响应指标综合表征人类的活动对资源环境造成的压力和随之所做出的反应。

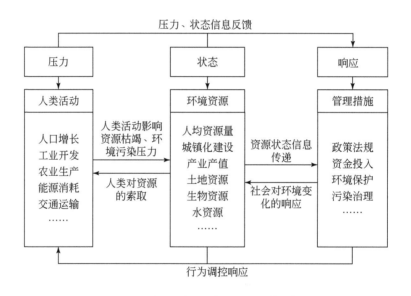

图 2-1　压力–状态–响应（PSR）模型框架

4. 基于自然的解决方案

2016 年的世界保护大会上，世界自然保护联盟（IUCN）明确 NbS 的定义，即"通过保护、可持续管理和修复自然或人工生态系统，从而有效和适应性地应对社会挑战、并为人类福祉和生物多样性带来益处的行动"。2021 年，自然资源部与世界自然保护联盟联合发布《IUCN 基于自然的解决方案全球标准》《IUCN 基于自然的解决方案全球标准使用指南》中文版，以及《基于自然的解决方案中国实践典型案例》。

世界自然保护联盟（IUCN）提出的基于自然的解决方案（NbS）主要有 8 项基本准则：①应有效应对社会挑战；②应根据尺度来设计 NbS；③应带来生物多样性净增长和生态系统完整性；④应具有经济可行性；⑤应基于包容、透明和赋权的治理过程；⑥应在首要目标和其他多种效益间公正地权衡；⑦应基于证据进行适应性管理；⑧应具可持续性并在适当的辖区内主流化。

在中国，NbS 理念与中国从古至今强调的人与自然和谐思想是一脉相通的。从中国古代"天人合一""道法自然"的自然哲学观到全球重要农业文化遗产"桑基鱼塘"人工生态系统的构建，再到当今国家生态文明建设思想和"山水林田湖草生命共同体"理念，反映出中国在历史发展道路上不断探讨人与自然、生态保护与发展之间的辩证关系并持续付诸实践的过程。

2020 年，自然资源部、财政部和生态环境部联合印发《山水林田湖草生态保护修复工程指南（试行)》，明确要求遵循自然生态系统的整体性、系统性、动态性及其内在规律，用基于自然的解决方案，综合运用科学、法律、政策、经济和公众参与等手段，统筹整合项目和资金，采取工程、技术、生物等多种措施，对山水林田湖草等各类自然生态要素进行保护和修复，实现国土空间优化，提高社会–经济–自然复合生态系统弹性。目前常用的 NbS 概念下的生态调控方法，主要包括以下五类（表2-3）。

表2-3　NbS 概念下的生态调控方法与示例

方法	内容	示例
生态系统恢复方法	根据生态学原理恢复生态系统的完整性和功能性，或以生态工程促进资源循环利用	森林景观恢复，人工湿地进行废水处理和循环
针对生态系统特定问题的方法	有针对性地增强生态系统，从而减缓气候变化，改善社区对气候变化的适应能力，降低自然灾害风险	红树林保护降低海啸破坏力，减轻海啸灾难
基础设施的有关方法	采用建设绿色基础设施或自然基础设施等措施，保护、恢复和增强具备基础设施功能的生态系统和生态系统服务	自然基础设施和绿色基础设施方法
基于生态系统管理的方法	综合规划和治理整个生态系统，不限于局部地区和生态学层面，综合经济学、社会学和政策研究。通常应用于学术研究和政策制定	综合海岸区域管理和综合水资源管理
生态系统保护方法	以设立自然保护区的形式保护重要生态系统	建立国家公园体系

2.4　生态工程模型

从系统的观点来看，生态工程涉及自然-经济-社会复合生态系统和水、空气、土壤、生物等多类型生态要素，是极为复杂的一项活动，需要在现代科学技术的支持下进行模拟，以简化其过程和消除冗余因素，提高决策效率。生态工程模型就是模拟预测工程实施效果、支撑修复决策的必要手段。

2.4.1　生态工程模型概述

模型是对复杂系统的简化描述，能够抽象、概括问题的轮廓和系统的主要特征，为深入研究和管理提供指引方向（钦佩等，2019）。根据模型构建的原理和描述方法，生态工程模型通常可分为概念模型、物理模型和数学模型等。

1. 概念模型

概念模型又称为文字模型，通常采用符合生态学习惯的、定性的图表或文字等形式，描述生态系统中细分后的每一个生态过程，阐述最符合模型目标的组织层次。这是建立数学模型的基础和起点。

2. 物理模型

通常是一种实物模型，是根据相似原理，把真实事物按比例放大或缩小制成的模型，其状态变化和原本事物基本相同，可以模拟客观事物的某些功能和性质。

3. 数学模型

数学模型是根据系统内物质或能量流动特点而建立的数学方程或计算机程序，并采用一定的数值方法求解。数学模型是现实系统的抽象描述，具有敏感性、稳定性、反馈与控制等特征。生态系统各个组成之间的生态过程和相互作用，事实上是一种控制和反馈控制的体现，因此可以通过对数学模型控制和反馈控制的研究揭示生态系统各组分之间的相互作用。总体而言，数学模型在生态工程模拟过程中应用较为广泛。

2.4.2　主要数学模型

数学模型可以更进一步分为统计模型和机理模型。统计模型是基于经验数据建立的描述性模型，各个变量之间的因果关系具有不确定性；机理模型则是基于生态过程原理建立的描述各种物理、生物、化学过程的模型，能够反映生态过程中各变量之间的因果关系。

1. 种群动态模型

种群动态模型是研究种群的消长以及种群消长与种群参数间数量关系的数学模型。主要包括单种种群模型、两种种群相互作用模型、捕食模型等类型。其中，单种种群模型又可分为种群在无限环境中的指数增长模型、世代不重叠种群的离散增长模型、世代重叠种群的连续增长模型等。

2. 系统动力学模型

自从 Forrester 创立系统动力学模型以来，该模型在工学、农学、生态学等领域得到广泛应用。该模型中，辐照强度、光照截取和利用程度以及植物体内的能量利用有效性是影响生长速度的关键因子。光照是主导因子或强制函数，它的数量特征显然不会因作物的变化而改变，植物利用光照的有效性是植物种类和冠层密度的函数，同化的产物以淀粉的形式临时储存起来，然后被用于生长、繁殖和维持。在生长过程中，储备物被转化为一定的结构性物质，它由不能用于植物生长、繁殖和维持过程的成分所组成。

3. 生态系统评估分析模型

生态系统服务功能综合估价和权衡得失评估模型（the integrated valuation of environmental services and tradeoffs，InVEST），用"供给、服务和价值"框架将生态生产功能和生态服务功能相连接，其中"供给"指生态系统所提供的生态产品，但是只有当其与人类的需求相符的时候才能称之为"服务"，而"价值"则是人类对于这种服务供需关系的一种体现。根据这一原理，将

InVEST 模型中的各模块归入 3 个初级目录之中：①支持功能，即支持其他生态系统服务功能而并不直接为人类提供惠益，包含生境质量、生境风险评估和海洋水质模型；②最终服务功能，即直接能使人类受益的生态系统服务功能；③分析工具，是方便其他模型计算的辅助性模块，即包含叠置分析模型，以及将原海岸易损改为海岸暴露性和易损性。InVEST 模型从被开发到现在为止，已历经几十个版本，目前，已在 20 多个国家和地区的空间规划、生态补偿、风险管理、适应气候变化等环境管理决策中得到广泛应用。

参 考 文 献

白晓慧，施春红．2017．生态工程：原理及应用（第 2 版）［M］．北京：高等教育出版社．

蔡晓明．2000．生态系统生态学［M］．北京：科学出版社．

陈琳，李晨光，李锋民．2022．水生态修复植物水质净化能力综述［J］．环境污染与防治，44（08）：1079-1084．

陈新闯，李小倩，吕一河，等．2019．区域尺度生态修复空间辨识研究进展［J］．生态学报，39（23）：8717-8724．

陈永林，谢炳庚，钟典，等．2018．基于微粒群–马尔科夫复合模型的生态空间预测模拟——以长株潭城市群为例［J］．生态学报，38（1）：55-64．

方精云，朱江玲，石岳．2018．生态系统对全球变暖的响应［J］．科学通报，63，136-140．

冯漪，曹银贵，耿冰瑾，等．2021．生态系统适应性管理：理论内涵与管理应用［J］．农业资源与环境学报，38（4）：545-557．

傅伯杰，陈利顶，马克明，等．2011．景观生态学原理及应用［M］．北京：科学出版社．

傅伯杰．2021．国土空间生态修复亟待把握的几个要点［J］．中国科学院院刊，36（1）：64-69．

高吉喜，徐德琳，乔青，等．2020．自然生态空间格局构建与规划理论研究［J］．生态学报，40（3）：749-755．

韩林桅，张淼，石龙宇．2019．生态基础设施的定义、内涵及其服务能力研究进展［J］．生态学报，39（19）：7311-7321．

何东进．2019．景观生态学（第 2 版）［M］．北京：中国林业出版社．

江伟钰，陈方林．2005．资源环境法词典．北京：中国法制出版社．

杰拉尔德·G. 马尔腾．2021．人类生态学：可持续发展的基本概念［M］．顾朝林，等译．北京：商务印书馆．

匡舒雅，周泽宇，梁媚聪，等．2022. IPCC 第六次评估报告第二工作组报告解读［J］．环境保护，50（9）：71-75. DOI：10. 14026/j. cnki. 0253-9705. 2022. 09. 001．

梁新强，杨京平．2022．环境生态工程［M］．北京：科学出版社．

罗明，曹越，杨锐.2019. 荒野保护与再野化：现状和启示 [J]. 中国土地，(8)：4-8.

马良，金陶陶，文一惠，等.2015. InVEST 模型研究进展吴秀芹 [J]. 生态经济学，31 (10)：126-131.

马世骏.1983. 经济生态学原则在工农业建设中的应用 [J]. 生态学报，3 (1)：1-4.

马世骏.1989. 中国的农业生态工程 [M]. 北京：科学出版社.

彭建，赵会娟，刘焱序，等.2017. 区域生态安全格局构建研究进展与展望 [J]. 地理研究，36 (3)：
　　407-419.

彭少麟，周婷，廖慧璇，等.2020. 恢复生态学 [M]. 北京：科学出版社.

钦佩，安树青，颜京松.2019. 生态工程学（第四版）[M]. 南京：南京大学出版社.

唐双成.2016. 海绵城市建设中小型绿色基础设施对雨洪径流的调控作用研究 [D]. 西安：西安理工大
　　学.

王宏新，邵俊霖，于姝婷，等.2021. 基于再野化理论的东北虎豹国家公园发展前瞻——兼评荒野保护思
　　想与实践 [J]. 自然资源学报，36 (11)：2955-2965.

王祺，蒙吉军，齐杨，等.2015. 基于承载力动态变化的生态系统适应性管理——以鄂尔多斯乌审旗为
　　例 [J]. 地域研究与开发，34 (4)：154-159.

温学发.2020. 新技术和新方法推动生态系统生态学研究 [J]. 植物生态学报，44 (4)：287-290.

邬建国.2007. 景观生态学——格局、过程、尺度与等级（第2版）[M]. 北京：高等教育出版社.

肖笃宁.1991. 景观生态学：理论、方法及应用 [M]. 北京：中国林业出版社.

谢鹏.2023. 典型改良基质及植物对绿色屋顶径流水质的影响研究 [D]. 北京：北京建筑大学.

徐斌.2019. 绿色生态城市建设适应性技术体系与实施路径建构——以苏南地区为实证研究 [D]. 南京：
　　东南大学.

杨帆，邓宏.2019. 海绵城市理念下山地城市公园绿地雨水系统构建研究——以重庆市悦来新城会展公园
　　为例 [J]. 建筑与文化，9：80-81

杨京平，刘宗岸.2011. 环境生态工程 [M]. 北京：中国环境出版集团.

杨锐，曹越.2019. "再野化"：山水林田湖草生态保护修复的新思路 [J]. 生态学报，39 (23)：
　　8763-8770.

易浪，孙颖，尹少华，等.2022. 生态安全格局构建：概念、框架与展望 [J]. 生态环境学报，31 (4)：
　　845-856.

于贵瑞，牛书丽，方华军.2020. 中国生态学学科 40 年发展回顾 [M]. 北京：科学出版社.

于芝琳，赵明松，高迎凤，等.2022. 基于 CLUE-S 和 PLUS 模型的淮北市土地利用模拟对比及多情景预
　　测 [J/OL]. 农业资源与环境学报. https://doi.org/10.13254/j. jare. 2022.0853.

约恩森 S E.2017. 生态系统生态学 [M]. 曹建军，赵斌，张剑，等译. 北京：科学出版社.

云正明，毕绪岱.1990. 中国林业生态工程 [M]. 北京：中国林业出版社.

张金屯，李素清.2004. 应用生态学 [M]. 北京：科学出版社.

Cairns J J. 1995. Restoration Ecology：Protecting Our National and Global Life Support Systems [M]. London：
　　CRC Press.

Cao Y, Carver S, Yang R. 2019. Mapping wilderness in China: Comparing and integrating Boolean and WLC approaches [J]. Landscape and Urban Planning, 192: 103636.

Forman R T T, Godron M. 1986. Landscape Ecology [M]. New York: John Wiley & Sons.

Jorgensen S E, Mitdch W J. 1989. Principles of Ecological Engineering [M]. New York: John Wiley & Sons.

MacArthur R H, Wilson E O. 1967. The Theory of Island Biogeography [M]. Princeton: Princeton University Press.

Memarzadeh M, Boettiger C. 2018. Adaptive management of ecological systems under partial observability [J]. Biological Conservation, 224 (8): 9-15.

Mitsch W J, Jorgensen S E. 1989. Eeological Engineering, An Introduction to Ecotechnology [M]. New York: John Wiley.

Mitsch W J, Yan J, Cornk J K. 1993. Special Issue of Eeological Engineering in China [J]. Ecological Engineering, 2 (3): 177-309.

Morghan K J R, Sheley R L, Svejcar T J. 2006. Successful adaptive management: The integration of research and management [J]. Rangeland Ecology & Management, 59 (2): 216-219.

Perino A, Pereira H M, Navarro L M, et al. 2019. Rewilding complex ecosystems [J]. Science, 364 (6438): 351-359.

Walker B, Hollin C S, Carpenter S R, 2004. Resilience, adaptability and transformability in social-ecological systems [J]. Ecology and Society, 9: 5.

Watson J E M, Venter O, Lee J, et al. 2018. Protect the last of the wild [J]. Nature, 563 (7729): 27-30.

第3章 | 生态工程规划与设计

生态工程规划设计遵循人与自然共生原理和生态系统演替规律，在理念引领、目标制定、技术方法上持续发生转变和革新，逐渐形成新的工程思路和工程范式。通过解析生态工程规划设计的基本概念与原则方针，围绕区域或流域景观尺度以及生态系统和场地尺度，制定了系统性且差异化的技术路线，并在国家山水林田湖草生态保护修复工程中得到应用，为相关地区绿色可持续发展提供了可复制、可推广的新机制和新模式。

3.1 规划设计总则

3.1.1 概念与原则

面对经济社会快速发展带来的一系列生态退化问题，我国实施了包括退耕还林还草、三北防护林、海岸带修复、矿山修复等在内的大批生态建设或生态保护修复工程，针对水环境、矿区、污染地块、退化植被等开展了生态工程模式与技术方法的研究，但在技术方法上以解决单一点位或单一要素的生态问题为主，忽视了区域的整体性以及生态系统完整性、生态过程的复杂性和尺度性，存在规划设计系统性不足、空间尺度关联不够、整体功能提升有限和工程效果不稳定、建成后可持续管护困难等问题（王夏晖等，2022a），加上部门管理上条块化、职能分散化突出，生态工程效益不明显。科学合理地进行生态工程规划设计，正确处理山水林田湖草与人的关系，对于保障区域安全和实现可持续发展具有重要意义。

生态工程规划设计依据生态学基本原理，遵循人与自然共生原理和生态系统演替规律，在理念引领、目标制定、技术方法上持续发生转变和革新，立足从根源上解决生态问题，坚持采用基于自然的解决方案，修复生态系统结构和生态过程，努力提升生态系统的多样性、稳定性和持续性，创新形成系统有效的工程思路和工程范式。总的来说，生态工程规划设计是基于生态评价结果，运用生态学原理、方法和系统科学的手段，模拟和设计自然-社会生态系统内的各种生态关系，探讨改善生态系统的服务功能、促进人与自然关系科学发展的调控性对策，规划布局系统有效的工程措施，使缺乏稳定性、不健康或者面临生态风险的生态系统结构、生态系统过程与生态系统服务逐步向良性循环方向发展，最终实现人与自然和谐的生命共同体的保护或重构。

生态工程规划和生态工程设计以及工程实施与管理构成了生态工程的全过程。从国内外生态工程规划与设计实践来看，二者分属于两个层次。一方面是在尺度上存在差异，规划围绕区域或流域景观尺度范围，强调宏观尺度的整体统筹和系统布局，侧重于生态空间格局的优化及功能效益的协同，以提升自然-社会-经济复合生态系统的弹性、保障区域生态安全为重点。生态工程设计重点围绕生态系统及场地中微观尺度范围，其实施目标侧重于实现生态系统的健康与局部生境的多样性、稳定性和持续性，难点在于工程实施的目标指标设计、技术模式选择、效益分析等关键环节。另一方面，是时序上存在差异，宏观规划在前，具体设计在后，生态工程规划中一般包含生态设计的理念和内容，生态工程设计借助具体的工程措施或具体的生态技术将规划任务落实落地，二者既相互联系又各有侧重，密不可分。

生态工程规划设计的主要任务是依托生态学"格局—过程—服务—福祉"级联关系认知，充分认识"山水林田湖草生命共同体"作为一个景观综合体的格局整体性、等级层次性、过程关联性、服务功能性等特性，通过研究生态系统的脆弱性、协同性、适应性、可持续等方面的基本规律，把生态系统各要素作为一个普遍联系的生命共同体来统筹，辨识不同尺度不同要素生态退化的内在关联及其驱动因素，按照整体规划、总体设计、分期部署、分段实施的思路，科学确定生态保护修复目标，合理布局项目工程，系统实施各类工程，协同推进山水林田湖草沙一体化保护和修复，避免对不同要素实行分割式管理（王夏晖等，2021b）。其目的是努力寻找调和人与自然、局部与整体、眼前与长远、保护与发展的矛盾冲突关系的技术手段、模式方法、管理工具等。

生态工程规划设计过程中需秉持生态优先、系统性、综合性、尺度性等原则。

生态优先原则。生态保护红线、自然保护地、自然公园等重要生态空间以及森林、草地、湿地等重要生态系统，对保护和维持区域内基本的生态过程和生命维持系统及保存生物多样性具有重要意义，应优先考虑人与自然的共生关系，严守生态保护的底线，保障基本的生态过程及功能的前提下进行合理开发和可持续利用。生态工程宜采取自然恢复为主的方式，根据生态系统退化、受损程度和恢复力，合理选择保育保护、自然恢复、辅助再生和生态重建等措施，恢复生态系统结构和功能，增强生态系统稳定性和生态产品供给能力。

系统性原则。"山水林田湖草生命共同体"的理念体现了景观综合体的概念，即由不同生态要素有机联系组成的复杂系统，其复杂的等级结构决定了功能上的整体性、动态性和连续性。受自然驱动力和人为活动影响，山水林田湖草各子系统之间存在能量、物质、物种的流动，处于动态的相互影响并产生变化的过程，为彼此提供养分、能量或其他物质，也可能造成对各子系统的干扰和胁迫，引发生态系统结构、过程和功能的演变。生态工程的系统性强调工程实施整体效应大于各孤立部分之和，只有基于各要素之间、要素与外部环境之间强关联及相互作用认知，整体、系统地分析问题才能更全面有效地解决问题。

综合性原则。生态工程涵盖自然、社会、经济、文化等众多因素，具有涵盖要素多、覆盖范围广、系统性强、时间跨度大等特点。生态工程规划设计是一项复杂的系统设计过程，需要在生态环境、社会经济管理、系统及工程设计等多个领域或学科交叉融合的基础上，综合考虑诸多关键理论问题并合理选择不同的技术模式，探索创新工程技术方法和管理制度，通过对区域范围内生态要素的系统优化与全面修复，从而实现提升整体生态系统服务及可持续性的目标。此外，生态工程规划设计应基于人与自然的关系，遵循"以人为本，可持续发展"的原则，在全面和综合分析自然生态状况的基础上，综合考虑当地经济、社会和人类可持续发展的需求，以促进人与自然生命共同体的良性循环。

尺度性原则。针对景观、生态系统、场地、种群群落等不同空间尺度，坚持问题导向，追根溯源，系统梳理生态环境风险与隐患，对自然生态系统进行全方位生态问题诊断。围绕解决不同尺度的生态环境问题、维护生物多样性、恢复生态过程和生态服务功能等多层次目标，统筹考虑生态系统的物质产品供给、调节服务、景观文化等多重服务价值，突出人与自然的共生关系和协同增益，按照国土空间开发保护格局和管控要求，针对生态问题与风险，因地制宜开展保护修复，实行多目标综合管理。

3.1.2 技术路线

生态工程规划设计技术流程分为规划和设计两大模块，二者既相互区别又融为一体。生态工程规划阶段围绕区域或流域景观尺度，主要涵盖生态调查与评估—生态问题诊断与驱因分析—规划战略目标研究—工程布局与单元划分—确定工程建设内容—制定规划组织实施机制等六个部分。一是生态调查与评估，在收集整理相关资料文献和调查研究的基础上，分析规划区自然生态状况、经济社会概况、重大工程实施情况等生态工程实施基础与成效；二是生态问题诊断与驱因分析，识别规划区生态空间、生态安全、生态环境等方面存在的突出问题，研判生态工程所面临的形势与挑战；三是规划战略目标研究，阐述生态工程规划的政策要求、规划定位、实施范围、规划期限等，明确规划指导思想和基本原则，制定工程总体目标及阶段目标；四是工程布局与单元划分，通过开展空间综合评价，识别拟开展生态修复的重要空间、敏感脆弱空间、受损破坏空间等范围、面积与分布，并根据国土空间类型和生态系统整体性，制定生态工程分区导引；五是确定工程建设内容，围绕突出问题和既定目标，提出生态修复的任务、具体措施与实施时序要求；六是制定规划组织实施机制，主要包括为保障规划有效实施制定的配套政策措施、组织保障、绩效评价等（王夏晖等，2019）。

工程设计阶段主要服务于生态系统及场地尺度，基于规划确定的空间布局，以保护修复单元为单位开展具体设计，主要工作流程包含生态系统及场地尺度的具体生态问题诊断识别—目标指标体系设计—子项目任务设计—保护修复模式选择—措施评价与验证—投资测算与资金来源六个部分。一是生态问题诊断识别，相对于规划阶段的问题诊断，生态系统及场地尺度的生态问题诊断需进一步精准聚焦到生态系统的结构、生态过程、食物链的完整性等方面，并分析深层次的驱动因素；二是目标指标体系设计，此阶段的修复目标主要从国土空间开发格局优化成效、生态环境质量改善效率、工程项目任务完成量等方面，制定细化可量化可监测的目标指标，以表征生态工程实施的目标成效；三是子项目任务设计，针对规划布局的保护保育区和修复区实施的子项目清单，以问题和目标导向，设计子项目建设具体内容；四是保护修复模式选择，重点遵循生态系统的自然演替规律，坚持自然修复为主的原则，因地制宜选择适度的人工干预措施，避免工程实施对生态系统造成新的负面影响；五是措施评价与验证，从工程措施的生态适宜性、经济技术可行性、可产生的综合效益等方面开展评价分析，验证措施的可行性和有效性，采取与其他措施比较确定最优选择；六是投资测算与资金来源，综合考虑突出问题、规划设计目标、技术经济可行性，测算工程投资需求及资金筹措来源。总体技术流程如图 3-1 所示。

3.1.3 规划衔接关系

区域生态规划。区域生态规划是遵循系统整体优化原理，综合考虑规划范围内城乡生态系统和自然生态系统的相互作用和动态过程，进而提出资源合理开发、环境保护和生态建设的规划对策，它既是城市规划与环境规划之间的紧密桥梁，也是促进区域经济与环境协调发展的战略决策的重要手段（王祥荣，2000；方创琳，2001）。生态工程规划与生态规划在基础原理、调查评价与问题识别等技术方法层面具有一致性，但后者涉及生态系统的保护、重建和管理的各个方面，在理念上更强调系统性、整体性及落地性，突出以空间统领自然保护、环境治理、生态修复等任务措施。

景观规划。景观规划致力于打破区域景观破碎化、分散化的局面以及小范围内的独立规划和各自为政、解决因缺乏宏观调控而导致土地利用开发、城市功能分区对区域整体生态安全格局的威胁和蚕食（秦蜜，2017）。生态工程规划与景观规划均以景观生态学等基础理论为指引，同样注重空间格局的优化以及生态系统服务功能的保护恢复，而前者以工程实施为抓手，既涵盖景观尺度的空间规划调控，又侧重中微观尺度工程实施具体技术模式和方法的合理使用，可见，生态工程规划的多尺度多目标特点更为突出。

国土空间生态修复规划。国土空间生态修复规划定位于对国土空间生态修复活动的统筹谋划和总体设计，是各级政府或有关部门组织编制实施的，以国土空间为载体，以优化国土空间格局、修复受损重要生态系统、提升生态系统

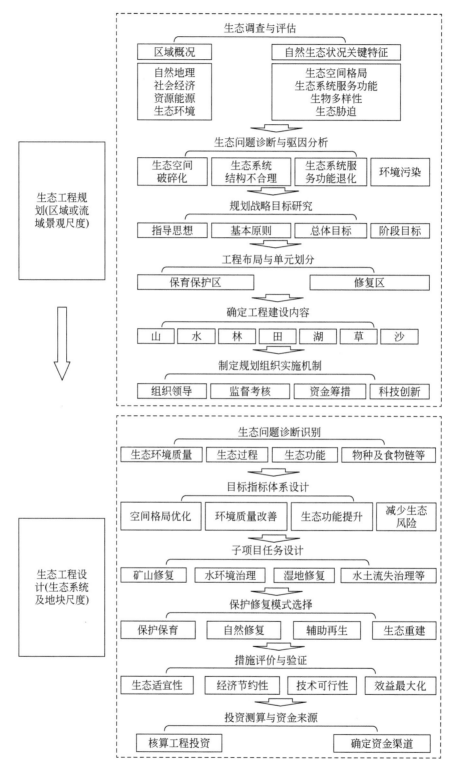

图 3-1　生态工程规划设计技术路线

来源：参考《山水林田湖草生态保护修复工程指南（试行）》

服务功能、维护生态安全为目标，系统布局一定时间周期、一定国土空间范围内计划开展的生态保护修复活动。其核心是通过研究编制规划，统筹设计国土空间生态修复活动的实施范围、预期目标、工程内容、技术要求、投资计划和实施路径，以有效保障和综合提升国土空间生态修复活动的生态效益、社会效益、经济效益（王夏晖等，2019）。生态工程规划与国土空间生态修复规划在宏观尺度上规划思路、目标及任务具有高度一致性，前者更凸显"山水林田湖草生命共同体"的整体和系统观念，后者更具政策性和指导性，生态工程规划设计是国土空间生态修复规划在实施层面的具体方案之一。

3.2　生态工程规划

3.2.1　生态调查与评估

生态调查与评估是实施生态工程的一项基础性工作，是科学设定生态工程的建设内容与关键技术的前提，具有较强的科学性、技术性和政策性。采取资料收集、实地调查、空间数据分析等方法，分析评价区域或流域、生态系统、群落、种群等不同尺度、不同梯度自然生态状况特征。

收集整理相关部门已开展的国土空间规划、野生动植物调查监测、林业调查监测、自然保护地生态调查与监测等数据信息，查找历史数据文献资料。开展实地调查研究，了解工程实施范围内重要生态空间保护与管控、重点物种保护、环境污染防治、生态保护修复等工作基础，以及生态退化或破坏存在的潜在风险隐患等，初步掌握生态工程拟解决的关键问题。

综合分析评价区域或流域自然生态状况基础与成效，统筹考虑不同生态要素、流域上下游和区域之间的生态功能互补关系，协同考虑各类规划和政策因素的交互影响，评估区域自然地理、经济社会、资源能源、生态环境等关键特征。采用遥感解译、"3S"技术、大数据测算等先进技术和方法，开展生态系统演变分析，参照生态环境遥感调查与评估技术要求，解译分析不同历史时期遥感影像的生态系统类型分布，分析生态系统类型变化矩阵，理清区域空间尺度不同类型生态系统构成、比例的变化情况，识别受损生态系统空间分布，科学评估区域内山、水、林、田、湖、草、沙、海等各生态要素的时空变化特征和空间分异规律（王夏晖等，2019；吴次芳等，2019）。结合生态保护红线、自然保护地等关系区域安全格局的重要战略区，识别区域生态服务功能重要区、生态环境极敏感脆弱区以及生态退化区域的空间分布，并对评估分析结论校核检验，通过叠加分析和实地调研，进一步校核检验生态评估和生态系统演变分析得出的结论。运用逻辑推演、成因分析等方法，从源头诊断生态系统演变及发生退化的主要因素，分析生态退化对区域生态安全的影响和扰动。

其中，生态状况评价重点围绕生态空间格局、生态系统服务、生物多样性、生态胁迫等内容展开，详见表3-1。生态空间格局重点从生态网络结构、重要生态空间连通性、生态保护红线分布、自然保护地及其他重要生态空间分布等分析评价现有状况；生态系统服务重点开展水源涵养、水土保持、生物多样性维护、防风固沙等重要生态功能评价；生物多样性则从重点保护物种、旗舰物种、食物链完整性、结构功能稳定性等方面开展；生态胁迫主要围绕气候变化、土地和海洋利用、不合理生产生活方式造成的环境污染、自然资源开发、有害生物入侵等胁迫因子开展评估。

表 3-1　区域生态状况评价主要内容

领域	评价内容
生态空间格局	生态网络结构、重要生态空间连通性、生态保护红线分布、自然保护地及其他重要生态空间分布
生态系统服务	水源涵养、水土保持、生物多样性维护、防风固沙
生物多样性	重点保护物种、旗舰物种、食物链完整性、结构功能稳定性
生态胁迫	气候变化、土地和海洋利用、不合理生产生活方式造成的环境污染、自然资源开发、有害生物入侵等

3.2.2　生态问题诊断与驱因分析

人类生存所处的自然-社会共生系统具有等级特征，一个复杂系统往往由若干亚系统组成，以此类推直至最低层次，高层次的生态过程呈现大尺度、低频率、低速率的特征，低层次则相反，高层次对低层次有制约作用，低层次为高层次提供机制和动能（周妍等，2021）。同时，生态工程既要治理生态环境的退化及危害，也需要借鉴诱发生态环境问题的经济社会系统内部矛盾（徐国劲，2019）。因此，识别生态问题，其关键在于厘清多尺度、多层次、多维度的生态退化机理。

考虑工程实施区域范围不同尺度的差异性，生态问题诊断和驱因分析时分别从景观、生态系统、场地等尺度，分析生态退化驱动力，建立关键驱动因子清单（王夏晖等，2022b）。国内外研究学者就生态退化开展了大量研究，早期国际上主要就土地退化、水土流失、荒漠化研究较多，尤其是土地退化。20世纪以后，生态退化内容逐渐转移到区域生态系统退化机理、诊断方法、评价指标、恢复与重建等。区域或流域景观尺度涉及生态系统的不同等级，重点考虑生态系统的类型和结构，以及空间单元的过程和功能（Gann et al.，2019）。

在区域生态状况调查评价的基础上，从关键物种栖息所在的重要生态空间分布、生态廊道的连通性、生态网络片段化等方面分析诊断生态空间格局存在的问题，识别生态功能重要和生态环境敏感脆弱的生态工程目标区域；从水源涵养、土壤保持、生物多样性维持、防风固沙、洪水调蓄、农林产品供给等方面诊断生态系统服务存在的问题；从食物链的完整性、结构功能稳定性、是否存在有害生物入侵等方面诊断生态系统质量存在的问题；从土地利用结构和方式，水体、土壤、大气等环境要素的污染，自然资源开发强度，气候变化等方面分析生态退化产生的原因，以及各类生态胁迫的强度与影响范围（周妍等，2021）。

3.2.3 规划战略目标研究

自然–社会共生系统的空间分布和时间演变具有尺度效应，受时空不均衡性等影响，生态系统服务间此消彼长、相互影响，需规避分割、强化协同。生态工程具有多尺度、多目标的特征，在制定生态工程目标中应基于复杂共生系统的发展演变规律，充分考虑协同应对社会挑战的目标，尽可能权衡保护与发展的目标（杨崇曜等，2021）。根据时空动态特点差异化设置工程目标，将生态工程规划目标分为远期总体目标与近、中期分阶段目标。

在生态工程规划中须将人的生存发展条件与生态需求相统一，统筹考虑区域生态环境保护与经济社会发展，将生态价值得以充分发挥与经济社会发展相协调作为核心目标，其关键在于将人的主观能动性与生态系统的自组织、自适应、自调节能力相结合，最终实现生态系统的健康稳定与人类对生态资源的可持续利用（彭建等，2020a）。远期目标致力于提高改善和提升区域整体的生态质量，促进生态空间和生态功能的维持和恢复，增加人类福祉。近期与中期则应针对具体生态问题，聚焦消除生态胁迫影响，维护自然生态系统的原真性和完整性，尽可能减少人为扰动，修复治理退化生态系统，提升生态系统质量，优化野生动植物生境，提升生物多样性等方面，设定工程建设与管护期内的生态保护修复具体工程建设目标。

3.2.4　工程布局与单元划分

不同生态要素之间具有明显的异质性特征，但又相互联系、彼此影响，共同保障生态功能的完整性（彭建等，2020b）。评估区域空间格局特征，确定生态工程总体空间布局，准确识别生态修复关键区域，以空间为统领系统布局生态工程任务措施是提升工程成效的关键。生态安全格局理论为区域内或流域景观尺度生态工程提供了理论依据和技术路径，利用"源地—廊道—节点"识别的生态安全格局构建模式，可为确定关键生态修复区域提供方法支撑。生态安全格局由区域中某些生态源、生态节点、生态廊道及其生态网络等关键要素构成（彭建等，2017），依托区域景观格局基础特征与动态演变分析，识别景观范围内重要生态源地、生态战略点的分布，构建生态廊道，解决景观破碎化问题，恢复被隔离栖息地的完整性和连通性。基于空间异质性和尺度依赖性，即某一尺度存在的问题，需要在更小尺度上解释其成因机制，在更大尺度上寻求解决问题的综合路径，提出多尺度协同的生态安全格局优化的方案。

在初步识别生态安全格局的基础上，衔接协调现有空间规划区划协调衔接，将通过空间分析得出的生态保护修复优先区域与主体功能区规划、土地利用规划、国民经济和社会发展规划等相关空间规划区划政策有机结合，准确识别需要重点保护和优先修复的区域范围和区域生态修复的关键环节。

在确定生态工程空间总体布局后，根据工程范围内各个区域的生态功能定位，基于区域立地条件、生态系统退化程度、生态服务功能空间分异、生态系统演变趋势等因素，制定生态修复分区指标，进一步划定生态工程保护修复单元（朱振肖等，2020a）。识别生态保护修复的重点目标区域，对重点区域进行空间结构分析，进一步厘清重点区域内部的生态修复问题、优先区域、修复方向等，据此进一步优化设计任务设置与工程选择。

3.2.5 确定工程建设内容

生态工程是一个不断改善人地关系和谐程度的过程，系统布设工程建设任务体系是规划的关键和重点，是指导生态工程落地实施的重要环节。以项目区存在的突出生态环境问题和既定目标为双导向，依据国家、相关地方政府及部门政策要求和技术规范，提出"一区一策"工程方案，注重山水林田湖草生态保护修复的尺度性、整体性、功能性、均衡性等特征，分类制定生态保护修复任务措施，包括矿山治理修复、流域水环境治理修复、森林草地湿地等生态系统保护修复、生物多样性保护、土地综合整治及退化污染土地治理、海洋生态保护修复等。需要强调的是，生态工程不应以消耗周边区域自然资源，或对周边生态系统产生负面影响为代价。恢复后的生态系统应具备自我调节能力，而无需高额的工程管护成本。在实施生态工程的同时，因地制宜设计生态旅游、生态农业等特色产业发展策略，提高绿色发展水平，实现区域生态产品供给能力和经济发展质量双提升（王夏晖等，2018）。

3.2.6 制定规划组织实施机制

生态工程的实施是一个持续动态的过程，实施主体涉及政府部门、企业、公众等组织或个人，在顶层设计和跟踪管理上要制定强有力的保障机制，明确组织管理、监督考核、资金筹措、技术创新等配套措施，建立生态工程资金保障、工程项目台账管理、绩效评价、目标责任追究等制度。设立跨区域跨部门的协同合作机制，统筹解决区域问题。研究提升生态保护修复监测监督能力的方法，借助大数据、互联网、人工智能等信息化手段，实现工程实施全过程跟踪。

生态工程具有长期性、复杂性和不确定性，有必要对其采取适应性管理，针对存在的问题及时调整，制定适应性管理措施，通过监测、评估、模拟、优化等措施，对不符合工程目标及内容的及时进行调控。而生态系统适应性管理的效果，也依赖于对工程目标、布局、项目、政策的调控优化。研究制定资金投融资方式方法，引导建立市场化、多元化的生态保护修复补偿机制。研究公众广泛参与的政策机制，引导社会群体积极参与或监督工程的实施。

在工程实施后端环节需重视工程的后期运行与长效维护，实施对生态系统演替过程的跟踪管护，防止不合理的人为干扰，保护生态系统的健康、稳定、完整。探索建立规模化、专业化、社会化运营管护机制，引导企业、社会组织等力量参与到生态工程的长期运行管理中，确保工程发挥可持续的生态、社会和经济效益。

3.3　生态工程设计

3.3.1　生态问题诊断识别

基于区域或流域尺度景观格局、生态系统结构演变特征及生态服务功能评价结果，针对具体保护修复单元在生态系统尺度进一步细化诊断生态问题，分析引发生态环境问题的源头因素及相互间的关联性，以制定有针对性的、切实可行的保护修复策略。一般来说，一个保护修复单元由一个或多个生态系统组成，选取受损生态系统历史状态或周边类似生态系统状态作为参照系统，诊断分析需要保护保育和修复治理的对象及其现状、关键生态问题的严重性和紧迫性等，确定需要保护修复的相关重要生态系统、物种和关键要素。

通过开展生态系统完整性、生态系统质量、生态系统服务、重要保护对象分布等生态状况评价，识别重要生态系统的潜在影响因素及已采取保护修复措施的响应情况，为具体保护策略的制定和实施提供科学依据。对受到破坏的生态系统开展生态系统受损类型、退化程度及趋势分析，具体评价内容包括水体、土壤等物理环境特征，动植物群落结构，生物多样性，生物入侵等。在此基础上对比生态系统各个属性的现状值与参照生态系统的差异，科学诊断自然生态系统受损的面积、分布、程度、影响因素、成因及与相关系统的关联性，揭示各类驱动因素对生态系统结构、过程和功能的影响机理。

3.3.2　目标指标体系设计

生态系统或地块尺度的生态工程目标设定，往往立足生态系统及场地的关键特征，从最为迫切的生态环境问题着手，借助压力–状态–响应模型等技术方法，根据山水林田湖草不同要素之间的相互作用和生态过程，分类制定阶段性的生态保护修复指标，设定实施期限内的工程实施具体指标，并做好指标达标性分析和可行性研判。生态系统尺度的工程注重生态系统结构调整和过程耦合等，目标定位于生态系统健康和功能提升，重点从生态系统结构、生态系统功能、减缓生态胁迫等方面提出生态工程目标指标。地块尺度的工程注重生态设计、绿色材料使用等，目标定位于退化区域生态修复、生态系统结构完善等。

生态空间结构及格局优化的重点在于生态网络的完整性、连通性，以及生态保护红线、自然保护地等重要生态空间的保护，在分析生态系统、物种、群落的分布、组成、比例等的基础上，评估生态系统功能和结构改善情况，如采用重要生态用地保护修复指数、生态连通度指数等指标（王燕等，2023）。生态系统质量的改善即针对河湖、森林、草地等生态系统质量改善的目标设定，针对不同生态系统实施的生态工程，如森林保护修复工程，采用郁闭度、群落生物量等指标；草原保护修复工程采用草原综合植被盖度、草地生产能力等指标；湿地保护修复工程采用水网密度指数、水功能区水质达标率、自然岸线保有率、野生动植物种群数量提升状况等。生态系统功能的提升通常采用水土保持、水源涵养、防风固沙、生物多样性维护等通用指标。针对实施前诊断的突出生态问题，确定单元内消除或减缓生态胁迫因子，以可监测的生态环境质量改善情况或可量化的具体工程量作为工程目标，如采用水土流失治理面积、黑臭水体消除率、自然岸线修复长度等量化指标。针对受损生态系统，需在恢复力研究的基础上，参考其历史状态、周边类似生态系统状态、或在气候变化背景下对其变化情况的预测结果，设定参照生态系统。

此外，生态系统的可持续管理也是生态系统或场地尺度生态工程目标设计的重要方面，主要包含重要生态系统的保护管理、工程适应性管理、工程后期运行维护等内容。重要生态系统的保护管理，如针对功能重要或敏感脆弱的生态系统、有代表性的自然生态系统、珍稀濒危野生动植物物种及其赖以生存的栖息环境、有特殊意义的自然遗迹、世界自然和文化遗产地、风景名胜区、森林公园、地质公园、湿地公园、水产种质资源保护区、饮用水源保护区，采取严格的空间管控措施，通过遥感监测、地面监测、监督执法等手段，有目的地限制人为活动干扰。工程适应性管理则强调在工程实施过程中对工程措施进行适应性调整，以最大限度地保护自然生态系统的原真性，减少因人为工程措施对生态系统造成新的破坏。工程运行维护目标要求对工程基础设施的运行维护、生态过程的跟踪管护开展跟踪监测评估、不当人为干扰控制等长效管理措施。

3.3.3　子项目任务设计

针对单个保护修复单元，基于生态系统敏感性及生态胁迫因素分析结果，围绕其所在生态系统存在的一个或多个问题，以尽可能恢复自然状态和生态系统整体性为方向，以近自然、生态化为标准，设计科学有效的保护修复任务措施。

保护修复内容包括子项目空间布局、建设任务、时序安排等。子项目空间布局需聚焦单元内重要生态功能核心区域的连通性，充分考虑子项目关联性与协同性。建设任务宜采用基于自然的解决方案，基于山水林田湖草沙等多要素之间的相互作用和依存关系，致力于解决生态退化或生态破坏的源头因素，运用系统工程方法，依靠自然规律实现生态系统过程耦合和自我演替，恢复生态系统结构和功能，根据生态系统退化、受损程度和恢复力，合理选择保育保护、自然恢复、辅助再生和生态重建等措施，推动生态过程的调控、空间关联与协同效应，恢复生态系统功能，提升生态系统的稳定性和持续性。子项目时序安排应考虑生态问题的紧迫性、严重性，按照消除威胁源—恢复栖息地生境—恢复本地物种和群落的顺序进行，在保证防洪和地质安全的基础上提升生态功能。

3.3.4 保护修复模式选择

生态工程保护修复模式通过工程治理、生物修复、生态保护、生态管理等一系列技术手段维持生态系统政策的物质和能量循环、促进生态系统自我净化与修复、增加生物多样性以及增强生态系统抗干扰能力，驱动生态演替正向进行。基于生态系统受损程度、恢复目标以及恢复力评价分析结果，生态工程过程调控应系统认知景观、系统、地块尺度的空间嵌套和结构、功能、服务属性的等级层次梯度关系，遵循生态系统演化规律的动态的、发展的特征，以保障生态工程实施的科学性和有效性。

在空间尺度上，需聚焦关键区域和主控因子，结合本地实际的光、热、土等自然条件、实际问题、实施能力，掌握不同生态系统恢复力的阈值，坚持保护优先、自然修复为主的原则，重点关注物种、栖息地、生态系统等多样性要素和生态系统服务，根据实际，因地制宜提出各子项目适宜可行的工程技术模式，科学配置保护恢复、自然恢复、辅助再生、生态重建等措施，并制定备选方案。

对于未受损的、具有代表性的重要自然生态系统和珍稀濒危野生动植物栖息地，应以保护为主，严格约束人类活动，消除或减少人为干扰，采取建立自然保护地、去除胁迫因素、再野化、建设生态廊道、就地和迁地保护及繁育珍稀濒危生物物种等途径，达到提升生境质量、保护生态系统的原真性和完整性的目的，提升生态系统的韧性和保护生物多样性，维护原住民文化与传统生活习惯。

对于部分受到人类干扰，但具有恢复潜力的退化生态系统，遵循自然演替规律，主要采取控制污染源、禁止不当放牧、不过度捕捞、封山育林、维持生态流量等减缓生态胁迫因子的管理措施，恢复自然过程，尽可能减少或消除自然生境的潜在威胁或干扰，给予生态系统恢复及适应时间（彭建等，2020）。

对于中度受损的生态系统，在自然恢复消除胁迫因子的基础上，采取改善物理环境、优先选择本地乡土物种、参照本地生态系统引入适宜物种、移除导致生态系统退化的物种等中小强度的人工辅助措施，选择拟自然的技术方法进行适当人工干预，引导和促进生态系统逐步恢复（王波等，2019）。

对于受损极为严重的生态系统，要在消除胁迫因子的基础上，进行生境重建，以人工干预为主导重建替代原有生态平衡的新的生态系统，重塑区域生态系统的整体稳定性，实现格局—过程—功能的有效匹配与发挥，重建人与自然和谐共生的生态系统（曹宇等，2019）。生境重建分为物理环境重构与植被重建两个阶段。物理生境重构的关键是消除植被生长的限制性因子，并创造必要的地形、土壤、水体等物理环境；植被重建要考虑构建适宜的先锋植物群落，引进适宜物种，在此基础上不断优化群落结构，构建复杂多样的食物网。

在时间尺度上，近期为人与自然关系不协调凸显期，工程实施以辅助再生、生态重建等措施为主，对重要生态区采取保育恢复措施；中期处于人与自然关系缓和期，辅助再生、生态重建等措施逐步减少，保育恢复措施将发挥更大作用；远期处于人与自然关系和谐期，措施以保育恢复和自然恢复为主。

3.3.5　措施评价与验证

由于生态系统变化的过程与机理较为复杂，保护修复项目的结果往往存在一定程度的不确定性。鉴于此，生态工程规划设计应当对各技术方案进行仔细评估，特别是对可能带来的风险需重点研究。

根据当地的自然状况、生态适宜性、立地条件、施工季节和施工工艺的难易程度等，充分吸收相关领域专家与本地居民的知识与经验，充分考虑当地居民的利益、权益与满意度，设计多个备选方案，分析措施实施的生态适宜性、优先序和时机。从生态环境影响与风险、成本效益、技术可行性、社会包容性等方面综合评价，开展修复方法模拟预测，筛选相对最优的生态保护修复措施和技术。需要特别强调的是，为避免或降低生态保护修复项目本身对生态环境造成的负面影响，需对各个备选方案分别进行生态环境影响分析，并针对可能存在的风险提出应对或改善措施。此外，社会可接受度的评估既包括专家经验与地方知识对保护修复工作的认可程度，也包括各个利益相关者的权益与利益。基于成本效益、技术可行性、生态环境影响分析与风险评估、社会可接受性分析的结果，对备选方案进行校验比选，确定各子项目最终的保护或修复方式。

3.3.6　投资测算与资金来源

生态工程尤其是重大生态工程，往往是政府主导的、提供给人民群众的公共产品，因较多物质和能量输入、受益者无需提供报酬而具有显著的外部性特征。因此，在工程规划设计阶段需进行详细的工程投资测算，厘清资金筹措渠道，衡量政府的财政承受能力，避免给政府造成较大的财政压力，并结合预期效果适度调整工程投资额度、建设规模和建设周期等。

参照国家、行业相关投资定额标准，结合项目市场调研和技术可行性分析，围绕生态工程设计的建设任务、质量标准和时间进度计划，进行工程投资预算，估算项目所需资金和资源的成本，包括设备、人员、物料等，分析项目的风险及可能的收益情况，预留适当的资金用于未来可能出现的预算外费用。制定资金筹集计划，统筹考虑实施主体资金筹措配套能力及工程实施技术水平，包括财政经费、奖补资金、股权融资、债务融资等，确保项目资金能够及时到位，按时保质推进工程实施。

3.4　生态工程规划与设计案例

3.4.1　区域概况

湖北长江三峡地区行政范围涵盖宜昌市西陵区、伍家岗区、点军区、猇亭区、夷陵区、秭归县、枝江市、宜都市等 8 个县（市、区）以及恩施州的巴东县和荆州市的松滋市，共 10 个县（市）区，总面积 1.47 万 km^2。长江干流自巴东巫峡口入境，经宜昌自松滋市出境，区域内流经长度 269km。地处我国地貌二、三级阶梯的交接地、鄂西山地向江汉平原的过渡带，地势由西北向东南逐渐下降。气候属亚热带大陆性季风气候，气候温和、雨量充沛、日照充足、四季分明。

湖北长江三峡地区山、水、林、田、湖、草自然生态要素兼备，生态系统类型丰富多样，依据 2015 年全国遥感调查解译数据显示，三峡地区森林生态系统面积占比最大，约 52.96%，主要分布在巴东县、宜昌市秭归县、夷陵区以及宜都市渔洋河流域的山地、丘陵地区；其次为耕地，占比 36.24%。此外，区域江河湖库交织密布，水域面积占比约 5.39%，水资源丰富，水系均属长江流域，可分为长江上游干流水系、长江中游水系以及清江水系、洞庭湖水系和澧水水系等五大水系，其中长江干流及其一级支流清江为两大主要水系，另有香溪河、沮漳河、黄柏河等重要水系。长江黄金水道是国家东、西部交通的重要枢纽和通道，三峡大坝和葛洲坝是长江黄金水道发挥航运功能的关键枢纽节点，具备调节长江中下游水量、防洪调蓄的功能。

长江三峡地区是我国水土保持和生物多样性保护重点生态功能区，动植物资源丰富，是我国三大特有植物分布中心之一，有国家重点保护植物 150 种，其中珍稀濒危特有植物 40 多种，水生动物 138 种，包括中华鲟、大鲵、长江江豚、胭脂鱼等国家珍稀水生野生保护动物（李涛等，2019）。区域矿产资源十分丰富，是我国重要的矿产地，主要矿产有磷、铁、煤、石膏、石墨、石英砂、重晶石、石灰石、大理石等，宜昌矿产资源总量尤其突出，种类较多，锰、磷等 16 种矿产资源禀赋居湖北省前列。

2016 年以来，长江三峡地区各县（市、区）针对管辖范围内环境污染与生态退化问题，实施了一批生态保护修复与污染治理工程，全面启动长江大保护十大标志性战役，宜昌打出"关改搬转治绿"组合拳，设立长江岸线"1 公里红线"，促进入河排污口整改提升，推动航运污染治理。落实十大战略性举措，破解化工围江，实施农业面源和土壤重金属污染整治，加快城市黑臭水体治理，推进生态园林、森林和骨干河流生态廊道建设。开展总磷专项治理，积极研发推广磷石膏等大宗固体废弃物综合利用技术，加大废弃矿山修复治理力度，推进建设绿色矿山，积极引导发展绿色、低碳、循环经济。随着各大工程举措的落地实施，长江三峡地区部分突出生态环境问题得到初步解决，生态环境状况得到有效改善。

3.4.2 生态问题诊断与需求分析

由于长期高强度的建设开发活动，长江三峡地区生态环境形势仍然较为严峻，部分区域生态退化问题依然突出，重要河湖水环境质量不容乐观，长江岸线粗放利用仍然普遍，优质生态产品供给不足，珍稀濒危物种依然呈现下降趋势，亟需开展系统生态修复治理。

水生态环境污染问题突出，饮用水安全存在隐患。长江三峡地区城镇开发和产业发展主要沿长江干支流布局，化工围江、矿产资源开发、农业面源污染、城镇环境基础设施不足、航运污染等仍是制约湖北省长江三峡地区水生态环境安全的主要原因。区域内长江干、支流水质总体良好，部分达标断面存在水质波动。2018 年，44 个国家级和省级考核断面中，81.8% 的达标断面水质达到Ⅲ类及以上。玛瑙河的新河口、运河的铁路桥、柏临河的灵宝村等 4 个断面水质为Ⅳ类，玛瑙河的郭畈村、五龙河（联棚河）的红光二桥、沙河的沙河村、运河的万寿桥等 4 个断面水质为Ⅴ类；宜昌市东湖、刘家湖、南桩桥湖与松滋市小南海湖等 4 个湖泊水质为劣Ⅴ类，主要为总磷、总氮和高锰酸钾指数偏高。8 个县级以下水源地达标率仅 50%，仍有 4 个水源地现状为Ⅳ类水质，总磷超标问题突出①。

船舶航运污染问题突出，长江自然岸线破损严重。长江干线航道巴东至宜昌段，是长江航运重要的枢纽和节点，三峡大坝、葛洲坝位于此，年过境船舶约 78 000 艘，且渡船、客船、非运输船、小型砂船等船舶类型多样，船舶含油污水污染、船舶生活污水污染、船舶垃圾污染问题交织，且具有流动、面广、线长、分散的特点，监管难度极大，对长江水域和岸坡环境依然构成极大威胁。岸线粗放使用，三峡库区消落带生态脆弱敏感，水土流失严重。近年来，宜昌市、松滋市、巴东县累计取缔长江干线及支流非法码头 246 家，迫切需要对非法码头损毁岸线进行有效修复。

重要生态空间遭受挤占，生态系统服务功能退化严重。随着工业化、城镇化的快速发展，区域内城镇面积增加显著，农田、森林、草地、河湖、湿地等生态空间受到不同程度的侵占，依据 2005～2017 年长江三峡地区生态系统结构空间变化情况分析，森林、河湖、湿地等生态用地退化区域集中于主城区、秭归县、宜都市以及巴东县长江干支流沿线。其中，河湖湿地生态空间下降最为明显，严重影响区域防洪调蓄和水源涵养能力。同时，森林生态系统存在结构单一、抗病虫害能力差、空间布局合理性和连通性差等问题，马尾松等人工

---

① 2018 年湖北省环境质量状况公报。

林品种单一，松材线虫病虫害问题突出，森林生态系统稳定性差。

水土保持能力薄弱，水土流失及石漠化问题严重。湖北省长江三峡地区属于西南紫色土区和南方红壤区，地形复杂，山峦起伏，峡谷幽深，沟壑纵横，高低相差悬殊。西北的巴东县、宜昌市的秭归、夷陵西部等多为地质灾害易发频发地区，地形陡峭、降雨量充沛，土壤相对疏松，水土流失问题突出，是国家级水土流失综合治理重点区域。通过开展三峡地区水土流失敏感性分析，水土流失极敏感区面积占 9.67%，敏感区面积约占 34.61%，水土流失在破坏耕地资源的同时，严重影响了当地水循环途径和生态系统循环，自然生态系统稳定性较差，防洪调蓄能力不足。此外，宜昌市石漠化面积约为 2500km^2，是三峡地区石漠化最严重的地区之一，轻度、中度、强度和极强度石漠化地区面积占比分别为 32%、48%、19% 和 1%（陈安等，2022）。

矿产资源开发利用破坏生态环境，土地集约化利用程度不高。长江三峡地区矿山资源丰富，矿山资源开采历史悠久，矿山环境影响严重区和较严重区主要集中在夷陵区北部黄柏河流域上游、宜都市和松滋市松宜矿区，矿产开采活动密集，强度较大，生态环境破坏问题突出，主要表现为崩塌、滑坡、泥石流、采空区塌陷、侵占破坏土地、土壤污染、地表（地下水）污染、水均衡破坏等。松宜矿区洛溪河流域水质较差，硫酸盐、铁和总硬度等指标超过Ⅴ类水标准，且治理修复难度大。另外，区域内磷石膏历史堆存总量极大，且综合利用技术难度大，短时期难以实现大规模资源化利用，严重威胁土壤及水质安全，耕地质量偏低，集约利用程度不高。

农业面源污染严重，农村生活污染加剧。经统计数据测算，2017 年，长江三峡地区化肥使用强度为 687.72kg/hm^2，高于全国 352.27kg/hm^2 和湖北省 399.57kg/hm^2 的平均水平；农药使用强度为 10.83kg/hm^2，高于发达国家对应限制 7kg/hm^2 的标准，化肥、农药总体有效利用率不高，对水体造成了严重污染隐患。区域内大部分养殖场的粪便储存设施没有配备遮蔽和防渗工程，直排养殖场占规模养殖场的 38% 左右，危害地下水和土壤环境。水产养殖面积大、密度高，围网围栏养殖区域多，造成部分江河湖库富营养化趋势加剧。农村生活垃圾污水量大面广，生活污水、垃圾收集处理设施配套不足，处理能力不足，对长江干支流水体污染物的污染负荷贡献较大。

珍稀濒危野生物种数量下降明显，生态环境敏感脆弱。受水电资源开发、人为活动和环境污染等因素影响，长江三峡地区野生生物种群量减少，野生植物种群的栖息地被蚕食侵占，群落结构简单化趋势明显，水生生物繁衍生存受到严重干扰（彭春兰等，2019）。库区特有红豆杉、巴山榧树、三尖杉、连香、珙桐等原生植物群落破损退化严重，荷叶铁线蕨、红豆杉等濒临灭绝，苏铁、巴山粗榧、七子花、江豚、达氏鲟（长江鲟）、胭脂鱼等珍稀野生物种明显减少，斑地锦、水葫芦、水花生、加拿大黄花、凤眼莲、野燕麦、北美车前、鳄龟、巴西龟、牛蛙等外来有害生物入侵态势加剧。

3.4.3 生态工程规划思路与目标

湖北省长江三峡地区生态工程立足于长江三峡地区重要生态功能定位，结合长江三峡地区生态保护修复工作基础和生态环境问题，将生态系统修复、生态系统演替、近自然修复等理念融会贯通，秉承"山水林田湖草是一个生命共同体"的系统思维，从长江流域生态系统整体性与系统性着眼，统筹考虑各类重要生态系统的空间分布规律，识别重要生态功能区域及生态退化区域空间分布，优化工程实施空间总体布局。以生态保护修复片区为空间载体，以片区突出生态环境特征及问题为导向，聚焦"一江清水东流"的目标，分片区分类型实施"修山、治水、护岸、复绿"，修复受损生态系统结构，恢复水源涵养、水土保持等重要生态服务功能（朱振肖等，2020b）。严格项目过程管理，创新生态修复技术，打破部门、区划界限，探索区域生态保护修复协同联动、合力共治的体制机制建设，整体推进，重点突破，有效推动区域绿色高质量发展。

通过实施长江三峡地区生态工程，探索符合长江三峡地区实际的生态保护修复特色治理模式，解决湖北省长江三峡地区"化工围江"环境污染、长江岸线港口乱占滥用、水土流失地灾频发等突出生态环境问题，修复受损破坏长江岸线等自然生态系统和生态空间，提升水源涵养、水土保持、生物多样性维护等生态系统服务功能，促进生态环境保护与经济社会发展的良性互动，保障"一江清水东流"，筑牢区域生态安全格局和国土空间开发保护格局，"和谐、健康、清洁、美丽和安全"的长江生态系统初现雏形。立足河湖、农田、岸线、森林、湿地、城镇等重要生态系统，从流域水环境治理、重要生态系统保护修复、退化土地治理修复、化工围江综合整治、人居环境质量提升等五方面制定生态保护修复工程目标指标，详见表3-2。

表3-2 生态保护修复工程绩效目标

类别	指标项	指标值
流域水环境治理	国家和省考核断面水质达标率/%	100
	长江干流水质类别	稳定达到Ⅲ类标准
	消除劣Ⅴ类水体	消除
	县级以上集中式饮用水源地水质达标率/%	100
	船舶污染物排放	全部达标
	港口船舶污染物接收转运处置设施建设	全覆盖
	主要港口岸线设施建设	全覆盖
重要生态系统保护修复	长江岸线生态修复工程/km	97.95
	码头岸线复绿率/%	100
	三峡特有濒危动植物退化趋势得到遏制	基本控制
退化土地治理修复	完成废弃渣堆、采坑修复/hm²	372.8
	废弃工矿场地土地整治/hm²	96.9
	采矿塌陷区治理/hm²	321
	水土流失防治面积/km²	327.36
	生态农业示范区建设/万亩①	23.6
化工围江综合整治	关改搬转化工企业数量/个	134
	磷石膏综合利用率/%	>50
人居环境质量提升	城市生活污水处理率/%	≥95
	县城生活污水处理率/%	≥85
	完成城市雨污分流改造	基本完成
	城区生活垃圾无害化处理率/%	≥95
	县城生活垃圾无害化处理率/%	≥95
	规模化畜禽养殖场粪便综合利用率/%	≥85
	主要农作物化肥、农药使用量增长率	零增长

3.4.4 空间布局与单元划分

基于长江三峡地区地形地貌、海拔高程、土壤水文等基础自然地理特征，综合考虑自然生态的系统性和生态功能的完整性，以及长江流域社会–生态过程耦合作用，统筹山、水、林、田、湖、草各要素，聚焦突出生态环境问题及

---

① 1亩≈666.7m²。

生态保护修复需求，从流域整体性和系统性出发，统筹"源、点、线、面、体"五个维度，确定长江三峡地区生态保护修复以长江干流为轴心，构建"一江、两廊、三区、多源"的生态工程总体布局，建设绿色和蓝色基底交互、协调共生的生态网络。

依据长江干支流、重要湖库，结合不同生态系统生态环境问题的空间差异，衔接流域边界、行政区划边界，在总体布局基础上，将长江三峡地区划分为西部库区山地丘陵水土流失治理和水源保护区、中部丘陵流域水环境综合治理区、东部平原综合治理修复区三大区。以江河水系为脉络，开展生态服务功能及生态环境敏感性脆弱性评估，识别重要生态功能区域分布以及生态环境脆弱性敏感性分布，结合生态状况遥感变化分析，识别生态退化区域，衔接流域边界、行政区划边界，进一步划分 11 个生态保护修复片区，其中 2 个重点生态保护片区，9 个重点生态修复片区。分区方案及重点任务方向见表 3-3。

3.4.5 工程规划任务

围绕长江三峡地区山水林田湖草各要素的内在关联，针对长江流域生态系统存在的水环境污染、矿山生态破坏、湿地退化等生态问题，依托长江水道，统筹流域上游下游、山上山下、岸上岸下、地上地下，追根溯源，诊断病因，找准病根，分类施策，全方位实施整体保护、系统修复、综合治理的六大生态工程任务措施。

流域水环境治理修复。流域水环境治理是长江三峡地区生态保护修复的重点。针对流域防洪能力差、水量减少、水系不连通、水质不达标、水生态功能下降等问题，聚焦工业源、农业源、城乡生活源、船舶航运污染源等污染源头，强化源头控制、系统保护、综合治理，统筹水资源保护、水污染治理、水生态修复"三水共治"，推进"四源齐控"，构建"源头减排、过程阻断、末端治理"全过程防控水污染的治水模式。以流域为单元，兼顾上下游、岸上下，引导沿江化工企业转型升级，采取水源地保护、水量调度、生态补水、河湖水系连通、农业面源污染控制等措施，结合河道清淤与防洪工程建设，利用"净小宜"智慧化管理平台，发展绿色航运，统筹推进流域水环境综合整治，提升重要水源地和江河湖库生态功能。

表3-3　生态保护修复工程实施单元分区方案设计

大区	生态保护修复片区	范围	面积/km²	片区特点	重点修复任务
西部库区山地丘陵水土流失治理和水源保护区	三峡库区岸线治理修复片区	巴东县绿葱坡镇、茶店子镇、信陵镇、官渡口镇、东瀼口镇、沿渡河镇、丘湾乡	1812	区域内有巴东金丝猴国家级自然保护区，主要保护对象是川金丝猴、林麝、珙桐、红豆杉等珍稀野生动植物。长江岸线崩岸多发，固土护岸功能不足，地势落差大，水土流失严重	实施重要生态系统保护修复，污染与退化土地治理修复，流域水环境保护治理，土地综合整治工程，修复长江受损岸线，建设生态农业示范区，防止水土流失
	清江流域生物多样性保护片区	秭归县茅坪镇、屈原镇、归州镇、水田坝乡、泄滩乡、沙镇溪镇、两河口镇、梅家河乡、磨坪乡、郭家坝镇、杨林桥镇、九畹溪镇	1545	地处巫山余脉及武陵山余脉，水源涵养功能重要，生物资源丰富，受人为活动影响，野生动植物生境受到不同程度破坏	坚持保护优先，自然修复，实施森林草原植被修复及其他工程，提升城乡生活污水、垃圾处理能力，改善城乡环境质量
	三峡库区环境综合整治片区	夷陵区邓村乡、太平溪镇、三斗坪镇、乐天溪镇、下堡坪乡	2283	水网密布，水源涵养及水土保持功能重要，库区消落带群落结构简单，维护生物多样性等生态功能下降；水土流失、滑坡等地灾时有发生，河网周边耕地密集，农业面源污染严重突出	实施重要生态系统保护修复，流域水环境保护治理，土地综合整治工程，开展消落带治理修复，修复重要河流生态系统，防治农业面源污染
	三峡库区水土保持片区	巴东县大支坪镇、野三关镇、清太坪镇、水布垭镇、金果坪乡	1104	境内有大老岭国家级自然保护区、西陵峡东震旦纪地质剖面省级自然保护区等，三峡大坝坐落于此，水土保持及洪水调蓄功能突出重要，地势落差大，水土流失隐患严重突出，森林结构单一	实施森林草原植被恢复工程，强化病虫害防治，恢复自然生境群落

续表

大区	生态保护修复片区	范围	面积/km²	片区特点	重点修复任务
	城市岸线治理修复片区	西陵区、伍家岗区、猇亭区	286	沿江城区化工企业密布，人类活动集中，岸线使用粗放，各类码头众多，航运污染问题突出	以保障长江干流水质稳定，维护长江重要鱼类种质资源生境，保护饮水水源地水质为目标，重点实施流域水环境保护治理、重要生态系统保护修复、污染与退化土地治理修复及其他类工程
中部丘陵流域水环境综合治理区	卷桥河－联棚河流域水环境治理修复片区	点军区点军街道、联棚乡、土城乡、桥边镇、艾家镇	533	区域内有长江宜昌中华鲟省级自然保护区，主要保护对象为国家一级保护鱼类中华鲟。卷桥河及联棚河流域周边农业面源污染突出，部分河段河道狭窄，河道自净能力差，堤岸生态空间遭受挤占，湿地植被群落结构简单，物种单一	实施流域水环境保护治理、重要生态系统保护治理，修复河湖湿地，保护湖泊湿地，确保河湖水系连通，保障饮用水源地安全
	黄柏河流域水环境治理修复片区	夷陵区樟村坪镇、雾渡河镇、黄花镇、小溪塔街道、分乡镇	1660	黄柏河上游磷矿等矿产资源开发，危害地表水和地下水，河网沿线农村农田密集，农业面源污染较重，流域水环境污染问题突出，水体总磷超标，河道淤积，湿地面积萎缩，河流生态系统遭到破坏	重点开展流域水环境保护治理、土地综合整治工程项目，实施重要支流水环境整治，清洁小流域建设、高标准农田建设等
	柏临河流域水环境治理修复片区	夷陵区黄花镇、龙泉镇、鸦鹊岭镇	657	流域沿线林草等生态空间被占用问题突出，农田散布，农业面源污染严重，污水处理设施不健全，农业面源污染严重，导致水环境质量总体较差，河流生态支离破碎，生态系统退化	实施流域水环境保护治理项目，修复柏临河流域生态系统服务功能

大区	生态保护修复片区	范围	面积/km²	片区特点	重点修复任务
东部平原综合治理修复区	金湖湿地水环境治理修复片区	枝江市马家店街道、安福寺镇、董市镇、七星台镇、百里洲镇、白洋镇、仙女镇、问安镇和顾家店镇	1372	区域河渠湖库密集，河湖水系连通性不足，乡镇污水收集处理能力有限，围湖造田、圈栏养鱼等导致湖泊面积萎缩，水环境受到污染，湖泊生态系统遭到破坏水体质量较差，对长江干流造成污染负荷	实施流域水环境保护治理，重要生态系统保护治理，土地综合整治，保护修复及其他工程，修复河湖湿地生态系统，生物多样性保护，保护劣Ⅴ类水体，消除劣Ⅴ类水体，改善城乡水环境质量，提高农用地利用效率，防治农业面源
	清江-渔洋河流域国土综合整治片区	宜都市陆城街道、红花套镇、高坝洲镇、聂家河镇、松木坪镇、枝城镇、姚家店镇、五眼泉镇、王家畈镇、潘家湾土家族乡	1353	河湖湿地面积萎缩，生态功能退化。森林结构单一，涵养水源能力不足。松宜矿区矿山开发破坏生态环境，山体塌陷，地面塌陷，矿渣占用土地资源，造成水土环境污染。农业面源污染突出，耕地质量不高	实施土地综合整治，流域水环境保护修复，重要生态系统保护修复，矿山生态修复工程，开展重要支流水环境整治，改善城乡水环境质量，修复长江岸线，开展农用地治理，实施废弃矿山治理修复，防范水土流失
	松宜矿区环境综合整治片区	松滋市新江口镇、南海镇、八宝镇、涴市镇、老城镇、陈店镇、沙道观镇、洈水镇、刘家场镇、街河市镇、王家桥镇、斯家场镇、万家乡、纸厂河镇、杨林市镇、卸甲坪土家族乡	2187	松宜矿区矿山开发危害地表水和地下水，造成洛溪河水体污染严重，废弃工矿地占用土地。长江岸线非法码头较多，植被覆盖不足，引发水土流失、滑坡等地质灾害，围湖造田、养鱼等造成河湖水环境污染，生态系统遭到破坏	实施重要生态系统保护修复，流域水环境保护治理，矿山生态修复工程，恢复水岸线，改善农用地质量，修复重要河湖湿地生态系统，植被，实施废弃矿山治理修复，改善水环境质量，开展废弃矿山治理修复

化工围江整治与长江岸线生态修复。宜昌市是全国重要的磷化工产业基地，长期以来化工围江为长江生态安全带来极大风险和隐患，"十三五"以来，宜昌市破解"化工围江"问题，分类整治化工园区，制定"一企一策"推进化工企业关改搬转，奠定坚实工作基础。试点期间，长江三峡地区持续推进化工围江134家企业关改搬转，重点围绕沿江1km范围内化工企业，分类实施"关闭、改造、搬迁、升级"。积极培育新动能，化解旧动能，破除环境风险，安全处置磷石膏固体废物，提高磷石膏综合利用率，政策性引导磷石膏产品的市场开发。对搬迁化工企业污染场地及时予以修复，变革创新传统发展模式和路径，鼓励引导企业采用新技术实现清洁生产和节能减排，探索生态优先、绿色发展的新路子。实施长江上下游、左右岸岸线整体保护、系统修复，修复长江岸线97.95km，加大力度整治清理非法码头，开展岸线复绿，恢复岸线生态功能。

废弃矿山生态修复。针对矿区矿产资源开发利用造成的土地损毁和环境破坏等问题，因地制宜开展地貌重塑、土壤重构、植被重建、景观再现、生物多样性重组等一系列恢复措施，恢复提升矿区生态功能，实现资源可持续利用。统筹矿山的源头防控、过程监管以及新建矿山的标准指引，改造建设绿色矿山，对松宜矿区周边污染水体实施综合治理，包括洛溪河、尖岩河等，减轻酸性矿井水对河流的影响，改善水生态系统平衡。实施松宜矿区废弃矿山生态修复治理以及长江沿线10km矿山治理工程，重点对松宜矿区内废弃工业场地、大量厂矿生活和建筑垃圾堆积、其他工业场地及挖损废弃工矿土地进行综合整治，根据矿区损毁土地原土地利用类型，采用适宜项目区的乡土的树种和草种，并考虑工程施工难易程度以及技术可行性等方面的因素，进行损毁土地植被恢复。

土地综合整治与农村生态环境保护。土地综合整治针对的是农村地区生态环境质量差、生态基质破碎和廊道不连通、土地资源利用低效化碎片化无序化等问题，通过统筹整治低效闲置建设用地、农用地整理、未利用地开发、农村环境综合整治等措施，优化农业空间资源配置，全面改善农村环境（罗明等，2019）。重点在秭归县、枝江市、宜都市、巴东县，统筹农用地整治、高标准农田建设、节水灌溉农业、土壤改良、生态农业等建设项目，统一推动"山、水、林、田、路、村"土地综合整治，提高土地利用率。推广有机肥替代化肥，提高耕地质量。强化秸秆、农膜废弃物资源化利用，多措并举，高效推进生态农业示范区建设，发展循环农业和智慧农业。加强农村饮用水水源保护，确保农村饮水安全。推进农村生活垃圾治理及生活垃圾资源化利用，完善农村生活污水处理体系，改善农村人居环境。

重要生态系统修复与生物多样性保护。针对长江三峡地区相对集中连片的自然生态系统脆弱性突出、功能退化、生物多样下降等问题，主要是河流、湖泊、湿地、草场、林地等较丰富的地区，采取土地综合整治、植被恢复、河湖水系连通、岸线修复、栖息地修复等措施，实施湖泊水体、库塘湿地、退化草原、退化林地的综合修复治理，逐步恢复相应的生态系统。例如，在夷陵区、秭归县、巴东县实施清洁小流域建设、坡耕地治理、库区消落带治理等工程，建设水土保持林和岸线防护林，防治水土流失，消除灾害隐患。结合松材线虫、马尾松毛虫等病虫害防治工程，开展低质低效林改造，恢复森林生态系统。依托试点区典型的森林、湿地生态系统，通过人工繁殖、野生驯化等手段，抢救性保护金丝猴、中华鲟、达氏鲟（长江鲟）、胭脂鱼、江豚、宜昌核桃、疏花水柏枝等濒危野生动植物。落实长江十年禁捕，保护长江流域重要水生生物资源，设置"人工鱼巢"、鱼礁等方式修建鱼类栖息、繁殖场所，保证鱼类的生存环境。对人工增殖放流效果进行评价，并定期对水生生物多样性进行监测。

区域生态保护修复体制机制创新。制度配套与革新是生态工程顺利实施的关键。创新长江流域共抓大保护路径，建立省级工作联席会议制度，深化省负总责、市县抓落实的试点工作推进机制，各试点地区设立试点工程领导小组，搭建好"党委监督、政府推进、部门协作、资金整合、公众参与"的组织构架。完善工程项目、资金、绩效管理机制，探索跨区域生态补偿机制、磷石膏综合治理及资源化利用监管体系建设，加强水质预警及监测能力建设与水土污染防治规划能力建设，建立工程项目库，强化绩效评估和考核，建立跨区域、跨部门、上下联动的生态保护修复长效机制。

3.4.6 生态保护修复单元设计

按照整体性、系统性原则，统筹考虑长江干支流、江河湖库、山体等生态系统的完整性、系统性、连通性，以及三峡地区生态功能的重要性与特殊性，以 11 个生态保护修复片区为单元布设系统工程，评估识别不同片区生态环境本底特征、生态保护修复和环境治理需求，针对性设计工程措施，分析工程可实现的综合效益，防范实施过程中的潜在风险。

城市岸线治理修复片区。此片区城镇建设和人类活动聚集，黄柏河、柏临河等支流与干流交汇于此，地势平坦，生态空间相对有限，长期的人类生产生活活动对环境造成破坏，围绕片区干流水质不稳定、饮用水源地安全存在隐患、港口码头林立、自然岸线破坏严重、"化工围江"形势严峻、水环境污染隐患大、岸线绿化有待提升等问题，以保障长江干流水质稳定、维护长江重要鱼类种质资源生境、保护饮水水源地水质为目标，重点实施河湖水系连通、饮用水水源地治理保护、长江岸线修复治理、"化工围江"综合整治、城乡环境质量提升等工程建设措施，优化配置水资源空间分布，改善人居环境，建设长江生态廊道，减少沿江水土环境污染风险，提升污水处置能力，全面保障长江生态环境改善。

黄柏河流域水环境治理修复片区。黄柏河作为宜昌市的母亲河，是宜昌市主城区最主要的水源供给区。由于人口密度大，人类活动集中，生态保护修复需求尤为迫切。此片区人类活动干扰较大，生态系统服务功能降低，水土流失加剧，耕地质量不高。重点实施黄柏河流域环境治理工程，严格保护西塞国原始森林与水源地，提高原始森林管护能力。采取农村环境综合整治、岸线整治、河道内源清理、排污口整治等工程措施，修复黄柏河生态湿地。实施国土综合整治、清洁小流域建设、废弃矿山生态修复、森林病虫害防治等工程项目，有效恢复农田、森林、湿地等生态系统的同时，防范水土流失等生态风险，保障生态安全。

三峡库区水土保持片区。三峡大坝坐落于此片区的三斗坪镇，是三峡库区生态屏障核心区，区域主要生态系统为森林和湿地，水土保持、水源保护及洪水调蓄功能尤其重要。区域地势落差大，水土流失、滑坡等地质灾害隐患突出。森林林分结构单一，中幼林占比较高，质量不高，野生动植物锐减，生物多样性下降。大坝及周边区域，受人类旅游等活动影响，生态环境遭受不同程度破坏，生态退化明显，生态环境极为脆弱。坚持保护优先，有序实施森林病虫害防治、废弃矿山修复等子项目，提升森林生态系统质量和功能，保护自然生境和群落，提高生态系统稳定性和持续性。

柏临河流域水环境治理修复片区。柏临河为长江左岸的一级支流，发源于夷陵区别家大山余家老屋，于宜昌市城区东郊临江坪汇入长江。土地利用类型以林地和果园地为主，水田、旱地、村庄、水面和城镇建设用地次之。柏临河流域水质总体较差，大部分河段水质不达标，主要支流后河为Ⅴ类，主要超标因子为总磷，河流生境破碎化程度高，河流生态系统逐渐向陆生或沼泽生态系统转变；部分河段水生态系统退化严重，蓝藻等浮游生物大量繁殖，水葫芦、水华覆盖河面，水生物种较为单一，生物多样性呈下降态势。生态退化根源在于沿线人类开发建设活动侵占生态空间，污染排放强度大，污水处理等环境治理能力不能适应需求。为此，此片区重点实施流域水环境综合治理工程、清洁小流域建设等子项目，提升污水处理能力，采取封禁治理、种植水保林、修复湿地等措施，防止水土流失。

卷桥河-联棚河流域水环境治理修复片区。联棚河（五龙河）与卷桥河均为长江右岸一级支流，随着城市的建设与开发，卷桥河湿地面积逐年萎缩，水生态空间遭受挤占，生态退化严重，长江岸线冲刷严重，岸堤沿线亟需生态修复。重点实施卷桥河湿地生态保护修复、清江水系连通、联棚河上下游生态治理、森林病虫害防治、废弃矿山修复等项目，合理配置水生植物，保护动植物生境，修复岸线生态系统，提升湿地自净能力，改善流域水环境质量。

金湖湿地水环境治理修复片区。长江干流经此片区98.8km，主要支流有玛瑙河和沮漳河，玛瑙河流经枝江市26.8km。区域内河湖水系连通性不足，围湖造田、围栏养鱼等导致湖泊面积萎缩，湖泊水环境质量较差，湿地生态系统服务功能降低，生物种群分布也产生影响，同时长江岸线植被覆盖度低，生态功能退化，对长江干流造成污染负荷加重。实施金湖湿地生态修复湖泊水生植被种植及水质提升、长江岸线生态修复、城乡环境质量提升、国土综合整治、农业面源污染治理等一揽子工程项目，采用生态驳岸、自然护坡等近自然生态化方式，修复湖滨生态缓冲带，重建水生植物群落，全面提升区域内湿地、沿江岸线、农田等生态系统功能，维持区域生态平衡。

清江-渔洋河流域国土综合整治片区。长江流经此片区长达46km，主要支流有清江、渔洋河等，域内松宜矿区水泥石灰岩、煤等矿产资源丰富。由于多年的高强度开采和自然资源利用，导致区域内资源日渐枯竭，局部地区矿区地质灾害频发，矿山开采破坏生态环境，山体裸露，废弃矿渣占用土地资源，危害地下水和地表水。湖泊湿地净化能力下降，部分水质富营养化严重。沿江岸线护坡破坏严重，水土流失问题较为突出；农田设施配套不足，化肥农药施用量较高，农业面源污染隐患大。实施国土综合整治、松宜矿区废弃矿山生态修复及地质灾害治理、长江干线枝城段生态修复和城区环境综合治理、洋溪垃圾转运泊位改造工程、长江岸线宜都段生态保护修复、清江流域宜都段及周边流域水环境综合整治、城乡环境质量提升、森林病虫害防治等项目，修复农田、森林、湿地、岸线等生态系统，恢复矿区植被，防范地质灾害，提升污水收集处理及船舶污染物接收转运处置能力，削减入江污染物。

三峡库区环境综合整治片区。此片区多山地，以森林生态系统为主。区域内河网密布，长江横贯东西 64km，主要支流有九溪湾、童庄河、香溪、良斗河、青干河等。三峡水库"冬洪夏枯"的水位变化与自然相反，导致整个消落带的生物种类大为减少，生态系统结构和功能简单化，生态系统稳定性降低。城乡垃圾污水收集处理能力不足，河道治理任务艰巨；山区地势落差大，水土流失问题严重，地质灾害时有发生。实施三峡库区香溪河流域综合治理修复，清港河、九畹溪、良斗河、七里峡等河道治理、生态廊道建设、农业面源污染治理等项目，视不同的海拔高程和植物生长习性，采取场地整理、植被恢复及其他辅助措施，稳定修复库岸受损退化植被，改善农村人居环境，减轻对河流、土地等生态系统的破坏。

三峡库区岸线治理修复片区。此片区范围属于国家重点生态功能区三峡库区水土保持区，水土保持功能极其重要。地形狭长，西高东低，地表崎岖，山峦起伏，是典型的喀斯特地貌，高差较大，水网密布，三峡水库蓄水后，库岸两侧岩石周期性地浸泡在水中，使两岸坡地稳定性减弱，崩岸高发。另外江水反复横向冲刷，极易导致水土流失现象发生，甚至造成滑坡、崩塌等地质灾害；城乡垃圾污水处理能力有限，农业面源污染严重。实施三峡库区巴东段库岸整治、水土流失治理、城乡污水处理能力提升等项目，修复库区消落带，保水固土，消除地质灾害隐患，全面提升城乡环境质量。实施生态茶园示范园建设、柑橘产业发展扶持建设、高标准农田建设等生态农业改造项目，在有效减轻农业面源污染的同时，衍生经济效益和社会效益，实现生态产品增值溢价。

清江流域生物多样性保护片区。此片区属于武陵山区生物多样性保护与水源涵养重要区，主导功能为生物多样性保护和水源涵养，主要生态系统为森林和湿地，对维护区域生物多样性具有重要作用。因地势高差大，植被覆盖度低，裸露山体多，水土流失严重，生态环境遭到不同程度破坏，动植物栖息地受到威胁，生物多样性呈退化趋势。乡镇、农村污水、垃圾收集处理转运设施配套不足，对流域水环境造成污染隐患。采取保护优先、预防为主的方式，严守生态保护红线等重要生态空间，合理优化城镇国土空间开发格局，严格控制不符合重点生态功能区的产业准入，尽可能降低人为活动因素的干扰。有序推进水土保持林建设、低质低效林改造，提高森林系统稳定性，并结合生态廊道建设，保护野生动植物生境，提高区域生物多样性维护、水源涵养等功能。因地制宜，建立集中与分散相结合的农村生活污水无害化处理体系，改善农村人居生活环境，保护清江流域良好的生态本底。

松宜矿区环境综合整治片区。此片区内水系发达，分布有松滋河、洈水、采穴河、南河等支流，有小南海湖、王家大湖、庆寿寺湖等多个湖泊。针对小南海湖周围围湖造田、围栏养鱼等现象严重，导致水系连通性不足、湿地面积减少、水污染问题突出、生物种群生境遭到破坏等问题，实施小南海湿地修复项目，以截污控污、疏浚清污相结合，退渔还湿、退耕还湿，建设生态缓冲带、岸坡生态防护林带，防治水土流失，改善湖泊水质。对松宜矿区矿山开采破坏生态环境，造成大面积山体裸露，局部地区矿区地质灾害频发，威胁区域生态安全等问题，实施松滋市废弃矿山地质环境恢复治理项目，通过清运堆渣、修复场地等对矿区实施综合治理，结合矿区复绿、退耕还林等措施治理水土流失。针对沿江岸线护坡破坏严重，存在多处岸崩等问题，实施松滋市长江岸线整治修复项目，统筹推进岸坡山地、岸边农田村庄、滩地及港口码头综合整治，构筑长江沿岸生态缓冲带。

3.4.7　工程实施保障体系

湖北省长江三峡地区山水林田湖草生态保护修复工程资金由中央奖补、省级资金、市（县、区）资金、政府和社会资本合作模式、义务人投资等渠道筹措。为全面应对实施过程中面临诸多不确定性，例如，责任主体如何安排，任务如何分工，资金能否落实和统筹管理，工程项目如何监管，绩效指标能否按规划计划实施，部门责任能否落实到位等，全面保障工程试点顺利实施，加快制度创新是试点地区需优先解决的难题。依据国家关于工程试点的政策要求，湖北省级层面积极探索制度创新，增加制度供给，试点市县配合完善制度配套，逐步建立政府主导、多方参与、过程严管、系统完整的工程试点推进制度体系，为工程实施提供强有力的制度保障。

建立组织实施保障机制。建立省级联席会议制度，下设办公室，成立工作推进专班和实施专班，合力推进工程建设。实施专班由宜昌市政府牵头，主要负责协调各县市区项目实施。县市区建立工程试点项目市、县、项目责任人三级推进机制，负责统筹协调跨区域跨部门重大事项，督促检查重要工作落实情况，压实责任，主动对标，扎实推进工作落地生根。建立示范项目联系点制度，强化督导考核奖惩和责任追究。

健全工程全过程监管机制。工程试点按照"省级联席统一协调、部门按职能各负其责、市县政府负责推进实施"的项目分级管理原则，工作推进专班不定期对项目进展、问题和绩效指标完成情况进行监督检查；工作实施专班以宜昌市为主，建立"月报告、季考评、年结账""一月一巡"等制度，运用通报、推进清单等形式，督办试点项目，确保试点工作按期完成。建立工程试点项目、资金、绩效监督管理机制。项目建设严格实行项目法人责任制、招投标制、建设监理制、合同管理制、公示公告制等制度，规范项目档案管理。建立工程试点专家库，定期组织专家进行现场技术指导和业务知识培训，扭转基层干部在政策、理念、思路、管理和技术方面的认知。本着"尊重规划、落实绩效"的原则，对项目变更事项进行严格管控，确保试点项目不因建设内容变更影响项目实施绩效。建立山水林田湖草生态保护修复工程项目库，激发生态保护修复的长效动能。

拓宽资金投融资渠道。工程建设资金筹措渠道多样，包括中央专项奖补、省级配套、市县级配套，以及地方债券、银行贷款、义务人投资等。按照"渠道不乱、用途不变、集中投入、形成合力"原则，积极整合生态环境、自然资源、水利、乡村振兴等各类专项资金；多渠道争取国家产业基金支持，用好国开行、农发行优惠贷款；拓宽市场化融资，支持符合条件的项目引入社会资本，用好 PPP、EPC 等手段，建立"投、融、建、管、营"一体化模式。积极与三峡集团对接，带动社会力量共同推进生态修复和环境保护建设。采取"以奖代补"的方式推动沿江化工企业"关改搬转"。在黄柏河、香溪河等流域探索建立横向生态补偿机制，推进生态产品市场化。

建立科技支撑体系。引进专家咨询团队，全过程跟进工程试点实施。做好过程指导和技术把关，为工程方案的科学规划、工程项目的科学设计、工程绩效的科学评估提供全面、专业的技术保障。针对流域水环境治理、矿山治理修复等技术方法，采用产学研用协同的方式，申报纳入国家和省重大科技项目，相关成果应用到试点项目中，推动科研与实践紧密结合。宜昌创新研发长江第一个船舶污染物协同治理信息系统（"净小宜"智能化系统），以信息化、智能化赋能绿色航运。针对磷石膏综合利用难题，宜昌市有关部门、企业联合科研机构、院校开展了课题研究和技术攻关，加快标准制定，着力市场推广应用，建立完善磷石膏综合治理及资源化利用监督管理体系。积极探索"两山"转化路径，发展智慧农业、生态旅游等生态产业，促进生态产品价值实现。

实施绩效考核评价制度。落实《湖北省长江三峡地区山水林田湖草生态保护修复工程试点绩效管理办法》，以国家批复的 24 项绩效指标为导向，将绩效目标细化分解到具体区域、具体项目、具体实施单位，做好年度绩效评价和管理。压实试点市县政府主体责任，开展年度绩效自评，做好项目绩效目标和预算执行进度"双监控"。探索用"绿色系数"衡量发展实绩，完善政绩评价机制，将试点项目前期工作完成率、配套资金落实率、绩效指标达标率、体制机制创新等内容纳入目标考核内容。

参 考 文 献

曹宇，王嘉怡，李国煜.2019.国土空间生态修复：概念思辨与理论认知［J］.中国土地科学，3（07）：1-10.

陈安，胡雪丽，吴波，等.2022.湖北长江三峡地区山水林田湖草生态保护修复形势与对策研究［J］.环境保护科学，48（1）：42-47.

方创琳.2001.区域发展战略［M］.北京：科学出版社.

李涛，唐涛，邓红兵，等.2019.湖北省三峡地区山水林田湖草系统原理及生态保护修复研究［J］.生态学报，39（23）：8896-8902.

罗明，于恩逸，周妍，等.2019.山水林田湖草生态保护修复试点工程布局及技术策略［J］.生态学报，39（23）：8692-8701.

牟雪洁，张箫，王夏晖，等.2022.黄河流域生态系统变化评估与保护修复策略研究［J］.中国工程科学，24（1）：113-121.

彭春兰，陈文重，叶德旭，等 .2019. 长江宜昌段鱼类资源现状及群落结构分析［J］. 水利水电快报，40（2）：79-83.

彭建，李冰，董建权，等 .2020. 论国土空间生态修复基本逻辑［J］. 中国土地科学，34（5）：18-26.

彭建，吕丹娜，董建权，等 .2020. 过程耦合与空间集成：国土空间生态修复的景观生态学认知［J］. 自然资源学报，35（1）：3-13.

彭建，赵会娟，刘焱序，等 .2017. 区域生态安全格局构建研究进展与展望［J］. 地理研究，36（3）：407-419.

秦蜜 .2017. 区域视角下的大尺度景观规划思路探析［J］. 建筑与文化，（6）：171-172.

王波，何军，王夏晖 .2019. 拟自然，为什么更亲近自然？——山水林田湖草生态保护修复的技术选择［J］.中国生态文明，（1）：70-73.

王波，何军，王夏晖 .2020, 山水林田湖草生态保护修复试点战略路径研究［J］. 环境保护，48（22）：50-54.

王夏晖，何军，牟雪洁，等 .2021. 中国生态保护修复 20 年：回顾与展望［J］. 中国环境管理，13（5）：85-92.

王夏晖，何军，饶胜，等 .2018. 山水林田湖草生态保护修复思路与实践［J］. 环境保护，46（Z1）：17-20.

王夏晖，王金南，王波，等 .2022. 基于自然的生态工程范式——共生、耦合与协同（英文）［J］. Engineering，19（12）：14-21.

王夏晖，王金南，王波，等 .2022. 生态工程：回顾与展望［J］. 工程管理科技前沿，41（4）：1-8.

王夏晖，张箫，牟雪洁，等 .2019. 国土空间生态修复规划编制方法探析［J］. 环境保护，47（5）：36-38.

王夏晖，张箫，朱振肖，等 .2021. 山水林田湖草生态保护修复工程规划方法与长江三峡地区实践［M］. 北京：中国环境出版集团 .

王祥荣 .2000. 生态与环境：城市可持续发展与生态环境调控新论［M］. 南京：东南大学出版社 .

王燕，邹长新，林乃峰，等 .2023. 基于生态监管的生态保护修复工程实施成效评估指标体系［J］. 生态学报，43（1）：118-127.

吴次芳，肖武，曹宇，等 .2019. 国土空间生态修复［M］. 北京：地质出版社 .

徐国劲 .2019. 重大生态工程规划设计关键问题研究［D］. 杨凌：西北农林科技大学 .

杨崇曜，周妍，陈妍，等 .2021. 基于 NbS 的山水林田湖草生态保护修复实践探索［J］. 地学前缘，28（4）：25-34.

周妍，陈妍，应凌霄，等 .2021. 山水林田湖草生态保护修复技术框架研究［J］. 地学前缘，28（4）：14-24.

朱振肖，柴慧霞，张箫，等 .2022. 武夷山主峰黄岗山片区生态安全格局构建研究［J］. 环境工程技术学报，12（5）：1437-1445.

朱振肖，王夏晖，饶胜，等．2020．国土空间生态保护修复分区方法研究——以承德市为例［J］．环境生态学，2（Z1）：1-7.

朱振肖，王夏晖，张箫，等．2020．湖北省长江三峡地区山水林田湖草生态保护修复实践探索与思考［J］．环境工程技术学报，10（5）：769-778.

朱振肖，张箫，牟雪洁，等．2021．湖北长江三峡地区生态保护修复制度创新［N］．中国环境报，8.2（03）．

Gann G D，Mcdonald T，Walder B，et al. 2019. International principles and standards for the practice of ecological restoration（Second edition）［J］．Restoration Ecology，27（S1）：3-46.

|第4章| 水生态系统修复工程

水生态系统对于维持生物多样性、水资源供应、气候调节和经济发展至关重要。水生态修复是通过技术、工程和管理措施来重建和改善已经退化或损坏的水体生态系统，恢复和提升其生态服务功能并保持稳定，使水生态系统进入良性循环。水生态修复不仅包括开发、设计、建立和维持新的生态系统，还包括生态恢复、生态更新、生态控制等，同时充分利用调控手段，使人与水生态环境达到持续的协调统一。本章以河流水生态修复、湖泊水生态修复和水体岸带生态修复为重点，介绍水生态系统修复工程基本原理、技术和实践案例。

4.1 概　　述

水生态系统是自然生态系统中由河流、湖泊等水域及其滨河、滨湖湿地组成的河湖生态子系统，其水域空间和水、陆交错带是由陆地河岸生态系统、水生生态系统、湿地及沼泽生态系统等一系列子系统组成的复合系统，是生物群落的重要生境（朱党生等，2011）。水生态要素包括水文情势、河湖地貌形态、水体物理化学特征和生物组成，各生态要素交互作用，形成了完整的结构并具备一定的生态功能。水生态系统修复，主要是指对受损、退化或被破坏的水域生态系统进行的修复恢复过程，是河湖生态系统的整体修复。

水生态系统修复的开启始于水生态系统受损，国外早于国内。20世纪50年代以前，国外的流域管理仅限于河流管理，以防止洪水和干旱灾害，提高航运能力，并为经济和社会发展提供稳定的水源，如修建胡佛水坝和格伦峡水坝、阿斯旺水坝、成立多瑙河委员会和田纳西流域管理局等（孙鹏程，2022）。20世纪50~80年代，各国工业恢复，城市化进程加快，水污染问题凸显。美国出台《清洁水法》和《安全饮用水法》，以"命令控制"的手段解决河湖水污染问题（张建宇等，2007）。欧洲多个国家联合签署了《保护莱茵河伯尔尼公约》，制定了"莱茵河行动计划"，以确保能够有效治理莱茵河污染，并为"鲑鱼-2000 计划"莱茵河生态廊道的修复工程提供保障（陈维肖等，2019）。90 年代以后，江河湖泊治理从单纯的水资源治理、水质治理和结构恢复，发展到对生态环境整体结构、功能和动态过程的综合治理。河流修复与治理是一项综合性、系统性的活动，必须综合考虑水文、土地利用、地貌、水质、生物，乃至娱乐、经济、文化（Gore and Shields，1995）。从恢复和治理的范围来看，河流的恢复和治理不仅包括河流本身，还延伸到漫滩甚至整个流域（Bernhardt et al.，2005）。

随着水生态修复理论与技术发展，国外也重视从管理上提升对水生态系统修复和保护。美国环境保护署（USEPA）先后出版了《水域生态系统修复》《河流廊道修复》，用于指导流域河湖生态治理工作。日本开展了创造多自然河川计划，即"多自然型河川工法"，主要采用自然石块或拥有间隙的混凝土砌块，通过改造低水护岸的结构来保护或复原水边区段的临河土地。基于实证研究，国外学者强调管理机构间的协调在流域治理中的重要性（陈兴茹，2011），如通过观察沿海供水机构的运作过程，论证了地方区域协调的必要性，从国家目标多样性强调协调应该成为一种新的机构间关系。为应对流域整体保护和开发需要，实行水资源综合管理，如印度采用水资源综合管理的方案解决南部的水事纠纷问题（Van，1997）。为有效地促进流域水资源的开发利用和生态环境保护，成立多方代表的流域管理机构应运而生，如田纳西流域管理局由州长代表以及流域内电力、航运、环境保护和其他各方的代表参加，负责协调电力、航运、环保及资源利用等部门，在流域的综合治理中发挥重要作用。特拉华河流域的州长签署了《特拉华河流域协定》，成立了特拉华河流域委员会，统一管理流域的水系，不考虑行政边界，有权制定法规和政策，决定流域内的相关事务，并成立了六个专业咨询委员会（Delaware River Basin Commission，2016），发挥了对流域生态保护的作用。

国内水生态修复起步相对晚。新中国成立之初，海河流域、淮河流域等侧重于洪旱灾害的流域治理，学者通过比较海河流域解放前后洪涝事件，发现河道拦蓄不足是洪涝灾害频发的重要原因（杨持白，1965）。20 世纪 70～90 年代，随着经济社会发展的加快，水资源短缺和水体污染问题日益突出，节流和引黄、引江调水被认为是解决海河流域水资源短缺的根本对策（吴仲坚，

1986；刘玉瑞，1983）。在总结和反思传统水利理论基础上，大水利理论被提出（刘树坤，2009），强调发挥河流综合功能为前提，以人水和谐为原则，支持流域社会可持续发展。董哲仁提出"生态水工学"概念，从生态系统需求的角度探讨了河流生态恢复与管理的理论和方法（董哲仁，2003a）。吴建寨等（2011）提出河流修复生态功能区划是河流适应性生态修复和管理的必要前提和基础，可为制定生态修复目标提供科学依据。水生态系统修复应制定包含河流历史和现状调查、修复目标制定、修复措施计划和实施、修复评价和监测技术规范（徐菲等，2014）。针对湖泊面临水污染、湿地萎缩和严重的生物入侵等生态问题，学者提出了湖泊湿地修复和治理的原则与技术（颜雄等，2017）。

4.2 河流生态修复

4.2.1 河流生态修复概况

河流生态修复理论最早从德国开始发展。1938 年德国 Seifert 第一次提出"近自然河溪治理"的概念，是最早的河流生态修复理论，该理念框架下的河流生态修复治理方案要求使河流达到接近自然标准的同时，还必须使治理成本降到最低。其目标是通过人为修复使河流生态恢复至原生自然化状态。"近自然河溪治理"的概念为人类对河流生态的修复工作提供了丰富的理论支持，对河流的修复由传统观念向近自然化观念转变（高甲荣，2004）。

早期河流生态修复重点是河流生态治理和河流污染防控两方面。随着对河流生态受损机制的了解，学者意识到河流的渠道化和硬质化是造成河流生态系统退化的重要原因，开始从生态学的角度思考传统水利工程存在的弊端，并将其应用于水利工程建设当中。据此，20 世纪 50 年代"近自然河道治理工程学"理念在德国应运而生，并逐步发展成为河流生态修复研究的重要理论支撑。其核心是将生态学原理与工程设计理念相融合，在修复方法上，强调人为治理与河流的自我恢复能力相结合（董哲仁，2004）。

1962 年，美国生态学家 Odum 等提出将生态学中的自我设计概念运用到河流的生态修复工程当中，并将生态工程定义为："人运用少量辅助能而对那种以自然能为主的系统进行的环境控制。" Schlueter（1971）认为，在对河流生态近自然化治理中，要在满足人类对河流的基本利用要求为前提下达到对河溪生态多样性的维护和重塑。20 世纪 70 年代末，瑞士在借鉴德国生态护岸试验的基础上对其进一步深入实践，将其延伸发展为"多自然型河道生态修复技术"，其目的是使河流最大化保持原始自然状态（高甲荣等，2002）。

随着河流修复理论的不断完善以及各种修复手段不断在河流治理中得到成功实践，河流治理的范围也逐渐向多指标和多维度方向拓展。有学者开始将河流水动力学、地质学等知识运用到河流的治理当中。Binder 等（1983）则认为首先要充分了解河道的水力学特性和地貌特点等基本自然规律，才能更好地对河流进行整治，在这一概念中，明确指出了河流生态治理过程中近自然治理与工程治理两种方法在目的和手段上的差异。Holmann 和 Konold（1992）认为河流的生态治理应该创造出一个水流断面、水深及流速等水文特征多样性的河流，并强调河流的近自然治理要面向生境多样性发展。同时，德国、瑞士于 20 世纪 80 年代提出了"河流再自然化"的概念，将河流净化到与自然水体一样的程度。英国在修复河流时也强调"近自然化"，将河流生态功能的恢复作为治理的重点（胡静波，2009）。

美国的 Mitsch 和 Jorgensn 于 1989 年对 Odum 等在 1962 年提出的"生态工程"这一概念进行了总结和探讨，从而拓展衍生出了"生态工程"这一理论，奠定了河道生态修复技术的理论基础。日本于 1986 年开始引进和学习欧洲的河道治理经验，随后开创了"创造多自然型河川计划"，并称之为"多自然河川工法"。其理论也随着河流整治工程的不断实践得以完善和发展。

归纳总结国外河流修复的研究成果，其核心理念是将生态学原理应用于工程实践中，其目标是恢复河流生态的多样性，使其达到近自然状态，创造出一个良性循环的河流生态环境。

国内在河流生态修复方面的研究始于 20 世纪末。初始阶段主要侧重研究河流生态系统中某一个层面的功能。近年来，国家越来越重视对河流生态环境的保护与修复，相关学者开始从不同角度积极开展对河流生态修复的研究。高甲荣和肖斌（1999）系统阐述了景观生态学在荒溪治理工程中的方法和要点，并在此基础上深入探讨了河溪近自然治理的概念、发展和特征；王超和王沛芳（2004）系统阐述了水安全、水环境、水景观、水文化和水经济五位一体的城市河流水生态系统建设机制，为城市河流的修复提供了理论指导；杨海军等（2004）指出传统的水利工程在一定程度上破坏了河流的生态功能，在分析和总结国内外关于受损河岸生态系统修复研究的基础上，指出了我国在开展受损河岸生态系统修复时面临的问题，并据此提出了相应的解决措施；钟春欣和张玮等（2004）详细阐述了河流生态修复的内涵，强调了河道形态的修复在河流生态整治中的重要性，并且要同时兼顾河流在纵向和横向上的修复；赵彦伟和杨志峰（2005）在深入研究城市河流生态系统健康概念的基础上，系统地阐述了城市河流生态健康系统的评价指标体系、评价标准以及评价方法；倪晋仁和刘元元（2006）分析了河流治理过程中不同阶段的河流特点和影响因素，提出了自然循环、主功能优先、多功能协调等 10 项河流生态修复原则，并指出了河流生态修复的基本步骤；徐菲等（2014）结合国内外学者的研究成果，对河流治理强调多学科思想相融合指导下的综合型修复将是未来河流修复发展的主要方向。徐艳红等（2017）针对淮河流域河南段部分河流出现的不同程度上的河流生态退化问题，分别构建了三种修复模式和五种修复方法，对淮河流域内生态受损河流的修复具有重要指导意义。李飞朝（2019）针对河流提出泥底清理与湿地修复技术，又对生态补水和人工补氧做了相关介绍，指出这两种方法都可以达到净化水体的目的，对河流生态系统的恢复治理达到了很好的效果。

我国在河流生态修复方面的研究起步晚，但发展迅速，对河流生态系统的修复不再以单一的水质修复为主，逐渐向以流域尺度整体生态修复过渡，在河流生态系统修复的理论、技术和实践上都取得了丰富的研究成果。

4.2.2 河流生态系统修复理论与原则

1. 河流修复理论基础

（1）生态水文学

生态水文学是研究水与生态系统相互作用的交叉学科，是关注水文过程对生态系统的分布格局、结构和功能的影响，以及生物过程对水循环要素影响的学科（Nuttle，2002）。21 世纪以来，国际生态水文学围绕不同生境的生态水文学、生态水文过程、水土保持修复、生态水文模型构建和多源观测与信息融合等方面开展了一系列研究，推进了生态水文理论研究与实践示范（刘昌明等，2022）。生态水文学的核心理论体系以观察、观测、实验等手段为基础，摸清生态水文基本原理、本质和规律，形成生态水文学基础理论；同时，针对特定研究对象和目标，以多要素间的相互联系和作用规律为重点，形成多学科之间综合和交叉的研究理论。方法论包括系统工程（生态水文系统工程方法及技术）、物理实验（生态水文过程模拟与仿真的方法和技术）、观测监测（生态水文观测估算、定位监测、数据采集和处理及同化的方法和技术）、数值模型（生态水文的物理、化学、生物过程的数值模型及软件研发）等（夏军和李天生，2018）。

生态水文学研究的问题包括河湖生态水文、植被生态水文、湿地生态水文等多个方面，还包括河流开发对水环境和生态的影响，流域、河湖、城市生态重建与管理等（夏军和李天生，2018）。生态水文学服务于流域水管理与治理。在河流湖库和湿地生态领域，以保持河流健康为目标的生态水利工程、河湖生态修复、湿地恢复重建等将在生态水文系统的保护与治理方面有着广泛应用（Zhang et al.，2015；章光新等，2014）。在生态水利工程设计和建设方面，探索水利工程建设对关键保护物种栖息地、水力学要素和径流情势、物种群落等的影响特征，促进水利工程从传统防洪兴利调度向生态调度的转变。在河湖生态修复方面，开展生态系统现状调查，制定修复目标和措施；探索生态修复过程中水生生物对河流生境变化的影响机制问题，完善生态修复的效果评价体系等。在湿地生态恢复重建方面，应开展大江大河流域湿地生态需水估算和"水文-生态-社会"系统的综合管控研究，探索面向湿地生态保护和恢复的水系连通理论和关键技术等（夏军等，2020）。

（2）河流生态学

河流生态学是水文学、生物学和地貌学结合的交叉学科，在河流连续统（river continuum concept，RCC）的概念上发展而来，其核心是研究生态系统结构功能与重要生境因子的耦合、反馈相关关系（董哲仁，2009）。河流生态学涉及的主要理论体系包括河流连续统理论、洪水脉冲理论、自然水流范式、河流四维连续性理论等。

河流连续统理论：Vannote 等（1980）提出的河流连续统概念是指在天然

河流系统中，生物种群形成一个从河源到河口的逐渐变化的时空连续体。RCC描述了从源头到河口的水力梯度的连续性；分析了上中下游非生命要素的变化引起的生物生产力的变化；不同颗粒的有机物质输移、遮荫效应影响以及河床基底碎石作用对于食物网的影响等（董哲仁等，2009）。RCC说明河流生态系统结构与功能在流域尺度上从上游到下游的纵向变化及其相互关系，将河流生态系统视为物理变量纵向连续变化以及生物群落相适应的整体，从而为全面系统地理解河流生态系统提供了概念框架。串连非连续体概念（serial discontinuity concept，SDC）是 Ward 和 Stanford（1983）为完善河流连续统理论而提出的概念，意在考虑水坝对河流的生态影响，通过将原来的河流连续体理论的纵向连续扩展到横向和垂直方向的连续，从而实现了理论上的重大突破，在规划新的河流整治项目以及河流整治后其自然属性的恢复工作中有非常重要的作用。

洪水脉冲理论：Junk 等（1989）提出洪水脉冲理论说明洪水对河流及其泛滥平原动态关系的影响，将河流及其泛滥平原看作水文和生态过程强烈相互作用的动态系统，其中水流情势是决定河流-泛滥平原间连通性程度、物质和流量交换的主要驱动力。洪水脉冲把河流与滩区动态地联结起来，形成了河流-滩区系统有机物的高效利用系统，促进水生物种与陆生物种间的能量交换和物质循环，完善食物网结构，促进鱼类等生物量的提高。在洪水脉冲理论提出后，不少学者对这个概念进行了实地观测验证和完善，使河流连续统理论成为河流生态学中一个具有广泛影响的理论（董哲仁，2009）。

自然水流范式：Poff 等（1997）提出的自然水流范式认为未被干扰状况下的自然水流对于河流生态系统整体性和支持土著物种多样性具有关键意义。自然水流用 5 种水文因子表示：水量、频率、时机、延续时间和过程变化率，认为这些因子的组合可以描述整个水文过程。在河流生态修复工程中，可以把自然水流作为一种参照系统（董哲仁，2009）。

河流四维连续性理论：Ward（1989）提出的河流四维（纵向、横向、垂直、时间）连续性理论强调了河流空间上的连通性与年内、年际洪枯变化对于维持河流生态系统的作用。人类开发活动在满足"行洪安全，灌溉高效，供水保障"等目标的同时，不可避免地对河流的连续性造成了破坏，匀化了年内、年际间的洪枯变化过程，对河流生态系统造成了一定的影响。

河流生态学理论还有近岸保持力概念（in-shore retentivity concept，IRC）、河流生产力模型（riverine productivity mode，RPM）等，均是河流生态学的理论基础，也是其发展的成果。

2. 河流生态系统修复原则

河流生态系统是一个复杂、开放、动态、非平衡和非线性的系统，其演变过程涉及水文情势、地貌、流态、生物活动等。河流生态系统的影响因素主要有水质、河流水力特性、河流地貌、水文和流域气候等，各因素之间相互影响。河流生态修复涉及生态学、水文学、地貌学、环境科学、社会学和经济学等众多学科，生态修复工程亦是各学科理论和方法的综合应用。河流生态系统中不同因素的影响体现在不同尺度上。水文条件和流域气候对河流生态系统的结构、功能造成的影响主要表现在宏观流域大尺度上，河流地貌、河流的水力特性以及水质的影响则主要在河段和河道等较小的尺度上（董哲仁，2009）。因此，河流生态修复是多学科理论方法的实践应用。

经过几十年的不懈探索，河流生态修复已从单一的结构性修复向统筹考虑生态系统结构、功能和动力学过程的综合性修复发展，相应的生态修复技术也获得了显著进步。考虑到河流健康问题的复杂性和多样性，在"近自然治理理念"指导下，未来的河流生态修复应遵循如下原则。

1）综合治理和多种措施并举。开展受损河流修复治理，更加注重河流的综合治理与多种修复措施并举，加强多学科交叉融合创新。

2）工程措施与非工程措施结合。受损河流的生态修复，不只在于工程措施的实施，应将工程措施与非工程措施相结合，使生态修复与资源、环境的社会管理紧密结合，建立交通、农业、水利、旅游等多部门合作机制。

3）河流生态修复多目标统筹，注重功能完整性。宜将多样化、生态化、景观化、人文化等多维度目标纳入河流生态修复工程建设，促进受损河流水量恢复、水质净化、生态修复、河流景观美化、水生生物多样性以及生态结构与功能完整性多目标协调统一。

4）兼顾美学的工程技术设计。在开展河流生态修复工程设计上，应注重工程技术与自然艺术结合，在满足力学规律的基础上，尊重近自然化修复理念，将景观生态学和美学纳入生态工程设计，经由生态工程的合理规划，实现力学与美学的有机相融，营造人水和谐的生态空间。

5）建立河流健康评价和管理。应在生态修复工作完成后，开展河流健康评价，对河流生态修复效果进行评价，建立生态修复后评估与管理机制，确保生态修复措施作用发挥，为受损河流的治理和保护提供强有力的科学支撑。

4.2.3 河流生态修复技术

河流生态修复技术涉及生态学、水文学、地貌学、工程学、社会学、经济学等众多学科，坚持多学科交叉融合的原则，将多个学科的理论原理、发展思路、技术手段进行融合，促进河流生态修复技术水平的不断提高。

1. 工程类技术

（1）底泥疏浚

底泥疏浚主要针对季节性断流且内源污染严重的河流，通过河道底泥的直接机械疏挖，清除水体内源污染源，控制污染物的持续释放，达到河流生态修复的目的（刘欢等，2019）。底泥疏浚技术涉及两个关键问题，其一为疏浚深度的确定，其二为疏浚污泥后处理。有学者探讨了城市河道泥疏浚深度对氮、磷释放的影响和底泥减量化、无害化处理和资源化利用的各项技术及底泥的处理处置途径等（邢雅囡等，2016；林莉等，2014）。底泥疏浚技术适用于突发水污染问题的应急处置，可快速改善污染河道的水质状况，但作业工程量大，成本高昂，难以避免对河流底质生态系统的损害，且往往难以从根本上解决问题（于鲁冀等，2014）。

（2）生态补水

生态补水技术是对缺水河流的生态修复技术，通常包括闸坝设置、闸坝生态调度和生态输水等内容（许继军和景唤，2022）。闸坝设置是指通过在河道内布设堰、低坝等维持基本水量（于鲁冀等，2014）；闸坝生态调度是指利用河道闸坝进行水量调度时，将生态要素考虑在内，满足工程下游河道的生态需水，缓解缺水对河流生态系统的胁迫。生态输水是指通过闸、泵等水利设施的调控，引入上游河道、水库水源、处理厂处理水等，补充河道水量，促进河流生态修复（刘欢等，2019；于鲁冀等，2014）。生态补水技术可直接有效地改善河道缺水状况，提升水环境容量，但工程量大、施工成本高。

（3）河流形态修复

河流形态修复主要指基于近自然原理，尽可能恢复河流横向连通性和纵向连续性、形态多样性、河床与河岸的生态化等（于鲁冀等，2014），包括有以下四个方面。

1）横断面结构修复。河流横断面结构修复，指在不影响河道功能的条件下，尽量保持河流天然断面形态，若无法保持天然断面，则按照复式、梯形、矩形断面的顺序选择（孙东亚等，2006）。其中，河道滩地占地面积较大的复式断面因有助于改善水生动植物栖息环境，在天然河流中应用广泛（张先起等，2013）。王庆国等（2009）以四川山区河流为例，设置河道横断面深槽，发现特征流量下采用深槽修复可增加可使用栖息地面积约48%，生境改善效果显著。

2）河道蜿蜒性修复。蜿蜒性是天然河流平面形态的典型特征。河道蜿蜒性修复包括大尺度和小尺度两个层面，大尺度是指应尊重河流地貌特性，应弯则弯，应直则直，尽可能保持原有蜿蜒性，确保河流连续；小尺度多借助堆石、丁坝等结构营造局部蜿蜒性（于鲁冀等，2014）。

3）河道纵向连通性修复。河道纵向连通性的修复，指尽可能恢复河流的纵向连续性，通畅其物质和能量的纵向流动，常通过拆除或降低阻碍水流的诸如闸门、水坝、浆砌谷坊坝、跌水等挡水建筑物，或通过人工布设辅助水道、改直立跌水为缓坡、于水位落差大河段设置鱼道等方式来实现（廖平安，2014）。河道纵向连通性的改善有利于恢复河流的生物多样性。

4）生态河床构建。河床的生态化指深槽与浅滩形态序列构建、河床生态化以及栖息地结构加强三个部分（刘欢等，2019；于鲁冀等，2014）。针对水量偏少或易发生断流河流，采用人工机械挖掘方式塑造河床深槽浅滩犬牙交错分布的形态格局；条件允许的情况下，亦可利用生态丁坝和潜坝进行河床深槽浅滩形态构建（赵银军和丁爱中，2014）。河床生态化主要是指河床组成材料的生态化，手段包括：采用透水性能较好的材料构筑河床；以木桩、块石或混凝土块体等提高河床孔隙率等。生物栖息结构加强，主要是指运用树墩、砾石、渔礁等改善河床地貌，旨在提高河道生境异质性（于鲁冀等，2014）。

2. 生态类技术

（1）水生生物修复技术

水生生物修复技术包括水生植物修复技术和水生动物修复技术两大类。

水生植物修复技术包括以下四方面。

1）人工湿地技术。人工湿地是指通过人为设计与建造由饱和基质、挺水与沉水植物、水体、动物构成的复合体，构建人工湿地生态系统，利用自然生态系统的物理-化学-生物的多重协同作用，通过过滤、吸附、降解等过程，同化或异化水体营养物质，实现水污染治理，恢复河道水质（蒋凯等，2019）。按水流形态，人工湿地可分为垂直流人工湿地、水平潜流人工湿地和表面流湿地。研究表明，人工湿地技术对河道污水的氮、磷去除效果显著。陈源高等（2004）研究了表面流人工湿地系统对云南抚仙湖窑泥沟富营养化污水的除氮效果；裴亮等（2012）研究了潜流人工湿地系统对农村生活污水的处理效果，指出人工湿地系统处理效果与植物种植状况、温度、污染物浓度等有关。人工湿地技术具有管理成本低、运行简便、无重复污染等优点，但也存在占地面积大、处理效果不完全可控等缺陷。

2）生物浮岛。又称生态浮岛、人工浮岛、人工浮床，指基于生态工程原理，通过将挺水植物、陆生植物等有机组合后种植于人为设计、搭建的轻质浮岛上，利用植物根系直接吸收水体中的氮、磷等营养元素，借助由此构成的植物-微生物-动物生态系统的分解、合成、代谢功能除去污染水体中的有机物及其他营养元素，达到净化水质的目的（陈荷生等，2005）。罗固源等（2008）通过实验手段研究了以陶粒为基质的人工浮床上的美人蕉、风车草对水体氮、磷等营养盐的去除效果。该类方法适用于富营养化河流治理，具有工程量小、维护简单、避免重复污染等优点，但难以实施机械化、标准化推广，适用范围较为有限。

3）稳定塘。又称生物塘和氧化塘，指基于水体的天然自净能力，在洼地或适宜河段人工修建处理塘，使待处理污水于其中缓慢流动、稀释与扩散，利用稳定塘中细菌、藻类等微生物的代谢作用降解污染物，净化水体（Li et al.，2011）。江栋等（2005）研究氧化塘对河道黑臭水体的处理效果，指出氧化塘对于恢复河道多级食物链组成的复杂生态系统效果显著。该方法具有结构简单、无需污泥二次处理、成本低、管理简便等优点，但同时具有占地面积大、维护操作较复杂、处理效果不稳定等缺点。另外，为避免污染地下水，稳定塘常需设置围堤和防渗层。

4）水生植被恢复。是指在发生逆向演替的水生生态系统中，选取适应性强、生长状况好且具备水质净化能力的现存植被，通过设计、布置合理的群落结构组成，截流陆源污染物，加快河流生态系统的生态恢复，保护物种多样性，实现良性循环（陈灿等，2006）。陈开宁等（2006）开展了太湖五里湖生态重建示范工程试验，探讨水生植被恢复对水体处理效果的影响。

水生动物修复技术。水生动物修复又称生物操纵法，是指基于生态系统的食物链原理，通过投放鱼类、虾类、螺蛳和河蚌等大型底栖动物，营造"水生植物–微生物–藻类–水生动物"食物链，达到控制水体藻类量、实现生态系统完整性的目标（于鲁冀等，2014）。谢平（2003）认为可通过调整肉食性鱼类和滤食性鱼类（以浮游生物为食的鲢鱼、鳙鱼等）种群数量控制蓝藻水华，提出了非经典生物操纵模式；余文公（2013）通过在四明湖水库中放养鲢、鳙控制水华，缓解水库水体富营养化。

（2）生物膜

生物膜是指通过在天然河道中人工补充填料或载体，促进水体细菌增殖，利用其产生的生物膜的净化、过滤作用，摄取水体中的有机污染物并吸收、同化，大幅提升水体自净能力，改善河流水质（李晋，2011）。周勇等（2007）运用生物填料开展城市重污染河道治理研究，结果发现，生物膜对河流水质的改善效果显著；张楠等（2015）通过实验研究了 A/O 生物膜法的污水处理效果，对石化综合污水的氮、磷去除效果明显，且具有成本低、效率高、占地面积小等优点，在有机物污染突出城市中小河流应用效果较好。

（3）微生物修复

微生物修复技术是指利用天然或特殊微生物（光合细菌、硝化细菌等）对污染物的降解作用，对污染水体进行处理的技术。根据工程实施的方法又分为原位修复技术和异位修复技术。该方法具有耗时短、经济高效、不产生二次污染等优点。通常而言，原位微生物修复技术更为经济合理，操作模式分为两种：第一种是直接补充硝化细菌等高降解微生物；第二种是补充可有效促进微生物生长、解毒及污染物降解的有机酸、营养物质、缓冲剂的组分，间接提高处理能力（黎明等，2009）。刘双江等（1995）通过海藻酸钠固定光合细菌，研究了其对不同浓度豆制品生产废水的处理效果；马文林等（2013）将微生物生态修复剂应用于富营养化湖泊的治理中，结果显示，微生物修复剂修复富营养水体水质能力突出。

（4）土地处理技术

土地处理技术是指利用土地中微生物和植物系统的自我调控功能及对污染物的吸收、过滤和净化作用，对被污染水体进行改善净化，同时，污水中氮、磷等营养物质可促进农作物生长和发育，实现被污染水体的无害化和资源化，具有工艺灵活、效果稳定、工程投资小等优点。依据处理对象和目标不同，可具体分为慢速渗滤、快速渗滤、地表漫流、湿地处理和地下渗滤等工艺类型。目前虽因系统易堵塞等缺点尚未大规模应用，但该技术在农业污水灌溉领域具有较为广阔的应用前景（许继军和景唤，2022）。

根据河流健康关键因素，将修复内容分为水量、河流形态结构、水质和水生生物四大类（刘欢等，2019）。水量生态修复技术包括生态补水技术、生态调度两种。生态调度是通过泄放合适的流量维持一定的流态和水位过程，以弥补或减缓水库对河流生态系统的不利影响。生态调度集中在通过控制流量、水温和沉积物输移来改善野生动物的环境状况（Olden and Naiman，2010）。对美国爱达荷州 Snake 河流上的大坝生态调度发现，调整大坝调度方式、适当增大季节性枯水期流量，能够提高下游底栖生物群落的栖息地可利用性（Gates Kerans，2014）。三峡水库 2012~2014 年相继实施了 4 次试验性生态调度，并同步开展鱼类资源、水文和水环境要素等监测工作，结果表明，生态调度对四大家鱼自然繁殖起到了一定促进作用（陈进和李清清，2015）。河流连通性修复技术、水质生态修复技术和水生生物修复技术为上述生物和非生物技术的组合。

4.2.4 河流生态修复案例

1. 欧洲莱茵河的生态修复工程

莱茵河（Rhine River）发源于阿尔卑斯山，全长 1230km，流经意大利、

生态工程：理论与实践

奥地利、瑞士、列支敦士登、德国、法国、比利时、卢森堡和荷兰9个国家，最终从荷兰流入北海。莱茵河是欧洲第三大河流，水量充沛，流域面积185 260km²，流域人口5800万人，其中有3000万人以莱茵河作为饮用水源地（ICPR，1999）。莱茵河两岸支流众多，通过一系列运河与多瑙河、罗讷河等水系连接，构成了一个四通八达的水运网，是世界著名的黄金水道，通航里程达886km。便利的航运带动了沿岸各国内陆经济的持续发展，集聚了化工、钢铁机械制造、旅游、金融保险等产业带，繁荣的经济成就了巴塞尔、法兰克福、鹿特丹等著名的城市（马静和邓宏兵，2016）。

19世纪下半叶，欧洲工业化快速发展，莱茵河沿岸工业区排放大量污水入河，使得莱茵河生态环境遭受严重破坏，鱼虾等各类水生生物消失，被称之为"欧洲的下水道"（the sewer of Europe）。工农业生产的污染物，如重金属、酸性物质、染料、漂液、化肥、农药，以及其他含有毒性物质都直接排入河中，加上沿岸生活污水和垃圾等，各种因素叠加使得莱茵河水质受到严重污染。早期污染问题，并未得到重视，直至1986年两次重大污染事件暴发，莱茵河治理工作得以全面展开。一是瑞士巴塞尔的桑多兹（Sandoz）化学公司的仓库产生火灾，约有1250t剧毒农药的钢罐发生爆炸，导致硫、磷、汞等有毒物质进入莱茵河，向下游形成70km长的微红色飘带，引起莱茵河水中大量鳗鱼、鳟鱼、水鸭等水生生物死亡；二是当年同月，位于德国巴登市（Baden）的苯胺和苏打化学公司的冷却系统发生故障，大约2t有毒物质流入莱茵河。两次严重的污染事件使得莱茵河生态系统遭受严重破坏，160km的河段内多数鱼类死亡，480km内的井水不能饮用。瑞士、德国、法国、荷兰四国沿河自来水厂、啤酒厂全部因为污染的影响而关闭，居民用水由汽车运输定量供应（王思凯等，2018）。

两次重大环境污染事故促使了欧洲莱茵河综合治理，开始对水质污染进行整治，并逐步转向全面生态修复，最终恢复河流生态健康。主要举措包括：成立流域管理机构，制定了"莱茵河行动计划"（The Rhine Action Programme），提出到1995年各种污染物达到50%消减率的目标；各国积极兴建污水处理厂，采用新技术和流程，减少水体污染；采取强有力的措施降低意外事故造成的污染风险，成功地减少了城市生活污水和工业废水的排放量。

由于水质污染、航道和水电设施建设等人类活动导致莱茵河流域大量水生生物资源丧失。大西洋鲑鱼是莱茵河重要的鱼类物种，水质的化学污染导致其数量锐减，水电站建设形成的物理障碍又导致其无法洄游到上游产卵，最终造成莱茵河中鲑鱼数量从 1870 年 28 000 条左右降低到 1950 年的 0 条。在水质逐渐恢复的基础上，ICPR 提出了改善莱茵河生态系统的目标，既要保证莱茵河能够作为安全的饮用水源，同时提高流域生态质量，使高营养级物种（如鲑鱼等）重返原来的栖息地。为重建鱼类栖息地，采取多种修复措施：清除河道中影响洄游鱼类上溯的障碍，通过改造挡水设施，降低各支流水系中堰坝的高度，恢复生境连通性和生态连续性；在莱茵河及其支流众多大坝上增建或改建鱼道，如上游法德间伊菲茨海姆枢纽上修建了鱼道工程；为洄游鱼类制定专门的调度方案和相关政策；创造适合洄游鱼类产卵繁殖的水流条件和河道环境条件，改善生物栖息环境等。为重新培养莱茵河鲑鱼种群，购买鲑鱼卵孵化后进行人工放流，开发鲑鱼生长状况监测软件（陈维肖等，2019）。

到 1999 年，ICPR 在原来五国的基础上新加入了欧盟，修改并签署了新的莱茵河保护公约，议题扩展到解决洪水、地下水以及生态问题。从生态系统的角度看待莱茵河流域的可持续发展，将河流、沿岸以及所有与河流有关的区域综合考虑，保护全流域生态系统的健康和可持续性。新公约的签署为莱茵河综合管理打下了基础，也标志着人类在国际水管理方面迈出了重要的一步，即确立生态系统目标，除了水质方面的合作之外还要扩展相互合作范围，从生态系统的角度来恢复整个莱茵河的健康（董哲仁，2005；杨桂山和于秀波，2005）。

在"莱茵河 2020 计划"中明确了实施莱茵河生态总体规划：恢复干流在整个流域生态系统中的主导作用；恢复主要支流作为莱茵河洄游鱼类栖息地的功能；保护、改善和扩大具有重要生态功能的区域，为莱茵河流域动植物物种提供合适的栖息地。此外，制定合理的生态规划，并且与《栖息地法令》和《鸟类法令》的要求相结合，从而确定不同河段的开发目标和实施方案，最终恢复莱茵河干流从上游康斯坦茨湖至下游北海，以及一些具有鱼类洄游的支流的生态功能。

2. 日本"多自然河川"工程

日本借鉴欧洲在 20 世纪 50 年代实施的近自然河川工程，反思河道建坝筑闸、裁弯取直、硬化处理等工程措施对河流生态系统破坏，于 1990 年提出

"多自然型河川"的思路，定义为"照顾到河川本来就有的生物的生育环境，统筹兼顾自然景观的保护和创建"（表4-1）。其颁布的《近自然工法》指出，治河工程是为保护河流周边环境、恢复自然生境、改良工程措施，应包括生物和非生物材料应用等。多自然型河道并不是单纯地保护河流现有环境，而是在采取必要防洪措施的同时，保证对河流环境的干扰最小化，与自然共存。

表4-1 传统工程措施与"多自然型河川"工法的区别

传统工程措施	"多自然型河川"工法
快速地进行排涝	重视生物的生存环境
全国使用统一标准	尊重地区间差异和个性
优先考虑工程的效率	基于生态保护可以花费更多的工序和时间
遵循规范	因地制宜制作
大量模板化生产	定制式生产
维护管理较少	竣工后的管理更加重要
能够大量生产的材料	从本地选择适合的材料
基本上选择直线	主要采用自然的曲线
主观决定河流形状	容许河流有一定自由度
标准断面	多样化断面

来源：朱伟平，2019；足立考之，1993

"多自然型河川"改变了依靠工程解决防洪和用水的思路，围绕生态系统的恢复、修复、构建，在河川的线性、河川的断面以及河床、河滩、河岸、护坡等都出现了各种新的工法。在"多自然型河川"工程建设15年以后，"多自然河川综合评价委员会"于2002年对1730个工程的后续效果进行评估。2006年，日本国土建设部提出了新的模式，也就是"多自然河川"工程模式。相关指南中明确"多自然河川"为：以河川整体的自然节律为基础，考虑与当地居民的生活、历史、文化的和谐，以保护河川原有生物的栖息、繁殖环境并创建多样的河川景观为目的，实施河川的管理。所有河川的勘察、规划、设计、施工、维护管理的所有环节都纳入"多自然河川"的管理对象。最大限度地利用自然原有的特性和自然的营力，从河川整体的自然节律出发进行考虑，不仅要考虑生物的栖息、生育、繁殖环境的保护，还要与当地的生活、历史、文化和谐。

4.3 湖泊生态修复

4.3.1 湖泊生态修复概况

湖泊包括自然湖泊和水库两种，自然湖泊指陆地上的盆地或洼地积水形成的、有一定水域面积、换水较为缓慢的水体（马荣华等，2011）。水库是在河流汇水区由人工筑坝而形成的具有一定水域面积且换水周期缓慢的半自然半人工水体，与天然湖泊同属湖泊范畴（韩博平，2010；熊巨华等，2023）。湖泊生态系统有着独特的水文和生物地球化学循环过程，提供的生态系统服务与功能包括安全供水、调蓄洪峰、引水灌溉、旅游航运、调节气候和生物多样性保护等，在保障全球水生态安全格局中占有重要地位（张运林等，2022）。湖泊是地球上最重要的饮用水源地之一，含全世界近90%的液态地表淡水（Yang et al.，2018）。如北美五大湖为美国和加拿大2400万人口提供饮用水（Carmichael and Boyer，2016），Catskill 和 Delaware 水库服务了纽约市90%的人口饮用水（Mehaffey et al.，2005），琵琶湖为日本1400万人口提供饮用水（Ozawa et al.，2005），拉古那湖为菲律宾1100万人口提供饮用水（Kosmehl et al.，2008），博登湖为周边瑞士、奥地利和德国400万人口提供饮用水（Rhodes et al.，2017）。

但我国湖泊生态系统自20世纪80年代开始，受经济高速发展和全球气候变化的双重影响，湖泊生态环境严重恶化，水生态系统退化，水安全特别是清洁淡水资源供给受到极大威胁，严重制约了流域可持续发展。我国湖泊生态环境问题呈现明显的区域分异，大致以"胡焕庸线"为界，西北部主要是湖泊水量变化及其引发的水生态问题，在蒙新高原，湖泊消亡、干涸造成水资源短缺、生态系统脆弱，湖泊成为沙尘暴源区（Tao et al.，2015）；在青藏高原，受气候暖湿化和冰川消融加剧等影响，短期内湖泊水位上升、面积扩张，带来草场和道路淹没、冰湖溃决洪水等自然灾害（Zheng et al.，2021；Zhang et al.，2020；Song et al.，2014）。"胡焕庸线"以东地区主要存在水质变化及其引发的水生态问题，蓝藻水华频繁暴发和湖泊污染威胁到饮用水安全，同时导致生物多样性下降，不仅造成重大经济损失，而且影响湖区人民健康，成为举国关注的生态问题（Qin et al., 2010；Zhang et al., 2017；Qin et al., 2022；Fang et al., 2006）。

4.3.2　湖泊生态修复理论与原则

（1）稳态转换理论

生态系统有多种稳定状态这一理论假设最初是由 Lewomin 于 1969 年提出，在富营养化湖泊的治理中发现淡水生态系统可能也存在两种稳态，即"草型清水态"和"藻型浊水态"。Scheffer 明确提出湖泊稳态转换理论，即以沉水植物占优势的"清水态"和以浮游植物占优势的"浊水态"的浅水湖泊稳态转换模型（Scheffer et al., 2001）。模型阐释了营养盐浓度增加对水体浊度增加以及对稳态转换的影响，包含两个主要变化过程：①沉水植物可以抑制由营养盐浓度增加造成的浊度增加，当有沉水植物存在时，随着营养盐浓度的增加，水体浊度增加幅度小，生态系统呈现以沉水植物为优势的"清水态"或以沉水植物和藻类共存的"清水浊水（草藻）"混合态；②随着营养盐浓度增加至足够高到浊度超过临界值时，浮游植物大量繁殖，水体浊度急剧增加，维持水体清水态的沉水植物消失，生态系统转变为以浮游植物占优势的"浊水态"。此时营养盐浓度变化即为引起生态系统状态转变的扰动条件，当营养盐扰动达到稳态转换的阈值条件时，生态系统则由"清水态"转变为"浊水态"。

无论是沉水植物占优势的"草型清水态"还是浮游植物占优势的"藻型浊水态"都具有一定程度的稳定性，对于外界环境的干扰都具有一种自我调节、自我修复和自我延续的能力（厉恩华，2006；年跃刚等，2006）。即浅水湖泊这两种稳态都可以耐受一定程度的外界变化，并通过自我调节机制，恢复和维持其稳定性；超出该限度，其生态系统的自我调控机制则会降低或消失，稳态遭到破坏（高海龙，2017）。浅水湖泊稳态转换理论明确了浅水湖泊的"藻型浊水态"只是湖泊的一种状态，而这种状态在一定的外界驱动力的作用下，是可以恢复到"草型清水态"的，这为富营养化浅水湖泊的治理提供了理论依据。

稳态转换理论对于湖泊生态恢复具有重要意义，指出了湖泊所处的不同生态系统状态选择修复节点。当湖泊生态系统处于以沉水植物占优势的清水态时，"清水维持"是湖泊生态修复的首要目标，此时通过恢复沉水植物可以实现生态系统的清水稳态维持。当湖泊生态系统处于"清水浊水（草藻）"混合态时，生态系统比较脆弱，处于一个不稳定的平衡，此时若在恢复沉水植物的同时实施控源减排消除高营养盐胁迫，生态系统是有可能实现从"清水浊水"混合态向"清水态"转换的。而当生态系统处于以浮游植物为优势的"浊水态"时，由于生态系统已经发生了稳态转换，要想实现稳态的过渡转换，需要投入多倍的人力、物力和时间成本，要先使营养盐浓度下降至稳定状态能够实现逆转的较低阈值水平，才能通过沉水植物恢复达到湖泊生态修复效果，这样的治理效益很低。只有在一种稳定的生态系统状态下实施治理才足以恢复生态系统初始状态并产生持久效果。因此，应在湖泊生态系统状态发生转变之前进行治理，在营养盐浓度未达到状态转变的阈值水平，即在一个生态系统的修复力范围之内进行治理，才能实现较高的治理效益（郑丙辉等，2022）。

（2）环境胁迫机理

环境胁迫理论基于不同环境条件决定不同生态系统类型的准则。在自然界中，陆地生态系统的气温、降水及其土壤特性等外部环境条件的不同决定了陆生植物生态系统的不同；湿地生态系统中水的多寡、水的盐度和地貌类型等决定了湿地生态系统的类型。如果外部环境条件较为稳定，则与之相对应的生态系统虽然会落后于外部环境条件的变化，但是最终也会达到稳定状态。如果外部环境不稳定，处于一种调整状态（如全球变化所导致的气温、降水变化），生态系统也处于相应的调整过程中（秦伯强，2007）。生态恢复从可操作性和实践需要而言，应该是在改变外部环境的前提下，才能实现生态系统的改变，才能实现生态系统功能的改变，达到预期的生态系统服务功能。

湖泊生态系统从一种状态转化到另外一种状态，按照稳态转换理论，系统状态有四个过程，其一是外部环境的扰动或者胁迫（perturbation），扰动（胁迫）超过了生态系统转化的阈值，就会导致生态系统发生转换；其二是生态系统的反弹（resilience），胁迫或扰动没有超过生态系统转化的阈值，在这种扰动或胁迫撤销后，生态系统就会恢复到原来的状态；其三是阈值，即生态系统从一种状态转化到另一种状态的临界阈值；其四是生态系统变化的延迟（hystersis），生态系统内部的某个度量相对于外部环境变化而延迟变化

（Carpenter，2003；Scheffer et al.，2001）。秦伯强（2007）详细分析了湖泊生态系统转换的主要环境胁迫因子及其影响，包括营养盐对生态系统转化的胁迫影响、风浪对水生植物和草型生态系统恢复的影响、光照对水生植物和草型生态系统恢复的影响、光照对水生植物和草型生态系统恢复的影响和沉积物的理化性状对于水生植物恢复的影响，这些影响机理，对于湖泊富营养化控制和湖泊生态系统恢复技术提供了指导和支持。

（3）水库恢复原理

水库是一种半自然水体，在库盆形态与水动力学调节上与天然湖泊有很大的差别。由于对蓄水量的要求，水库水面面积与流域面积之比一般在 1∶20 ~ 1∶100，远大于同面积的天然湖泊，从而使径流过程及生物地球化学要素对水库生态系统的影响更为剧烈（Thornton et al.，1990）。水库水量和受人为调节，防洪和调蓄影响水库水位波动较大，水生高等植物难以发展好，因而在生物多样性上，水库低于天然湖泊。在空间格局上，水库水平方向上分为河流区、过渡区和湖泊区，具有河流与湖泊的复合特性，水质与浮游生物群落组成具有明显空间异质性。水库生态系统的发育与演替主要分为三个阶段：营养物质上涌期、生态过程协调稳定期和富营养功能丧失期。由于人类对水库高强度利用导致水库环境条件波动，形成对生物群落结构的选择，浮游生物成为水库生物群落的基本和优势类群。富营养功能丧失期有两个生态标志，浮游植物群落结构以蓝藻为主要优势种类，占比超过 80%；内源污染是水体中营养物质的重要来源，过渡区和湖泊区的底泥成为厌氧区（韩博平，2010）。

4.3.3 湖泊生态修复技术

湖泊常见的生态修复技术包括生态清淤、生态浮床、植被吸收、微生物修复、构造湿地、生物调控等。湖泊底泥长期沉积的污染物达到一定程度后，变成内源性污染，对水体释放营养物质，造成湖泊的二次污染（Rydin and Brunberg，1998）。针对湖泊底泥污染，一般采取生态清淤。通常选在枯水季节或者雨季到来之前进行底泥疏浚，将湖泊底部富含 N、P 等营养物质的底泥移除，以降低湖泊的营养负荷，并转移到农林用地，起到改良土壤肥力的作用（Meara and Murray，1999）。

生态浮床技术可以有效地改善水体质量状况,逐步恢复水生生态系统。生态浮床对于底栖动物的培育也具有重要作用,对于实现物质循环以及能量流动等方面均具有重要的意义(Carvalho et al.,2006)。

植物对水体污染物吸收也有良好的效果。Zayed 等(1998)的研究表明浮游植物浮萍对污水中的镉、硒及铜等元素的耐受性较强,具有良好的累积效果。可利用浮萍对水体污染物的进行富集,而后去除污染负荷。Hansen 等(1998)的研究发现,利用兔脚草、猫尾草等植物对于石油化工废水中硒的去除率高达89%。因此,植被吸收污染物,也是生态修复常用技术之一。

构造湿地技术已日臻完善。在不同粒径、不同材质的填料构成的基质上种植不同的植物组合,已得到大规模应用(Wallace,2001)。不同的植物组合与构造湿地类型,对于水体营养物质去除率不尽相同(Fisher,2009;Iamchaturapatra et al.,2007)。

引起水体富营养化的主要污染物包括有机物、氮源污染物和磷源污染物。利用微生物代谢作用,可以快速有效地消除污染负荷,降低污染物水平。李捍东等(2000)在广西南宁用微生物修复技术对某污水塘进行水体净化实验,结果表明,COD_{Mn}、BOD_5、TN 及 TP 去除效果显著,水质得到显著提升。微生物修复技术多与其他生态修复技术耦合,共同应用,提高效率(李宏,2010)。

针对鱼类调控水体的效果,不同的研究者持不同的态度。Perrow 等(1994)认为肉食性鱼类过多的湖泊中,水体会持续维持在高营养盐水平;但也有人认为滤食性鱼类的存在,可以抑制浮游植物水华现象的出现(Xie,1996)。因此,生态修复中对于鱼类的使用慎之又慎,多用在对蓝藻水华的控制方面。

按照修复地点的不同,湖泊污染修复通常有原位(in situ)修复和异位(ex situ)修复两种形式(焦燕等,2011)。原位修复是指在污染或受损的原地点进行生态修复措施,其优点在于不需要将水体运送到别处进行修复,减少了运送成本,防止运输时产生二次污染的可能性,缺点在于原位修复效率不彰。异位修复则是将污染物移动到反应器或者原地点的附近进行生态修复,其优点在于生物反应器或者异地生态修复措施大多经过精心设计,水体净化效率高,效果明显,缺点在于工程量大,建设成本较高,运送途中有可能造成二次污染。原位修复和异位修复,都被广泛地应用于河流、湖泊的水体修复

（Pedersen et al.，2007；Faria et al.，2008）。

引水冲刷是减少和稀释湖泊水体营养物质的有效方法，其前提是要有清洁的水源和足够的冲刷强水体分隔，国外湖泊生态修复工程，多集中于切断外源性污染、底泥清淤、建设人工湿地、生物控制、水生植被培育、生物收获等方面（古滨河，2005；谢平，2008）。围隔实验的研究主要集中于中小型围隔，多研究某几种生物之间的关系，或者生物对于环境条件改变的响应，这可能是与大型围隔实验需要依托大型的生态治理工程，并且需要巨额资金投入有关（王庆，2014）。

湖泊生态修复的目的，一方面是为了控制底泥内源污染，另一方面是控制蓝藻水华（Mehner et al.，2002；Meijer et al.，1999）。富营养化湖泊要恢复其生态系统良好功能，内源营养盐负荷控制是治理的关键（Padisak and Reynolds，1998；Nixdorf and Deneke，1997）。对于湖泊内源营养负荷控制技术，秦伯强等（2006）总结了控制内湖释放的物理化学方法、物理机械方法和生物技术方法，后两种方法是湖泊生态修复常用方法。物理化学方法包括沉积物氧化、化学沉淀、底泥覆盖等，使底泥处于氧化状态或增加沉积物对磷的束缚能力或在沉积物表面形成覆盖层，从而抑制内源磷的释放。这种方法适用于面积较小、风浪搅动较弱、湖底处于厌氧状态的水域。例如，通过水底曝气、投加铝、铁、钙盐等方法（Kopacek et al.，2000），改变沉积物表面的氧化还原条件，使易变价的金属磷酸盐，尤其是 Fe-P，处于稳定的氧化状态，抑制因还原而引起的内源磷释放（Wauer et al.，2005；Walpersdorf et al.，2004；Reitzel et al.，2003；Deppe and Benndorf，2002）；覆盖在沉积物表面的新的氧化层可以减小扰动、增加沉积物的稳定性。

蓝藻水华的发生可能是由于水体中营养物质增加导致的上行效应的结果，也可能是由于控制浮游植物的浮游动物缺失导致的下行效应的结果。在绝大多数情况下，蓝藻水华的暴发是营养盐增加的结果。因此，控制蓝藻水华和湖泊富营养化发展，控制营养负荷是第一位的（秦伯强等，2006）。对蓝藻水华控制技术的研究，推动了生物操作理论研究的发展，其中经典的生物操纵理论是食物链调控，通过调节浮游动物的结构和种群数量来实现（Shapiro et al.，1975），强调用浮游动物对藻类的牧食来控制水体中藻的含量，从而改善水质。生物操纵法在治理武汉东湖蓝藻水华中取得显著效果（刘建康和谢平，1999）。

4.3.4 湖泊生态修复案例

1. 太湖生态修复

太湖是我国第三大淡水湖泊和长三角最大的饮用水水源地，是典型的大型浅水湖泊。大量污染物的排入使太湖水质污染严重，出现富营养化、湿地退化。20世纪90年代，太湖富营养化进一步严重，多次蓝藻暴发，2007年再次暴发大规模的蓝藻导致区域供水危机。2008年国务院批复了《太湖流域水环境综合治理总体方案》，2013年和2021年国家发展和改革委员会先后组织了太湖综合治理方案的修编和更新。在国家层面对太湖综合修复采用分区治理，上游江苏和浙江地区限制入湖污染物和水源涵养，对太湖保护区域进行蓝藻监测预警和打捞、重点区域清淤、重点区域水生植被恢复，以改善湖泊生境，提高生态功能。

生态修复应以降低藻类生物量、减少悬浮物和提高水体透明度等生境条件的改善为前提（Qin，2013；秦伯强等，2006），秦伯强等（2006）提出了太湖水环境治理"控源截污、环境改善、生态修复"的战略路线，形成了控源截污是湖泊治理初期必经之路的共识。基于以往在太湖开展的草型生态系统退化机制研究和梅梁湾生态恢复工程试验等结果，综合国内外文献报道的研究成果，浅水湖泊沉水植物恢复的核心条件有4点：①氮、磷浓度需要控制在一定的阈值之下；②水下光环境阈值为真光层深度与水深比值接近或者大于1；③没有蓝藻水华的入侵；④鱼类群落组成以食肉性为主，以部分滤食性鱼类为辅（秦伯强，2020）。相应地提出了控制营养盐、降低水深、消除风浪、降低悬浮物浓度进而提高真光层深度与水深比值，改善水下光环境和恢复水生植物的湖泊生态恢复原理（Paerl et al.，2011；Dai et al.，2018）。以此原理为指导，恢复太湖草型生态系统，需要快速改善和优化太湖草型生境。

2. 日本琵琶湖生态修复

琵琶湖是日本最大的淡水湖，面积约为674km²，流域面积约为3174km²。1930年，琵琶湖还清澈见底，湖水能直接饮用。但从1950年开始，由于战后经济快速增长，排放入湖的污染物大量增加，湖体水质不断恶化。从 1977 年开始，琵琶湖几乎每年都有淡水赤潮、绿藻、自来水霉臭等现象出现。周围居民对琵琶湖水的利用困难，影响了生产生活，使得琵琶湖的治理问题日益迫切。经过历时 30 多年、耗资 180 多亿美元的治理，琵琶湖污染得到有效控制，蓝藻水华已消失，水质好转，透明度达到 6m 以上，成为全球湖泊水生态治理、保护的范例（丁中海，2013）。琵琶湖湖区各种生物构成了丰富的自然生态，动植物在连接水域和陆地的滩地生长，特有的生态系统不但对湖水产生有效的自净，而且维持着水、气优良环境。琵琶湖主要生态修复工程包括：保护湖心区的生物生存环境；恢复湖滨带生态系统的生物生存空间；建设以湖滨为中心的平原丘陵地区生态系统的放射状生物生息空间；建设湖滨带外围山地森林生态系统的生物生存空间。在外围水质治理、面源控制、水源区森林系统养护以培育水源、公众参与、强制性管理等一体化措施，最终恢复全流域生态系统，成为世界湖泊生态恢复典范。

4.4　水体岸带生态修复

4.4.1　水体岸带生态修复概况

水体岸带（riparian zone/area）属于水体岸边缓冲带类型（Natural Resource Conservation Service USDA，1998），也称为岸边缓冲带（riparian buffer zone/area）、水滨带等。河岸、溪岸、海岸、湖岸以及沟渠塘岸等水陆交错区域，通称为水岸带。在我国针对水体特征将湖泊岸边带称为湖滨带，水库岸边带称为库滨带，河流岸边带称为河岸（滨）带。岸边带是陆地生态系统和水生生态系统之间进行物质、能量、信息交换的重要生物过渡带（戴金水，2005）。岸边带定义具有如下特征：①岸边带在位置上临近水体；②岸边带在范围上没有明确的边界；③岸边带在生态功能上属于水陆生态系统的过渡带，具有边缘效应；④岸边带在天然形态上通常表现为线型（杨胜天等，2007）。岸边带在涵养水源、蓄洪防旱、促淤造地、维持生物多样性和生态平衡以及景观旅游等方面具有十分重要的作用（Gregory et al.，1991；Delgado et al.，

1995；秦明周，2001；颜昌宙等，2005；Paula，2000）。水岸带中的生物成分与非生物成分构成的生态系统，称为水岸生态系统（冯育青等，2009）。岸边带生态系统具有廊道功能（Bennett et al.，1993）、缓冲功能和植被护岸功能（张建春，2001），是陆源污染物进入水体的屏障，在截留污染物、调节水流上发挥重要作用。

河湖岸带是一个完整的生态系统，从生物种群结构上来说，生态河湖岸带是由植物、动物和微生物共同组成的生态系统，生态河湖岸带又为这些种群提供了良好的栖息地，为生物的新陈代谢、种群繁衍提供了良好的生境。在生态岸边带系统外部，生态河湖岸带是过渡交错区，它与相邻生态系统（包括陆地生态系统与河流生态系统）间通过强烈的相互作用，如水流对河岸的冲刷、陆地雨水径流、污染径流对河岸的作用等。通过这些复杂的相互作用，生态河岸带与相邻生态系统间进行着复杂的信息、能量和物质交换，保证其与周围生态系统相互协调、共同发展（夏继红和严忠民，2006）。

4.4.2 水体岸带生态修复理论与原则

1. 河岸带生态修复

（1）河岸带结构与功能

河岸带区域是一个动态的水陆交错的生态系统，具有独特的空间结构和生态服务功能。河岸植被缓冲带具有四维的空间结构特征，即具有纵向空间（上游-下游）的镶嵌性、横向空间（河床-泛滥平原）的过渡性、垂直空间（河川径流-地下水）的成层性与时间分布的动态性等边缘特征，具有明显的边缘效应（陈利顶等，2004；夏继红等，2010）。河岸植被缓冲带的实体结构主要包括岸边带的植被类型（如林地、灌木、草地）、植被类型在河岸带的空间组合方式、植被带的宽度和坡度等地形地貌特征以及干扰情况等（郭二辉等，2011）。

（2）河岸带生态系统管理框架

以河岸带生态系统为研究单元，对河岸带生态系统的动态发展趋势、健康和完整性、服务功能以及自然和人为干扰对河岸带生态系统的影响进行监测和评价，提出河岸带生态系统的管理模型和管理对策措施，通过方案实施、监测与评价、反馈和适应性调整来维持河岸带生态系统的健康、完整性和生物多样性，使其具有持续的生产能力和服务功能，并在流域尺度内达到河岸带生态系统与社会经济系统的协调发展，从而实现河岸带生态系统的综合效益最大化及其所在流域的社会经济可持续发展（郭怀成等，2007）。

2. 湖滨带生态修复

生态功能定位与分区是湖滨带生态修复设计的基础。湖滨带主要生态功能包括：生物多样性保护；缓冲带功能；岸坡稳定功能；景观美学功能；经济供给功能。根据规划湖泊的历史与现状特征分析，明确湖滨带不同区域预期恢复的主体生态功能，据此划分主体生态功能分区。在进行生态修复设计中，以主体生态功能修复为重点，同时兼顾其他类型的生态功能修复。湖滨带恢复的主要内容可分为生境恢复（如水文恢复、水质改善）、生物群落恢复和生态功能恢复等3个层次（吴昊平，2018）。

水库消落带受库区气候、水文影响和水库调度运行影响，具有淹没时间长、水位涨落幅度大、空间范围广、生态系统脆弱的特征。因此，水库消落带的生态修复，应结合水文、气象和水库调度运行等资料，对消落带水位进行分析，找出陆域与植物种植分界点，对陆域和水域耐淹植物进行合理配置。对消落带植被群进行调查，优选消落带原有植物品种，新增物种以乡土耐淹植物为主，另外优选耐污、净化力强和养护简易品种。陆生植物系统应包括乔、灌、草的组合，水生植物群落以种植水深 0.2～2.0m 的挺水、浮叶、沉水植物为主。

3. 城市水岸带修复

建设生态护岸和河岸景观带，构建河岸生态系统，充分保证河岸与河流水体之间的水量交换和河流生态系统调节功能。通过物理、化学和生物手段改善河流水质，修复河流生态系统。在实施上述措施的同时，加强管理，逐步减少人为因素对河流水环境的直接破坏，同时，完善滨河活动与休闲设施，实现城市生活向滨水空间的回归。根据河湖岸线功能定位，区分城镇和乡村段，明确河湖岸线分区方案与管制目标，以人与自然和谐共生为前提进行污染防治，保护、培育、修复生态系统。城市水岸带生态修复中，首先，应遵循河湖生态空间用途管控，按照保障防洪安全、强化河湖保护、维持自然景观的原则。其次，明确生态驳岸、步道、滨河公园等亲水公共空间建设的措施和要求，并与周边城乡风貌、历史文化、生态环境和园林绿化等相协调和衔接。最后，对具有自然生态或历史人文景观保护要求的河段应充分考虑周边景观资源的合理保护与利用。

4.4.3　水体岸带生态修复技术

1. 生态护岸技术

瑞士、德国于 20 世纪 80 年代末提出了"自然型护岸"理念和技术，日本在 20 世纪 90 年代初提出"多自然型河道"治理技术，在生态型护坡结构等方面进行了实践。美国以及欧洲一些国家较为常用的技术是"土壤生物工程"护岸技术（Martin，1995），从最原始的柴木枝条防护措施发展形成一套完整的理论体系和施工方法。张谊（2003）认为，在驳岸的处理上应该鼓励采用软式稳定法代替钢筋混凝土和石砌挡土墙的硬式驳岸，即推广生态驳岸；根据不同的河道断面可选择自然原型驳岸、自然型驳岸及台阶式人工自然驳岸。夏继红和严忠民（2003）认为，生态护坡不仅仅包括植物，提出了生态护坡的设计原则，即水力稳定性原则和生态原则。季永兴等（2001）提出，在河道护坡结构中使用发达根系固土植物、土工材料复合种植基、植被型生态混凝土、水泥生态种植基、土壤固化剂等生态护坡方法。

国内生态型护岸技术综合起来可归纳为两类：一类是单纯利用植物护岸，另一类是植物护岸与工程措施相结合的护岸技术。胡海泓（1999）在广西漓江治理工程中提出了笼石挡墙、网笼垫块护坡、复合植被护坡等生态型护岸技术。在引滦入唐工程中，陈海波（2001）提出网格反滤生物组合护坡技术。王准（2002）针对上海的立地条件，把河岸绿化根据岸体的自然斜坡或垂直驳墙形式，分为坡岸与直岸等设计形式，提出多种护岸技术。俞孔坚等（2002）在广东中山岐江公园的湖岸设计中使用了一种亲水生态护岸设计——栈桥式生态亲水湖岸。

2. 河岸带生态修复技术

河岸带的生态重建技术可划分为河岸带生物重建技术、河岸缓冲带生境重建技术和河岸带生态系统结构与功能恢复技术。河岸带生物重建技术主要包括物种选育和培植技术、物种引入技术、物种保护技术、种群动态调控技术、种群行为控制技术、群落结构优化配置与组建技术、群落演替控制与重建技术等（张永泽和王桓，2001；Bren，1998；Naiman et al.，2000）。河岸缓冲带技术包括河岸带坡面工程技术、土壤恢复技术（土壤污染控制技术、土壤肥力恢复技术等）以及河岸水土流失控制技术等。河岸缓冲带是指河道与陆地的交界区域，在河岸带生物重建的基础上建立起来的河流两岸一定宽度的植被，是河岸带生态重建的标志，目的是通过采取各类技术措施，提高生境的异质性和稳定性，发挥河岸缓冲带的功能。河岸带生态系统结构与功能恢复技术主要包括生态系统总体设计技术、生态系统构建与集成技术等（张建春和彭补拙，2002）。

3. 湖滨带生态修复技术

湖滨带恢复的目标、策略不同，拟采用的关键技术也不同。根据湖滨带的构成与生态系统特征，湖滨带生态恢复内容可概括为：湖滨带生境恢复、湖滨带生物恢复和湖滨带生态系统结构与功能恢复 3 个部分（表 4-2）。湖滨带的生态恢复技术也可以划分为湖滨带生境恢复技术、湖滨带生物恢复技术和湖滨带生态系统结构与功能恢复技术三大类（颜昌宙等，2005）。在许多湖滨湿地恢复的实践中，这些技术常常是集成应用的，并可取得显著效果。根据湖滨带的地形地貌、生境及土地利用现状，也可将湖滨带划分为退塘型、滩地型、自然山地型、房基型和堤防型等类型（李英杰等，2008；叶春等，2012）。相应地，湖滨带生态恢复工程模式还可划分为滩地模式、河口模式、陡岸模式、鱼塘模式、农田模式、堤防模式等多种类型（叶春和金相灿，2003），进行相应的生态工程规划和设计。

表 4-2　湖滨带生态恢复与重建技术体系

恢复类型		恢复对象	技术体系
生境条件	土壤（基底）	基底恢复、水土流失、土壤肥力、土壤污染控制	物理基底改造技术、生态堤岸技术、生态清淤技术等
			坡面水土保持草林复合系统技术、土石工程技术等
			少耕、免耕技术，生物培肥技术等
			土壤生物自净技术、废弃物的资源化利用技术等
	水体	水文条件恢复、水质改善	湖泊水位调控、河流廊道恢复、配水工程技术等
			污水处理技术、湖泊富营养化控制技术、人工浮岛技术等
生物因素	物种	物种引入、恢复与保护	物种选育和培植技术、先锋物种引入技术、土壤种子库引入技术、物种保护技术等
	种群	种群行为控制	种群扩增及动态调控技术，种群竞争、他感、捕食等行为控制技术
	群落	群落演替控制与恢复	群落演替控制与恢复技术、群落结构优化配置与组建技术等
生态系统	结构与功能	生态系统结构与功能恢复	生态系统结构及功能的优化配置与调控技术、生态系统稳定化管理技术、景观设计技术

来源：颜昌宙等，2005

　　湖滨带生态系统退化机理研究发现，风浪对湖泊水体营养盐释放和湖岸体冲刷侵蚀，是引起富营养化作用的外力，也是植物生长和堤岸安全的因素之一。因此，防浪消浪技术在湖滨带生态系统修复过程广泛应用。消浪技术主要有石坝、桩式、植物、浮式和筏式等。石坝消浪技术具有消浪效果好，使用年限长，结构稳定性好等特点。桩式消浪技术结构简单，易于施工，成本较低，适用于水深相对较小的水域。垂直刚性桩的材料和尺寸，宜根据当地的水深和波浪条件而定。在水深、波浪较小的内河、湖泊的近岸水域，可采用经济实用的木桩；在湖泊和水库等开阔水域，宜采用小直径混凝土桩。植物消浪技术因为其生态性和经济性在河流和湖泊消浪工程中得到推广应用。在堤岸边坡上植树进行消浪护岸不仅可以达到所需的工程效果，还可促进河岸滩生态恢复，改善当地生态环境和局部小气候，还可以美化环境。浮式消浪技术对水体交换影响比较小，可以模块式安装，不过浮式防波堤结构较复杂，造价比较高。浮式防波堤的结构形式是影响消浪效果的重要因素，各种类型的浮式防波堤的消浪机理也有所差异。人工浮岛是其有代表性的浮式消浪技术，不仅能起到消浪的效果，还能为动物和植物提供栖息地，改善生态环境效果显著，人工浮岛技术在太湖、滇池和玄武湖等湖泊得到广泛应用。筏式消浪技术有消浪效果好、锚链拉力小、投资小和操作性强等优点。其机理是阻止波浪质点的垂直分量，使波浪有规律的质点运动转化为杂乱的紊流消能运动；竹排上的波浪下渗破坏了竹排与水底之间波浪质点运动的水平分量，波浪沿筏身传播，通过沿程摩擦消能，楠竹间隙摩擦和弹性吸收以及平筏整体振动滞后消耗而达到较好的消浪效果。

4. 城市河湖岸带生态修复技术

生物调控技术和生态水利技术在城市河湖修复中广泛应用，技术原理是采取恢复生态学原理对破坏的水体进行环境改善，以使其恢复到健康稳定的状态。生物调控技术利用水生植物和水生动物食物链作用，或者专门培育的微生物，对氮、磷和有机物等易造成水体富营养的物质进行吸收、降解，从而实现水质改善。由于其造价不高、运转费用不高，是目前国内外广泛采用的修复技术（王越博等，2019）。该技术又分为生物修复技术和生态修复技术（廖国庆，2020）。生物调控技术是常规水生态系统修复技术，针对城市河湖岸带系统的结构和功能需求进行综合运用。如沿岸植被缓冲带净化技术，在水岸带种植根系发达的植物，由此构成植被缓冲带，依靠植物吸收营养盐，起过滤作用，依靠减缓波浪的作用进行沉淀、脱氮等；植被还可以稳固河岸，并形成一个多样性的生态环境，起到保护、恢复自然环境的效果。生态水利技术包括新型生态岸坡构建技术。如为能够把城市河流护岸的稳定性与生态和谐性很好地结合起来，空心砌块生态护面的加筋土轻质护岸技术、石笼网装生态袋和废旧轮胎联合的生态护岸技术等，将这些技术与抗污、净化、适生、景观效果好的植被结合起来进行生态护岸建设，具有很好的效果（关春曼等，2014）。

4.4.4　水体岸带生态修复案例

20世纪，人为活动干扰对滇池生态系统造成极大破坏。围湖造田活动使滇池水面减少 $24.25km^2$，草海减少 $16.63km^2$，湖滨及内塘减少 $7.62km^2$，沿岸天然湿地大量消失，水生动植物栖息地被遭到破坏。防浪堤的修建，隔断了湖滨带陆地和水系的连续性，造成了陆地生态系统和水生生态系统的割断，人为造成生境破碎化；使缓坡地形的沿岸带变成了垂直陡岸跌坎地形，沿岸带原有的天然滩地大量消失，湿生、挺水和沉水等大型水生植物难以生存，湖泊生态系统遭到严重破坏（陈静等，2012）。另一方面，垂直陡岸成为风浪应力集中区，湖流和风力形成的风浪逐步积累的能量在该区域集中释放，形成的大浪产生淘刷作用，底质和水生植物、湿生植物及大型水生植物生境恶化，水生生物栖息地遭到破坏。湖滨带生态系统的破坏，导致湖滨带自净功能丧失，加剧了湖泊水体的污染。

开展滇池湖滨带生态修复及保护，主要措施应包括（王志秀，2017）以下方面。①重建自然湖滨带、创建适宜生境。完整的湖滨带包括陆向辐射带、变幅带、水向辐射带三部分，从陆向辐射带到水向辐射带的植被类型分布为陆生植物、湿生植物、挺水植物、浮叶植物、沉水植物，项目区大部分地区已被防浪堤包围，项目区天然湖滨带的结构遭到破坏，湖泊失去了拦截污染物的保护屏障，丧失了生物多样性。为了保护滇池，必须科学地拆除防浪堤，恢复被防浪堤隔断的生态系统间的有机联系，为水生植被修复创造适宜生境。②保护滇池种质资源。历史上在滇池水体占有优势的水生植物群落，如轮藻群落、微齿眼子菜群落由于生境的改变均在 70 年代大面积消失。通过对滇池水生植被调查结果显示，这些群落还小范围地存在于滇池湖滨南部的水体，但面临着生境改变、人为破坏等威胁，极有可能继续消亡。因此，对存留下来的土著物种群落进行保护，保存为数不多的土著群落类型，为滇池全湖进行生态修复工作提供种源保障，这是滇池保护与治理的重要内容。③修复健康滇池水生生态系统。通过适宜生境的创建、物种资源的保护，用人为辅助手段，大面积修复南部水生植被，可极大地帮助建立健康滇池南部湖滨生态系统，从而抑制蓝藻，改善滇池水质，最终帮助其水生生态系统进入良性循环。

一些学者围绕滇池生态系统修复展开研究。受损湖滨带的生态修复工程中，不同修复目标采用不同方法构造生态系统结构，以达到预期生态功能。堤岸处置及基底修复技术，包含以下方面（陈静等，2012）：①连通湖水与堤内湖滨系统，包括拆除或改造防浪堤；②构造湖滨缓坡，根据实际需求吹填造滩；③堤内湖滨带种植陆生、湿生植物或散铺防侵蚀砾石层保护堤岸，为湖滨带和湖泊生态系统修复创造良好的生境条件；④靠陆地一侧的湖滨带沿岸种植陆生或湿生植物保护堤岸，构筑泥质自然缓坡湖滨消落带，全面恢复湿生乔木和水生植物群落。李根保等（2014）通过对滇池生态退化成因分析和滇池生态格局特征、湖岸带结构的分析，将滇池划分为 5 个生态区：草海重污染区、藻类聚集区、沉水植被残存区、近岸带受损区和水生植被受损区，并提出"五区三步，南北并进，重点突破，治理与修复相结合"的滇池生态系统分区分步治理的新策略和"南部优先恢复；北部控藻治污；西部自然保护；东部外围突破"的总体方案。

近几十年来，滇池开展了从截断城市污染源、削减入河污染物、整治入滨河道到恢复湖湾、湖滨生态系统等一系列滇池生态治理工程（王志秀，2017）。2008 年滇池启动湖滨"四退三还一护"（退塘、退田、退房、退人，还林、还湿、还湖，护水）生态修复工程，即田地、鱼塘、房屋和居民都退出，再进行还林、还湿和还湖，加大对滇池湖滨区域的保护与建设，最后达到保护滇池的效果（刘瑞华和曹暄林，2017）。滇池近年来水质持续改善，由 2012 年的劣 V 类，至 2020 年转为 IV 类；2019 年的水体叶绿素 a 浓度较 2014 年下降 8%，中度及以上蓝藻水华发生频次减少约 84%；耐污种寡毛类和摇蚊幼虫类底栖动物密度 2020 年比 2011 年分别下降 97% 和 56%，湖滨区域喜清洁水体的软体动物增多；浮游动物物种丰富度增加，出现了清洁水体的指示类群；通过增殖放流等恢复与保护措施，滇池金线鲃等土著鱼类的濒危状况得到缓解（张甘霖等，2023）。构建了一条平均宽度约 200m、面积约 33.3km^2、区域内植被覆盖超过 80% 的闭合生态带。2020 年发布的《滇池流域"美丽河道"建设指导意见》确立了岸坡稳定、行洪安全、生态修复、自然景观的基本要求，是对滇池已修复形成的相对闭合的环湖生态带，以及恢复的生态系统成果的进一步巩固。

参 考 文 献

陈灿，王国祥，朱增银，等 . 2006. 城市人工湖泊水生植被生态恢复技术 [J]. 湖泊科学，18（5）：523-527.

陈海波 . 2001. 网格反滤生物组合护坡技术在引滦入唐工程中的应用 [J]. 中国农村水利水电，（8）：47-48.

陈荷生，宋祥甫，邹国燕 . 2005. 利用生态浮床技术治理污染水体 [J]. 中国水利，（5）：50-53.

陈进，李清清 . 2015. 三峡水库试验性运行期生态调度效果评价 [J]. 长江科学院院报，32（4）：1-6.

陈静，孔德平，范亦农，等 . 2012. 滇池受损湖滨带堤岸处置及基底修复工程技术研究 [J]. 环境科学与技术, 35 (6)：157-160.

陈开宁, 包先明, 史龙新, 等 . 2006. 太湖五里湖生态重建示范工大型围隔试验 [J]. 湖泊科学, 18 (2)：139-149.

陈利顶, 徐建英, 傅伯杰, 等 . 2004. 斑块边缘效应的定量评价及其生态学意义 [J]. 生态学报, 9：1827-1832.

陈婉 . 2008. 城市河道生态修复初探 [D]. 北京：北京林业大学 .

陈维肖, 段学军, 邹辉 . 2019. 大河流域岸线生态保护与治理国际经验借鉴——以莱茵河为例 [J]. 长江流域资源与环境, 28 (11)：2786-2792.

陈兴茹 . 2011. 国内外河流生态修复相关研究进展 [J]. 水生态学杂志, 32 (5)：122-128.

陈源高, 李文朝, 李荫玺, 等 . 2004. 云南抚仙湖窑泥沟复合湿地的除氮效果 [J]. 湖泊科学, 16 (4)：331-336.

戴金水 . 2005. 西沥水库构建生态库滨带的实践 [J]. 中国水利, (6)：32-34.

丁中海 . 2013. 基于五律协同原理的江苏太湖水污染治理研究 [D]. 南京：南京大学 .

董哲仁, 孙东亚, 王俊娜, 等 . 2009. 河流生态学相关交叉学科进展 [J]. 水利水电技术, 40 (8)：36-43.

董哲仁, 孙东亚, 赵进勇, 等 . 2014. 生态水工学进展与展望 [J]. 水利学报, 45 (12)：1419-1426.

董哲仁 . 2003a. 生态水工学——人与自然和谐的工程学 [J]. 水利水电技术, (1)：14-16, 25.

董哲仁 . 2003b. 生态水工学的理论框架 [J]. 水利学报, (1)：1-6.

董哲仁 . 2003c. 水利工程对生态系统的胁迫 [J]. 水利水电技术, (7)：1-5.

董哲仁 . 2004. 试论生态水利工程的基本设计原则 [J]. 水利学报, (10)：3-8.

董哲仁 . 2005. 莱茵河：治理保护与国际合作 [M]. 郑州：黄河水利出版社 .

董哲仁 . 2009. 河流生态系统研究的理论框架 [J]. 水利学报, 40 (2)：129-137.

杜娟 . 2010. 构建澜沧江—湄公河流域水域污染防治机制：欧洲国际河流水域污染治理经验借鉴 [D]. 昆明：昆明理工大学 .

冯育青, 王莹, 阮宏华 . 2009. 水岸带研究综述 [J]. 南京林业大学学报 (自然科学版), 33 (6)：127-131.

高海龙 . 2017. 富营养化浅水湖泊沉水植物恢复研究 [D]. 南京：南京大学 .

高甲荣, 肖斌, 牛健植 . 2002. 河溪近自然治理的基本模式与应用界限 [J]. 水土保持学报, (6)：84-87, 91.

高甲荣, 肖斌 . 1999. 荒溪近自然管理的景观生态学基础：欧洲阿尔卑斯山地荒溪管理研究述评 [J]. 山地学报, 17 (3)：6.

高甲荣 . 2004. 近自然治理——以景观生态学为基础的荒溪治理工程 [J]. 北京林业大学学报, (1)：96-101.

古滨河 . 2005. 美国 Apopka 湖的富营养及其生态恢复 . 湖泊科学, 17 (1)：1-8.

关春曼, 张桂荣, 赵波, 等 . 2014. 城市河流生态修复研究进展与护岸新技术 [J]. 人民黄河, 36 (10)：

77-80.

郭二辉，孙然好，陈利顶．2011. 河岸植被缓冲带主要生态服务功能研究的现状与展望［J］. 生态学杂志，30（08）：1830-1837.

郭怀成，黄凯，刘永，等．2007. 河岸带生态系统管理研究概念框架及其关键问题［J］. 地理研究，4：789-798.

韩博平．2010. 中国水库生态学研究的回顾与展望［J］. 湖泊科学，22（2）：151-160.

胡海泓．1999. 生态型护岸及其应用前景［J］. 广西水利水电，（4）：57-59.

胡静波．2009. 城市河道生态修复方法初探［J］. 南水北调与水利科技，（2）：134-136，139.

季永兴，刘水芹，张勇．2001. 城市河道整治中生态型护坡结构探讨［J］. 水土保持研究，8（4）：25-28.

江栋，李开明，刘军，等．2005. 黑臭河道生物修复中氧化塘应用研究［J］. 生态环境，14（6）：822-826.

姜彤．2002. 莱茵河流域水环境管理的经验对长江中下游综合治理的启示［J］. 水资源保护，（3）：45-50.

蒋凯，邓潇，周航，等．2019. 植物塘人工湿地系统对灌溉水 Cd 的生态拦截效果［J］. 农业现代化研究，40（3）：518-526.

焦燕，金文标，赵庆良，等．2011. 异位/原位联合生物修复技术处理受污染河水［J］. 中国给水排水，27（11）：59-62.

黎明，蔡晔，刘德启，等．2009. 国内城市河道水体生态修复技术研究进展［J］. 环境与健康杂志，26（9）：837-839.

李翀，廖文根．2009. 河流生态水文学研究现状［J］. 中国水利水电科学研究院学报，7（2）：301-306.

李飞朝．2019. 论河流生态修复的技术［J］. 南方农机，50（24）：51.

李根保，李林，潘珉，等．2014. 滇池生态系统退化成因、格局特征与分区分步恢复策略［J］. 湖泊科学，26（4）：485-496.

李捍东，王庆生，张国宁，等．2000. 优势复合菌群用于城市生活污水交货新技术的研究［J］. 环境科学，13（5）：14-16.

李宏．2010. 多年生牧草与微生物联合作用对富营养化水体的修复效应研究［D］. 杭州：浙江大学.

李晋．2011. 河流生态修复技术研究概述［J］. 地下水，33（6）：60-62.

李文朝．1997. 浅水湖泊生态系统的多稳态理论及其应用［J］. 湖泊科学，9（2）：97-104.

李杨，黄育红，杜劲松，等．2020. 滇池湖滨湿地保护现状及其对策研究［J］. 环境科学导刊，39（S1）：7-10.

李英杰，金相灿，胡社荣，等．2008. 湖滨带类型划分研究［J］. 环境科学与技术，（7）：21-24.

厉恩华．2006. 大型水生植物在浅水湖泊生态系统营养循环中的作用［R］. 武汉：中国科学院武汉植物所.

廖国庆．2020. 人工湖湖滨缓流带水生态系统构建技术研究［D］. 广州：华南理工大学.

廖平安 . 2014. 北京市中小河流治理技术探讨 [J]. 中国水土保持, (1)：11-13.

林莉, 李青云, 吴敏 . 2014. 河湖疏浚底泥无害化处理和资源化利用研究进展 [J]. 长江科学院院报, 31 (10)：80-88.

凌雯倩, 何萍, 王波 . 2023. 日本多自然河川综合治理的发展历程与工作体系 [J]. 国际城市规划, DOI：10. 19830/j. upi. 2021. 274.

刘昌明, 刘璇, 于静洁, 等 . 2022. 生态水文学兴起：学科理论与实践问题的评述 [J]. 北京师范大学学报（自然科学版）, 58 (3)：412-423.

刘福全, 杜崇, 韩旭, 等 . 2021. 国内外河流生态系统修复相关研究进展 [J]. 陕西水利, (9)：13-17.

刘欢, 杨少荣, 王小明 . 2019. 基于河流生态系统健康的生态修复技术研究进展 [J]. 水生态学杂志, 40 (2)：1-6.

刘建康, 谢平 . 1999. 揭开东湖蓝藻水华消失之迷 [J]. 长江流域资源与环境, 8 (3)：312-319.

刘瑞华, 曹暄林 . 2017. 滇池 20 年污染治理实践与探索 [J]. 环境科学导刊, 36 (6)：31-37.

刘树坤 . 2009. 大水利理论与科学发展观 [J]. 水利水电技术, 40 (8)：4.

刘双江, 杨惠芳, 周培瑾, 等 . 1995. 固定化光合细菌处理豆制品废水产氢研究 [J]. 环境科学, 16 (1)：42-44, 93-94.

刘玉瑞 . 1983. 解决海河流域水资源缺乏的战略部署之探讨 [J]. 海河水利, (4)：9-18.

罗固源, 韩金奎, 肖华, 等 . 2008. 美人蕉和风车草人工浮床治理临江河 [J]. 水处理技术, 34 (8)：46-48, 54.

马静, 邓宏兵 . 2016. 国外典型流域开发模式与经验对长江经济带的启示 [J]. 区域经济评论, (2)：145-151.

马荣华, 杨桂山, 段洪涛, 等 . 2011. 中国湖泊的数量、面积与空间分布 [J]. 中国科学：地球科学, 41 (03)：394-401.

马文林, 吕爱芃, 刘建伟, 等 . 2013. 微生物生态修复剂修复富营养化人工湖水质研究 [J]. 环境科学与技术, 36 (S1)：213-216.

倪晋仁, 刘元元 . 2006. 论河流生态修复 [J]. 水利学报, 9：1029-1037, 104

年跃刚, 朱英伟, 李英杰, 等 . 2006. 富营养化浅水湖泊稳态转换理论与生态恢复探讨 [J], 环境科学研究, 19 (1)：67-70.

裴亮, 刘慧明, 颜明, 等 . 2012. 潜流人工湿地对农村生活污水处理特性试验研究 [J]. 水处理技术, 38 (3)：84-86, 90.

秦伯强, 高光, 胡维平, 等 . 2005. 浅水湖泊生态系统恢复的理论与实践思考 [J]. 湖泊科学, 17 (1)：9-16.

秦伯强, 杨柳燕, 陈非洲, 等 . 2006. 湖泊富营养化发生机制与控制技术及其应用 [J]. 科学通报, 51 (16)：1857-1866.

秦伯强 . 2007. 湖泊生态恢复的基本原理与实现 [J]. 生态学报, 27 (11)：4848-4858.

秦伯强 . 2009. 太湖生态与环境若干问题的研究进展及其展望 [J]. 湖泊科学, 21 (4)：445-455.

秦伯强.2020. 浅水湖泊湖沼学与太湖富营养化控制研究［J］. 湖泊科学, 32（5）：1229-1243.

秦明周.2001. 美国土地利用的生物环境保护工程措施——缓冲带［J］. 水土保持学报, 15（1）：119-121.

孙东亚, 董哲仁, 许明华, 等.2006. 河流生态修复技术和实践［J］. 水利水电技术, 37（12）：4-7.

孙鹏程.2022. 海河流域水生态环境综合评价和治理对策分析［D］. 邯郸：河北工程大学.

王超, 王沛芳.2004. 城市水生态系统建设与管理［M］. 北京：科学出版社.

王庆.2014. 规模化围隔实验及其对湖泊生态治理的启迪［D］. 南京：南京大学.

王庆国, 李嘉, 李克锋, 等.2009. 减水河段水力生态修复措施的改善效果分析［J］. 水利学报, 40（6）：756-761.

王思凯, 张婷婷, 高宇, 等.2018. 莱茵河流域综合管理和生态修复模式及其启示［J］. 长江流域资源与环境, 27（1）：216-224.

王越博, 刘杰, 王洋, 等.2019. 水生态修复技术在水环境修复中的应用现状及发展趋势［J］. 中国水运,（5）：96-97.

王志秀.2017. 滇池湖滨带湿地植被格局与功能研究［D］. 武汉：中国科学院武汉植物园.

王准.2002. 上海河道新型护岸绿化种植设计［J］. 上海交通大学学报：农业科学版, 20（1）：53-57.

吴昊平.2018. 湖滨带修复对反硝化脱氮的影响机理及强化研究［D］. 武汉：中国科学院武汉植物园.

吴建寨, 赵桂慎, 刘俊国.2011. 生态修复目标导向的河流生态功能分区初探［J］. 环境科学学报, 31（9）：1843-1850.

吴仲坚.1986. 海河流域水资源短缺问题的根本对策［J］. 海河水利,（1）：9-13.

夏继红, 林俊强, 姚莉, 等.2010. 河岸带的边缘结构特征与边缘效应. 河海大学学报（自然科学版）, 38（2）：215-219.

夏继红, 严忠民.2003. 国内外城市河道生态型护岸研究现状及发展趋势［J］. 中国水土保持,（3）：20-21.

夏继红, 严忠民.2006. 生态河岸带的概念及功能［J］. 水利水电技术, 37（5）：14-18.

夏军, 丰华丽, 谈戈, 等.2003. 生态水文学概念、框架和体系［J］. 灌溉排水学报,（1）：4-10.

夏军, 李天生.2018. 生态水文学的进展与展望［J］. 中国防汛抗旱, 28（6）：1-6.

夏军, 张永勇, 穆兴民, 等.2020. 中国生态水文学发展趋势与重点方向［J］. 地理学报, 75（3）：445-457.

谢平.2003. 鲢、鳙与藻类水华控制［M］. 北京：科学出版社.

谢平.2008. 太湖蓝藻的历史发展与水华灾害［M］. 北京：科学出版社.

邢雅囡, 阮晓红, 赵振.2006. 城市河道底泥疏浚深度对氮磷释放的影响［J］. 河海大学学报（自然科学版）, 34（4）：378-382.

熊巨华, 高阳, 周永强, 等.2023. 自然科学基金视角下湖泊科学发展态势与研究前沿［J］. 地理研究, 42（4）：1088-1100.

徐本营.2018. 大尺度滨江公共空间营造的启示：以上海和广州滨江公共空间贯通工程为例［J］. 城市,

（10）：13-18.

徐菲，王永刚，张楠，等 .2014. 河流生态修复相关研究进展 ［J］. 生态环境学报，23（03）：515-520.

徐开钦，齐连惠，姥江美孝，等 .2010. 日本湖泊水质富营养化控制措施与政策 ［J］. 中国环境科学，30
　（Suppl.）：86-91.

徐艳红，于鲁冀，吕晓燕，等 .2017. 淮河流域河南段退化河流生态系统修复模式 ［J］. 环境工程学报，
　11（1）：143-150.

许继军，景唤 .2022. 河流生态修复理念与技术研究进展 ［J］. 农业现代化研究，43（4）：691-701.

颜昌宙，金相灿，赵景柱 .2005. 湖滨带的功能及其管理 ［J］. 生态环境，14（2）：294-298.

颜雄，魏贤亮，魏千贺，等 .2017. 湖泊湿地保护与修复研究进展 ［J］. 山东农业科学，49（5）：
　151-158.

杨持白 .1965. 海河流域解放前 250 年间特大洪涝史料分析 ［J］. 水利学报，（3）：51-56.

杨桂山，于秀波 .2005. 国外流域综合管理的实践经验 ［J］. 中国水利，（10）：59-61.

杨海军，内田泰三，盛连喜，等 .2004. 受损河岸生态系统修复研究进展 ［J］. 东北师范大学学报：自然
　科学版，36（1）：95-100.

杨海军，内田泰三，盛连喜，等 .2004. 受损河岸生态系统修复研究进展 ［J］. 东北师大学报：自然科
　学版，36（1）：6.

杨胜天，王雪蕾，刘昌明，等 .2007. 岸边带生态系统研究进展 ［J］. 环境科学学报，27（6）：894-905.

叶春，金相灿 .2003. 洱海湖滨带生态恢复工程模式研究 ［C］. 白建坤主编 . 大理洱海科学研究 . 北京：
　民族出版社 .

叶春，李春华，陈小刚，等 .2012. 太湖湖滨带类型划分及生态修复模式研究 ［J］. 湖泊科学，24（6）：
　822-828.

于鲁冀，李瑶瑶，吕晓燕，等 .2014. 河流生态修复技术研究进展 ［C］ 合肥：湖泊保护与生态文明建
　设——第四届中国湖泊论坛论文集 . 合肥，2014：279-288.

余文公 .2013. 生物操纵防止四明湖水华研究 ［C］ // 健康湖泊与美丽中国论文集 . 武汉：第三届中国湖
　泊论坛暨第七届湖北科技论坛论文集 . 武汉：第三届中国湖泊论坛暨第七届湖北科技论坛 .

俞孔坚，胡海波，李健宏 .2002. 水位多变情况下的亲水生态护岸设计 ［J］. 中国园林，（1）：37-38.

张甘霖，谷孝鸿，赵涛，等 .2023. 中国湖泊生态环境变化与保护对策 . 中国科学院院刊，38（3）：
　358-364.

张光生，王明星，叶亚新，等 .2004. 太湖富营养化现状及其生态防治对策 ［J］. 中国农学通报，20
　（3）：235-237，257.

张建春，彭补拙 .2002. 河岸带及其生态重建研究 ［J］. 地理研究，21（3）：373-383.

张建春 .2001. 河岸带功能及其管理 ［J］. 水土保持学报，（S2）：143-146.

张建宇，秦虎 .2007. 差异与借鉴——中美水污染防治比较 ［J］. 环境保护，（14）：74-76.

张敏，刘磊，蓝艳，等 .2020.《莱茵河 2020 年行动计划》实施效果评估结果及《莱茵河 2040 年行动计
　划》主要内容——对编制黄河生态环境保护规划的启示 ［J］. 四川环境，39（5）：133-137.

张楠, 初里冰, 丁鹏元, 等 . 2015. A/O 生物膜法强化处理石化废水及生物膜种群结构研究 [J]. 中国环境科学, 35（1）：80-86.

张先起, 李亚敏, 李恩宽, 等 . 2013. 基于生态的城镇河道整治与环境修复方案研究 [J]. 人民黄河, 35（2）：36-38, 77.

张谊 . 2003. 论城市水景的生态驳岸处理 [J]. 中国园林,（1）：52-54.

张永泽, 王桓 . 2001. 自然湿地生态恢复研究综述 [J]. 生态学报, 21（2）：309-314.

张运林, 秦伯强, 朱广伟, 等 . 2022. 论湖泊重要性及我国湖泊面临的主要生态环境问题 [J]. 科学通报, 67（30）：3503-3519.

章光新, 张蕾, 冯夏清, 等 . 2014. 湿地生态水文与水资源管理 [M]. 北京：科学出版社 .

赵杭美, 由文辉, 罗扬, 等 . 2008. 滨岸缓冲带在河道生态修复中的应用研究 [J]. 环境科学与技术, 31（4）：116-122.

赵彦伟, 杨志峰 . 2005. 城市河流生态系统健康评价初探 [J]. 水科学进展, 16（3）：349-355.

赵银军, 丁爱中 . 2014. 河流地貌多样性内涵、分类及其主要修复内容 [J]. 水电能源科学, 32（3）：167-170.

郑丙辉, 曹晶, 王坤, 等 . 2022. 水质较好湖泊环境保护的理论基础及中国实践 [J]. 湖泊科学, 34（3）：699-710.

钟春欣, 张玮 . 2004. 基于河道治理的河流生态修复 [J]. 水利水电科技进展,（3）：16-18, 34, 73.

周勇, 操家顺, 杨婷婷 . 2007. 生物填料在重污染河道治理中的应用研究 [J]. 环境污染与防治, 29（4）：289-292.

朱党生, 张建永, 李扬, 等 . 2011. 水生态保护与修复规划关键技术 [J]. 水资源保护, 27（5）：59-63.

朱灵峰, 张玉萍, 邓建绵, 等 . 2009. 河流修复技术应用现状及生态学意义 . 安徽农业科学, 37（7）：3221-3222.

朱伟, 杨平, 龚淼 . 2015. 日本"多自然河川"治理及其对我国河道整治的启示 [J]. 水资源保护, 31（1）：22-29.

足立考之 . 1993. 水環境における近自然河川工法の世界的な動向 [J]. 環境技術, 22：633-640.

Bennett R J, Decamps H, Pollock M. 1993. The role of riparian corridors in maintaining regional biodiversity [J]. Ecological Application, 3（2）：209-212.

Bernhardt E S, Palmer M A, Allan J D, et al. 2005. Synthesizing U. S. river restoration efforts [J]. Science, 308（5722）：636-637.

Binder W, Juerging P, Karl J . 1983. Naturnaher wasserbau merkamale und grenzen [J]. Garten und Landschaft, 93（2）：91-94.

Bren L J. 1998. The geometry of a constant buffer loading design method for humid watersheds [J]. Forest Ecology and Management,（110）：113-125.

Carmichael W W, Boyer G L. 2016. Health impacts from cyanobacteria harmful algae blooms：Implications for the North American Great Lakes [J]. Harmful Algae, 54：194-212.

Carpenter S R. 2003. Regime shifts in lake ecosystems: Patterand variation ［R］. Oldendorf/Luhe: International Ecology Institute.

Carvalho S, Barata M, Pereira F, et al. 2006. Distribution patters of microbenthic species in relation to organic enrichment within aquaculture earthen ponds ［J］. Marine Pollution Bulletin, 52 （12）: 1573-1584.

Dai J, Chen D, Wu S, et al. 2018. Dynamics of phosphorus and bacterial phoX genes during the decomposition of Microcystis blooms in a mesocosm ［J］. PLoS One, 13 （5）: e0195205. DOI: 10.1371/journal.pone.0195205.

Delaware River Basin Commission. 2016. Delaware River and Bay Water Quality Assessment ［R］. West Trenton: Delaware River Bas in Commission.

Delgado A N, Periago E L, Diaz-Fierros Viqueira F. 1995. Vegetated filter stris for wastew water purification: A review ［J］. Biores Technolo, 5: 113-122.

Deppe T, Benndorf J. 2002. Phosphorus reduction in a shallow hypereu-trophic reservoir by in-lake dosage of ferrous iron ［J］. Water Research, 36 （18）: 4525-4534.

Fang J, Wang Z, Zhao S, et al. 2006. Biodiversity changes in the lakes of the Central Yangtze ［J］. Frontiers Ecology and the Environment, 4: 369-377.

Faria, M. S., R. J. Lopes, J. Malcato, et al. 2008. In situ bioassays with Chironomus riparius larvae to biomonitor metal pollution in rivers and to evaluate the efficiency of restoration measures in mine areas ［J］. Environmental Pollution, 151 （1）: 213-221.

Fisher J, Stratford C J, Buckton S. 2009. Variation in nutrient removal in three wetland blocks in relation to vegetation composition, inflow nutrient concentration and hydraulic loading ［J］. Ecological Engineering, 35: 1387-1394.

Gates K, Kerans B. 2014. Habitat use of an endemic mollusk assemblage in a hydrologically altered reach of the Snake river, Idaho, USA ［J］. River Research and Applications, 30 （8）: 976-986.

Gore J A, Shields F D. 1995. Can Large Rivers Be Restored? ［J］. BioScience, 45 （3）: 142-152.

Gregory S V, Swanson F J, Mckee W A, et al. 1991. An ecosystem perspective of riparian zones ［J］. Bioscience, （41）: 540-551.

Hansen D, Duda P J, Zayed A M, et al. 1998. Selenium removal by constructed wetlands: role of biological volatilization ［J］. Environmental Science and Technology, 32: 591-597.

Hohmann J, Konold W. 1992. Flussbaumassnahmen an der wutach und ihre bewertung aus oekologischer Sicht ［J］. Deutsche Wasser Wirtschaft, 82 （9）: 434-440.

Iamchaturapatra J, Yi S W, Rhee J S. 2007. Nutrient removal by 21 aquatic plants for vertical free surface-flow （VFS） constructed wetland ［J］. Ecological Engineering, 29: 287-293.

Junk W J, Bayley P B, Sparks R E. 1989. The flood pulse concept in river-floodplain system ［J］. Canadian Special Publication of Fisheries and Aquatic Sciences, 106: 110-127.

Kiss A. 1985. The protection of the Rhine against pollution ［J］. Natural Resources Journal, 25 （3）: 613-637.

Kopacek J, Hejzlar J, Borovec J, et al. 2000. Phosphorus inactivation by aluminum in the water column and sediments：Lowering of in-lake phosphorus availability in an acidified watershed-lake ecosystem ［J］. Limnol Oceanogr, 45 （1）：212-225.

Kosmehl T, Hallare A V, Braunbeck T, et al. 2008. DNA damage induced by genotoxicants in zebrafish （Danio rerio） embryos after contact exposure to freeze-dried sediment and sediment extracts from Laguna Lake （the Philippines） as measured by the comet assay ［J］. Mutatation Research-Genetic Toxicology Environmental Mutagenesis, 650：1-14.

Lelek A. 1989. The Rhine River and some of its tributaries under human impact in the last two centuries ［J］. Canadian Special Publication of Fisheries and Aquatic Sciences, 106：469-487.

Lewontin R C, 1969. The meaning of stability ［J］. Diversity and Stability in Ecological Systems, Brookhaven Symposia in Biology, 22：13-24.

Li H B, Du L N, Zou Y, et al. 2011. Eco-remediation of branch river in plain river-net at estuary area ［J］. Procedia Environmental Sciences, 10：1085-1091.

Martin D. 1995. Bioengeering techniques for stream bank restoration-a review of central European practices ［R］. Washington D. C. ：Ministry of Environment Lands and Parks and Ministry of Forests.

Meara J O, Murray J. 1999. Restoration of an urban lake：the newburgh lake project ［J］. New Orleans：Wat Environ Federation WEFTEC' 99, 1999：1-10.

Mehaffey M H, Nash M S, Wade T G, et al. 2005. Linking land cover and water quality in New York city's water supply watersheds ［J］. Environmental Monitoring Assessment, 107：29-44.

Mehner T, Benndorf J, Kasprzak P, et al. 2002. Biomanipulation of lake ecosystems：successful applications and expanding complexity in the underlying science ［J］. Freshwater Biology, 47 （12）：2453-2465.

Meijer M L, deBoois I, Scheffer M, et al. 1999. Biomanipulation in shallow lakes in The Netherlands：an evaluation of 18 case studies ［J］. Hydrobiologia, 409：13-30.

Mitch W J. Jorgensen E. 2004. Ecological engineering and ecosystem restoration ［M］. Hoboken, New Jersey：John Wiley & Sons Inc.

Naiman R J, Robert E B, Bisson P A. 2000. Riparian ecology and management in the Pacific coastal rain forest ［J］. Bioscience, （11）：996-1011.

Natural Resources Conservation Service USDA. 1998. Buffer Strips Common Sense Conservation ［R］. Washington D. C. ：Natural Resources Conservation Service USDA

Nixdorf B, Deneke R. 1997. Why "very shallow" lakes are more suc-cessful opposing reduced nutrients loads ［J］. Hydrobiologia, 342/343：269-284.

Nuttle W K. 2002. Eco-hydrology's past and future in focus ［J］. Eos, Transactions American Geophysical Union, 83 （19）：205-212.

Olden J D, Naiman R J. 2010. Incorporating thermal regimes into environmental flows assessments：Modifying dam operations to restore freshwater ecosystem integrity ［J］. Freshwater Biology, 55 （1）：86-107.

Ozawa K, Fujioka H, Muranaka M, et al. 2005. Spatial distribution and temporal variation of Microcystis species composition and microcystin concentration in Lake Biwa [J]. Environ Toxicol, 20: 270-276.

Padisak J, Reynolds C S. 1998. Selection of phytoplankton associations in Lake Balaton, Hungary, in response to eutrophication and restoration measures, with special reference to cyanoprokaryotes [J]. Hydrobiologia, 384: 41-53.

Paerl H W, Hall N S, Calandrino ES. 2011. Controlling harmful cyanobacterial blooms in a world experiencing anthropogenic and climatic-induced change [J]. Science of the Total Environment, 409 (10): 1739-1745.

Paula S. 2000. From cropland to wetland to class room [J]. Land and Water, 44 (5): 55-57.

Pedersen M L, Andersen J M, Nielsen K, et al. 2007. Restoration of Skjern River and its valley: Project description and general ecological changes in the project area [J]. Ecological Engineering, 30 (2): 131-144.

Perrow M R, Moss B, Stansfield J. 1994. Trophic interaction in a shallow lake following a reduction in nutrient loading: a long term study [J]. Hydrobiology, 94: 43-52.

Plum N, Schulte W, Lwer- Leidig A. 2014. From a sewer into a living river: The Rhine between Sandoz and Salmon [J]. Hydro-biologia, 729 (1): 95-106.

Poff N L, Allan J D, Bain M B, et al. 1997. The natural flow regime- a paradigm for river conservation and restoration [J]. BioScience, 47 (11): 769-784.

Qin B Q. 2013. A large-scale biological control experiment to improve water quality in eutrophic Lake Taihu, China [J]. Lake and Reservoir Management, 29 (1): 33-46.

Qin B, Zhang Y, Deng J, et al. 2022. Polluted lake restoration to promote sustainability in the Yangtze River Basin, China [J]. National Science Review, 9: nwab207.

Qin B, Zhu G, Gao G, et al. 2010. A drinking water crisis in Lake Taihu, China: Linkage to climatic variability and lake management [J]. Environmental Management, 45: 105-112.

Reitzel K, Hansen J, Jensen H S, et al. 2003. Testing aluminum addition as a tool for lake restoration in shallow, eutrophic Lake Sonderby, Denmark [J]. Hydrobiologia, 506 (1-3): 781-787.

Rhodes J, Hetzenauer H, Frassl M A, et al. 2017. Long-term development of hypolimnetic oxygen depletion rates in the large Lake Constance [J]. Ambio, 46: 554-565.

Rydin E, Brunberg A. 1998. Seasonal dynamics of phosphorusin Lake Erken surface sediment [J]. Archiv fur Hydrobiologie Special Issues Advanced Limnology, 51: 17-167.

Scheffer M, Carpenter S, Foley J A, et al. 2001. Catastrophic shifts in ecosystem [J]. Nature, 413 (6856): 591-596.

Scheffer M. 1990. Multiplicity of stable states in freshwater systems [J]. Hydrobiologia, 200/202 (1): 475-486.

Schlueter U. 1971. Ueberlegungen zum naturnahen ausbau von wasseerlaeufen [J]. Landschaft und Stadt, 9 (2): 72-83.

Shapiro J, Lamarra V, Lynch M. 1975. Biomanipulation: an ecosystem approach to lake restoration [A]. In:

Brezonik P L, Fox J L, eds. Proceedings of a Symposium on Water Quality Management through Biological Control. Gainesville: University of Florida.

Song C, Huang B, Richards K, et al. 2014. Accelerated lake expansion on the Tibetan Plateau in the 2000s: Induced by glacial melting or other processes? [J] Water Resources Research, 50: 3170-3186.

Tao S, Fang J, Zhao X, et al. 2015. Rapid loss of lakes on the Mongolian Plateau [J]. Proceedings of the National Academy of Sciences of the United States of America, 112: 2281-2286.

Thornton K W, Kimmel B L, Payn F E. 1990. Reservoir Limnology: Ecological perspectives [J]. New York: A Wiley-Interscience Publication.

Uehlinge R U, Wantzen K M, Leuven R S E W, et al. 2009. River Rhine basin [M] In: Tockner K, Uehlinger U, Rob-Inson C. The Rivers of Europe. London: Elsevier.

Van Dijk G M, Marteijn E C L, Schultewulwe R Lei-Dig A. 1995. Ecological rehabilitation of the River Rhine: Plans, progress and perspectives [J]. Regulated Rivers Research & Management, 11 (3-4): 377-388.

Van E H. 1997. Maximum victim benefit: A fair division process in transboundary pollution problems [J]. Environmental and Resource Economics, 10 (4): 363-386.

Vannote R L, Minshall G W, Cummins K W, et al. 1980. The River continuum concept [J]. Canadian Journal of Fisheries and Aquatic Sciences, 37: 130-137.

Wallace S. 2001. Advanced designs for constructed wetlands [J]. Biocycle. 42 (6): 40-44.

Walpersdorf E, Neumann T, Stuben D. 2004. Efficiency of natural calcite precipitation compared to lake marl application used for water quality improvement in an eutrophic lake [J]. Applied Geochemistry, 19 (11): 1687-1698.

Ward J V, Stanford J A. 1989. The serial discontinuity concept of lotic ecosystem [Z]. In: Fontaine T D, Bartell S M (Eds). Dynamics of Lotic Ecosystems, Ann Arbor Science, Ann Arbor.

Ward J V. 1989. The four-dimensional nature of lotic ecosystems [J]. Journal of the North American Benthological Society, 8 (1): 2-8.

Wauer G, Gonsiorczyk T, Kretschmer K, et al. 2005. Sediment treatment with a nitrate-storing compound to reduce phosphorus release [J]. Water Research, 39 (2-3): 494-500.

Xie P. 1996. Experimental studies on the role of planktivorous fishes in the elimination of microcystis blooms from Donghu lake using enclosure method [J]. Chinese Journal of Oceanology and Limnology, 14: 193-204.

Yang Y, Song W, Lin H, et al. 2018. Antibiotics and antibiotic resistance genes in global lakes: A review and meta-analysis [J]. Environment International, 116: 60-73.

Zayed A, Gowthaman S, Terry N. 1998. Phytoacculation of trace element by wetlandplants: I. Duckweed [J]. Journal of Environmental Quality, 27 (3): 715-721.

Zhang G, Yao T, Xie H, et al. 2020. Response of Tibetan Plateau lakes to climate change: Trends, patterns, and mechanisms [J]. Earth-Science Reviews, 208: 103269.

Zhang Y Y, Zhai X Y, Shao Q X, et al. 2015. Assessing temporal and spatial alterations of flow regimes in the regulated Huai River Basin, China ［J］. Journal of Hydrology, 529: 384-397.

Zhang Y, Jeppesen E, Liu X, et al. 2017. Global loss of aquatic vegetation in lakes ［J］. Earth- Science Reviews, 173: 259-265.

Zhao J, Gao Q, Liu Q, et al. 2020. Lake eutrophication recovery trajectories: Some recent findings and challenges ahead ［J］. Ecological Indicators, 110 (2020): 105878.

Zheng G, Allen S K, Bao A, et al. 2021. Increasing risk of glacial lake outburst floods from future Third Pole deglaciation ［J］. Nature Climate Change, 11: 411-417.

第5章 生物多样性保护工程

生物多样性关系人类福祉，是人类赖以生存和发展的基础。受气候变化和人类活动影响，全球生物多样性丧失局面尚未得到根本遏制。中国作为世界上生物多样性最丰富的国家之一，加强生物多样性保护，是推进生态文明建设和美丽中国建设的重要内容。生物多样性保护工程，围绕生态系统、物种和基因三个层次，聚焦生物多样性保护优先区域，重点开展生物多样性调查评估、就地保护、迁地保护、生物遗传资源利用、外来入侵物种管控等工程，以摸清区域生物多样性本底，采取适应性措施保护重点物种及其生境，促进生物遗传资源的可持续利用与惠益分享，防范生态风险，努力实现人与自然和谐共生。

5.1 概　　述

生物多样性是自然界中物种的多样性、遗传多样性和生态系统多样性的综合体现。生物多样性不仅支持着我们的生活和经济，而且也是生态系统的关键要素，能够影响生态平衡的维持和人类的生存。中国幅员辽阔，陆海兼备，地貌和气候复杂多样，孕育了丰富而又独特的生态系统、物种和遗传多样性，是世界上生物多样性最丰富的国家之一。作为最早签署和批准《生物多样性公约》（*Convention on Biological Diversity*）的缔约方之一，中国高度重视生物多样性保护，制定实施生物多样性保护政策，让越来越多的国民了解生物多样性保护的积极意义，广泛参与到生物多样性保护行动中。

2021 年 10 月，《生物多样性公约》第十五次缔约方大会发出保护生物多样性、共建全球生态文明的倡议。2022 年 12 月，习近平主席向《生物多样性公约》第十五次缔约方大会第二阶段会议提出：凝聚生物多样性保护全球共识，为全球生物多样性保护设定目标、明确路径。会议制定了全球生物多样性保护的长期目标，到 2050 年生物多样性受到重视、得到保护、恢复及合理利用，使所有人都能共享重要惠益。通过会议预期将对各国各区域各经济主体在经济发展中的行为产生约束性影响，将生物多样性保护纳入生态环境领域与经济发展领域同等重要地位。

中国致力于在经济发展中积极推进生物多样性保护。党的二十大报告在"推动绿色发展，促进人与自然和谐共生"主题下，提出"提升生态系统多样性、稳定性、持续性。以国家重点生态功能区、生态保护红线、自然保护地等为重点，加快实施重要生态系统保护和修复重大工程。推进以国家公园为主体的自然保护地体系建设。实施生物多样性保护重大工程"。此前，国家出台的《关于进一步加强生物多样性保护的意见》提出"牢固树立尊重自然、顺应自然、保护自然的生态文明理念，坚持保护优先、自然恢复为主，遵循自然生态系统演替和地带性分布规律，充分发挥生态系统自我修复能力，避免人类对生态系统的过度干预，对重要生态系统、生物物种和生物遗传资源实施有效保护，保障生态安全"等工作原则。

5.1.1 生物多样性定义

"生物多样性"是指地球上所有生命形式生物（动物、植物、微生物）与所处环境共同作用的过程及最终形成生态复合体的总称，包括生态系统、物种和基因三个层次。生物多样性表征了生命活动在环境中物质循环和能量循环的复杂程度，也是地球生态系统稳定性、生态系统功能能否正常运行、环境承载力水平的重要外在表现。生物多样性提供了人类生产生活所需的物质基础，为保证人类社会的健康持续发展，当前需要扭转并修复以往人类活动对生物多样性破坏的现状。这是人类社会可持续发展的迫切需求，因此保护生物多样性对人类社会有十分重要意义。

生态系统多样性包含生物圈内生态环境、生物群落和生态过程的多样性，是一个由各种生物与其周围环境所构成的自然综合体。在生态系统之中，不仅各个物种之间相互依赖、彼此制约，而且生物与其周围的各种环境因子也是相互作用的。生态系统多样性是维持生态系统健康和高效服务的基础。生态系统的功能包括光合作用固定太阳能，使光能经绿色植物进入食物链，维持物种生存和营养系统；污染物的吸收和分解；保护土壤，保持肥力，防止危险滑坡，保护海岸和河岸以及防止淤积对珊瑚礁、淡水和近海渔业的破坏；调节大气候及局部气候；稳定水文等。如果生态系统的多样性受到破坏，随之而来的将是动植物资源急剧减少和环境恶化，直接威胁人类的生存和整个社会的可持续发展。

物种多样性是指地球上动物、植物、微生物等生物种类的丰富程度，是遗传多样性的载体及体现，是衡量地区生物资源丰富程度的一个客观指标。物种多样性为人们的衣食住行等民生行为提供了必要的物质源泉，为人类生存与发展提供了基本的条件，被认为是与人类社会可持续发展息息相关的最重要因素。物种是人类食物的来源，作为人类基本食物的农作物、家禽和家畜等均源自野生相型，而野生物种是培育新品种不可缺少的原材料。物种多样性对科学技术的发展不可或缺。

遗传多样性包含物种内在个体的变异性，是生物多样性的重要组成部分。任何物种或生物个体都保存着大量的遗传基因，可被看作是一个基因库。人类利用传统的育种技术和现代基因工程，不断培育新品种、淘汰旧品种、扩展植物的适应范围，其结果是大大提高了作物的生产力，也丰富了作物的遗传多样性。目前，世界上正广泛开发的作物培育技术、园艺技术、动物饲养技术等均以遗传多样性为基础。因此，充分利用遗传变异提高作物产量具有很大的潜力，而且可以减少机械化、化肥、灌溉和病虫害化学、农药控制等的投入，有利于人类生态环境的可持续发展。

5.1.2　受威胁现状

人类活动与环境、气候变化的共同作用使得全球物种多样化正以前所未有的速度减少。中国是世界上 12 个物种特别丰富的国家之一，目前全球已知植物 378 116 种，动物 1 476 522 种，中国生物物种名录 2022 版共收录植物 39 188 种，动物 63 886 种，分别占全世界总数的 10.38% 和 4.39%。同时也是生物多样性受威胁最严重的国家之一。2019 年 5 月，联合国发布的《生物多样性和生态系统服务全球评估报告》显示，在地球 800 万个物种中，有约 100万个（约 12.5%）因人类活动而遭受生存危机，濒临灭绝。自工业化以来，随着人口急剧增长和人类经济活动规模持续扩张、程度持续加剧，带来了诸如土地无序扩张、单一性基因经济作物的大面积种植导致遗传多样性减少、物种灭绝或濒临灭绝带来的物种多样性下降、人类经济活动规模和程度的不断强化导致生态多样性区域逐步丧失等问题。地球生态系统抗外在扰动的能力在下降，生态系统的稳定性在下降，生态系统功能也在减弱，从而使得人类社会持续传承面临巨大威胁。无论是生态系统多样性破坏，还是物种和遗传多样性破坏都与人类活动有着直接关联，这值得全世界人类深刻反思。

1. 人为因素影响

人口的增加对生物多样性产生了深远的影响。首先人口增长带来了土地利用变化问题，为了满足对土地的需求，扩展生存空间，人类毁林开荒，将大量的自然生境转变成生活、生产等建设用地，造成生境破坏，导致物种灭绝；其次人口增长对自然资源的需求加大，造成对自然资源的利用增加，过度利用造成全球性自然资源严重衰竭，许多生物资源种类急剧下降。

人类活动对生境的破坏，造成动植物栖息地丧失。天津市物种多样性调查显示，现有的湿地人为干扰严重，渔业、农业及油田的挤占导致以湿地为栖息地的物种无法正常生存。从人为作用的影响机制上来讲，农业化、城市化以及人为设施的建设不仅直接侵占了大片自然生境，而且限制了动物的活动范围及植物花粉和种子的传播，从而导致局部灭绝。

掠夺式的过度开发利用可以最直接地造成物种的灭绝。一般包括森林的过量砍伐、鱼类的过度捕捞、草地过度的放牧和垦殖、野生动植物的乱捕滥杀等行为。造成过度开发利用的原因是某些野生动植物在药用、经济、食用、观赏等方面具有很高的利用价值，但是利用与保护的关系却没有被处理好。

农业活动对生物多样性的影响归结起来包括三方面。一是土地农业使原有的自然生境转变为耕地，即土地利用类型的变化使得原有生境的破坏和丧失，导致物种多样性下降；农药、杀虫剂和除草剂的不合理使用，直接作用于物种，阻碍生物正常生长发育。毒害作用甚至通过食物链的各级消费者积累，使处于食物链顶端的生物难以生存，使生态系统简单化，降低初级生产，使处于初级生产量之后的各级消费类群没有足够的物质和能量支持；不合理的耕作方式以及农业品种结构的单一化改变了土壤的理化性质，导致土壤生物的生境改变，如刀耕火种被认为是导致热带雨林面积大幅度减少和热带雨林生物多样性丧失的主要原因之一。二是环境污染带来的生境破坏对于生物的影响。在特定的时间和空间尺度上，不能适应的将逐步消失，最终导致生物的多样性水平因此而降低。环境污染在物种方面导致多样性降低的机理可以通过直接毒害作用方式阻碍生物的正常生长发育，甚至致其死亡；污染引起生境改变，如土壤污染破坏土生生物生境，同时可影响植被生长导致退化，土壤动物绝迹；污染物在生态系统中的富集和积累作用，使食物链后端的生物，难以存活或繁育。三是外来物种入侵对生物多样性造成的危害。外来种入侵是指外来种进入某区域后，在该区域中建立种群获得生存空间，严重威胁该地区本地种的生存，引起物种消失与灭绝。对生物多样性下降的影响机理可以总结为：与本地物种竞争生态位，使本地种失去生存空间；分泌释放化学物质，直接杀死其他物种或者抑制其他物种的生长；通过形成大面积的单优群落，降低物种多样性。

2. 气候变化影响

气候是地球生态系统的一个关键支撑要素，为地球生物构筑了生存和发展的基本环境。自工业革命以来，人类不当活动导致全球气候持续变暖。气候变化破坏和改变了不少生物的生存环境，威胁它们种群的生存和发展，对地球生物多样性造成巨大威胁。气候变化将直接威胁这些物种的生存，并加速部分濒危物种走向灭绝。与此同时，生物多样性的改变，也负向反馈到了气候变化上，进一步加剧全球气候变暖。两者间这种互为因果的恶性循环，使全球生物多样性保护工作和减排事业遭受更大挑战。

气候变化对生物多样性的影响表现在不同的时空尺度和不同组织层次，异常复杂。在大尺度上，气候变化直接影响到物种的地理分布、迁徙模式、季节动态等。在生态系统尺度上，气候变化最重要和最直接的影响是改变群落物种组成、多样性以及与生物多样性紧密关联的生态系统功能。反过来，生物多样性变化是多维的，主要包括生物群落组成变化和生物多样性丧失，表现为物种多样性以及物种多度、物种分布和遗传多样性等方面的变化。生物多样性变化的多维性使得研究生物多样性对气候变化的反馈作用变得异常复杂。

有学者发表在《自然·通讯》的研究结果表明：目前气候变化速度快于动物的适应能力。德国莱布尼茨动物园与野生动物研究的科研人员发现：面对气候变化，动物们通常会调整自己的冬眠、繁殖、迁徙等行为，以更好地适应气候环境变化，求得自身和种群生存。一部分鸟类，如大山雀、斑姬鹟、喜鹊等已经能较好地适应气候变化，但仍有相当多动物的自我调节和反应速度，还不足以让它们很好地应对快速上升的气温和剧烈变化的气候。北美中西部连续多年在夏季遭遇极端高温天气，使得这里山火连年爆发，破坏鸟类的栖息环境，对候鸟的生存与迁徙产生十分严重的影响。生物学家们发现海龟卵孵化性别取决于孵化温度，当龟卵周围沙滩温度低于 27℃ 时，更容易孵化出雄性海龟，而当沙滩温度超过 31℃ 时，孵化出雌性海龟的概率将大大提高。这意味着气温可以改变海龟种群性别平衡，进而影响海龟种群发展。气候的变暖加速了冰川消融速度，使寒带生物的生境遭到破坏，威胁整个生物链的种群生存与发展。

气候变化对生物多样性的挑战，首先表现在升温的趋势在短期内的不可逆性，气候治理不但是个科学问题，也有着高度敏感的政治属性，这意味着气候治理是极其艰巨和困难的。其次，气候变化对生态保护区的边界视若无物，传统的圈地保护策略无法适应自然的动态变化。最后，气候变化是一种渐进缓慢但威胁巨大的进程。在一段时间内，自然对这种渐进式的变化很少会做出反应。但根据倾斜点理论（tipping point），当气候变化累积到关键水平，生态终将达到其转折点，随着补偿机制的失效和生态链条的调整，生态将发生系统转型。全球气候变化背景下的生物多样性保护是个非常迫切的问题。面对生存环境的恶化，生物虽然可以选择迁移或者进化去响应环境，但生存环境的剧烈变动已经超出了生态的适应能力，进化速率也难以抵消未来几十年里气候变化带来的影响。

5.1.3 外来物种入侵

1. 基本概念

外来入侵物种是指出现在其过去和现在的自然分布范围以外的、在本地的自然或半自然生态系统或生境中形成了自我再生能力、给本地的生态系统或景观造成明显损害或影响的物种，其造成的危害就是外来生物入侵。外来入侵物种的分类单元通常为种和亚种，也包括其所有可能存活、继而繁殖的部分、配子或繁殖体等（徐海根等，2004）。外来生物的入侵可以分为国家间也可以是国家内的转移，在我国已经广泛分布的牛蛙（*Rana catesbeiana*）就是典型的国家间转移的外来入侵物种，它原产于美国东部，1959 年被引进我国，对本土两栖类、鱼类均造成较大危害；太湖新银鱼（*Neosalanx taihuensis*）原产于我国太湖流域，是我国典型的国家内转移的外来入侵物种，20 世纪 80 年代被引入云南洱海，种群数量增加后导致洱海浮游动物密度显著减少，影响其他本土鱼类生存（公莉等，2022）。外来物种的入侵机制主要包括：人为有意地引入（引种）；伴随旅客、压舱水、运输货物无意携带转移；通过风力、水流等自然传入等（马晔和沈珍瑶，2006）。

2. 基本情况

外来物种入侵目前已经成为全球性生态环境问题，是造成全球生物多样性丧失的主要因素（丁晖等，2011），《生物多样性公约》第 8 条 h 款要求各缔约国"防治、控制或消除威胁生态系统、生境或物种的外来物种"。我国陆地边境线长，始终存在着外来入侵物种随气流、水流等自然途径传入的风险。同时，随着对外交流日益频繁，外来入侵物种随货物贸易、人员往来等无意传入进而造成危害的情况日益增多，影响自然生态系统的稳定性，损害了农业可持续发展和生物多样性，影响国家安全和人民群众身体健康。根据生态环境部发布的《2020 中国生态环境状况公报》，全国已发现 660 多种外来入侵物种，是遭受外来物种入侵危害最为严重的国家之一。

我国分别于 2003 年、2010 年、2014 年、2016 年分 4 批发布《中国外来入侵物种名单》，共 71 个物种（表 5-1）。

2022 年 12 月，国家有关部门组织制定了《重点管理外来入侵物种名录》，包含植物、昆虫、植物病原微生物、植物病原线虫、软体动物、鱼类、两栖动物、爬行动物等 8 个类群 59 种，其中植物有紫茎泽兰、藿香蓟、空心莲子草等 33 种，昆虫有苹果蠹蛾、红脂大小蠹、美国白蛾等 13 种，植物病原微生物梨火疫病菌、亚洲梨火疫病菌等 4 种，植物病原线虫有松材线虫 1 种，软体动物有非洲大蜗牛、福寿螺等 2 种，鱼类有鳄雀鳝、豹纹翼甲鲶、齐氏罗非鱼等 3 种，两栖动物有美洲牛蛙 1 种，爬行动物有大鳄龟、红耳彩龟 2 种，这些物种是当前和今后外来入侵物种防控的重点。

表 5-1 中国外来入侵物种名单

批次	发布年份	种类	数量
第一批	2003	紫茎泽兰、薇甘菊、空心莲子草、豚草、毒麦、互花米草、飞机草、凤眼莲、假高粱、蔗扁蛾、湿地松粉蚧、强大小蠹、美国白蛾、非洲大蜗牛、福寿螺、牛蛙	16
第二批	2010	马缨丹、三裂叶豚草、大藻、加拿大一枝黄花、蒺藜草、银胶菊、黄顶菊、土荆芥、刺苋、落葵薯、桉树枝瘿姬小蜂、稻水象甲、红火蚁、克氏原螯虾、苹果蠹蛾、三叶草斑潜蝇、松材线虫、松突圆蚧、椰心叶甲	19
第三批	2014	反枝苋、钻形紫菀、三叶鬼针草、小蓬草、苏门白酒草、一年蓬、假臭草、刺苍耳、圆叶牵牛、长刺蒺藜草、巴西龟、豹纹脂身鲇、红腹锯鲑脂鲤、尼罗罗非鱼、红棕象甲、悬铃木方翅网蝽、扶桑绵粉蚧、刺桐姬小蜂	18
第四批	2016	长芒苋、垂序商陆、光荚含羞草、五爪金龙、喀西茄、黄花刺茄、刺果瓜、藿香蓟、大狼杷草、野燕麦、水盾草、食蚊鱼、美洲大蠊、德国小蠊、无花果蜡蚧、枣实蝇、椰子木蛾、松树蜂	18

3. 防控现状

我国十分重视外来入侵物种防治，2004 年成立了全国外来入侵生物防治协作组，建立了统一协调的工作机制，全面开展外来物种入侵的综合防治工作。原农业部成立了外来物种管理办公室，组建了外来入侵生物防治预防与控制中心，开展管理和研究工作。

目前，我国已经初步构建了外来入侵物种防控法律法规体系，《中华人民共和国农业法》《中华人民共和国野生动物保护法》《中华人民共和国种子法》《中华人民共和国动物防疫法》《植物检疫条例》《中华人民共和国生物安全法》等多部法律法规和部门规章中的条款涉及了外来物种的管理（表 5-2）。《进一步加强外来物种入侵防控工作方案》《外来入侵物种管理办法》等对外来入侵物种防控、管理等提出了明确要求。

表 5-2　我国有关外来入侵物种管理的主要法律法规

法律法规	侧重点
《中华人民共和国进出境动植物检疫法》《中华人民共和国国境卫生检疫法》《中华人民共和国动物防疫法》《植物检疫条例》等	动植物检疫检验
《中华人民共和国环境保护法》《中华人民共和国农业法》《中华人民共和国海洋环境保护法》《中华人民共和国草原法》《中华人民共和国渔业法》等	生物资源利用和环境保护
《中华人民共和国野生动物保护法》《野生植物保护条例》等	野生动物和植物保护
《中华人民共和国生物安全法》	防控外来入侵物种

5.1.4　保护体系建设

目前，在气候变化、人为干扰等多重的环境压力下，我国生物栖息地丧失、生物多样性下降的形势严峻。而生物多样性的保护恢复需要经历较长过程，在此背景下，需要对我国关键生态系统类型以及重要栖息地的生物类群、遗传资源进行长时期、全方位、多类群的调查及多样性监测，这对摸清我国生物多样性的资源家底、时空动态、威胁因子和保护现状具有重要的意义，也将为我国生物多样性及重要生物资源的保护、管理、恢复和有效利用提供支撑。

生物多样性具有明显的空间异质性，网络化监测可以较系统地掌握监测对象中生物多样性变化的总体格局。我国为生物多样性保护开展了大量的前期基础工作，不断加大资金投入和科技研发力度，先后开展了全国生物多样性调查工作，建立完善生物多样性监测观测网络，结合立法，开展全民宣传教育，加强国际合作，不断提升我国生物多样性保护和治理能力。

1. 生物多样性调查与评估

我国大力推进生物多样性保护重大工程实施，通过对全国自然生态系统进行摸底，结合自然资源调查、生态系统监测评估等，不断完善生物多样性调查与评估能力，首次将生物多样性指标纳入生态质量综合评价指标体系，引导地方加强生态文明建设与生物多样性保护。开展自然资源调查，包括森林、草原、水、湿地、荒漠、海洋等，建立自然生态系统资源调查评价监测制度体系。基本掌握生物物种多样性总体情况，陆续发布《中国植物红皮书》《中国濒危动物红皮书》《中国物种红色名录》《中国生物多样性红色名录》，为加强生物多样性保护奠定了科学基础。

加大生物遗传资源安全保障力度，加强对生物遗传资源保护、获取、利用和惠益分享的管理和监督。开展重要生物遗传资源调查和保护成效评估，查明生物遗传资源本底，查清重要生物遗传资源分布、保护及利用现状。组织开展第四次全国中药资源普查，获得 1.3 万多种中药资源的种类和分布等信息，其中 3150 种为中国特有种。正在开展的第三次全国农作物种质资源普查与收集行动，已收集作物种质资源 9.2 万份，其中 90% 以上为新发现资源。2021 年启动的第三次全国畜禽遗传资源普查，已完成新发现的部分畜禽遗传资源鉴定。组织开展第一次全国林草种质资源普查，完成秦岭地区调查试点工作。近 10 年来，中国平均每年发现植物新种约 200 种，占全球植物年增新种数的 1/10。加快推进生物遗传资源获取与惠益分享相关立法进程，持续强化生物遗传资源保护和监管，防止生物遗传资源流失和无序利用。

2. 观测网建设

在生物多样性基础调查的基础上，中国建立起的各类生态系统、物种的监测观测网络，在生物多样性理论研究、技术示范与推广以及物种与生境保护方面发挥了重要作用，为科研、教育、科普、生产等各领域提供了多样化的信息服务与决策支持。其中，中国生态系统研究网络（CERN）、国家陆地生态系统定位观测研究网络（CTERN）涵盖所有生态系统和要素，中国生物多样性监测与研究网络（Sino BON）覆盖动物、植物、微生物等多种生物类群，中国生物多样性观测网络（China BON）构建了覆盖全国的指示物种类群观测样区。

中国科学院生物多样性委员会于 2004 年组织有关研究所的科研人员和院外相关单位的合作者共同建设了中国森林生物多样性监测专项网（CForBio），该专项网已发展为全球森林生物多样性研究最活跃的组织之一。在 CForBio 的基础上，中国科学院按照"科学规划、统一布局"的原则于 2013 年启动建设中国生物多样性监测与研究网络（Sino BON）。以野外监测样地、样带、样点建设为核心，借助分子生物学技术、计算机信息技术、数码影像和遥感技术、3D 形态识别与分析技术等现代科学技术手段，从基因、物种、种群、群落、生态系统和景观等水平上对生物多样性进行多层次的全面监测与系统研究，实现全国典型区域重要物种在类群水平上进行长期动态分析的目标，为国家履行《生物多样性公约》、保护生物多样性和生物资源提供翔实可靠的生物多样性变化数据，为科普、教育、科研、生产与保护等各领域提供多样化的信息服务与决策支持。2014年，Sino BON被亚太地区生物多样性监测网络（AP BON）和全球生物多样性监测网络（GEO BON）正式接受成为其成员网络。Sino BON建立了包括针对动物、植物、微生物多样性监测的10个专项网和1个综合监测管理中心，涵盖了全国30个主点和60个辅点。通过长期的监测网与近地面遥感监测汇交各地物种种群与遗传、生态环境恢复、栖息地保护建设等信息，并建立统一管理规范。

2011年，环境保护部开始建设全国生物多样性观测网络（China BON），在31个省（自治区、直辖市）建立鸟类、两栖动物、哺乳动物和蝴蝶4个子网络。其中，鸟类网络设立380个观测样区，包括2516条样线和1830个样点（其中繁殖期鸟类样点322个、越冬鸟类样点1508个）；两栖动物网络设立159个观测样区，包括2076条样线、310组围栏陷阱、121个样方、45处人工覆盖物和47处人工庇护所；哺乳动物网络设立70个观测样区，包括210个样地和4200余台红外相机；蝴蝶网络设立140个观测样区，包括721条样线和21个样点，样线累计里程超过7000km。

3. 规划政策制定实施

为加强生物多样性保护和管理，中国不断建立健全生物多样性保护政策法规体系，制定相应的中长期规划和行动计划。发布并实施《中国生物多样性保护战略与行动计划（2011—2030年）》，从建立健全生物多样性保护与可持续利用的政策与法律体系等10个优先领域，以及完善跨部门协调机制等30个行动方面对加强生物多样性保护进行指导，22个省（自治区、直辖市）制定了省级生物多样性保护战略与行动计划。《中华人民共和国国民经济和社会发展第十四个五年规划和2035年远景目标纲要》明确将实施生物多样性保护重大工程、构筑生物多样性保护网络作为提升生态系统质量和稳定性的重要内容。建立生态文明建设考核目标体系，将生物多样性保护相关指标纳入地方考核，落实生物多样性保护责任。

4. 宣传教育

我国不断加强生物多样性保护宣传教育，政府加强引导、企业积极行动、公众广泛参与的行动体系基本形成，公众参与生物多样性保护的方式更加多元化，参与度全面提高。持续开展生物多样性保护宣传教育和科普活动，在国际生物多样性日、世界野生动植物日、世界湿地日、六五环境日、水生野生动物保护科普宣传月等重要时间节点举办系列活动，调动全社会广泛参与，进一步增强公众保护意识。创新宣传模式，拓宽参与渠道，完善激励政策，邀请公众在生物多样性政策制定、信息公开与公益诉讼中积极参与、建言献策，营造生物多样性保护的良好氛围。发布《"美丽中国，我是行动者"提升公民生态文明意识行动计划（2021—2025 年）》《关于推动生态环境志愿服务发展的指导意见》，为各类社会主体和公众参与生物多样性保护工作提供指南和规范。成立长江江豚、海龟、中华白海豚等重点物种保护联盟，为各方力量搭建沟通协作平台。加入《生物多样性公约》秘书处发起的"企业与生物多样性全球伙伴关系"（GPBB）倡议，鼓励企业参与生物多样性领域工作，积极引导企业参与打击野生动植物非法贸易。

5. 国际合作

我国坚持多边主义，注重广泛开展合作交流，凝聚全球生物多样性保护治理合力。借助"一带一路""南南合作"等多边合作机制，为发展中国家保护生物多样性提供支持，努力构建地球生命共同体。建立"一带一路"绿色发展多边合作机制。中国将生态文明领域合作作为高质量共建"一带一路"重点内容，采取绿色基建、绿色能源、绿色金融等系列举措，为共建国家提供资金、技术、能力建设等方面支持，帮助他们加速绿色低碳转型，持续造福沿线各国人民；深化生物多样性保护"南南合作"。中国在"南南合作"框架下积极为发展中国家保护生物多样性提供支持，全球 80 多个国家受益。建立澜沧江-湄公河环境合作中心，定期举行澜沧江-湄公河环境合作圆桌对话，围绕生态系统管理、生物多样性保护等议题进行交流。建立中国-东盟环境合作中心，与东盟国家合作开发和实施"生物多样性与生态系统保护合作计划""大湄公河次区域核心环境项目与生物多样性保护走廊计划"等项目，在生物多样性保护、廊道规划和管理以及社区生计改善等方面取得丰硕成果。

5.2　生物多样性保护优先区域

为贯彻落实国务院批准发布的《中国生物多样性保护战略与行动计划（2011—2030年）》，加强生物多样性保护优先区域保护与监管，原环境保护部组织开展了生物多样性保护优先区域边界核定工作。综合考虑生态系统类型的代表性、特有程度、特殊生态功能，以及物种的丰富程度、珍稀濒危程度、受威胁因素、地区代表性，经济用途、科学研究价值、分布数据的可获得性等因素，划定了35个生物多样性保护优先区域。

《中国生物多样性保护优先区域范围》涵盖东北山地平原区、蒙新高原荒漠区、华北平原黄土高原区、青藏高原高寒区、西南高山峡谷区、中南西部山地丘陵区、华东华中丘陵平原区和华南低山丘陵区等我国8个自然区域。中国生物多样性保护优先区域范围包括大兴安岭区、三江平原、祁连山、秦岭、西双版纳、洞庭湖等32个内陆陆地及水域生物多样性保护优先区域，以及黄渤海保护区域、东海及台湾海峡保护区域和南海保护区域等3个海洋与海岸生物多样性保护优先区域。其中，内陆陆地及水域生物多样性保护优先区涉及27个省份904县，总面积合计276.27万 km^2，占我国陆地国土面积的28.78%（表5-3）。

表5-3　中国内陆陆地及水域生物多样性保护优先区域

序号	优先区域名称	涉及省份数量	涉及县（区）数量	面积/km^2
1	大兴安岭生物多样性保护优先区域	2	12	143 370
2	小兴安岭生物多样性保护优先区域	1	22	35 520
3	三江平原生物多样性保护优先区域	1	12	27 376
4	长白山生物多样性保护优先区域	2	24	74 674
5	松嫩平原生物多样性保护优先区域	3	25	36 860
6	呼伦贝尔生物多样性保护优先区域	1	6	62 750
7	锡林郭勒草原生物多样性保护优先区域	1	4	27 099
8	阿尔泰山生物多样性保护优先区域	1	6	36 756
9	天山-准噶尔盆地西南部生物多样性保护优先区域	1	40	188 764

序号	优先区域名称	涉及省份数量	涉及县（区）数量	面积/km²
10	塔里木河流域生物多样性保护优先区域	1	13	43 245
11	祁连山生物多样性保护优先区域	2	18	100 463
12	西鄂尔多斯–贺兰山–阴山生物多样性保护优先区域	3	39	94 611
13	羌塘–三江源生物多样性保护优先区域	5	39	770 777
14	库姆塔格生物多样性保护优先区域	2	4	60 537
15	太行山生物多样性保护优先区域	5	93	62 568
16	六盘山–子午岭生物多样性保护优先区域	3	39	43 296
17	喜马拉雅东南部生物多样性保护优先区域	1	21	208 551
18	横断山南段生物多样性保护优先区域	3	40	133 656
19	岷山–横断山北段生物多样性保护优先区域	3	42	83 190
20	秦岭生物多样性保护优先区域	3	46	66 665
21	桂西黔南石灰岩生物多样性保护优先区域	3	18	26 934
22	武陵山生物多样性保护优先区域	5	44	68 549
23	大巴山生物多样性保护优先区域	4	28	38 086
24	大别山生物多样性保护优先区域	3	21	24 655
25	黄山–怀玉山生物多样性保护优先区域	3	27	33 928
26	武夷山生物多样性保护优先区域	3	80	79 287
27	南岭生物多样性保护优先区域	5	79	90 087
28	洞庭湖生物多样性保护优先区域	2	15	7 333
29	鄱阳湖生物多样性保护优先区域	2	13	7 026
30	海南岛中南部生物多样性保护优先区域	1	13	12 875
31	西双版纳生物多样性保护优先区域	1	17	42 585
32	桂西南山地生物多样性保护优先区域	2	20	30 556
	合计	27	904	2 762 629

5.2.1 内陆陆地及水域生物多样性保护优先区域

1. 大兴安岭生物多样性保护优先区域

大兴安岭生物多样性保护优先区域位于我国内蒙古自治区东北部和黑龙江

省西北部。优先区域总面积为 143 370km²，涉及 2 个省自治区的 12 个县级行政区，包括 6 个国家级自然保护区。保护重点为兴安落叶松林、樟子松林、鱼鳞云杉林等寒温带针叶林生态系统以及兰科植物、驼鹿、马鹿、原麝、紫貂、黑熊等重要物种及其栖息地。

2. 小兴安岭生物多样性保护优先区域

小兴安岭生物多样性保护优先区域位于黑龙江省中北部。优先区域总面积为 35 520km²，涉及 1 个省的 22 个县级行政区，包括 8 个国家级自然保护区。保护重点为红松针阔混交林、森林间沼泽湿地等生态系统以及猞猁、黑熊、原麝、马鹿、中国林蛙、黑龙江林蛙、白枕鹤、丹顶鹤等重要物种及其栖息地。

3. 三江平原生物多样性保护优先区域

三江平原生物多样性保护优先区域位于黑龙江省乌苏里江、黑龙江和松花江三江交汇处。优先区域总面积为 27 376km²，涉及 1 个省的 12 个县级行政区，包括 10 个国家级自然保护区。保护重点为红松林、沼泽湿地等生态系统以及东北虎、丹顶鹤、白鹤、白枕鹤等重要物种及其栖息地。

4. 长白山生物多样性保护优先区域

长白山生物多样性保护优先区域位于吉林省东部和黑龙江省东南部。优先区域总面积为 74 674km²，涉及 2 个省的 24 个县级行政区，包括 18 个国家级自然保护区。保护重点为温带落叶阔叶林生态系统以及红松、东北红豆杉、松茸、东北虎等重要物种及其栖息地。

5. 松嫩平原生物多样性保护优先区域

松嫩平原生物多样性保护优先区域地处内蒙古自治区、吉林省和黑龙江省三省（自治区）交界处。优先区域总面积为 36 860km²，涉及 3 个省（自治区）的 25 个县级行政区，包括 8 个国家级自然保护区。保护重点为沼泽湿地生态系统以及丹顶鹤、白鹤、白枕鹤、东方白鹳等重要物种及其栖息地。

6. 呼伦贝尔生物多样性保护优先区域

呼伦贝尔生物多样性保护优先区域位于内蒙古自治区东北部。优先区域总面积为 62 750km²，涉及 1 个自治区的 6 个县级行政区，包括 3 个国家级自然保护区。保护重点为典型草原草甸生态系统以及丹顶鹤、白鹤、黑鹳等重要物种及其栖息地。

7. 锡林郭勒草原生物多样性保护优先区域

锡林郭勒草原生物多样性保护优先区域位于内蒙古自治区中东部。优先区域总面积为 27 099km²，涉及 1 个自治区的 4 个县级行政区，包括 3 个国家级自然保护区。保护重点为草甸草原、典型草原、沙地疏林草原、河谷湿地等生态系统以及黑鹳、丹顶鹤、白枕鹤等重要物种及其栖息地。

8. 阿尔泰山生物多样性保护优先区域

阿尔泰山生物多样性保护优先区域位于新疆维吾尔自治区北部阿尔泰山区。优先区域总面积为 36 756km²，涉及 1 个自治区的 6 个县级行政区，包括 2 个国家级自然保护区。保护重点为泰加林、西伯利亚落叶松林等生态系统以及蒙古野驴、雪豹、河狸等重要物种及其栖息地。

9. 天山–准噶尔盆地西南部生物多样性保护优先区域

天山–准噶尔盆地西南部生物多样性保护优先区域位于新疆维吾尔自治区天山和伊犁谷地一带。优先区域总面积 188 764km²，涉及 1 个自治区的 40 个县级行政区，包括 6 个国家级自然保护区。保护重点为雪岭云杉林、黑松林、高山松林等生态系统以及雪豹、北山羊、金雕、新疆北鲵等重要物种及其栖息地。

10. 塔里木河流域生物多样性保护优先区域

塔里木河流域生物多样性保护优先区域位于新疆维吾尔自治区塔里木盆地北缘。优先区域总面积 43 245km²，涉及 1 个自治区的 13 个县级行政区，包括 1 个国家级自然保护区。保护重点为胡杨林、灰杨林、柽柳林等荒漠生态系统以及双峰驼、塔里木马鹿、鹅喉羚、塔里木兔等重要物种及其栖息地。

11. 祁连山生物多样性保护优先区域

祁连山生物多样性保护优先区域位于甘肃省西部与青海省东北部交界处。优先区域总面积 100 463km²，涉及 2 个省的 18 个县级行政区，包括 5 个国家级自然保护区。保护重点为水源林、河源湿地、祁连圆柏林、青海云杉林等生态系统以及双峰驼、雪豹、盘羊、普氏原羚等重要物种及其栖息地。

12. 西鄂尔多斯-贺兰山-阴山生物多样性保护优先区域

西鄂尔多斯-贺兰山-阴山生物多样性保护优先区域地跨内蒙古自治区、甘肃省和宁夏回族自治区。优先区域总面积为 94 611km²，涉及 3 个省（自治区）的 39 个县级行政区，包括 10 个国家级自然保护区。保护重点为荒漠生态系统以及四合木、沙冬青、半月花、棉刺等重要物种及其栖息地。

13. 羌塘-三江源生物多样性保护优先区域

羌塘-三江源生物多样性保护优先区域位于青藏高原腹地，包括四川省、西藏自治区、甘肃省、青海省和新疆维吾尔自治区的部分地区。优先区域总面积 770 777km²，涉及 5 个省（自治区）的 39 个县级行政区，包括 9 个国家级自然保护区。保护重点为高原高寒草甸、湿地生态系统以及藏野驴、野牦牛、藏羚、藏原羚等重要物种及其栖息地。

14. 库姆塔格生物多样性保护优先区域

库姆塔格生物多样性保护优先区域位于甘肃省西部和新疆维吾尔自治区东南部交界处的荒漠区。优先区域总面积 60 537km²，涉及 2 个省（自治区）的 4 个县级行政区，包括 4 个国家级自然保护区。保护重点为典型的荒漠生态系统、镶嵌其间的荒漠湿地生态系统以及野骆驼、双峰驼、雪豹等重要物种及其栖息地。

15. 太行山生物多样性保护优先区域

太行山生物多样性保护优先区域位于华北太行山区，地跨北京市、天津市、河北省、山西省、河南省。优先区域总面积为 62 568km²，涉及 5 个省（直辖市）的 93 个县级行政区，包括 15 个国家级自然保护区。保护重点为白皮松林、华山松林、辽东栎林等原生暖温带落叶阔叶林生态系统以及华北落叶松、青杆、白杆、褐马鸡、猕猴等重要物种及其栖息地。

16. 六盘山–子午岭生物多样性保护优先区域

六盘山–子午岭生物多样性保护优先区域位于黄土高原中部，横贯陕西省、甘肃省、宁夏回族自治区三省（自治区）。优先区域总面积为 43 296km²，涉及 3 个省（自治区）的 39 个县级行政区，包括 8 个国家级自然保护区。保护重点为华山松林、辽东栎林、油松林等暖温带落叶阔叶林生态系统以及兰科植物、豹猫、褐马鸡、红腹锦鸡等重要物种及其栖息地。

17. 喜马拉雅东南部生物多样性保护优先区域

喜马拉雅东南部生物多样性保护优先区域位于西藏自治区南部。优先区域总面积为 208 551km²，涉及 1 个自治区的 21 个县级行政区，包括 4 个国家级自然保护区。保护重点为川滇高山栎林和乔松林等重要生态系统以及金铁锁、巨柏、棕尾虹雉、孟加拉虎、叶猴类、豹类、麝类等重要物种及其栖息地。

18. 横断山南段生物多样性保护优先区域

横断山南段生物多样性保护优先区域位于四川省东南部、云南省西北部和西藏自治区东部。优先区域总面积为 133 656km²，涉及 3 个省（自治区）的 40 个县级行政区，包括 14 个国家级自然保护区。保护重点为包石栎林、川滇冷杉林、川西云杉林、高山松林等生态系统以及贡山润楠、金铁锁、平当树、大熊猫、滇金丝猴等重要物种及其栖息地。

19. 岷山–横断山北段生物多样性保护优先区域

岷山–横断山北段生物多样性保护优先区域位于四川盆地向青藏高原过渡的高山峡谷地带，包括四川省西部、陕西省西南部和甘肃省东南部地区。优先区域总面积为 83 190km²，涉及 3 个省的 42 个县级行政区，包括 15 个国家级自然保护区。保护重点为紫果云杉林、鱼鳞云杉林、云南松林等生态系统以及圆叶玉兰、大熊猫、川金丝猴、野牦牛等重要物种及其栖息地。

20. 秦岭生物多样性保护优先区域

秦岭生物多样性保护优先区域位于秦岭山区，地跨河南省、陕西省和甘肃省。优先区域总面积为 66 665km²，涉及 3 个省的 46 个县级行政区，包括 22 个国家级自然保护区。保护重点为栓皮栎林、侧柏林、红杉林、华山松林、麻栎林等森林生态系统以及兰科植物、大熊猫、金丝猴、羚牛、朱鹮等重要物种及其栖息地。

21. 桂西黔南石灰岩生物多样性保护优先区域

桂西黔南石灰岩生物多样性保护优先区域位于广西壮族自治区西部、贵州省南部和云南省东部的石灰岩地区。优先区域总面积为 26 934km²，涉及 3 个省（自治区）的 18 个县级行政区，包括 3 个国家级自然保护区。保护重点为多脉青冈-水青冈林、高山栲-黄毛青冈林、栓皮栎林生态系统以及苏铁、中华桫椤、云豹、黑颈长尾雉、苏门羚等重要物种及其栖息地。

22. 武陵山生物多样性保护优先区域

武陵山生物多样性保护优先区域地跨湖北省、湖南省、重庆市、四川省、贵州省五省（直辖市）。优先区域总面积为 68 549km²，涉及 5 个省（直辖市）的 44 个县级行政区，包括 20 个国家级自然保护区。保护重点为多脉青冈-水青冈林、苦槠林和青冈林、水杉林等生态系统以及叉叶苏铁、格木、狭叶坡垒、白头叶猴、黔金丝猴等重要物种及其栖息地。

23. 大巴山生物多样性保护优先区域

大巴山生物多样性保护优先区域位于湖北省、重庆市、四川省和陕西省四省（直辖市）交界处。优先区域总面积 38 086km²，涉及 4 个省（直辖市）的 28 个县级行政区，包括 12 个国家级自然保护区。保护重点为巴山松林、包石栎林、多脉青冈-水青冈林等生态系统以及崖柏、川金丝猴、红腹锦鸡、大鲵等重要物种及其栖息地。

24. 大别山生物多样性保护优先区域

大别山生物多样性保护优先区域安徽省、河南省和湖北省三省交界处。优先区域总面积 24 655km²，涉及 3 个省的 21 个县级行政区，包括 7 个国家级自然保护区。保护重点为大别山五针松林、台湾松林等森林生态系统以及金钱豹、原麝、斑羚、白颈长尾雉等重要物种及其栖息地。

25. 黄山−怀玉山生物多样性保护优先区域

黄山−怀玉山生物多样性保护优先区域位于浙江省、安徽省和江西省三省交界的低山丘陵地带。优先区域总面积 33 928km²，涉及 3 个省的 27 个县级行政区，包括 5 个国家级自然保护区。保护重点为台湾松林、苦槠林、青冈林等森林生态系统以及黄山梅、天目铁木、白颈长尾雉、白冠长尾雉等重要物种及其栖息地。

26. 武夷山生物多样性保护优先区域

武夷山生物多样性保护优先区域位于浙江省、福建省和江西省三省交界的山地丘陵地带。优先区域总面积 79 287km²，涉及 3 个省的 80 个县级行政区，包括 20 个国家级自然保护区。保护重点为台湾松林、白皮松林、苦槠林、青冈林等生态系统以及百山祖冷杉、雁荡润楠、云豹、白颈长尾雉等重要物种及其栖息地。

27. 南岭生物多样性保护优先区域

南岭生物多样性保护优先区域位于我国南岭山区，地跨江西省、湖南省、广东省、广西壮族自治区、贵州省五省（自治区），是长江流域和珠江流域的分水岭。优先区域总面积为 90 087km²，涉及 5 个省（自治区）的 79 个县级行政区，包括 25 个国家级自然保护区。保护重点为冷杉林、银杉林、穗花杉林等生态系统以及福建柏、长柄双花木、元宝山冷杉、瑶山鳄蜥等重要物种及其栖息地。

28. 洞庭湖生物多样性保护优先区域

洞庭湖生物多样性保护优先区域位于我国洞庭湖一带，地跨湖北省和湖南省两省，是我国保存完整的大型淡水湖泊湿地之一。优先区域总面积为7 333km²，涉及2个省的15个县级行政区，包括4个国家级自然保护区。保护重点为河湖湿地生态系统以及珍稀水禽、淡水豚类、麋鹿等重要物种及其栖息地。

29. 鄱阳湖生物多样性保护优先区域

鄱阳湖生物多样性保护优先区域位于江西省和湖北省交界的鄱阳湖−长江一带。优先区域总面积7 026km²，涉及2个省的13个县级行政区，包括4个国家级自然保护区。保护重点为湖泊、河湖湿地生态系统以及白鹤、小天鹅等重要物种及其栖息地。

30. 海南岛中南部生物多样性保护优先区域

海南岛中南部生物多样性保护优先区域位于海南省中南部地区。优先区域总面积为12 875km²，涉及1个省的13个县级行政区，包括6个国家级自然保护区。保护重点为海南苏铁、海南梧桐、海南油杉、海南坡鹿等重要物种及其栖息地。

31. 西双版纳生物多样性保护优先区域

西双版纳生物多样性保护优先区域位于云南省南部，与缅甸和老挝接壤。优先区域总面积为42 585km²，涉及1个省的17个县级行政区，包括6个国家级自然保护区。保护重点为兰科植物、云南金钱槭、华盖木、印度野牛、白颊长臂猿、印支虎等重要物种及其栖息地等。

32. 桂西南山地生物多样性保护优先区域

桂西南山地生物多样性保护优先区域位于广西南部左、右江流域一带，地跨广西壮族自治区和云南省两省（自治区）。优先区域总面积为30 556km²，涉及2个省（自治区）的20个县级行政区，包括6个国家级自然保护区。保护重点为叉叶苏铁、格木、广西火桐、白头叶猴、冠斑犀鸟、斑林狸等重要物种及其栖息地等。

5.2.2 海洋与海岸生物多样性保护优先区域

1. 黄渤海生物多样性保护优先区域

黄渤海生物多样性保护优先区域包括辽宁主要入海河口及邻近海域，营口连山、盖州团山滨海湿地，盘锦辽东湾海域、兴城菊花岛海域、普兰店皮口海域，锦州大、小笔架山岛，长兴岛石林、金州湾范驼子连岛沙坝体系，大连黑石礁礁群、金州黑岛、庄河青碓湾，河北唐海、黄骅滨海湿地，天津汉沽、塘沽和大港盐田湿地，汉沽浅海生态系、山东沾化、刁口湾、胶州湾、灵山湾、五垒岛湾，靖海湾、乳山湾、烟台金山港、蓬莱—龙口滨海湿地，山东主要入海河口及其邻近海域，潍坊莱州湾、烟台套子湾、荣成桑沟湾，莱州刁龙咀沙堤及三山岛，北黄海近海大型海藻床分布区，江苏废黄河口三角洲侵蚀性海岸滨海湿地、灌河口，苏北辐射沙洲北翼淤涨型海岸滨海湿地、苏北辐射沙洲南翼人工干预型滨海湿地、苏北外沙洲湿地等，以及黄海中央冷水团海域。

2. 东海及台湾海峡生物多样性保护优先区域

东海及台湾海峡生物多样性保护优先区域包括上海奉贤杭州湾北岸滨海湿地、青草沙、横沙浅滩，浙江杭州湾南岸、温州湾海岸及瓯江河口三角洲滨海湿地，渔山列岛、披山列岛、洞头列岛、铜盘岛、北麂列岛及其邻近海域，大陈、象山港、三门湾海域，福建三沙湾、罗源湾、兴化湾、湄洲湾、泉州湾滨海湿地，东山湾、闽江口、杏林湾海域，东山南澳海洋生态廊道，黑潮流域大海洋生态系。

3. 南海生物多样性保护优先区域

南海生物多样性保护优先区域包括广东潮州及汕头中国鲎、阳江文昌鱼、茂名江豚等海洋物种栖息地，汕尾、惠州红树林生态系统分布区，阳江、湛江海草床生态系统分布区，深圳、珠海珊瑚及珊瑚礁生态系统分布区，中山滨海湿地、珠海海岛生态区，江门镇海湾、茂名近海、汕头近岸、惠来前詹、广州南沙坦头、汕尾汇聚流海洋生态区，惠东港口海龟分布区、珠江口中华白海豚分布区，广西涠洲岛珊瑚礁分布区、茅尾海域、大风江河口海域、钦州三娘湾中华白海豚栖息地、防城港东湾红树林分布区，海南文昌、琼海珊瑚礁海草床分布区，万宁、蜈支洲、双帆石、东锣、西鼓、昌江海尾、儋州大铲礁软珊瑚、柳珊瑚和珊瑚礁分布区，莺哥海盐场湿地、黑脸琵鹭分布区，以及西沙、中沙和南沙珊瑚礁分布区等。

5.3　生物多样性保护工程

5.3.1　生物多样性调查、评估与监测工程

我国为保障生物多样性工程的顺利实施，颁布了一系列关于生物多样性调查、评估与监测的技术规范。包括《生物多样性观测技术导则》《关于发布县域生物多样性调查与评估技术规定的公告》《关于印发生物多样性调查、观测和评估实施方案（2019 年—2023 年）的通知》等。其中，县域生物多样性调查与评估技术规范在目前我国生物多样性调查评估与监测中应用最为广泛。本节以该技术规范为依据，就生物多样性调查、评估与监测的目标、原则、方法和技术路线等进行介绍。

1. 目标

生物多样性调查、评估与监测的目标包括以下内容：查明调查区域内各生物类群物种组成、分布、生境和威胁因子等；对各类群具有重要保护价值的物种进行重点调查，查明调查区域内目标物种的种群数量、分布、生境、生长状况、受威胁情况和保护现状等；评估物种丰富度及其分布、重点物种生存现状、物种栖息地质量、物种多样性受威胁情况，以及物种的保护现状等；作为生物多样性重要威胁因素之一，外来入侵物种的物种组成、分布区域、种群数量及发展趋势等。

2. 原则

虽然由于不同类群的生物及生态学特征，使类群间调查评估与监测的原则

略有差异，但核心及总体的原则基本相同，主要包括：

科学性原则。县域生物多样性调查与评估应坚持严谨的科学态度，合理布设调查点，采用标准、统一的技术方法评估县域陆生哺乳动物多样性现状、受威胁因素以及保护空缺，提出针对性保护措施或者建议。

全面性原则。调查样线或样点应覆盖县域内各种生境类型所包括的生境类型以及不同的海拔段、坡位、坡向；覆盖县域内尽可能多的调查网格。

重点性原则。在县域内生境质量好、类群多样性丰富的区域，如自然保护区、湿地公园、风景名胜区、自然遗产地以及其他原始植被分布区等，应增加调查的强度；重点关注《中国生物多样性红色名录》中的受威胁（易危、濒危、极危）物种和数据缺乏的物种，在其可能分布生境应增加调查的强度。

可达性原则。调查线路应根据调查区域实地情况、安全与保障条件合理规划，避开难以抵达的地域。

3. 方法

从类群角度，县域生物多样性调查与评估技术规定包括高等植物、植被、陆生哺乳动物、鸟类、两栖类和爬行类、昆虫、大型真菌、生物多样性相关传统知识、内陆鱼类、内陆浮游生物、内陆大型底栖无脊椎动物、内陆周丛藻类等 12 个类群。各类群调查评估方法见表 5-4。

表 5-4 生物多样性类群调查评估主要方法

序号	类群	主要调查方法
1	高等植物	样线法、样方法
2	植被	遥感影像解译、样地法
3	陆生哺乳动物	样线法、自动红外相机拍摄法、直接计数法、样方法、网捕法、洞口计数法、鸣叫调查法、非损伤取样法
4	鸟类	样线法、样点法、直接计数法、自动红外相机拍摄法、鸣声录音回放法
5	两栖类和爬行类	样线法、围栏陷阱法、人工掩蔽物法、人工庇护所法、标志重捕法、鸣声计数法
6	昆虫	样线法、灯诱法、马来氏网法、陷阱法、震落法
7	大型真菌	踏查法、样线法
8	生物多样性相关传统知识	文献研究、实地调查
9	内陆鱼类	现场捕捉法、渔获物调查法、补充调查法
10	内陆浮游生物	浮游生物网采样

序号	类群	主要调查方法
11	内陆大型底栖无脊椎动物	定性采样法、定量采样法
12	周丛藻类	天然基质法、人工基质法

从空间角度，县域生物多样性调查与评估技术规定采样分辨率为 10km×10km，因此可将全国划分为 97 109 个网格，网格采用 8 位编号，以各网格空间坐标信息为基础生成编号，确保各网格编号不重复。从全国陆域 10km×10km 网格中选取与调查县域有共同区域的网格，若网格内县域面积≥25km^2（即网格面积的 25%），则该网格被视为工作网格。在县域生物多样性调查与评估工作中，生物多样性保护优先区域和国家级自然保护区是调查工作的重点区域。若工作网格中重点区域面积≥50km^2（即网格面积的 50%），则该网格视为重点网格。

4. 技术路线

区域生物多样性调查评估技术路线如图 5-1 所示。

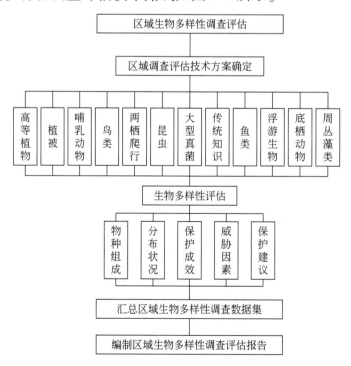

图 5-1　区域生物多样性调查评估技术路线

5.3.2 生物多样性就地保护工程

"就地保护"是指保护生态系统和自然生境以及维持和恢复物种在其自然环境中有生存力的种群；对于驯化和培植物种而言，其环境是指它们在其中发展出其明显特性的环境。就地保护的对象主要包括有代表性的自然生态系统和珍稀濒危动植物的天然集中分布区等。就地保护主要指建立自然保护区。《生物多样性公约》第 8 条对各个缔约方在生物多样性就地保护方面提出了明确的要求，如建立自然保护地体系、恢复退化的生态系统、促进受威胁物种的保护与种群恢复、防控外来入侵物种等，并将就地保护为主、迁地保护为辅的方式作为生物多样性保护的重要手段（马克平和钱迎倩，1994）。

我国的生物多样性就地保护历史悠久。在远古时代，人类文明伊始，就已经产生了初步的自然保护和可持续发展的思想。如我国传统的"风水林"，为了保持特定地区的良好风水，古代人们会特意保护风水林，并进行后期的栽种和维护，严禁任何人进行破坏活动，有效地保护当地的生物多样性（李文华，2013）。

随着社会的发展，人类对于保护自然不再局限于自然崇拜和封建迷信，逐渐开始采取科学合理的行动保护生物多样性。1872 年美国建立了世界上第一个保护地——黄石国家公园，全球各国陆续建立各类型保护地，通过就地保护的方式减缓生物多样性丧失的趋势。

自 1956 年我国建立第一个自然保护区——广东鼎湖山自然保护区以来，我国自然保护事业摸索前行，从建立各级各类自然保护区、风景名胜区、地质公园等，到近年来不断完善自然保护地建设，构建以国家公园为主体的自然保护地体系。建立国家公园，率先在国际上提出和实施生态保护红线制度，明确生物多样性保护优先区域，一系列促进生物多样性就地保护的项目与管控措施，有效地保护了重要自然生态系统和生物资源，维护了重要物种栖息地方面，取得了良好成效。

我国积极推动建立以国家公园为主体、自然保护区为基础、各类自然公园为补充的自然保护地体系，为保护栖息地、改善生态环境质量和维护国家生态安全奠定基础。2015 年以来，先后启动三江源等 10 处国家公园体制试点，

2021 年正式设立三江源、大熊猫、东北虎豹、海南热带雨林和武夷山国家公园，整合相关自然保护地划入国家公园范围，实行统一管理、整体保护和系统修复。通过构建科学合理的自然保护地体系，90% 的陆地生态系统类型和 74% 的国家重点保护野生动植物物种得到有效保护。野生动物栖息地空间不断拓展，种群数量不断增加。

划定并严守生态保护红线。生态保护红线是我国国土空间规划和生态环境体制机制改革的重要制度创新。我国创新生态空间保护模式，将具有生物多样性维护等生态功能极重要区域和生态极脆弱区域划入生态保护红线，进行严格保护。初步划定的生态保护红线，集中分布于青藏高原、天山山脉、内蒙古高原、大小兴安岭、秦岭、南岭，以及黄河流域、长江流域、海岸带等重要生态安全屏障和区域。生态保护红线涵盖森林、草原、荒漠、湿地、红树林、珊瑚礁及海草床等重要生态系统，覆盖全国生物多样性分布的关键区域，保护绝大多数珍稀濒危物种及其栖息地。

1. 目标

我国是生物多样性最为丰富的国家之一，虽然自然保护地在保护一些重要生态系统及重点保护物种等方面取得良好成效，但是我国生物多样性丧失的总体趋势尚未得到有效遏制。同时，我国现行自然保护地体系也面临着保护存在空缺、自然保护区以外的保护地类型研究较少、各保护地间连通性较弱、土地权属不清、资金投入较少等问题（薛达元和张渊媛，2019）。

就地保护工程作为生物多样性保护的重要措施，我国深化顶层设计，逐步理顺管理体制，先后印发多项文件支持落地就地保护工作。2019 年 6 月，中共中央办公厅、国务院办公厅印发了《关于建立以国家公园为主体的自然保护地体系的指导意见》，指出建立以国家公园为主体的自然保护地体系，必须以确保重要自然生态系统、自然遗迹、自然景观和生物多样性得到系统性保护，提升生态产品供给能力，维护国家生态安全的根本要求为指导思想。2021 年 10 月，中共中央办公厅、国务院办公厅印发的《关于进一步加强生物多样性保护的意见》中明确指出要落实就地保护体系：在国土空间规划中统筹划定生态保护红线，优化调整自然保护地，加强对生物多样性保护优先区域的保护监管，明确重点生态功能区生物多样性保护和管控政策。因地制宜科学构建促进物种迁徙和基因交流的生态廊道，着力解决自然景观破碎化、保护区域孤岛化、生态连通性降低等突出问题。合理布局建设物种保护空间体系，重点加强珍稀濒危动植物、旗舰物种和指示物种保护管理，明确重点保护对象及其受威胁程度，对其栖息生境实施不同保护措施。选择重要珍稀濒危物种、极小种群和遗传资源破碎分布点建设保护点。持续推进各级各类自然保护地、城市绿地等保护空间标准化、规范化建设。

就地保护的目标包括：重要自然生态系统原真性、完整性和野生动植物资源及其重要栖息地（生境）得到有效保护，自然保护地管理效能和生态产品供给能力显著提高，重点保护野生动植物种群保持稳定，国家公园等自然保护地和野生动植物保护管理达到世界先进水平，全面建成以国家公园为主体、自然保护区为基础、自然公园为补充的中国特色自然保护地体系，切实保障国家生态安全，促进人与自然和谐共生。

2. 原则

按照自然生态系统整体性、系统性及其内在规律，按照"应保尽保"原则把应保护的区域和重要保护对象严格保护起来，维护自然生态系统健康稳定，并尽可能减少保护地片段化。

以提升自然保护地生态系统功能和野生动植物保护能力为目标，按照整体规划、分期部署、阶段实施的思路，分类布局国家公园、自然保护区、自然公园建设，以及野生动植物保护、生物安全维护等任务，各有侧重，形成合力。

充分运用遥感、地理信息系统、大数据、云计算、物联网、人工智能等先进技术，建立综合信息化、覆盖全面化、高效便捷化、协同一体化的智慧管理生态网络感知系统，提高监测评估、监督管理能力，实现自然保护地和野生动植物的全域监督、全程管理。

突出自然保护事业的公益属性，广泛宣传，发动全社会参与，建立健全政府、企业、社会组织和公众共建共享的长效机制，积极培育市场主体，探索社会力量参与自然保护地建设和野生动植物保护的新模式。

3. 方法

就地保护工程最有效的路径就是建立自然保护地，自然保护地按照生态价值和保护强度，可分为国家公园、自然保护区、自然公园等，除此之外，在国家重点保护野生动植物物种的重要保护空缺区域，补充划建自然保护地。对不具备划建自然保护地条件的物种分布区，划定野生动物重要栖息地和野生植物原生境保护点（小区）进行保护。

目前在国际上，划定自然保护地主要有 4 种方法：①生物地理分区法，始于 20 世纪 70 年代，以 Udvardy（1975）提出的世界生物地理省为代表，将全世界划分为若干个生物地理省，在每个省范围内选择适宜的地段，建立自然保护区，使世界主要的原生性生态系统类型都得到必要的保护；②生物多样性热点地区分析方法，20 世纪 80 年代中后期开始出现，由英国生态学家 Norman 提出，该方法是根据一定的标准，选择一些保护对象比较集中的地区建立自然保护区；③保护空缺分析方法，20 世纪 90 年代初由美生态学家 Scott 提出并研究应用，该方法是将热点地区与保护对策结合起来，在较大空间尺度上提供一个地区的生物多样性组成、分布与保护状态的概况，寻求没有出现在生物多样性保护网中的植被型和濒危物种的空白地区，通过土地管理的实践和新建保护区来填补这些空白；④生态系统服务功能方法，20 世纪 80 年代提出，在很多方面得到了广泛应用，但作为一种保护区体系规划的方法，却是最近几年才提出的，其主要思想是在生态服务功能最重要的地区建立自然保护区。

经过多年发展，我国目前通常基于景观生态学理论对自然保护区功能区进行划分。可以认为一个保护区是由许多生态系统组成的若干景观类型的组合，其中存在着狭长的廊道，如山岭、河流和斑块，如森林、草原、荒漠、湿地等，以及地带性植被类型等景观的组成成分等。这些景观要素本身在大小、形状、数目、类型和外貌上的变化，直接影响自然保护区景观的结构，进而导致景观功能的差别，如物种、能量、养分和信息在景观要素间的流动及其相互影响。因此，按照网络结构和景观功能的原理，在设计野生动物类型自然保护区时，应使景观组分间的连通度尽可能高，以防止种群隔离，增加种群内变异和遗传多样性。

4. 技术路线

首先，确定优先保护生态系统、保护物种和知识物种等，开展物种多样性热点分析和保护空缺分析。然后根据自然保护地生态价值和保护强度，按照自然保护区类型与级别，将待保护地划分为国家公园、自然保护区、自然公园、风景名胜区、保护小区等。其次，对各类型就地保护区域采取建设防护围栏、提醒警示、隔离带、缓冲带等封禁保护措施。最后，要结合保护区域生态系统特点、野生生物特点等开展生态保护工程，加强定期巡护与日常巡护，并开展定期监测工作。自然保护地保护成效评估可依据自然保护地保护成效评估技术规范等开展（图 5-2）。

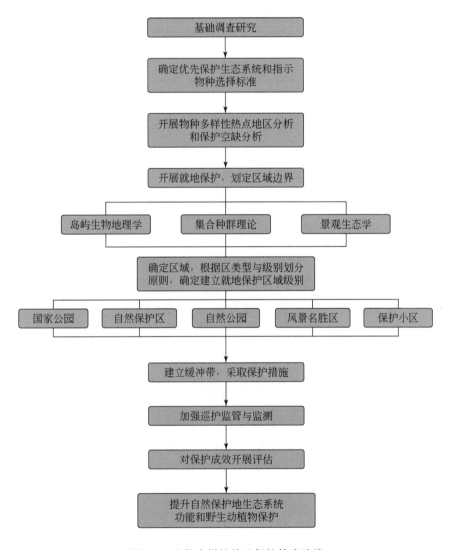

图 5-2 生物多样性就地保护技术路线

5.3.3　生物多样性迁地保护工程

《生物多样性公约》将"迁地保护"定义为"将生物多样性的组成部分移到它们的自然环境之外进行保护"。动物遗传资源的迁地保护是就地保护的有益补充，可以对受威胁、稀有的动物和传统的地方土著品种及其繁殖体、基因等进行长期保存，利用现代生物技术、育种技术等使之增殖、进行品种改良等，是《生物多样性公约》推荐的濒危物种保护措施之一。目前，我国迁地保护形式主要有动物园、水族馆、迁地保护基地和繁育中心、保种场、基因库、低温冷冻配子或胚胎等。

我国持续加大迁地保护力度，取得了良好的成效。系统实施濒危物种拯救工程，生物遗传资源的收集保存水平显著提高，迁地保护体系日趋完善，成为就地保护的有效补充，多种濒危野生动植物得到保护和恢复。建立了植物园、野生动物救护繁育基地以及种质资源库、基因库等较为完备的迁地保护体系。截至目前，建立植物园（树木园）约200个，保存植物2.3万余种；建立250处野生动物救护繁育基地，60多种珍稀濒危野生动物人工繁殖成功。

加快重要生物遗传资源收集保存和利用。我国高度重视生物资源保护，近年来在生物资源调查、收集、保存等方面取得较大进展。实施战略生物资源计划专项，完善生物资源收集收藏平台，建立种质资源创新平台、遗传资源衍生库和天然化合物转化平台，持续加强野生生物资源保护和利用。实施一批种质资源保护和育种创新项目，截至2020年底，形成了以国家作物种质长期库及其复份库为核心、10座中期库与43个种质圃为支撑的国家作物种质资源保护体系，建立了199个国家级畜禽遗传资源保种场（区、库），为90%以上的国家级畜禽遗传资源保护名录品种建立了国家级保种单位，长期保存作物种质资源52万余份、畜禽遗传资源96万份。建设99个国家级林木种质资源保存库，保存林木种质资源4.7万份。建设31个药用植物种质资源保存圃和2个种质资源库，保存种子种苗1.2万多份。

系统实施濒危物种拯救工程。我国实施濒危物种拯救工程，对部分珍稀濒危野生动物进行抢救性保护，通过人工繁育扩大种群，并最终实现放归自然。人工繁育大熊猫数量呈快速优质增长，大熊猫受威胁程度等级从"濒危"降为"易危",实现野外放归并成功融入野生种群。曾经野外消失的麋鹿在北京南海子、江苏大丰、湖北石首分别建立了三大保护种群,总数已突破 8000 只。此外,中国还针对德保苏铁、华盖木、百山祖冷杉等 120 种极小种群野生植物开展抢救性保护,112 种我国特有的珍稀濒危野生植物实现野外回归(国务院,2021)。

1. 目标

由于 20 世纪人类对野生动物的滥捕滥杀,加上对资源环境的过度开发,野生动物栖息地遭受严重破坏。依靠动物园保护、繁衍以满足野生动物展示、交换,甚至壮大种群后放归自然成为趋势。因此,通过迁地保护的实践和研究,可以深入地认识被保护生物,从而为就地保护的管理、监测提供依据,还可以为回归引种等就保护活动提供生物材料。除此之外,可以为那些生境不复存在的物种提供最后生存机会,建立野生群落,从而达到濒危物种保护的目的。

迁地保护目标包括:保存野生植物种质资源,降低原生地灭绝风险,增加种群繁衍扩大概率,最终恢复野外种群。不断完善生物多样性迁地保护体系。优化建设动植物园、濒危植物扩繁和迁地保护中心、野生动物收容救护中心和保育救助站、种质资源库(场、区、圃)、微生物菌种保藏中心等各级各类抢救性迁地保护设施,填补重要区域和重要物种保护空缺,完善生物资源迁地保存繁育体系。科学构建珍稀濒危动植物、旗舰物种和指示物种的迁地保护群落,对于栖息地环境遭到严重破坏的重点物种,加强其替代生境研究和示范建设,推进特殊物种人工繁育和野化放归工作。开展迁地保护种群的档案建设与监测管理。

2. 原则

当野生生物物种原生境严重退化,个体数量低于最小可存活种群数量,种群难以维持,或是生存条件突然变化,面临严重生存危机时,将考虑采用迁地保护的措施对其进行保护。开展迁地保护的原则:①不破坏原生种群及其生境;②条件具备时尽可能建立多个迁地保护地点;③每个迁地保护地点尽量保存多个个体、基因型;④尽量采取多种途径开展迁地保护;⑤充分考虑人工调控在迁地保护中的作用。

3. 方法

动植物迁地保护的方法有多种，对于动物来说，可以迁移至动物园、狩猎场、水族馆和实施圈养繁殖计划等；对于植物的迁地保护措施，可以将植物保留在植物园、树木园和保存种子到种质资源储藏库等地。

在动植物的迁地保护过程中，应注意迁地环境条件尽量模拟自然条件，使得物种容易适应新环境，易于继续生长和发育，有助于今后的自然回归。

4. 技术路线

首先，对需开展迁地保护的珍稀濒危物种进行基础研究调查，确定导致其数量骤减、种群难以维持的原因。根据不同物种选择需保护物种的迁地保护方式，选择迁地保护地点或者建立适宜的迁地保护地。根据采集原则，广泛采集需保护物种样本，防止种群基因丢失，结合物种生活习性、原生境情况、繁育技术等制定有针对性的繁育方案，逐步扩大种群数量。后期，不断加强迁地种群保护与管理，建立种群物种、生境及保护状况等相关信息的数据库和档案管理系统。最后，逐步实现珍稀濒危物种种群数量扩大，实现野生群落恢复（图5-3）。

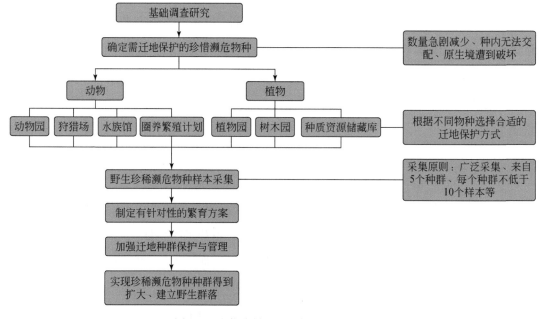

图5-3　生物多样性迁地保护技术路线

5.3.4 生物遗传资源利用工程

生物遗传资源利用工程是一种综合性的科学技术，其研究内容涵盖了基因组学、生物信息学、生态学、农业生产、药品制造等多个学科领域。生物资源是指在自然界中存在的不同种类生命形式，包括动物、植物和微生物等。包含了生态系统中各种生物的遗传信息、种群数量、分布范围、生态学特征、与环境互相作用过程等方面。生物遗传资源是人类获得食物、材料、能源、药物等方面的一个重要来源，具有巨大的经济和社会价值。我国已经开展了自然物种资源调查，建立了一套完整的种质资源调查评价监测制度，构建了涵盖2376个县级行政单元、样线总长超过 3.4 万 km 的物种分布数据库，建立物种资源调查及收集信息平台，能够准确反映野生动植物空间分布状况。完成长江经济带、京津冀等国家战略区域 180 多个县级行政区物种资源的调查与评估。

对于生物遗传资源的应用，已经在多个领域取得一定的成果。在农业上，生物遗传资源利用工程可以改良植物基因，在旱地农业、粮食生产、育种等领域带来重大的成效。例如，通过基因编辑手段使小麦变得更加耐旱、耐寒，增加收成，而且减少对化学农药的依赖。在药物领域，利用生物遗传资源，生物技术等技术制造出针对某些疾病特定靶点的有效药物，同时也为药物生产提供了一定的模式选择，如制备新型药物、拓宽药物途径等。在能源和环境保护方面，生物遗传资源的利用研究则初步拓展了可再生能源的可能性。例如，用植物光合作用制备氢气等，新型复合材料可以利用生物质这一丰富的可再生资源来制造环保能源设备等。随着科技的不断进步和社会需求的增长，未来生物遗传资源利用工程的发展趋势是以更精细化、个体化、定制化的方式来满足人们多样化的生产与生活需求。同时，此领域也需探索更加高效率和可持续的生物资源开发方式。

1. 目标

通过生物遗传资源利用工程研发出更优良、更适应环境变化的生物制品和生物技术。涉及基因编辑、基因组学、组织培养等方向的技术研究，为农业、药物、化工、环保等多个领域提供更高效、更具竞争力的产品。既满足提高国家产业核心竞争力，又促进国家经济的持续发展，增强了国家经济实力。

生物遗传资源利用工程为全球各地的科学家、技术专家和研究机构提供了一种共享知识和资源的平台，从而促进了更快的技术进步和创新。同时能够保护和管理生物遗传资源，确保生物遗传资源得到合理的管理、利用和保护，以延长其持久性和稳定性，并防止非法采集和滥用带来的风险和伤害。

此外，生物遗传资源利用工程还可以帮助人类解决部分重大社会问题，如食品安全、能源危机以及生物多样性保护等。例如，在农业领域，利用基因工程技术可以研发出更优良、更耐逆的作物品种，增加粮食产量，并减少对化肥、农药等使用量的依赖；在医药领域，利用生物技术和药物合成技术制造出针对疾病特定靶点的药物，提高治疗效果和降低副作用的可能性。

最后，进行合理利用和保护生物遗传资源，不仅有助于维护自然生态系统的平衡，也有助于推动可持续发展的进程，达到生态、经济和社会效益的最大化。

生物遗传资源保护工程实施的总体目标包括：生物遗传资源保存体系进一步健全，重要生物多样性发展体系进一步完善，显著提升遗传资源的研究、监测、保护和应用能力，全面实现遗传资源保护技术、创新体系和应用体系的标准化、规范化、现代化。尽量确保物种遗传资源不丢失、遗传特性不改变、经济性状不降低；建立资源互通、信息共享的生物遗传资源保护和利用平台，实行以开发利用特色遗传资源为主要应用方向的典型案例，促进遗传资源有效保护和可持续利用，实现我国由生物遗传资源大国向资源强国转变。

2. 原则

生物遗传资源利用工程设计与实施应坚持因地制宜，合理利用生物遗传资源，坚持问题导向和需求导向，以实现生物遗传资源有效保护与利用为核心目标，以生物遗传资源保护机制创新为动力，重点提升生物遗传资源创新利用能力，坚持依法保护，加大政策支持，强化科技驱动，建立健全生物遗传资源保护、精准鉴定和动态监测预警体系，建立生物遗传资源信息共享服务平台，开创保护与利用相结合、资源优势和产业优势相融合的新格局。

3. 方法

生物遗传资源调查与价值评价方法。遗传资源作为生物多样性的核心组成部分，对区域的经济贡献主要体现在其直接利用经济价值方面，包括直接提供的各类食品、药材、工业加工原料及景观服务等。当前有关遗传资源经济效益的评价研究在植物遗传资源及作物遗传资源、动物遗传资源及家养动物遗传资源经济价值评估方面比较多。植物遗传资源是农业和食品生产的重要生物性基础，联合国粮食及农业组织（FAO）也曾提出，全球家养动物供应了人类食品与农产品需求总量的 30%。国内学者对遗传资源价值的分类基本继承了生物多样性价值的分类体系，王智等将 Bt 转基因棉花遗传资源经济价值划分为直接利用价值、间接利用价值、未来价值和存在价值四大类；王健民等将遗传资源的经济价值按不同方法进行了分类，按类型划分为自然存在价值和社会利用经济价值两大类，按时间尺度分为历史价值、现代价值和未来价值；徐海根等将生物遗传资源的价值分为直接经济利用价值、研究与开发价值以及保护价值。生物遗传资源的价值评估方法主要有直接市场价值法和生产率变动法，《生物遗传资源经济价值评价技术导则》对遗传资源经济价值评价方法进行了总结：分为市场分析法（包括直接市场价值法和生产率变动法）、功能替代法、机会成本法、有效成本法、收益现值法和意愿评价法。

生物遗传资源收集保存技术。国际社会尤其发达国家非常重视生物资源的收集和保存。英、美等国对生物资源的收集起步较早，已经形成了完备的生物资源保存体系，保存覆盖了动物、植物、微生物和人类遗传资源等各类生物资源。我国先后出台系列政策，采取综合举措推动生物资源的收集和保存，逐步形成以建设自然保护区、生态岛、种质资源库、多级综合保护等收集保存技术。自然保护区是对有代表性的自然生态系统、珍稀濒危动植物物种的天然集中分布的陆地、水域，依法划出一定面积予以特殊保护和管理的区域。自然保护区是当前生物资源就地保护的主要模式，包括生态系统类型保护区、生物物种保护区等类型，以特地地域分区管控的模式保护生物的生境和保护整个生态系统。生态岛是在自然条件下形成的能够与外界有效隔离的相对封闭的生态系统，通过内部的物质和能量循环维持系统的稳定，使动植物遗传资源得以繁衍和保护。生态岛应具备的条件：需要与外界有效地隔离，受外界因素的影响较小。内部能够进行物质与能量的循环，通过系统内部的植物生产能够维持系统的稳定；要有足够的面积并且要有缓冲地带；生态环境与动物原生存环境一致。不需要或者很少需要外界的物资和资金投入。种质资源库则是用来保存种质资源（一般为种子）的低温保存设施，一般分为超长期贮藏库、长期贮藏库、中期贮藏库、短期贮藏库和普通种子库，对于种质资源的保存，温湿度的精准控制是关键。依据保存种质对象的不同，种质资源库又可分为低温种质保存库、试管苗保存库、超低温保存库以及 DNA 库等。对于植物来说，植株、种子、根、茎、胚芽和细胞等都可以被当作种质来保存。种质资源的保护对于品种改良，培育高产、优质、抗逆性强的新品种，以及为生物学的理论研究提供丰富的种质和研究材料均具有重要意义。

生物遗传资源可持续经营技术。依托农作物、林木、水产、畜禽、中医药等生物遗传资源，生物遗传资源可持续经营主要包括生物资源权属交易、发展生态产业等技术模式。生物资源权属交易是指生物遗传资源收集获取的产权人和受益人之间直接通过一定程度的市场机制实现生态产品价值的模式。发展生态产业即在发展传统农业、畜牧业和林业等产业的基础上，结合新兴生物技术发展生物医药等科技产业，融合生态旅游、绿色服务等生态环境友好业态，通过开展有利于环境的土地管理禁止过度耕种、放牧和樵采，防止环境退化，稳定环境资源，实现产业可持续经营的同时，保护和恢复自然生态系统，并带动周边人获取利益以实现惠益分享。通过恢复生态系统的生产力，维护生态平衡，促进生态系统可持续利用。

4. 技术路线

生物遗传资源利用工程可分为生物遗传资源的调查评估、工程目标确定、重点任务设计、可持续经营管理等环节。

生物遗传资源的调查评估，即通过收集整理相关资料数据并开展调查研究，评估项目区域生物遗传资源现状，开展生物遗传资源价值评价，掌握生物遗传资源的基础状况，并分析诊断当前生物遗传资源保护利用方面存在的问题和挑战。

工程目标确定。研究制定区域生物遗传资源可持续利用的总体思路、原则、目标指标等，重点做好生物遗传资源的保护与利用关系的权衡，制定生物资源保护与利用的关键指标。

重点任务设计。坚持问题和目标双导向，从就地保护、迁地保护、可持续利用等方面提出生物遗传资源保护与利用工程的具体任务举措和实施时序要求。

研究制定可持续经营管理。制定工程实施的保障措施，建立长效保障机制，主要包括为保障工程有效实施制定的配套政策措施、组织保障、绩效评价等。详细技术路线见图5-4。

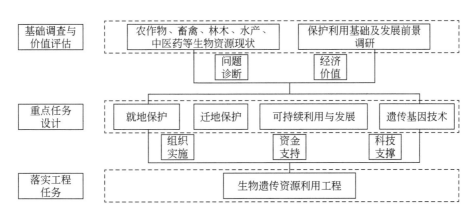

图 5-4　生物遗传资源利用工程技术路线

5.3.5　外来入侵物种管控工程

1. 目标

以提高生态系统质量和稳定性为核心，坚持"预防为主、治理为要、监管为重"的防控理念，按照重点清除、逐步压缩、全面控制的要求，实行分区分级管理、科学精准施策，以调查监测、入侵管控、危害除治为重点，控制增量，消减存量，有效遏制外来入侵物种危害发生和快速扩散势头，确保国家生态安全。

2. 原则

分区施策，防治并举。突出自然生态系统功能，对于尚未被入侵区域以预防为主，保护生态系统的原真性；已经入侵区域，强化治理，尽快消除不利影响。

尊重自然，科学治理。遵循生态系统演替规律，坚持系统治理、绿色治理理念，生态措施和工程措施相结合，科学开展管控。

因地制宜，有序推进。结合区域自然条件、生态状况、施工条件等因素，因地制宜、科学设计管控方案，逐步有序实施。

3. 方法

(1) 入侵调查与监测

a. 日常监测

监测目标：及时发现外来入侵物种，准确鉴定种类，科学判断危害程度与范围，及时通报入侵情况。入侵物种种类参考：《重点管理外来入侵物种名录》《中国外来入侵物种名单》（1~4批）。

监测范围：依据目标调查物种种类的特性研究制定，应包含物种危害区域以及潜在分布区域。

监测方法：植物类（紫茎泽兰、互花米草等）可以在花期、果期沿交通沿线、工程施工区周边、自然保护地外围等区域，采用样线、样方形式调查。脊椎动物类（牛蛙、豹纹脂身鲇等）可采用样线法、围栏陷阱法、鸣声计数法等调查动物个体、卵块等数量以及生存状况等。无脊椎动物类（松材线虫、红火蚁、福寿螺等）可采用地面沿样线调查记录，或者采用遥感调查的方式。

取样鉴定：采集成体、营养器官等标本，封存、标签、记录。采用形态学或者遗传物质鉴定种类。

科学评估：依据监测数据，科学统计分析，评估外来入侵物种种群数量、分布情况和危害程度等。

b. 专项普查

针对某种危害特别严重或者传播特别迅速的外来入侵物种，全面掌握入侵危害发生情况和防控成效，为科学决策和制定下一年度防治方案提供支撑。

普查范围：调查目标物种的危害区域以及潜在分布区域。

普查内容：结合日常监测，查清本辖区入侵物种种群数量、分布情况和危害程度等。

（2）工程措施

根据外来入侵物种的种类、生物学特性，科学分类制定防治策略，笔者根据我国传播较广、危害严重以及防治技术相对成熟的工程防治措施，归纳为以下 3 类：①植物类；②鱼类、两栖、爬行以及软体动物类；③无脊椎动物类，分别适用不同类型防治措施。

a. 植物类

植物类外来入侵物种种类多、分布广、在局部地区危害程度高，代表物种包括：紫茎泽兰、互花米草、加拿大一枝黄花、凤眼莲等。主要的工程防治措施包括物理、化学和生物替代等。

物理方法：陆生植物采用刈割、刈割＋翻耕的方法将地上与地下组织全部清除；水生植物（大藻、凤眼莲等）采用打捞的方式把整个植株全部清除。

化学方法：选择特异性高、污染低的除草剂进行清除。

生物替代：在目标物种被清除后，补植本土植被恢复原生生境。

b. 鱼类、两栖、爬行以及软体动物类

这一类型的外来入侵物种具有沿水系扩散的特点，危害性较隐蔽且防治难度大，代表物种包括：牛蛙、福寿螺、巴西龟和豹纹脂身鲇等。这类外来入侵物种的清除方法主要为人工捕捞，清理卵块等，持续控制种群数量。

c. 无脊椎动物类

这类外来入侵物种主要包括昆虫、线虫等，具有扩散速度快、隐蔽性强、危害程度高的特点，代表物种包括：松材线虫、椰心叶甲、美国白蛾和红火蚁等。主要的工程防治措施包括如下几类。

择伐清理（物理方法）：选择受侵害的病木或者死木，采伐清理。应当对择伐木和采伐迹地上直径超过1cm的枝丫全部进行清理。就地就近采用粉碎机对伐倒疫木进行粉碎，粉碎物短粒径不超过1cm。或者，在保证用火安全的前提下，对疫木采取烧毁处理。

人工诱捕（物理方法）：依据目标物种生物特性，采用灯诱、黏虫板、昆虫诱捕器等诱捕器械，对目标物种进行捕获。或者在目标物种特殊生理周期进行特异性诱捕，以美国白蛾为例，可以在化蛹期前，在受侵害病木树干捆扎稻草，引诱下树化蛹的幼虫，定期收集灭活。

药剂灭杀（化学方法）：依据目标物种生物特性，选择特异性高、毒性低、对环境污染小的药剂，根据侵害部位的差异性，选择采用喷雾、粉剂包等施药方式。以椰心叶甲（危害棕榈科植物）治理为例，一般采用诱杀药和内吸药混合制成药包，将药包固定在植株心叶处，随雨水自然渗出触杀目标生物。

生物灭杀（生物方法）：可采用特异性感染和寄生的细菌、真菌或者寄生生物对目标物种进行感染灭杀。例如，防治椰心叶甲可以采用绿僵菌、姬小蜂等生物防治措施。

（3）切断传播

a. 检测封锁

各级地方主管部门按照各有关规定，加强口岸、运输行业以及个人监管，建立电网、通信、公路、铁路、水电等建设工程施工报告制度，完善企业及个人登记备案制度，定期开展重点外来入侵物种检查，防止跨境、跨区域传播。

b. 生境改造

针对松材线虫等具有专一性寄宿关系的物种，可以通过改善林分结构，减少松木类树种比例，补植阔叶树种，提高森林生态系统质量和抗逆性，减少松材线虫扩散概率，防止进一步传播。

c. 跟踪评估

利用卫星遥感、无人机等高新技术手段，结合现场调查，开展目标物种动态监测。对治理工程实施情况、区域生态环境、生物多样性、治理效果、生态系统服务功能和价值以及综合效益进行跟踪评估，促进生态修复水平不下降。

4. 技术路线

外来入侵物种管控技术路线如图 5-5 所示。

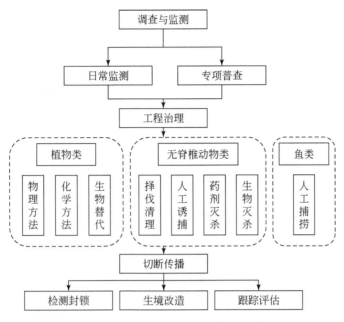

图 5-5 外来入侵物种管控技术路线

5.4 生物多样性保护案例

5.4.1 生物多样性调查、评估与监测

1. "青海生态之窗"生物多样性监测案例

青海是全国率先依托重大生态工程实施开展生态监测的省份。"青海生态之窗"是依托生态监测项目建设的一套大型独立网络视频观测系统,利用近地低空遥感与地面观测相结合的技术手段,由多个观测点位高空瞭望视频摄像机、实时传输专网和统一管控平台组成。截至 2022 年,实现了对典型区域的生态类型、自然景观及野生动物等进行"远距离、大范围、全方位"的实时高清视频观测,丰富完善了"天空地一体"生态环境监测网络体系,有效支撑了自然保护区监管和物种多样性监测,服务推动重点生态功能区监管、重大生态工程评估和生态变化动态监测。

具体内容包括以下方面。

（1）生态功能重点区域监测

从 2016～2022 年，观测点位由原来的 6 个扩建到 76 个，实现了对三江源、祁连山、青海湖、柴达木和河湟谷地五大生态板块重点区域生态景观的实时观测，加强了对冰川雪山、草原湿地、河流湖泊和珍稀野生动物的视频监测。丰富完善了"天空地一体"生态环境监测网络体系。

（2）重点野生保护物种监测

自 2016 年建设以来，积累实时监测数据，探索视频数据智能化、数字化管理模式，将藏羚羊等重点珍稀濒危野生动物的数量、活动区域进行数量统计和跟踪观测，掌握了藏羚羊、中华对角羚、欧亚水獭等生境状况、生态习性变化情况，为物种调查、生物多样性保护提供了现场观测分析手段。目前，借助人工智能视频分析算法对历史数据进行分析，已能做到识别迁徙藏羚羊种群数量。2017 年 8 月，在可可西里拍摄到 3000 余只藏羚羊通过回迁通道；2018 年 12 月 29 日，在果洛藏族自治州玛多县野马岭，3 小时记录 520 头藏野驴集中觅食、活动的场面；2018～2023 年，在玉树藏族自治州巴塘河、扎曲河沿线拍摄到 500 多段欧亚水獭活动影像及数千张照片；2022 年 9 月 7 日，在青海湖北岸拍摄到数十只普氏原羚集体觅食。

（3）环境整治监管

除实现对生态环境及野生动物的实时监测功能外，"青海生态之窗"同时也被用于环境综合整治监管。木里矿区非法采煤问题发生后，2020 年 9 月至 2022 年 9 月，"青海生态之窗"持续加强木里矿区生态环境综合整治视频观测点位建设工作，服务支持综合整治监测监管，形成对木里矿区采坑和渣山生态修复整治工作全过程多角度的视频观测，目前已形成积累时长超过 1000 小时的影像档案。

2. 东北虎豹国家公园"天地空"一体化监测案例

东北虎豹国家公园构建"天地空"一体化监测系统。该平台由东北虎豹生物多样性国家野外科学观测研究站和东北虎豹国家公园保护生态学国家林草局重点实验室联合国内数十家高新技术公司自主研发，成为全球首个实现大面积覆盖的生物多样性实时监测系统，安装无线红外相机等野外监测终端 2 万余台，成功实现东北虎豹国家公园 1.41 万 km^2 全覆盖。截至 2022 年 9 月，监测系统共实时传输和识别超过 2 万次东北虎、东北豹以及 800 多万次其他野生动物和人类活动监测影像。该系统突破了在边远山区和深山老林中信息化的瓶颈，实现了国家公园自然资源监测和监管真正进入大数据和人工智能时代，有力支撑了国家公园管理体系和能力现代化。东北虎豹国家公园范围内的野生东北虎、东北豹种群数量逐步增长，东北虎和东北豹的数量由 2015 年的 27 只和 42 只，分别增长至 50 只和 60 只以上，东北虎幼崽成年率由试点前的 33% 上升至 2022 年的 50% 以上。

在监测平台建设过程中，充分利用现有设施设备资源。目前建成的 95 个基站，有 60 多个是利用了已有的林业防火观测塔，不仅节省了大量资金，而且可以最大程度保护植被。同时，该系统也搭载和集成了防火电子眼，可以实现全天候无人智能值守，实现设施设备利用最大化。

具体内容包括以下方面。

（1）实现东北虎豹国家公园全覆盖的野生动物实时监测

自动红外相机拍摄的野生动物影像可以通过网络实时上传至云平台，并进一步通过人工智能和大数据分析，完成物种识别，在管理平台进行显示，实现覆盖区域内野生动物活动的实时监测。

（2）人与野生动物潜在冲突实时预警

随着栖息地质量不断提高及种群数量的稳定提升，东北虎豹在人类生产生活区域活动的概率不断增加。为保护村民生活生产安全，会在村子周围虎豹可能出没的区域架设红外相机等设备，为村民提供实时预警。

（3）有效提高日常巡护和管理效率

联合调度指挥中心可以结合大数据智能分析结果，发出多个监测和管理指令，协同多支野外队伍完成不同的作业任务。

3. 京、深、杭、沪等城市生物多样性调查评估案例

目前国内推动城市生物多样性保护和发展的工作正从多维角度展开，城市生物多样性保护关注度日益提升。北京、杭州、深圳、上海等一线城市纷纷启动开展全域、系统的生物多样性调查评估，摸清城市生物多样性"家底"，推动生物多样性科学保护，促进人与自然和谐共生。

2020 年，北京市全面启动全市生物多样性调查工作。通过野外调查，布

置样线，累计记录 6408 种生物物种。其中，高等植物累计 2111 种、脊椎动物 399 种、昆虫 2396 种、大型底栖无脊椎动物 303 种、藻类 315 种、大型真菌 884 种；深圳在全国率先开展生多样物性调查监测评估，逐渐形成全域 5 年一次、重点区域一年一次的常态化生态调查评估机制。2008 年起，每年开展生态资源状况评估。2017 年起，五年开展一轮系统全面陆域生态调查评估，摸清生态家底；2018 年起，每年两次对全市自然保护地人类活动进行全覆盖监测。2022 年起，每年开展重点区域生物多样性调查监测。深圳市记录维管植物 206 科 928 属 2086 种，包括国家一级重点保护野生植物 2 种，国家二级重点保护野生植物 33 种。共记录本土陆域野生脊椎动物 41 目 142 科 585 种。包括国家一级保护野生动物 15 种，国家二级保护野生动物 78 种。在联合国《生物多样性公约》第十五次缔约方大会（COP15）第二阶段会议期间获得首届"生物多样性魅力城市"称号；杭州市于 2022 年 11 月正式启动杭州市生物多样性保护与调查评估项目，对上城区、钱塘区、拱墅区、余杭区、富阳区、萧山区、滨江区和临平区等 8 个区开展全域、全类群系统的生物多样性调查评估；在 2023 年 5 月 22 日第 23 个国际生物多样性日当天，上海市生态环境局、上海市绿化市容局宣布共同启动上海首次大规模、系统性、全要素的生物多样性本底调查和评估。

具体内容包括以下方面。

（1）摸清城市生物多样性家底

城市首次系统、全面的生物多样性调查评估，对摸清城市生物多样性家底、填补调查研究空白具有重要意义。例如，北京市石景山区 2021 年历史上首次覆盖全域范围的系统高等植物多样性调查，记录到高等植物共计 564 种，其中野生高等植物 358 种，栽培植物 206 种。此前石景山区植物物种数据非常缺乏，记录本土野生维管植物仅 126 种，本次调查增加到 358 种，极大地填补了北京市植物调查研究和记录的历史空白。

（2）建立保护生物多样性城市名片

基于优质的自然禀赋和持续加大的保护力度，云南省昆明市、四川省成都市、浙江省湖州市、河南省南阳市、浙江省嘉兴市、广东省深圳市等 6 座城市与来自其他国家的 14 个城市共同获得"生物多样性魅力城市"称号，成为中国致力于打造保护生物多样性生态友好城市的优秀案例，城市生态实践获得国际认可。

5.4.2 生物多样性就地保护

1. 陕西秦岭大熊猫保护案例

陕西省汉中市佛坪县处于秦岭生物多样性保护优先区，面积 1279km²，全县生态保护红线面积 830km²。1962 年北京师范大学郑光美教授首次在佛坪发现大熊猫踪迹，1978 年，经国务院批准建立了佛坪国家级自然保护区，2002年成立了观音山保护区，保护大熊猫及森林生态系统。这里是世界上首只棕色大熊猫发现地，是大熊猫最理想的栖息地。

具体内容包括以下方面：为保护生物多样性，当地 13 家单位联合印发《关于建立秦岭生物多样性保护协作配合机制的意见》，通过就地保护措施，全面构筑秦岭生物多样性保护立体防线，尊重物种生长需求和规律，以就地保护保持生态系统内生物的繁衍，不断改善野生大熊猫等珍稀物种栖息环境；先后同多家科研院所和高校进行合作，对大熊猫等珍稀濒危野生动植物开展研究，打造以"大熊猫回家"为主题的秦岭大熊猫佛坪救护繁育研究基地，为野生大熊猫就地救护、野外放归、个体研究和种群保护工作提供了重要资料和宝贵经验，同时以大熊猫保护为模板，逐渐延伸到金丝猴、羚牛等其他野生动植物保护；设立"大熊猫国家公园特色小镇"，从单纯保护到探索大熊猫栖息地保护和社区治理协同发展，通过多种途径宣传，使生物多样性保护理念深入人心，借助大熊猫等珍稀野生动植物资源发展生态经济，形成"秦岭生态教育"为重点的自然体验产品群。

经过多年保护，佛坪县生物多样性保护成效显著。大熊猫栖息地面积越来越大、种群数量越来越多，活动范围越来越广。大熊猫种群数量由 20 世纪 80年代的 10 余只，增加到现在的 130 余只，其数量占秦岭大熊猫总量的 1/3，栖息地面积扩大了近 1 倍，佛坪被保护生物学家称为"秦岭大熊猫繁衍生息的希望所在"，被誉为"生物基因宝库"。随着生态环境不断变好，野生大熊猫活动范围扩大，人们在 108 国道上看到大熊猫，岳坝村村民拍摄到大熊猫喝水、游泳的视频，在一片人工栽植的竹林中也发现了大熊猫活动痕迹。

2. 陕西朱鹮珍稀濒危物种保护案例

朱鹮素有"东方宝石"之称，是 6000 万年前就已存在的古老物种，但由于栖息地大量丧失和人类干扰，野生朱鹮种群一度濒临灭绝。1981 年 5 月，中国科学家在陕西汉中洋县重新发现了世上仅存的 7 只野生朱鹮后，在国家林业和草原局大力支持下，在国际社会积极参与下，通过"就地保护为主、易地保护为辅、野化放归扩群、科技攻关支撑、政府社会协同、人鹮和谐共生"的保护模式，中国朱鹮种群数量由最初发现时的 7 只发展壮大到 8000 多只，分布面积从不足 5km² 扩大到 1.6 万 km²，朱鹮濒危局面基本得到有效缓解，其保护成果得到国际组织认可，世界自然保护联盟（IUCN）高度称赞"朱鹮保护是世界濒危物种成功保护典范"。

具体内容包括以下方面：朱鹮保护成功取决于在不同时期采取了适合的保护方法，初期采用人随鸟动，强化个体保护，后期注重栖息地保护与恢复；在开展野生朱鹮保护的同时，积极探索人工饲养繁育技术，攻克了饲养繁育、疾病救治和野外放归三大技术难关，国家林业和草原局称赞这一保护方法为"朱鹮模式"。朱鹮从"濒危"到"壮大"，其野化放归和人工扩繁技术的进步，带动了其他野生动植物种群保护，同时也为其他珍稀濒危物种与极小种群物种的人工繁育提供了宝贵经验。

3. 新疆蒙新河狸保护案例

河狸是 200 万年前第四纪早更新世幸存的物种，是世界现存最古老的动物之一，有动物界"建筑师"和古脊椎动物"活化石"之称，具有极高的科学研究价值。世界上现存的河狸仅有美洲河狸和欧亚河狸两种。我国分布的河狸属于欧亚河狸亚种之一，命名为蒙新河狸，在我国仅分布于新疆阿勒泰地区乌伦古河及其上游的青格里河、布尔根河两岸，尤以布尔根河最为集中，栖息着超过 20% 的蒙新河狸家族。蒙新河狸全国现仅存 600 余只，已濒临灭绝，被列为国家一级保护野生动物，世界自然保护联盟（IUCN）也将其列入濒危物种"红皮书"。

1980 年，新疆维吾尔自治区人民政府在青河县设立了新疆布尔根河狸自然保护区，总面积 5000hm²，2013 年晋升为国家级自然保护区。通过多年保护，蒙新河狸栖息地生态环境显著改善，保护区内河狸数量稳步增长，从 2014 年的 32 个家族 132 只，增加到目前的 38 个家族 162 只。

保护区成立以来，管理局调动各方力量参与保护河狸。一是提升保护区管护能力。建设了河狸科研监测中心、科普馆、河狸保障性生态透水闸、保护区管理信息系统等，先后开展了蒙新河狸常规调查监测，完成蒙新河狸专项物种调查，为加强生态系统保护修复提供数据支撑。二是加强社区共建共管。保护区管理局与保护区所在社区建立共建共管机制，在蒙新河狸保护、生态环境监督等领域同发力。同时聘用当地牧民作为管护员，就近就地解决就业，形成了社区共管的良好局面。三是合理安置原住居民。搬迁核心区和缓冲区 16 户，实现了核心区无常住农牧民。对植被遭破坏区域进行生态恢复，有效减少人类对野生动物的干扰。四是实施退牧还湿项目，河谷林带草原退牧还湿 2000 余亩，增大蒙新河狸环境容纳量，为其提供生存栖息的场所和充足的食物。

具体内容包括以下方面：通过设立布尔根河狸自然保护区，不断改善河狸生态环境、普及公众保护意识，有效开展社区共建共管，着力优化生物多样性保护与社区农牧民生产生活关系，走出了一条公众参与、生命共存、生态良好的协调发展之路。

5.4.3 生物多样性迁地保护

1. 四川极度濒危植物峨眉拟单性木兰拯救保护案例

峨眉拟单性木兰为木兰科拟单性木兰属的高大常绿乔木，成树可达 20～25m。为峨眉山特有种，分布于峨眉山风景区海拔 1100～1550m 的常绿阔叶林带，个体数量不到 100 株，被列为国家一级保护野生植物，被 IUCN 红色名录列为极度濒危物种，也是我国亟待拯救保护的 120 种极小种群野生植物之一。峨眉拟单性木兰不仅具有重要的科研价值，也是一种优良的园林绿化树种。

我国峨眉拟单性木兰等极小种群的拯救与保护工作已走在国内前列，并得到了国际同行的充分认可。一是掌握了人工授粉关键技术，建立了一套峨眉拟单性木兰人工繁育技术体系，成功解决了自然条件下传粉难、种子萌发难与成苗难三大技术难关，获得国家发明专利 2 项。使个体数量从不到 100 株增加到目前的 3200 株，有效遏制了该物种的濒危趋势。二是为成都市植物园、昆明植物园、武汉植物园、西安植物园等 13 家植物园共提供 390 株峨眉拟单性木兰幼苗，使该濒危物种的种植范围从我国西南扩展到我国东南部、中部、西北部等地区，在峨眉山以外的地区得到了推广种植。三是探索出了一套峨眉拟单性木兰野外种植及回归监测技术，2016～2021 年共野外回归 800 株，恢复和重建回归点 5 个，森林覆盖面积达 200 亩，回归苗的成活率达到 95% 以上，修复和重建了野外种群。

具体内容包括以下方面：在进行濒危植物的人工繁殖时，尽量采用有性繁殖以增加后代的遗传多样性，从而提高对环境的适应性；实施多点保存的迁地保护方式，能最大限度地降低濒危物种因自然灾害而灭绝的风险；野外回归工作量大、监测任务重，通过调动当地居民参与这项工作，使监测工作能长期持续下去；采用多种保护形式，即将就地保护和迁地保护相结合，同时结合物种回归和恢复，能有效提高保护工作的成功率。

2. 湖北蕲春县蕲艾种质资源保护案例

蕲春县地处长江中游北岸，大别山南麓，面积 2398km^2，总人口 103 万人。"蕲春四宝"之一的蕲艾是蕲春首获国家地理标志产品认证的中药材品种，蕲春艾灸疗法成功入选第五批国家非遗项目目录。随着蕲艾产业快速发展，市场对蕲艾的需求持续增长，加剧了野生蕲艾过度采集，导致野生蕲艾资源面临枯竭。2018 年蕲春县启动湖北省艾草自然科技资源库项目，建设 2 个面积约 20 亩的种质资源培育展示基地、1 个 30m^3 的艾资源种质资源冷藏库和艾产业技术研究成果文献著作展示厅，使之成为全国首个艾资源应用的科普教育基地和艾草种质资源中心。

在规模化种植方面，蕲春县创新实施"一把手"工程，通过实行"六边"（屋边、田边、河边、渠边、湖边、路边）种植和规模化、标准化种植相结合的方式扩大种植面积。坚持"四全"（全订单种植、全仿生态种植、全保护价收购、收购网点全覆盖）经营方式，推行"企业+基地+农户""企业+基地+合作社+农户"等模式，每年下发蕲艾种植补贴 3000 万元。为提高工作效率，蕲春县选配、开发蕲艾种植生产各环节适用的根茎采收机、配套施肥起垄机、小型中耕除草机、喷施无人机、收割打捆机、艾叶脱叶机等全过程配套机械。

全面推广薪艾机械化收割，通过实施购机补贴政策，鼓励市场主体购置薪艾收割机，提升薪艾机械化生产水平，机械覆盖率达 80% 以上。

具体内容包括以下方面：蕲春县在种质培育上，建立了全国最大艾叶种质资源圃和野生薪艾资源保护基地，收集保存艾叶资源 120 余份。高质量建设薪艾检验检测实验室，建设薪艾良种繁育基地 8 个，面积 2000 亩。目前，全县发展薪艾种植合作社 538 家，薪艾种植面积达 20 万亩，形成百亩以上连片基地 246 个，千亩以上薪艾标准化示范基地 15 个，其中薪艾绿色示范种植基地 72 个，总面积 2.7 万亩，年产干艾叶突破 7 万 t，使面临枯竭的野生薪艾资源得到有效保护。

3. 中国麋鹿迁地保护案例

麋鹿是鹿科、麋鹿属唯一的鹿类动物。由于自然气候变化和人为因素，在汉朝末年就近乎绝种，最后的麋鹿种群残存于长江中下游湿地。为了恢复这一珍贵物种，1985 年，中国启动了麋鹿重引入项目。1985 年和 1987 年从英国乌邦寺引回的 38 只麋鹿（5 雄，33 雌），饲养在北京南海子麋鹿苑的半自然环境中；1986 年江苏大丰麋鹿保护区从英国 9 家动物园引回 39 只麋鹿（13 雄，26 雌）。目前麋鹿种群已扩大到 10 000 余只，麋鹿种群恢复成为我国野生动物迁地保护成功范例。

具体内容包括以下方面：北京南海子麋鹿苑与江苏大丰麋鹿国家级自然保护区均制定了麋鹿迁地保护规划。北京将南苑地区经过精心修整，使得南海子麋鹿苑逐渐恢复了湿地的景观风貌，建立了自然野生栖息环境，为麋鹿提供了适宜的保护繁育场所。江苏盐城建立大丰麋鹿国家级自然保护区，保护区总面积 78 000hm²，区内分布着林地、草荒地沼泽地和自然水面。其中核心区 2668hm²，缓冲区 2220hm²，实验区 73 112hm²。大丰保护区已经形成了林、草、水、鹿、鸟共生的生态模式和完整的麋鹿生态系统，曾经被认为是外来生物有害物种的互花米草成为麋鹿喜爱的食品，纳入了保护区的生物循环链。通过建立稳定的麋鹿栖息环境，人工圈养与野外放生数量在逐年稳步增长。

20 多年来，我国通过不定期将麋鹿输送到其他历史分布区。至 2021 年，全国已相继扩展建立了 83 个麋鹿迁地保护种群。为此，麋鹿就此从"红皮书"中退出，被列为珍稀物种。这是麋鹿保护过程中的又一座里程碑。野生麋鹿在南黄海湿地顺利完成了第二个繁衍周期。经过 10 年探索和研究，野生麋鹿种群数量超过 100 头，基本脱离了种群发展的"危险期"。麋鹿在中国经历了种群繁盛、本土灭绝、流浪海外、重引入、种群复壮、迁地建群、放归野外、形成自然种群的历程。

5.4.4　生物遗传资源利用

1. 青蒿种质创制案例

黄花蒿又名青蒿，菊科蒿属，一年生草本植物，为我国传统中药材，主要药用价值体现在黄花蒿花叶中的青蒿素。目前，青蒿素生物合成受限于成本高、毒性大、产量低，主要来源还是直接从黄花蒿中提取，产量受地域分布影响，其中四川东西部、湖北西部、湖南西部、贵州东北部等地区的黄花蒿中的青蒿素含量普遍较高，具有很高的工业提取价值。青蒿素是治疗疟疾耐药性效果最好的药物，同时也可以应用在抗肿瘤、治疗肺动脉高压、抗糖尿病、胚胎毒性、抗真菌、免疫调节、抗病毒、抗炎、抗肺纤维化、抗菌、心血管作用等多种药理作用中。

由于野生的优质黄花蒿资源有限，人们开始从种质资源选育出青蒿素含量高且稳定的青蒿品种。西部（重庆）科学城种质创制大科学中心青蒿种质创制团队专业从事青蒿选育及青蒿素天然合成工作。

具体内容包括以下方面。

（1）利用生物资源选育高产品种

团队以培育出优质高产的青蒿新种质，解决抗疟药物青蒿素天然产物产量低、价格高和供应不稳定的难题为目标，结合植物科学和分子生物学的知识，精准地培育出众多优质高产的新种质。该团队创制青蒿遗传素材 238 份，涉及青蒿素高产、抗旱、抗病、高生物量等重要性状，这些创制的素材将为进一步开展青蒿优良品种选育和重要性状形成的分子机制解析提供基础研究对象。目前，多个青蒿优良品种已进行了第一期品种审定。

（2）培育高产抗高温品种

针对重庆青蒿主产区伏旱高温的实际情况，团队培育出"渝蒿 1 号"和

"渝蒿 5 号"青蒿新品种,在 2022 年重庆遭遇罕见的高温伏旱天气情况下,酉阳试种的青蒿新品种长势良好,展现出优良的抗旱性状。目前,青蒿新品种在酉阳已推广种植了 1.5 万亩,不仅抗旱,青蒿新品种相比酉阳当地原有品种青蒿素含量更高,达到了 20‰。

2. 大通牦牛填补世界牦牛育种空白

大通牦牛是世界上第一个人工培育的牦牛新品种,2004 年 12 月通过了国家畜禽品种委员会的审定,定名为"大通牦牛"。它是以我国独特遗传资源为基础,依靠自己独创技术培育的具有完全自主知识产权的牦牛新品种,新品种的成功培育填补了世界牦牛育种史上的空白。

具体内容包括以下方面。

(1) 科研助力提高畜牧养殖质量增加技术内容

自 1983 年起,大通种牛场和中国农科院兰州畜牧所、青海省畜牧兽医科学院及青海省畜牧总站全面开展了牦牛新品种培育工作,并连续被列为农业部重点项目。通过建设试验点,将大家畜杂交育种理论与现代畜牧科学技术相结合,在深入了解牦牛种质特性的基础上,确定了导入野牦牛血液提高家牦牛生产性能的思路并付诸实践,逐步开展了"大通牦牛"的育种工作。采用野牦牛做父本,选择优良家养母牦牛做基础母牦牛群,经过驯化野牦牛、制作冷冻精液、采用人工授精技术,生产具有强杂种优势含 1/2 野牦牛基因的杂种牛。再通过组建育种核心群,进行闭锁繁育、适度近交、强度选择与淘汰,需要经过四个世代,才培育出产肉性能、繁殖性能、抗逆性能远高于家牦牛的体型外貌、毛色高度一致、遗传性能稳定的牦牛新品种。经过 20 余年的不懈努力,围绕牦牛产业的科学研究成果已达到 300 多项。

(2) 带动地方经济发展取得惠民成效

自 2005 年起,青海省通过实施"百万牦牛复壮工程"大面积推广大通牦牛。省财政厅每年下达"大通牦牛推广"项目,省农牧厅从政策等方面大力扶持大通牛场开展牦牛良种繁育和推广工作,在全省大范围推广大通牦牛养殖模式、犊牛全哺乳技术、早期育肥出栏技术、冷季暖棚养殖技术等。对推广区农牧民进行专业技术培训,组织优秀党员干部、技术骨干组成跟踪调查服务小组。通过多年坚持不懈的努力,牦牛现代产业发展技术支撑体系已初步形成,实现了标准化生产、规模化养殖、制度化防疫、集约化经营。

青海省现已成为全国最大的牦牛生产基地，大通牦牛在推广区已养殖 130 万头以上，十多年来给牦牛产区带来直接经济效益 7.8 亿元，已覆盖全省 39 个县，并辐射到新疆、西藏、内蒙古、四川、甘肃等全国各大牦牛产区。

3. 水稻遗传资源的创制保护和研究利用案例

我国是世界上最早把普通野生稻驯化成栽培稻的国家，拥有 71 970 份水稻种质资源，是世界上水稻资源最丰富的国家之一。稻种资源是水稻科技创新和育种的物质基础，而水稻种质资源的遗传多样性分析是挖掘新基因、培育高产品种的有效手段。可以通过人类定向选择等非生物与生物胁迫来实现水稻种群内部的多样性。由罗利军团队在《水稻遗传资源的创制保护和研究利用》项目中选育的节水抗旱稻旱优 73 经受夏季高温、水淹等恶劣环境，获得"稻坚强"的美誉。

具体内容包括以下方面。

（1）按需发展高产优质水稻品种

经过近 60 年的努力，我国水稻育种主要以产量为导向，取得了显著的成就，但是也存在高产与优质、高产与抗病、高产优质与抗逆性差等矛盾。如水稻品种对淡水的依赖性太强，导致水稻生产耗水量占总用水量的 50% 左右。如何在资源节约型环境中依然保证优质高产的品质是新时期对水稻选育的新挑战。

通过扩大遗传基础的种质创新和品种选育技术，发展了众多优质水稻品种：绥粳 18 解决了籼型杂交稻米质欠佳、优质与高产、高产优质与节水抗旱的矛盾等问题；中浙优 8 号、沪旱 61、吉粳 809 等则在优质高产、节水抗旱和氮肥高效利用等方面表现突出。通过这些育成优良品种可增强植株抗病性、提高氮肥利用效率，大幅降低农药和化肥施用。节水抗旱稻还大幅减少淡水灌溉，大幅减少面源污染和甲烷排放，对当前农业供给侧结构性改革具有重要的价值。

（2）保存遗传资源

通过构建水稻育种与基础研究的遗传资源平台，解决了我国水稻育种和基础理论研究中遗传资源缺乏问题，建立了资源保护和利用体系，安全保存遗传资源 20 余万份；鉴定出一批重要优异资源并被广泛利用，克隆了一批重要基因，育成 327 个新品种。这些品种累计推广面积达 11.9 亿亩，共获经济效益 1680.6 亿元。推广区域覆盖东北、长江中下游、华南和西南稻区。

通过创建基于群体测、回交与多亲本导入系的有利基因挖掘技术，定位 1926 个主效数量性状基因座（QTL），并基于此控制水稻产量、抗旱、耐盐、抗病等重要目标性状；发表论文 269 篇，其中 SCI 论文共被引用 5041 次，丰富了水稻遗传育种的理论和方法。

5.4.5 外来入侵物种管控

1. 四川凉山红火蚁防治案例

红火蚁是中国第二批外来入侵物种之一，对农作物、家畜和人类都有危害，于 2017 年 11 月在四川凉山州德昌县首次发现。红火蚁繁殖能力强，再加上发生区域复杂，其扩散速度快，目前，红火蚁已在德昌县德州街道、昌州街道、永郎镇、麻栗镇、巴洞镇、乐跃镇、南山乡等 7 个乡镇（街道）7 个社区 29 个行政村的农田、桑园、果园、育苗地、田间道路、田埂、荒地、城市绿化带、村庄周围不同程度发生，发生面积 1.9 万亩。

具体内容包括以下方面。

（1）普查与摸底

德昌县组织各乡镇有序开展红火蚁疫情普查，2018～2022 年，累计建立红火蚁监测点 200 余个，监测面积 5.3 万余亩次，通过对安宁河流域、茨达河流域 12 个乡镇（街道）72 个行政村社 10.57 万亩的区域开展监测调查，摸清了德昌县红火蚁分布、发生等情况，为全面防控提供了保障。红火蚁在德昌县的主要途径有人为传播（苗木运输）和红火蚁婚飞传播，其中婚飞扩散为德昌县红火蚁主要的传播扩散途径。

（2）防治并举，药剂灭杀

县农业农村局持续在昌州街道、德州街道、永郎镇等地建立了红火蚁监测调查点，对红火蚁的婚飞动态以及发生情况进行动态监测。采取农户自防、村上组建防控队伍开展统防统治的方式，加强红火蚁发生乡镇重点区域的春季防控工作。德昌县组织春季重点实施定点药剂灭杀红火蚁，2022 年 5 月，全县春季防控已发放红火蚁防控物资 9.02t，电动撒播器 120 台，累计防控面积 3.68 万亩次，防治红火蚁婚飞传播，疫情得到有效控制。

（3）构建社会防控网

加强红火蚁监测防控的宣传培训工作，通过专题培训、现场培训等方式召开培训会 20 余次，培训农户上万人次，发放宣传资料等 20 000 余份，并通过微信群等对红火蚁的发生防控等技术进行了多形式的宣传，增强了民众的防范意识。

目前，德昌县采用部门联动、布点防控、重点监测和居民共治的策略，基本形成一个完善的红火蚁防控网络，形成了一套成熟、系统的红火蚁防控、灭杀的工作体系，全县红火蚁的入侵态势得到遏制。

2. 黄山区松材线虫科学防控案例

松材线虫是常见松树寄生虫，通过松墨天牛等媒介昆虫传播，被其感染的松树，针叶呈黄褐色或红褐色，整株干枯死亡，最终腐烂，被称为松树的"癌症"。黄山是全国旅游名城，以黄山迎客松（黄山松）闻名世界，松材线虫对该市的景观资源危害风险极大。

具体内容包括以下方面。

（1）监测普查

组建专职监测普查队，54 名专职普查员对全区 419 条普查主线路和 1250 条普查支线、次支线路涉及的 54 片区域、11 539 个涉松小班、134.02 万亩涉松林地常态化开展监测普查，巡查里程超 10.78 万公里，发现并及时上报枯死松树 107 345 株，特别是高山、远山的枯死松树发现率提高 80%，实现监测普查全覆盖、无死角和疫情监测普查覆盖率 100%。

（2）联防联控

深入推进落实山上山下"联防、联控、联动"三联机制。拉紧环黄山"五镇一场""监测、清理、化防、管控、阻截"联防协作链条。建立与徽州区、黟县第一联防区工作机制，制定毗邻（区）县际间联防联治工作任务清单。

（3）药剂防治

实施重点区域健康松树打孔注药保护，2018 年以来，共保护健康松树 168.7 万株，有效保护率达 99.64%。实施无人机和人工地面化学药物防治，2018 年以来，共实施地面化学和生物防治 24 万亩次，逐步建成"药物防治阻隔带"。

（4）切断传播

实施环黄山生物控制带内松幼树清理，2018 年以来，共清理 2.37 万亩、松幼树 2.2 万株。实施毗邻区域涉松林分改造，2018 年以来，共改培松林面积 6000 余亩，形成"自然物理阻隔带"，阻断松材线虫病疫情传播。

黄山区将松材线虫防治作为生态环境保护"一号工程"，通过专职监测普查、常态化排查、跨区联防联控、科学经营等措施，实现疫情面积、枯死木数量连续下降。

3. 宁德市防治互花米草治理案例

互花米草是禾本科、米草属多年生草本植物，原产北美大西洋沿岸，中国 1979 年开始引种，广泛分布于广东、福建、浙江、江苏和山东等沿海滩涂，对沿海滩涂湿地造成一定负面影响，破坏了近海生物栖息环境，对滩涂养殖造成了十分不利的影响。以宁德市沿海滩涂湿地和自然保护区为例，互花米草严重危害滩涂湿地生态系统的同时，侵占了规划养殖区和航道港区。

具体内容包括以下方面。

（1）物理清除

当地采用实地踏查、无人机遥感等方法确定互花米草危害面积，利用机械化作业方式通过刈割、刈割+翻耕、刈割+筑堤围淹等措施，全面清理互花米草，对收割材料进行无害化处理，重构滩涂生态空间。

（2）生境恢复

宁德市根据不同生态功能区和潮间带基质特点，按照"宜林则林、宜草则草、宜滩则滩"的原则，精准实施生态修复，丰富滩涂湿地生物多样性。分类规划确定适宜红树林种植、景观提升、光滩留白等的区域；突出科学种植，选择红树林、南方碱蓬、芦苇等本土植物，按照相关技术规范开展滩涂湿地修复。

(3) 持续管护

宁德市加强了后期管护，定期监测红树林的生长状况、病虫害情况等，及时对残次、枯死的苗株进行替换；突出长效监管，建立市、县、乡、村四级网格责任制，在智慧海洋平台增设互花米草监测系统模块，综合运用卫星遥感监测、视频监控、网格员巡查等手段，强化日常监管。

宁德市实施互花米草除治攻坚战，广泛开展红树林种植等生态修复，推动滩涂湿地景观和生态环境明显改善，实现生态效益、经济效益、社会效益三者的协调并进，2020 年至今，宁德市已种植红树林约 450hm^2，成活率在 85%以上。

参 考 文 献

丁晖，徐海根，强胜，等 . 2011. 中国生物入侵的现状与趋势 [J]. 生态与农村环境学报，27（3）：35-41.

公莉，过龙根，尹成杰，等 . 2022. 洱海西太公鱼和太湖新银鱼生长特性及种群调控效果研究 [J]. 水生态学杂志，43（1）：117-123.

李文华 . 2013.《中国当代生态学研究——生物多样性保育卷》[M]. 北京：科学出版社 .

马晔，沈珍瑶 . 2006. 外来植物的入侵机制及其生态风险评价 [J]. 生态学杂志，(8)：983-988.

马克平，钱迎倩 . 1994.《生物多样性公约》的起草过程与主要内容 [J]. 生物多样性，(1)：54-57.

徐海根，强胜，韩正敏，等 . 2004. 中国外来入侵物种的分布与传入路径分析 [J]. 生物多样性，(6)：626-638.

薛达元，张渊媛 . 2019. 中国生物多样性保护成效与展望 [J]. 环境保护，47（17）：38-42.

第6章 矿山生态修复工程

我国矿产资源丰富，矿产资源开发促进了国民经济和社会发展，但同时也导致部分区域环境污染和生态破坏问题。矿山生态修复是一项复杂的系统工程，是实现生态效益与经济效益、社会效益融合发展的重要途径。本章介绍我国矿山开发出现的生态环境问题、矿山生态修复概念和标准、矿山生态修复分区、修复技术和修复模式、工程实践案例等内容，较为系统地总结了当前我国矿山生态修复相关进展情况。

6.1 概　　述

6.1.1 我国矿产资源开发布局

矿产资源是国民经济和社会发展的重要物质基础。中国95%以上的能源、80%以上的工业原材料和70%以上的农业生产资料都来自于矿产资源。《中国矿产资源报告（2022）》显示，截至2021年底，我国已发现173种矿产，其中，能源矿产13种，金属矿产59种，非金属矿产95种，水气矿产6种。

我国矿产资源分布不均衡，各地矿产资源开发的布局结构性特点明显。我国矿产资源开发涉及全国31个省（自治区、直辖市），自2005年以来，由于我国矿业开发的总体格局发生了由东向西转移的重大变化（汪民，2012），特别是煤炭资源开发的格局调整，导致东、中、西部地区矿石产量有了较大的变动，从而出现由东、中、西部地区矿山企业利润三分天下发展到西高东低的局面。

我国矿产资源开发涉及全国31个省（自治区、直辖市），矿产资源分布不均衡，全国各地矿产资源开发的布局结构性特点明显。西部地区开发的矿山占比最高，占全国现有开发矿山的一半多；中部地区占全国的近三分之一，东部地区占比不到全国的两成（高苇和李永盛，2018）。矿山分布越多的区域，矿山地质环境问题往往越突出，据全国矿业权实地核查统计（谭永杰等，2009），全国矿山数量多、规模小、分布散。其中，土矿、石灰岩矿等非金属矿8.3万个，占75.4%；铁矿、铜矿等金属矿近1万个，占8.8%；煤炭矿1.5万个，占13.6%。

全国矿山区域分布差异较大。金属矿山最多的10个省份依次是云南、河北、辽宁、湖南、内蒙古、河南、山西、江西、广西和贵州，金属矿山数量占全国的68.3%。铁矿主要分布在河北、山西、辽宁和内蒙古等省区；铜矿主要分布在云南、安徽等省份；铝土矿主要分布在贵州、河南、山西等省份；金、银矿主要分布在河北、山东、辽宁、内蒙古等省区；稀土矿主要分布在江西、福建、广东等省份。大中型以上规模金属矿山主要分布在山东、内蒙古、河北、云南和河南，占全国大中型以上规模金属矿山总数的42.1%。金属矿山以井工开采方式为主，地下金属矿山占全国总数的72.8%。煤炭矿山分布较多的省份包括山西、贵州、四川、云南、湖南、黑龙江、河南、重庆等，大中型以上规模煤炭矿山主要分布在山西、内蒙古、河南、山东和贵州，占全国大中型以上规模煤炭矿山总数的66.6%。煤炭矿山以井工开采方式为主，地下开采煤炭矿山占全国总数的97.7%（杨建锋等，2015）。

6.1.2 矿山开发的生态环境问题

中华人民共和国成立以来，特别是改革开放以来，中国矿业发展迅速，为促进经济繁荣和社会进步做出了巨大贡献。但由于发展方式粗放，矿产资源在开发过程中也造成了严重的环境污染和生态破坏。历史上许多矿山开采也遗留了大量的生态环境问题，尚未得到有效治理（刘超群，2022）。总体上，中国矿山生态环境保护的形势依然严峻，治理任务十分繁重。矿山损毁扰动土地的形式多样，露天采场、排土场、塌陷区、尾矿库和交通建筑等用地同时独立存在。加之我国国土幅员辽阔，矿山所处地区不同，地理、气候、土壤、水文、生物等自然条件也多种多样，矿床伴生矿种不同，产生的酸性废水、重金属污染等环境污染问题也各不相同，造成了矿山生态环境修复工作复杂的特点（白俞和周文亮，2020）。

1. 矿山生态破坏问题总体识别

矿产资源开发造成的生态环境影响分为生态系统破坏、"三废"环境污染和潜在生态环境风险三大类。

（1）生态系统遭到破坏

露天和地下井工开采活动占用大量土地资源，根据全国矿山资源开发环境遥感监测结果显示，截至 2015 年底，全国陆域矿业开发活动累计涉矿（包括矿山占用、损毁、恢复治理土地）面积约 291.81 万 hm²，约占全国陆域面积的 0.3%（李海东等，2022）。露天开采通过挖掘与废弃物占压，形成了大面积的渣山和采坑，区域原始地貌和景观被完全改变，原生植被遭到严重破坏。地下井工开采会导致地表沉陷，破坏地下含水层。植被清除、土壤退化与污染、水土流失、水资源的缺失与污染，对矿区生物多样性的维持都是致命打击，严重威胁了动植物生存，从而对生物多样性造成损害（潘欣和崔冬龙，2020）。生物多样性丧失后，虽然某些耐性物种能在矿区实现植物的自然恢复，但由于矿山废弃地土层薄、微生物活性差，受损生态系统的恢复非常缓慢，通常要 50~100 年，即使形成植被，质量也相对低劣。因此矿区生物多样性的损失往往是不可逆的（马丽等，2020）。

生态脆弱敏感地区的矿山开采会加重当地生态问题。以某矿山为例，该矿山位于乌梁素海流域。阴山支脉乌拉山山脉和东北部荒漠草原等重要生态敏感区域年降水量不足 100mm，生态极其脆弱，但区域内分布有大量采矿权，其中位于乌拉山山脉的采矿许可开采区域绵延 30 余公里，给当地脆弱敏感的生态环境造成威胁。露天开采集中区域在荒漠草原中形成一座座"天坑"和尾矿废渣堆积的"山丘"。特别是低品位铁矿开发的生态破坏问题尤其突出，采坑面积达 5430 亩；采坑、排土场、尾矿库等违法侵占草原。

（2）区域环境受到污染

矿产资源开发导致的环境问题主要包括扬尘污染、废水排放、土壤污染及大量固体废渣的排放（严丹霖等，2015）。矿山在开采过程中凿岩、爆破及矿石、废石的转载运输过程中产生扬尘污染，直接破坏煤层以上所有煤系含水层，矿井排水不经处理直接排入河沟会造成地表水和地下水体污染，采矿过中产生的废石废渣为主要固体废弃物，其含有的金属及非金属物质可能会对下游水和土壤造成污染（熊俊丽，2018）。

（3）引发潜在生态环境风险

矿山开采和相关工程建设会使矿区地形地貌发生巨大变化，进而引发滑坡、崩塌、泥石流、地面塌陷等地质灾害（蓝书开，2020）。采矿诱发滑坡、崩塌、泥石流主要原因表现在三个方面：一是露天开采边坡改变原有的天然平衡状态，引发滑坡、崩塌；二是地下开采形成采空区，致使上覆顶板下沉变形，上部岩体发生下沉，形成凹地，甚至积水成塘；三是矿渣堆放不合理，如直接堆放在沟谷中或顺山坡堆放，或超稳定角堆放，引发滑坡、崩塌，有些在水的作用下，形成渣土泥石流。几乎所有露天矿山都存在不同程度的崩塌、滑坡、泥石流等地质灾害隐患（赵鑫江，2020）。2023 年 2 月，内蒙古某煤业有限公司一露天煤矿发生大面积坍塌，现场形成了南北长约 200m、东西长约 500m、净高约 80m 的坍塌体，据测算坍塌的土方量达到了 1000 万 m^3。

2. 不同矿种开采产生的生态环境问题

不同种类矿产资源因为其性质和特点不同对于生态环境的影响也不同。针对能源矿产、金属矿产和非金属矿产资源开发过程中所产生的环境问题，虽然比较类似，但仍然存在一定差异（表 6-1）。生态破坏方面，共同点在于三大类矿产资源的开发均对土地、植被、地面产生影响，而差异性表现在金属矿产污染破坏特别严重，由于矿物中重金属污染物难以去除，土壤重金属污染持续性长，严重的矿区甚至可能长期受到重金属污染影响。环境污染方面，共同点在于三类矿产资源的开发均会产生"三废"，而差异性表现在能源矿产因为有大量废石、废渣堆放造成土壤污染问题，金属矿产和非金属矿产因其地表开采存在粉尘排放问题，金属矿产可能会造成土壤重金属污染。潜在生态环境风险方面，共同点在于三类矿产资源开发均会造成塌陷、水土流失、滑坡、泥石流等地质灾害，而差异性表现在能源矿产因地下开采原因存在矿井突水、瓦斯爆炸等的危险突出，金属矿产和非金属矿产因其地表开采造成土地沙化风险。

表 6-1　不同矿种开发过程中产生的生态环境问题

影响 矿种	生态破坏	环境污染	潜在生态环境风险
能源矿产	土地压占、地面塌陷、崩塌、土地的浪费以及植被压占和破坏等	"三废"、地下水降低、土壤污染	塌陷、水土流失、滑坡、泥石流、矿井突水、瓦斯爆炸
金属矿产	矿产资源浪费、共生矿物利用效率低、土地的侵占、地面的开挖等	"三废"、重金属污染及粉尘排放	塌陷、水土流失、滑坡、泥石流、土地沙化等
非金属矿产	资源破坏及浪费、土地、植被压占、地面及边坡开挖等	"三废"、粉尘排放	塌陷、水土流失、滑坡、泥石流、土地沙化等

（1）露天煤矿开采生态环境问题

露天开采对原始地表的扰动破坏，主要表现为工业场地、外排土场占压土地及采掘场直接挖损等问题，会占用非常大的土地面积，而且占用土地中的植物等都会受到破坏，影响了生态环境系统的平衡性。在露天煤矿开采过程中，会产生大量烟尘，开采的煤炭在堆放过程中，如果遇到大风天气，大量的煤灰会随风飘散，影响大气环境。矿坑中产生的污水、废水可能含有重金属离子，会影响周边地表水，渗透到地下会导致地下水污染。长年累月的排水疏干处理，造成地下水位降低、水资源枯竭等问题，周围居民饮水困难，植被死亡。露天煤矿开采而产生的大型矿坑，由于地表水与地下水作用，再加上地质结构变化、边坡岩体性质等各方面原因，极易造成崩塌、滑坡、泥石流等地质灾害问题。

（2）金属矿产开采生态环境问题

金属矿产开采会产生重金属和酸性废水等污染物质。通过选矿和冶炼，使地下深处矿物中的铅、镉、汞、铜、锌等重金属元素向生态环境释放和迁移，影响动植物的生长，并通过食物链在人体内富集，引发一系列疾病，严重威胁人体健康与生命安全。每逢雨季，金属矿山的废石、尾矿等固体废物流失，并导致矿山水体酸化。酸性废水溶解有大量可溶性的铁锰钙镁铝硫酸根离子，导致重金属铅铜锌镍镉溶解。酸性废水还使水体变色、变浑，下渗污染地下水质，造成水生态环境恶化。

（3）非金属矿产开采生态环境问题

石矿资源是矿产资源的重要组成部分，是经济社会发展重要的物质基础和支撑。开采石矿资源加工而成的砂石骨料是基础设施建设用量最大、不可或缺、不可替代的材料。砂石料生产过程中产生大量粉尘及少量 CO、NO_2、SO_2、H_2S 等有毒气体，危害施工人员及居民健康；因洗石、除尘等需要，废水排放量大，且废水中石粉、细砂等悬浮物含量大。产生的固体废弃物主要为爆破后土石分离的废土、沉淀池污泥以及员工产生的生活垃圾等。砂石矿山开采过程中会破坏原始地表形态，破坏水土保持设施和地表植被，使自然状况下的土体稳定和土壤结构遭到破坏，导致水土流失增加。

3. 不同开采方式造成的生态环境问题

按照不同的开采方式进行分析，露天和井工开采造成的生态环境问题不同。综合来看，露天开采造成的生态环境问题相对突出，而井工开采对地表破坏相对较小，但对地下含水层影响较大，同时井工建设可能导致地表沉陷，甚至引起滑坡、地面塌陷等潜在风险（王利群，2015）。具体如表 6-2 所示。

表 6-2 不同开采方式造成的生态环境问题

序号	类别		开采方式	
			露天开采	井工开采
1	生态系统破坏	占用土地，生态破坏	露天采掘场、地面建构筑物、道路建设、排土场、弃土石渣造成原始地貌破坏，造成生态破坏	井工开采无采掘场和排土场，主要为工业场地和附属设施占用土地，通过地表沉陷对植被产生影响，造成生态破坏
2	"三废"环境污染	水体的影响	破坏煤层以上所有煤系含水层；水质污染	破坏含水层，导致地下水漏失、水位下降，并间接对与被破坏含水层有水力联系的其他含水层产生影响
		大气环境的影响	施工期采掘场、排土场、工业场地、相关道路等建设扬尘污染；运营期钻孔、爆破、矿区内排弃岩土风化及原煤的装卸和运送	影响程度较小。井工矿建设期的施工扬尘；运营期原煤储运产生粉尘
		固体废弃物的影响	地表土层和覆盖岩层剥离产生大量废石	建井及采矿产生大量废石
3	引发潜在风险	地质灾害的影响	采掘场和排土场岩（土）体变形诱发崩塌和滑坡等地质灾害	地表沉陷引起滑坡、陡坡坍塌等地质灾害

6.1.3 矿山生态修复概念

生态修复可追溯到 19 世纪 30 年代，而作为生态学的一个分支被系统研究，是自 1980 年 Cairns 主编的《受损生态系统的恢复过程》一书出版以来才开始的（许闯胜，2023）。在生态修复的研究和实践中，涉及的相关概念有生态恢复、生态修复、生态重建、生态改建、生态改良等。这些概念虽然在含义上有所区别，但是都具有"恢复和发展"内涵，即已受到干扰或者损害的系统恢复后使其可持续发展，再次为人们所利用。

矿山生态修复一般是指对矿业活动受损生态系统的修复，这个生态系统有露采场、塌陷区、渣土堆场、尾矿库等，破坏的生态环境为土地、土壤、林草、地表水与地下水、矿区大气、动物栖息地、微生物群落等（王培鑫，2022）。矿山生态修复不仅是对闭坑矿山废弃地进行生态环境修复，还包括对正在开采矿山中不再受矿业活动影响区块进行生态环境修复（张君宇，2023），如闭坑的矿段（采区）、结束开采的露采边坡段、闭库的尾矿库、堆场等，即"边开采、边修复"。

通过矿山生态修复，将因矿山开采而受损的生态系统恢复到接近于采矿前的自然生态环境，或重建成符合人们某种特定用途的生态环境，或恢复成与周围环境（景观）相协调的其他生态环境（张博超等，2023）。矿山生态修复实践表明，位于降雨量充沛、气候温暖的南方小型井采和露采矿山，可以选择生态自然修复（部分小型露采场 5～10 年即可自然复绿），此外，大型矿山尤其是北方干旱地区的矿山，生态修复过程中的人工干预是一个必然的选择（陈倩，2023）。从理论上来说，矿山生态修复也是生态学理论的实践和检验者。因此，矿山生态修复是在矿山生态系统的退化、自然恢复的过程与机理等理论研究的基础上，建立起相应的技术体系，用以指导和恢复因采矿活动所引起的退化生态系统，最终服务于矿山的生态环境保护、土地资源利用和生物多样性的保护等理论与实践活动（许晓明，2022）。

我国矿山生态修复正逐渐从传统的单一复绿手段向综合治理、生态功能恢复、资源循环利用等方式转变，运用的技术手段和表现手法也越发多样化，生态修复过程更注重模拟自然及尊重自然本底，实现生态恢复、资源开发再利用及文化艺术价值再现等，强调"社会–经济–自然"复合生态系统协同发展的国土空间生态修复。矿山生态修复既涉及环境问题，又涉及产业发展、乡村振兴、文化旅游等多方面，因此需要加强规划统筹和系统思维（姜杉钰，2022）。矿山生态修复治理要统筹纳入到国土空间规划和生态修复规划中，与区域重大战略、生态修复重大工程等相适应，聚焦重点领域，按照生态、农业、城镇空间的功能定位制定修复目标。要突破传统的矿山环境治理仅专注于矿区范围的局限，在治理方案设计上要加强与周边整体生态系统的有机协调，突出山水林田湖草沙整体修复，以及向提升社会–经济–自然复合生态系统的综合效能转变。在工作推进上，要加强自然资源、生态环境、农业农村等多部门的协同，把矿山生态修复与乡村振兴、污染防治、产业转型、公共基础设施建设等相融合，尤其是要与乡村特色小镇、田园综合体等有机结合，实现空间再造、生态再造、产业再造。

6.1.4　矿山生态修复标准

1. 矿山生态修复标准概况

为科学推进矿山生态修复工作，规范矿山生态修复技术方法，细化矿山生态修复业务流程，提升矿山生态修复标准化水平，指导矿山生态修复行业发展，促进矿产资源绿色开发，生态环境和自然资源等部门根据有关法律法规制定了相关标准和技术规范（表6-3）。

表6-3　矿产资源开发生态环境保护和修复标准

序号	名称
1	《矿山生态环境保护与恢复治理技术规范（试行）》（HJ 651—2013）
2	《矿山生态环境保护与恢复治理方案（规划）编制规范（试行）》（HJ 652—2013）
3	《土地复垦质量控制标准》（TD/T 1036—2013）
4	《非金属矿行业绿色矿山建设规范》（DZ/T 0312—2018）
5	《化工行业绿色矿山建设规范》（DZ/T 0313—2018）
6	《黄金行业绿色矿山建设规范》（DZ/T 0314—2018）
7	《煤炭行业绿色矿山建设规范》（DZ/T 0315—2018）
8	《砂石行业绿色矿山建设规范》（DZ/T 0316—2018）

序号	名称
9	《陆上石油天然气开采业绿色矿山建设规范》（DZ/T 0317—2018）
10	《水泥灰岩绿色矿山建设规范》（DZ/T 0318—2018）
11	《冶金行业绿色矿山建设规范》（DZ/T 0319—2018）
12	《有色金属行业绿色矿山建设规范》（DZ/T 0320—2018）
13	《矿山生态修复技术规范 第 1 部分：通则》（TD/T 1070.1—2022）
14	《矿山生态修复技术规范 第 2 部分：煤炭矿山》（TD/T 1070.2—2022）
15	《矿山生态修复技术规范 第 4 部分：建材矿山》（TD/T 1070.4—2022）
16	《矿山生态修复技术规范 第 5 部分：化工矿山》（TD/T 1070.5—2022）
17	《矿山生态修复技术规范 第 6 部分：稀土矿山》（TD/T 1070.6—2022）
18	《矿山生态修复技术规范 第 7 部分：油气矿山》（TD/T 1070.7—2022）
19	《矿产地质勘查规范 稀土》（DZ/T 0204—2022）
20	《环境地质调查规范（1∶50 000）》
21	《水文地质调查规范（1∶50 000）》
22	《地质环境遥感监测技术要求（1∶250 000）》
23	《矿山帷幕注浆规范》（DZ/T 0285—2015）
24	《矿区地下水含水层破坏危害程度评价规范》（GB/T 42362—2023）
25	《金属非金属矿山地下水安全性评估标准》
26	《矿山生态保护修复工程质量验收规范》（DB43/T 2299—2022）

2013 年，原环境保护部出台《矿山生态环境保护与恢复治理技术规范（试行）》（HJ 651—2013）和《矿山生态环境保护与恢复治理方案（规划）编制规范（试行）》（HJ 652—2013），规定了矿产资源勘查与采选过程中，排土场、露天采场、尾矿库、矿区专用道路、矿山工业场地、沉陷区、矸石场、矿山污染场地等矿区生态环境保护与恢复治理的指导性技术要求，以及矿山生态环境保护与恢复治理方案（规划）编制的原则、程序、内容和技术要求。原国土资源部发布了《土地复垦质量控制标准》（TD/T 1036—2013）和《矿山地质环境保护与土地复垦方案编制指南》等，可为矿山地质环境保护和土地复垦提供技术指导。

2018 年，自然资源部发布《非金属矿行业绿色矿山建设规范》等 9 项行业标准的公告，标志着我国的绿色矿山建设进入了"有法可依"的新阶段，将对我国矿业行业的绿色发展起到有力的支撑和保障作用。自然资源部发布的9 项行业标准包括：《非金属矿行业绿色矿山建设规范》（DZ/T 0312—2018）、

《化工行业绿色矿山建设规范》（DZ/T 0313—2018）、《黄金行业绿色矿山建设规范》（DZ/T 0314—2018）、《煤炭行业绿色矿山建设规范》（DZ/T 0315—2018）、《砂石行业绿色矿山建设规范》（DZ/T 0316—2018）、《陆上石油天然气开采业绿色矿山建设规范》（DZ/T 0317—2018）、《水泥灰岩绿色矿山建设规范》（DZ/T 0318—2018）、《冶金行业绿色矿山建设规范》（DZ/T 0319—2018）、《有色金属行业绿色矿山建设规范》（DZ/T 0320—2018）。

2022 年，自然资源部关于发布《矿山生态修复技术规范 第 1 部分：通则》等 7 项行业标准的公告，涉及煤炭矿山、建材矿山、化工矿山、稀土矿山、油气矿山等行业。根据公告，这 7 项行业标准具体包括：《矿山生态修复技术规范 第 1 部分：通则》《矿山生态修复技术规范 第 2 部分：煤炭矿山》《矿山生态修复技术规范 第 4 部分：建材矿山》《矿山生态修复技术规范 第 5 部分：化工矿山》《矿山生态修复技术规范 第 6 部分：稀土矿山》《矿山生态修复技术规范 第 7 部分：油气矿山》《矿产地质勘查规范 稀土》。

2. 矿山生态修复标准

目前，有关技术规范可以分为"绿色矿山"建设、矿山"土地复垦"、矿山地质环境问题治理三个领域。其中，涉及"绿色矿山"建设的标准规范主要集中在不同行业绿色矿山建设方面；涉及矿山"土地复垦"的标准规范主要分布在行业术语、规划设计、技术方法、方案编制、预算编制、质量管控、效果评估（效益评价）、项目验收等方面；涉及矿山地质环境问题治理的标准规范主要分布在矿山"水文地质–工程地质–环境地质"调查、监测、治理、评价以及有关防治工程勘察、工程设计、工程施工、工程技术等方面。矿山生态保护修复领域的现行标准主要分布在自然资源部、生态环境部等相关部门。

自然资源部发布的标准主要分为通用综合、调查监测、生产建设、修复治理、评价评估等五个类别。其中，涉及通用综合的标准规范主要分布在地质环境保护与土地复垦两个方面，如《土地复垦方案编制规程第 1 部分：通则》《矿山地质环境保护与恢复治理方案编制规范》等；涉及矿山调查的标准规范主要分布在矿山水文、地质、土质、水质、生态、环境等不同要素的本底调查与动态监测两个方面；如《环境地质调查规范（1∶50 000）》《水文地质调查规范（1∶50 000）》《地质环境遥感监测技术要求（1∶250 000）》等；涉及生产建设的标准规范主要集中在绿色矿山建设与资源循环利用两个方面，如"不同行业绿色矿山建设技术规范"与《矿山固体废弃物循环利用指标》等；涉及矿山生态修复治理的标准规范可以分为对不同矿种矿山生态进行系统修复的工作方法、对矿山生产建设过程中不同要素进行专项修复的技术方法两个方面，如"不同矿种土地复垦技术规范"与《矿山帷幕注浆规范》等；涉及矿山生态评价评估的标准规范主要分布在矿区土地、地下水等不同要素破坏（损毁）程度与诱发风险评估、修复质量与治理效果评价等方面。如《矿区地下水含水层破坏危害程度评价规范》《金属非金属矿山地下水安全性评估标准》《矿山生态修复验收规范》等。综上，自然资源部关于矿山生态保护修复方面的标准主要集中在技术规程、技术方法等方面，重点涵盖了调查监测、生产建设、评价评估等有关业务流程。

生态环境部发布的相关标准，按业务板块角度划分，可以分为"环境影响评价""污染场地综合治理""生态保护红线监管""生态环境损害鉴定评估"四个领域。其中，涉及"环境影响评价"的标准规范主要集中在建设项目、环境要素等方面的技术导则；涉及"污染场地综合治理"的标准规范主要集中在场地调查、监测、风险评估以及修复等方面的技术导则；涉及"生态保护红线"的标准规范主要集中在基础调查、生态状况监测、生态功能评价、保护成效评估、数据库建设等方面的技术规范；涉及"生态保护红线"的标准规范主要集中在关键环节、环境要素、基础方法等方面的技术指南。另外，从技术路线角度分析，可以分为通用综合、调查监测、生产建设、修复治理、评价评估等五个类别。其中，除"环境影响评价"侧重评价以外，"污染场地综合治理""生态保护红线监管""生态环境损害鉴定评估"等在上述类别均有分布，相关标准体系日臻完善。综上，生态环境部关于生态保护修复方面的标准在通用要求、技术规程、技术方法等方面均有布局，基本覆盖了矿山保护修复全流程。

6.2　矿山生态修复分区方法

矿山生态修复分区是明确矿山生态修复和综合治理的空间指引，是实现尊重自然、因地制宜、整体规划、分类治理的关键环节，对上为科学编制矿山生态修复方案（规划）打下基础，对下为有效实施矿山生态修复工程提供方向。科学划定各种矿山生态修复类型区，根据不同分区提出具体的分区修复策略，为矿山生态修复和治理措施的确定提供了重要依据。

6.2.1 分区原理

1. 基本理论

矿山生态修复分区涉及的基础理论包括：系统工程理论、恢复生态学理论、近自然修复理念等。

1）系统工程理论。矿山生态修复是典型的系统性工程，其措施主要体现在物质资源提升、场地价值改善、机制转化三个方面（李梦露等，2021）。物质资源提升主要通过地灾整治、环境治理、景观再生等方式提高废弃矿山的安全性，降低生态风险，提高生物多样性。场地价值改善包括价值提升及转化，是指在无害化、资源化基础上将废弃矿山恢复使用价值并得到利用，最终实现场地的经济、社会、生态价值最大化。机制转化是指遵循资源的自然规律和经济规律，建立生态补偿保障机制、以产权约束为基础的管理体制，确保资源所有者、使用者的合法权益不受损害（蒋正举，2014）。矿山生态修复涉及的理论及学科众多，项目时空跨度较大且往往需要持续性的经济投入（白中科等，2018），只有资源提升、价值改善、机制转化这三方面都保障渠道畅通，矿山生态修复才能形成真正的良性循环。

2）恢复生态学理论。恢复生态学是研究生态系统退化和生态恢复的机制和过程的科学（石多多，2005）。1973 年，在美国举办国际生态恢复重建会议后，第一次提出"恢复生态学"这一词汇。1996 年，在美国召开主题为恢复生态学的会议，主要内容是有关矿山生态恢复的一系列问题（杨韡韡，2012）。恢复生态学理论在实际应用中也要与生态学理论相结合，如限制因子等（刘少君和刘博，2019）。对于矿山脆弱的生态环境问题，需要恢复生态学理论作为基础理论来指导其生态修复治理规划研究。

3）近自然修复理念。自然演替过程证明，大自然是可以独立完成自我恢复的，且成本低，持续时间长（Bradshaw，1997），其中，自然植被演替最适合且廉价的生态系统恢复方式（Karel et al.，2013）。近自然理念正是利用自然系统的自然演替、自我更新再生能力。参考附近未被扰动矿区的地貌特征、生态环境结构，在尊重自然演变过程与自然结构的基础上，通过人工诱导干预的方式，进行地形恢复、植被重建等，使其逐渐达到邻近未扰动区域生态系统结构功能的人工营造自然生态（杨翠霞等，2017）。相对减少了土地资源被扰动的程度，有利于矿山的生态恢复。近自然修复理论的应用，对于矿山的生态修复治理是有必要的。

2. 分区原则

根据《矿山生态环境保护与恢复治理方案（规划）编制规范（试行）》（HJ 652—2013），分区应根据矿山企业生态破坏与环境污染状况现状调查、评价与预测确定。矿山生态环境具有"自然、社会、经济"三重属性，因此，矿山生态环境保护与恢复治理分区应遵循以下原则。

1）以人为本。矿山生态环境保护与恢复治理首先必须把区内人民群众生命财产安全放在第一位，尽可能减少矿山建设生产对人民生命财产造成损失。

2）以工程建设安全为本。矿山地质环境保护与恢复治理过程中应确保工程建设、运营安全，同时也充分考虑工程建设对矿山地质环境的综合影响。

3）与矿山开采引起生态环境破坏的危害相适应。对人类生活、生产环境影响大，对矿山工程活动影响大的生态环境影响区应作为重点治理区，次之的为次重点治理区和一般治理区。

4）预防为主，防治结合。把分区的重点放在矿山生态环境保护上，预防为主、防治结合，尽可能地减小工程建设和矿山开采等对生态环境的破坏，以及尽可能对已破坏的生态环境进行恢复治理。

5）谁开发、谁保护，谁破坏、谁治理。合理界定矿山生态环境保护与恢复治理责任范围，客观反映于矿山生态环境保护与恢复治理分区中。

6.2.2　关键区识别

根据各矿山的地质环境、地形地貌、规模大小、开采方式以及采矿生产活动对矿区生态环境安全造成的破坏和影响类型、程度等，以综合治理空间相似性以及功能利用性为原则，进行矿区修复治理分区。根据区域内地形地貌、具体生态环境存在问题的不同拟治理方向，按照防治工程相对集中的原则，可继续划分为防治亚区。

1）同一区内的环境破坏形式基本一致。

2）同一区内生态修复治理程度、植被情况基本一致。

3）同一区内的土地利用方向、生产发展方向以及措施布局基本一致。

4）同一区内尽可能保持单项生产建设项目工程完整性。

重点治理区：主要考虑矿产资源开采集中、开采强度大并对环境造成极大影响，矿山地质环境问题对生态环境、工农业生产和经济发展造成较大影响的区域。主要包括在历史时期国有大中型老矿山、闭坑矿山和责任主体灭失的矿山，小型矿山集中开采的矿区，矿山地质环境问题严重或较严重；矿产资源开发过程中造成的问题随时可能威胁当地人民生命财产安全，对环境造成严重影响的区域；矿山地质环境影响严重区或集中连片的较严重区；位于国家级、省级自然保护区和生态修复保护区内的矿山（吕洪斌，2011；张永军等，2019）。

一般治理区：主要包括分散分布的矿山地质环境影响较严重区和矿山地质环境影响一般区；矿产资源开发利用程度和矿山地质环境问题影响程度较重点治理区弱，恢复治理后将产生较好的社会效益、经济效益和生态环境效益的矿山等区域。

自然恢复区：主要是指依靠大自然能自我修复的区域（孙晓玲等，2020），适用于开采规模较小、开采幅度较轻、分散分布、远离"三区两线"，对地质环境影响程度较轻，且在停止矿业活动后地质环境问题有减轻趋势，自然恢复即可的矿山。主要考虑矿山地质环境影响结果为一般区或无影响区内地质环境安全性良好、生态系统较好、地形坡度不易发生水土流失、表层土壤具备维持植被一定生长条件的区域（岳小松和吴佳熠，2021）。

封育搁置区：主要是指通过封育搁置，减少区域内人类活动的干扰，提高植被自我繁殖能力和生物多样性，确保恢复治理后，植物能快速自然生长，尽快恢复被破坏的矿山生态环境（颜德宏，2019）。主要考虑目前已集中恢复治理区域或重要生态功能区，周边矿山开采活动弱、矿山地质环境影响结果为一般区或无影响区的区域。

6.3 矿山生态修复技术

常用的矿山生态修复技术主要包括地貌重塑、土地整治、土壤重构、植被重建、污染治理以及长效监测。在实际开展矿山生态修复工作中，由于不同矿山所在的地理位置、气候条件、生态区域、国土空间规划、地质背景、社会经济状况、主要生态问题等存在差异，需针对修复矿山的规模、矿种、开采方式等，采用适当的生态修复技术方法进行恢复。

6.3.1 地貌重塑

地貌重塑是指根据矿山地貌破坏方式与损毁程度，结合矿山周边地貌特点，通过地形重塑、边坡整治、重构截排水系统等措施重新塑造一个与周边地貌相协调的新地貌（杨剑锋，2022），对矿区地质灾害防治以及后续利用等有着重要作用，是矿区修复的基础（白中科等，2018）。地貌重塑主要为物理修复，常见的地貌重塑技术主要分为整地技术、边坡整治技术与截（排）水技术。

整地技术主要包括对矿区土地上的剥离物、废石渣和尾矿等固体废弃物清理，采用削坡、修建马道和挡墙的工程措施对不满足稳定及覆土要求的排土场和废石（渣）矸石边坡进行整形，采用回填整平技术对矿山开采区域进行回填和整平施工，避免矿区产生较大坡度，以及废弃生产、生活设施的拆除（陈倩，2023）。

边坡整治主要为通过边坡削坡、加固和护坡等工程措施对露天采场及边坡破坏地形地貌景观进行恢复（杨翠霞，2014）。

截（排）水工程技术包括地表排水工程和地下排水工程，是土地资源损毁、地形地貌景观破坏和地质灾害治理工程中的辅助配套工程，主要为采用开挖沟渠的方式修复矿山地质环境，同时加强水利系统规划建设，便于实施复垦操作，对后期实施土地复垦，以及防治区域水土流失与地质灾害有着重要作用（沈忱，2020）。

在实际开展修复时间，需同时考虑矿区地质条件与未来利用方向，合理选取修复技术，制定修复标准。如矿区场地计划修复为旱耕地、园地的，修复后的地形坡度一般不超过 25°；修复为水浇耕地的，修复后的地形坡度一般不超过 15°；修复为林草地的，地形坡度不做规定；修复为建设用地的，地形应满足建筑物防洪要求，地形坡度值按照当地同类岩土体稳定性坡度值确定（矿山生态修复技术规范 第 1 部分：通则）。

6.3.2 土地整治

土地整治主要包括全面整地、局部整地两种模式，常用的技术措施主要包括采取场地平整、表土保护、土石配置、客土覆盖等（赵方莹和孙保平，2009）。

全面整地主要指采用客土改良方法针对现有废弃地实行全面改良，改变土壤的理化性质，使矿区植被得到全面恢复，该方法可以显著改良矿区土地理化性质，但用工较多、投资较大、成本高，具有一定局限性（朱振波，2017）。

局部整地可进一步分为带式整地与点式整地，带式整地以长条状形式针对带上进行客土改良，采用全面播层客土、点式客土方式进行坡面改良，适用于煤矸石、铁矿排土场等废弃地；点式整地常用方法包含穴状、块状、鱼鳞坑、漏斗坑、波浪状等，在确认种植点位的基础上完成整地（马天良，2015）。

矿区生态修复中移土所花费的费用在矿山生态修复总费用的占比非常大，因此土地整治所使用客土应合理选择客土土源，一方面在矿产开采的过程中有意识地将采剥作业中产生的土就近堆积，可有效降低客土的费用；另一方面土源位置宜接近修复区，部分客土困难地区可采用羊板粪等改良土进行覆土。

6.3.3 土壤重构

土壤重构是指在矿山地貌重塑基础上，依靠本地的岩土条件、水热与温湿条件等，充分利用采矿剥离的表土和采矿遗留的废石（渣）、尾矿砂（渣）、粉煤灰等固体废弃物，通过物理、化学、生物等修复措施，重构土壤剖面结构与土壤肥力条件（矿山生态修复技术规范 第 1 部分：通则）。常用的土壤改良方法主要包括土壤结构改良、土壤肥力改良与土壤活力改良（贾同福，2018）。

土壤结构改良。土壤结构改良主要包括原土过筛、基质调配与化学改良三种方式。原土过筛主要为通过将场地的表土刨出并经过人工或机械筛土，去除粗颗粒石块、瓦砾、杂物等，改善土质结构（《矿山生态修复技术规范 第 1 部分：通则》）；基质调配指向土壤中添加黏结材料、保水材料、轻质颗粒（珍珠岩、陶粒、蛭石类）、有机纤维、腐殖肥等物料，改善土质结构，当土壤过砂或过黏时，还可采用砂土与黏土相互掺混的办法；化学改良主要使用石灰、石膏、磷石膏、氯化钙、硫酸亚铁、腐殖酸钙等化学改良剂，调节土壤酸碱度至中性（王雪，2009）。

土壤肥力改良。土壤肥力改良包括添加肥料、原地沤肥与客土覆盖。添加肥料指向表土层中施加有机肥、无机肥、复合肥料、复混肥料等，提高土壤肥力（杨壮，2022）；原地沤肥为将采集场地附近的野生杂草、树叶、农作物秸秆等，采用原地翻压、堆土、施水等措施沤制绿色肥料，改善土壤肥力；客土覆盖指采取异地肥力较好的客土摊铺到场地表土之上，以达到改善土壤肥力的目的（刘爽等，2014）。

土壤活力改良。土壤活力改良主要包括生物改良与封育养护。生物改良主要向表土层中添加微生物菌剂、微生物肥料、生物有机肥、土壤调理剂等改善土壤活力（杨黎萌，2022）；封育养护是指通过封闭场地，将有机物料铺覆于场地之上，以喷灌、滴灌、微灌等施水措施改善土壤水分条件（梁天昌等，2021）。

6.3.4 植被重建

根据《矿山生态修复技术规范 第 1 部分：通则》，植被重建是指在地貌重塑和土壤重构基础上，按照生态系统的生物种群特点，考虑矿山生态重建的植被适宜性、结构布局合理性和物种多样性，合理配置植物种群组成和结构，借助人工支持和诱导，重建与周边生态系统相协调的生态系统，保障植物群落持续稳定。

植物选取。依据重塑的地貌形态和重构的土壤条件，筛选出根系发达、固氮能力强、生长速度快、播种栽植容易、成活率高、病虫害少、抗水土流失能力强、易管护的适生植物和先锋植物（刘群星和邱学尧，2020），通过林、草、花、卉、乔、灌种植结合，合理部署植被疏密和覆盖区域。

坡面植被恢复。在实际开展植被重建中，需根据重塑的地貌形态和重构的土壤条件合理选取植被恢复方法（张明等，2014）。当修复区边坡坡度小于30°时，可在土壤平整和改良的基础上，直接采用植树造林或植草复绿的方式进行修复。当修复区边坡坡度在30°~45°时，可选取毯式坡面植被恢复技术、袋坡面植被恢复技术、生态灌浆坡面植被恢复技术等技术方法开展（龙丹，2019）。其中毯式坡面植被恢复技术是指通过人工制作防护毯，然后再以在防护毯内灌草种子的方式进行坡面植被恢复，防护毯的编制主要使用麦秸或稻草，在编制好防护毯之后灌入草种子，然后适当浇水养护；袋坡面植被恢复技术是指将附有种子层的土工材料袋放置在坡脚或者坡面，用以防止坡面土壤受侵蚀，起到防护、拦挡等作用（卿翠贵等，2020）；生态灌浆坡面植被恢复技术是将土壤、肥料、黏合剂、有机质以及保水剂等按照一定的比例搅拌成浆，然后浇灌到坡面植物生长层土，从而为植被提供生长土壤（龙丹，2019）。当修复区边坡坡度在60°~80°时，可以采取种槽技术完成对生态环境的修复（张家明等，2019），也可以沿着石壁等高线构筑板槽，在其中填入营养土，种植乔灌藤、草本植物，形成乔、灌、藤、草复合型制造来改善环境。边坡坡度在80°以上，可以采取混凝土与植物种子混合喷播的方式进行绿化。

6.3.5 污染治理

矿山污染治理主要是指对矿产资源勘探和采选过程中的各类环境污染采取人工促进措施，依靠生态系统的自我调节能力与自组织能力，逐步恢复其环境质量与生态功能（陈鸿鹄和蔡润，2022）。目前，矿区污染治理主要为土壤重金属污染与酸性废水治理。

土壤污染治理。土壤污染修复技术可分为物理修复、化学修复与生物修复三类（朱文武，2022）。物理修复是指采用物理方法去除土壤中的污染物，常用的修复方法包括热处理法、工程措施法和电动修复法等，其中热处理法多应用于治理汞污染，工程措施法主要以客土或换土的方法进行表层土壤更换，电动修复法是以人为控制电的形式将污染土壤中重金属离子进行分离（水新芳等，2021）。化学修复是指通过化学反应调节重金属在土壤中的移动性来修复污染土壤，多数利用化学试剂来调节或降低重金属的浓度、溶解性、游离性等（罗小燕，2013），通过氧化还原反应来降低重金属的生物有效性，增加土壤有机质含量，进而改变土壤电解性，减轻危害。生物修复是指利用微生物、真菌、绿色植物以及酶类等生物吸收、富集、萃取、转化和固化土壤中的重金属元素（李剑韬和叶汉逵，2018），使土壤中重金属元素的含量降低、毒性减小或消失。

大气污染治理。矿区大气污染主要分为颗粒物与废气两类。矿区颗粒物常用的治理方法主要为在开采、储存与运输过程中及时进行通风除尘及喷雾洒水（滕娟和朱帅，2017），包括安设固定式或移动式喷淋设施、对采坑作业区设置硬质围挡、对露天作业区采取喷淋抑尘与覆盖网布、对进出车辆进行冲洗、严格覆盖运输物料等，从而降低矿区扬尘造成的颗粒物污染。矿区废气主要以防治为主，一方面在开采环节中采用流化床清洁燃烧技术、洗选加工技术、烟气净化等清洁生产技术，优化矿区布局，加强通风管理，从根源上降低气体污染物的产生（康红普等，2010）；另一方面在矿石储存与运输过程中对矿石进行严格密封，减少矿石与空气的接触，降低污染物排放。

水污染治理。矿井水、选矿废水和尾矿库废水水质若直接达到或处理后达到使用标准，可作为非常规水资源进行利用。矿井水和露天采场内的季节性和临时性积水应在采取沉淀、过滤等措施去除污染物后重复利用。

酸性废水需采取有效隔离和覆盖措施，减少降水入渗，同时采用主动处理（王飞等，2009）或被动处理（Sheoran and Sheoran，2006）技术改善废水 pH 与去除重金属离子。主动处理技术主要包括中和法、硫化物沉淀法与离子吸附法。其中中和法是目前使用最广泛、也最简便的提高酸性矿山废水 pH 的方法（杜实之，2022），即将中和试剂放入酸性废水中，生成难溶的氢氧化物沉淀，使重金属离子得以去除（杨松青，2017），常用的中和试剂有氢氧化钠、碳酸钠、碳酸钙、氧化钙和氨化合物等；硫化物沉淀法是向废水中加入硫化剂（Na_2S、FeS、CaS、MnS 等），使酸性废水中的重金属离子转变成难溶的金属硫化物沉淀，该方法利于某些贵重金属的回收（代枝兴，2019），但为了使金属离子完全沉淀往往需要加入过量的硫化剂，容易导致硫离子过剩最后产生有毒的硫化氢气体，造成二次污染（王松和谢洪勇，2018）；离子吸附法是目前公认的较为经济的方法（牛政等，2021），主要方法为使用多孔性固体物质对重金属离子进行吸附，常用的吸附剂分为天然高分子吸附剂，包括生物炭、沸石、硅藻土、煤灰粉、壳聚糖等（Shilpi et al.，2014）（Salam et al.，2011）和无机吸附剂包括活性氧化铝、陶瓷等（李三艳，2014），该方法虽然简单易操作且吸附剂来源广泛，但处理效率低、效果差强人意。

被动处理技术是指加速将受污染的水体转化为可以接受的形式，并且通过不同的处理技术将对环境的影响降至最小。常用的被动处理技术包括湿地修复、微生物修复以及膜技术。湿地修复法是公认的低成本、高效率的修复方法，主要过程是酸性水流缓慢流过人工湿地中的植物群落后，在细菌和辅助物质的帮助下，对重金属离子进行直接的沉淀；或者通过凋落物层和有机质的形成，通过捕获重金属使其沉积，促进金属之间的还原、吸附和沉淀（Pat-Espadas et al.，2018）。微生物修复主要是通过在废水中加入硫酸盐还原菌等微生物，将废水中的硫酸根离子还原成硫离子，再与酸性废水中的重金属离子结合形成硫化物的沉淀，从而去除水中重金属离子（李二平等，2011）。膜技术主要为通过反渗透（RO）和纳米过滤（NF）过程去除高浓度的重金属离子和有毒离子（张慧等，2022），该方法操作简单灵活且去除效率高，但成本相对较高。

6.3.6　长效监测

矿山监测以生态修复实施区域为主，可适当扩展到矿山周边地区。监测内容包括地质稳定性、水体、土壤、植物群落和动物种群等，其中地质稳定性监测包括边坡稳定性、地面塌陷、地裂缝等，水体监测包括地表水分布、面积、水质和地下水水位、水质等，土壤监测包括土壤类型、分布、面积和土壤肥力、理化性质等，植被群落监测包括植被种类、分布、面积和植被成活率、覆盖度等，动物种群监测主要包括动物类型、数量和分布等。具体监测频次、周期等可根据后期管护要求确定。

在生态环境监测的基础上，还应开展矿山生态修复成效评估，重点对生态修复工程实施全过程的流程规范化、成果资料完备度、工程质量达成度以及工程对周边环境影响等四个方面的相关文件进行核查，开展项目质量野外抽检，从工程实施流程规范化、成果资料完备度、工程质量达成度、工程对生态环境影响评估四个方面开展工程管理过程与质量综合评估。对于未能达到评估要求的工程项目需提出整改措施，并进行及时整改。

6.4　矿山生态修复模式

我国的矿山修复已由简单复绿向注重生态修复模式转变。矿山生态修复模式的选择应该综合考虑待修复矿山的自然地理条件、破坏类型、破坏程度、土地开发适宜性等因素，按照技术可行性和经济合理性的原则，坚持"宜耕则耕、宜园则园、宜林则林、宜牧则牧、宜渔则渔"，因地制宜、一矿一策，综合研判矿山生态修复是采用自然恢复还是人工修复。目前矿山的主要生态修复模式包括以生态系统自我调节能力进行复绿的自然修复模式、以生态景观再造模式、综合开发利用模式以及生态环境导向的开发模式。

6.4.1　自然恢复模式

以矿山复绿为主要目标，依靠生态系统自我调节能力逐步得到恢复，不采用任何工程干预措施，促进植被再生和生物种群恢复，是目前国内矿山修复最普遍的模式。自然恢复模式主要缺点在于修复后产出的效益有限，对周边经济、社会和生态环境的带动性较小。自然恢复模式的特点是成本低、恢复周期较长、恢复后的生态系统可持续性高。自然恢复模式主要适用于以下三种类型：一是降雨、土壤、气温等自然地理条件适合植被生长且没有重大地质灾害隐患、水土污染等矿山环境问题；二是生态环境极其脆弱，采用人工修复模式可能会引起二次破坏；三是工程措施技术上或经济上不可行，且地处对农业、人居环境无影响的偏僻荒凉地区（孙晓玲和韦宝玺，2020）。

目前，安徽、山东、湖北等部分地区推行采用自然恢复方式修复历史遗留废弃露天矿山。主张因地制宜地利用自然恢复矿区内的土地，并通过"摸底核查—名录确定—管护措施—验收管理"等程序对废弃露天矿山的自然恢复治理进行了规范；采取自然恢复方式进行治理的历史遗留废弃露天矿山应当满足治理责任主体为地方政府、无地质安全隐患、周边无水土环境污染、无明显视觉污染、且具备自然恢复的水土环境等适用条件，并明确了自然恢复矿山认定标准、认定程序及销号要求等；最大限度保留和维持原有生态系统自我调节、修复、平衡能力，以提升矿山生态系统恢复力，并明确了适用条件、实施程序、管理机制、验收认定和工作责任等内容。

6.4.2 常规人工复绿模式

采用相对成熟的植被恢复手段，使用机械和人工相结合的方式，促进植被再生和生物种群恢复，可实现矿山的常规复绿。常规人工复绿模式与自然恢复模式类似，主要适用于场地面积较小且边坡相对稳定的矿山，但需一定的治理成本，且后期或需要进行长期人工养护。常规人工复绿模式常用的技术方法包括覆土绿化、开凿平台绿化、挂网喷播绿化等技术方法，其中，挂网喷播绿化是目前常用的技术方法。覆土绿化主要根据恢复土地利用类型确定回填土层厚度，通过逐步改良土壤土质进行复绿。开凿平台绿化主要针对完整性较好的岩质边坡，通过在边坡上开凿不同尺寸的平台，种植草本、灌木、乔木等进行绿化。挂网喷播绿化主要针对各种岩石、硬质土、砂质土、贫瘠地、酸性土壤、干旱地带、河岸堤坝等植物生长困难的地方，采用喷播、机械或人工作业的方式制成最适于植物生长的生育基盘。

北京大部分的矿山生态修复治理都采用了常规人工复绿的模式。例如，门头沟雁翅镇矿山生态修复治理项目通过清理废渣、平整场地、绿化美化等手段，栽种大量乔木、地锦、沙地柏、波斯菊等植被，打造了四季分明的生态山林景观（表6-4）。同样，密云西智治理区、门头沟水峪嘴村矿、昌平南口采石场、怀柔皮条沟铁矿和四道沟铁矿等大部分京郊矿区都采用了人工修复治理，实现了矿山常规复绿。

表6-4 门头沟雁翅镇矿山生态修复治理情况

项目	内容
矿山类型	铁矿开采
矿山地点	北京市
采用技术与做法	通过清理废渣、平整场地、绿化美化等人工复绿技术，栽种大量乔木、地锦、沙地柏、波斯菊等植被
修复成效	植被成活率达90%以上，大大改善了区域生态环境，付珠路沿线15km呈现出四季分明的生态山林景观，营造了一幅和谐美丽的生态画卷

6.4.3 生态景观再造模式

采矿损毁土地需要采取工程措施消除矿山地质环境问题隐患,进行地貌重塑、土壤重构、植被重建等,将普通绿化升级为生态景观,使自然资源与历史文化资源优势转变为经济优势,其终端产品一般是城市开放空间、矿业遗址公园、博物馆等(吴靖雪等,2015),重建与周边生态系统相协调的生态系统,使受损生态系统逐步恢复。这种模式主要适用于临近城区或者风景区、人流量较大、有造景需求的矿山废弃地。

1. 城市开放空间

城市开放空间主要指供市民休闲的城市户外公共空间,包括各类主题公园、矿山公园、自然山水园林、绿地等。如上海辰山植物园的矿坑花园,矿坑原址属百年人工采矿遗迹,根据矿坑围护避险、生态修复要求,结合中国古代"桃花源"隐逸思想,利用现有的山水条件,设计瀑布、天堑、栈道、水帘洞等与自然地形密切结合的内容,使其具有中国山水画的形态和意境,成为亚洲最大的矿坑花园(表6-5)。

表 6-5 上海辰山矿坑花园生态修复治理情况

项目	内容
矿山类型	建筑石材开采
矿山地点	上海市
采用技术与做法	通过选取适应上海特大型城市水体富营养化、土壤重金属污染的植物修复及植物配置与保育技术,对辰山采石坑现有深潭、坑体、地坪及山崖的改造
修复成效	成功将一片废弃工业用地打造成奇妙的植物王国和市民的精神家园,成为植物园新生代典范

2. 矿业遗址公园

矿业废弃地经过艺术手法的处理并赋予全新的功能定位后,能形成全新的后工业景观旅游地,加上对矿坑等遗址景观环境的再造,使其与周边的自然风光衔接起来组成全新的矿产旅游景区,从而打造出极富吸引力的主题旅游资源，从而进一步带动资源枯竭型城市的经济发展。这种以旧矿区为打造核心的旅游项目在国内外都有很多成功的先例，如黄石国家矿山公园（表6-6）、南京方山地质公园等。

表6-6 黄石国家矿山公园生态修复治理情况

项目	内容
矿山类型	露天开采铁矿
矿山地点	湖北省黄石市
采用技术与做法	主要通过换土、坑植和填充等植被重建的景观设计手法恢复矿山自然生态和人文生态，把公园开发建设的着眼点放在弘扬矿冶文化上，定位为"科普教育基地、科研教学基地、文化展示基地、环保示范基地"
修复成效	曾经的黄石矿山露天采石场已变身成为以"天坑"为中心，拥有矿冶博览、天坑飞索、井下探幽、石海绿洲等景观的矿山遗址公园，成为全国首批、湖北省首座国家级矿山公园

3. 矿山博物馆

博物馆适用于污染较小且具有较多废弃矿业遗存元素的矿山废弃地进行改造。矿山博物馆主要采用塌陷区植被改造、矸石填充、污染治理及植被重建等技术，通过对废弃地进行改造并建立博物馆。博物馆分室内与露天博物馆两种，这两种类型也只是建筑空间形式上的不同，都体现了矿业遗产的两大价值：历史纪念和学习教育价值，如河北开滦矿山博物馆（表6-7）、湖北大冶铁矿博物馆等。

表6-7 河北开滦矿山博物馆情况

项目	内容
矿山类型	井工开采煤矿
矿山地点	河北省唐山市
采用技术与做法	主要塌陷区植被改造、矸石填充、污染治理及植被重建等技术，建成开滦矿山公园中心建筑开滦博物馆
修复成效	把"保护与展示"结合在一起，以反映近代工业发展历程的主题和厚重的矿业文化特色，填补了我国博物馆行业的空白，成为广大群众阅读中国煤炭文化的"实物读本"，成为中国煤矿工人和煤炭文化的一座圣殿

6.4.4 综合开发利用模式

采矿损毁土地可恢复为耕地等用于农业生产，或恢复为城乡建设用地用于各类建设活动，使废弃矿山内部生态生产力被激活，继而产生良好的社会效益、生态效益和经济效益。综合开发利用模式能够推进资源集约节约利用和生态价值实现，但可能会受到一些土地利用政策的限制，且部分土地在短期内受地质灾害隐患、采矿产生的各类污染影响不适合再次开发利用。该模式适用于矿区面积较大且具有开发利用价值的矿山。

1. 建设开发

地产开发是指将距离城市较近、场地安全性较高、土地开发利用价值较高的区域，在符合规划的前提下进行地产开发，如建设绿色智能制造产业园、高端度假区、会议中心、物流仓储基地、居民住宅区、大型商业综合体等。如浙江湖州南太湖 333.3hm² 废弃矿区采用 PPP 模式，实施全园通盘规划、综合设计与治理，建成绿色智能制造产业园，包括龙之梦钻石大酒店、吉利汽车产业园（表6-8）。

表 6-8 浙江湖州南太湖废弃矿区生态修复治理情况

项目	内容
矿山类型	石灰石开采
矿山地点	浙江省湖州市
采用技术与做法	主要采用植被重建、景观再造、农地复垦等技术，严格按照宜建则建、宜绿则绿、宜景则景的思路开展，开展周边废弃矿坑实施矿地整治与复垦，以建设规划为翼，盘活营商资本
修复成效	在废弃矿山生态修复项目建设和运营中探索了新路径，更为当地拓展了经济发展新空间，将废矿山变成了聚宝盆，实现了生态效益与经济效益的互助互惠

2. 生态农业

生态农业是指根据"宜农则农、宜林则林、宜牧则牧、宜渔则渔"的原则，开展特色农林牧渔产品生产、深加工服务，是经济新常态下农产品供给侧结构性改革的重要途径之一，同时充分利用周边地形地貌打造田园综合体、生态休闲观光园、自然文化课堂、户外活动基地等，吸引游客观光体验现代田园生活。如北京怀柔崎峰茶金矿种植油松、板栗、核桃等树种 6.67hm²，既实现了生态恢复，又产生了经济效益（表6-9）。

表6-9 北京怀柔崎峰茶金矿生态修复治理情况

项目	内容
矿山类型	露天和井工联合金矿开采
矿山地点	北京市
采用技术与做法	主要通过土地整治和植被重建技术，建立多级梯田和条形台地，新增可利用土地100多亩，鼓励农民因地制宜在山谷中下段种植经济树种，在坡脚下种植板栗等农作物
修复成效	闭坑后矿山大力发展生态农业，并转型开发旅游建设，建成中国唯一一个以黄金文化景观和自然景观为一体的主题公园，实现了生态效益、经济效益和社会效益的同步增长

6.4.5　生态环境导向的开发模式

在矿山修复市场化机制尚未完全建立的情况下，中央和各级财政资金难以完全承担，资金问题成为矿山生态修复的主要瓶颈。为了解决矿山生态修复历史欠账多、现实矛盾多、投入不足等突出问题，自然资源部2019年12月发布《关于探索利用市场化方式推进矿山生态修复的意见》，通过政策激励，吸引各方投入，推行市场化运作、科学化治理的模式，加快推进矿山生态修复。该意见鼓励对修复后矿山土地进行综合利用，允许社会资本通过公开竞争方式将矿山修复后获得土地使用权，用于工业、商业等经营性用途，或是从事种植业、林业、畜牧业或者渔业生产等农用地承包经营；此外，矿山修复后形成新增耕地指标的，可参照城乡建设用地增减挂钩政策，腾退的建设用地指标可在省域范围内流转使用。该意见发布后，激发了社会资本参与矿山修复的积极性。2022年11月，国务院办公厅印发《关于鼓励和支持社会资本参与生态保护修复的意见（国办发〔2021〕40号）》。该文件针对社会资本参与难题，指出信息缺失、融资困难、政策分散、鼓励和支持措施不明确、交易机制和回报机制不健全是过去生态保护修复社会资本投资不畅的原因，提出要"加强与自然资源资产产权制度、生态产品价值实现机制、生态保护补偿机制等改革协同，统筹必要投入与合理回报，畅通社会资本参与和获益渠道""实现社会资本进得去、退得出、有收益"的新思路，还首次提出项目+产业、项目+碳汇、项目+资源三种收益获取方式，并允许打一个大包进行项目自平衡。

生态环境导向的开发（Eco-environment-oriented Development，EOD）模式是以生态保护和环境治理为基础，以特色产业运营为支撑，以区域综合开发为载体，采取产业链延伸、联合经营、组合开发等方式，推动收益性差的生态环境治理项目与收益较好的关联产业有效融合，并将生态环境治理带来的经济价值内部化，是一种创新性实施方式，目前已广泛用于矿山生态修复。

EOD 项目要求生态修复项目实现市场化自平衡。矿山生态修复 EOD 模式要求在合理分期、滚动开发的前提下，合理设计资金进出路径，可积极争取中央和省级专项资金、政府专项债等资金，也申请政策性银行以及国际开发性金融机构贷款支持，还吸引产业投资基金、大型央企国企以及有实力的民营企业等社会资本参与。目前，EOD 模式被应用于矿区生态保护修复、采煤沉陷区综合治理等，如徐州贾汪区潘安湖采煤塌陷区修复（表 6-10）、长沙市坪塘镇矿坑主题乐园等。

表 6-10　徐州贾汪区潘安湖采煤塌陷区修复

项目	内容
矿山类型	井工开采煤矿
矿山地点	江苏省徐州市
采用技术与做法	通过土地整治与植被重建技术，通过"挖深填浅、分层剥离、交错回填"等改造塌陷区，打造集康养、休闲旅游、电子商务、高端住宅于一体的现代生态新城
修复成效	将昔日伤痕累累、荒凉破败的塌陷地建成了"湖美、景靓、田丰"的特色景观区，推动了塌陷地整治、产业振兴和城镇化建设三位一体，引起了中央电视台《新闻联播》《焦点访谈》等国内主流媒体高度关注，实现了周边村庄如马庄村乡村振兴

6.5　矿区生态修复案例

6.5.1　矿区概况

木里矿区位于青海省海西蒙古族藏族自治州，是青海省最大的煤矿区，也是西北地区目前唯一的焦煤资源整装勘查区域。木里矿区处于 25 个国家级重点生态功能区之一的祁连山冰川与水源涵养生态功能区内，生态环境十分脆弱，易受人类活动影响。木里煤田呈北西向条带状展布，矿区范围东起江仓矿区东段，西至哆嗦贡玛，南北分别为江仓矿和聚乎更矿区、弧山矿区。木里矿区发现较早，其中江仓矿区和聚乎更矿区在 20 世纪 70 年代曾有小窑和小露天开采过，开采范围及产量均较小，并于 20 世纪 70 年代末停止开采，具体如表 6-11 所示。

表 6-11　木里矿区开采历史表

开采时间	开采情况
1980 年以前	江仓矿区和聚乎更矿区在 20 世纪 70 年代曾有过小窑和小露天开采历史，开采范围及产量均较小，并于 20 世纪 70 年代末停止开采
1980～1990 年	江仓一号井进行过井工开采，采出煤炭主要用做战备资源，随后不久停产
2003 年	聚乎更四号井开始基建，并于同年 8 月投产
2005 年	江仓一号井、江仓二号井、四号井开始露天开采，其中江仓一号井、江仓二号井采用单斗-汽车开采工艺
2009 年	江仓一号井开始井工施工，江仓五号井开始露天开采
2009～2014 年	到 2014 年停产前，开采井田共 10 个
2014～2020 年	2014～2020 年，矿区全面整顿，除聚乎更三号井外所有井田全部停产
2020 年 8 月至今	2020 年 8 月，木里矿区再次进行全面整顿，目前所有井田已全部停产

6.5.2　矿山生态修复总体思路

统筹考虑矿区自然条件与损毁情况，明确木里矿区生态修复"五步走"思路，即问题研判、修复分区、技术比选、工程实施、长效机制（图 6-1）。

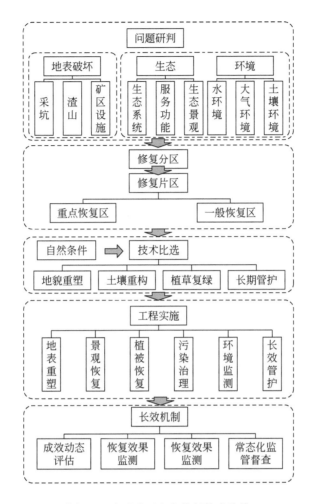

图 6-1　木里矿区生态修复技术路线

问题研判。结合矿区及周边地区生态环境保护目标与要求，开展基础性调查与现场布点采样，进行矿区生态环境状况及动态变化评估，对矿区所面临的主要生态环境问题及风险进行综合研判，为修复分区、模式选择、工程实施等提供基础支撑。

修复分区。针对矿区空间布局特征、土地损毁情况等，综合考虑矿区重点生态环境问题与生态修复需求，按照矿区生态修复分区基本原则，合理划定矿区生态修复片区，明确各个片区生态修复范围及边界，明确各个片区生态修复主要目标及总体方向。

技术比选。分析矿区及周边地区自然条件、资源状况，明晰矿区生态修复的重点和难点，梳理需要解决的技术难题与解决方案。根据实际情况，因地制宜选择适合于木里矿区的地形重塑、土壤重构、复绿播种、长期管护等生态修复技术方法。

工程实施。结合矿区生态修复总体目标，按照矿区生态修复总体思路与技术要点，优化矿区生态修复模式，实施地表重塑、土壤重构、植被恢复、环境综合整治、长期管护等工程措施。

长效机制。建立健全木里矿区生态环境管理长效机制，开展年度生态修复成效动态评估，逐年巩固矿区生态修复成效，推动矿区由人工修复逐步转向自然恢复，促使木里矿区高寒草甸、高寒湿地和冻土生态系统正向演替和良性发展。

6.5.3　矿山开发的生态环境问题

矿区原始景观破坏。木里矿区露天开采对地形地貌与生态景观影响十分显著，形成大量采坑与渣山，打破原有草地生态系统各要素之间的平衡状态，损坏草地景观结构的完整性、连续性。矿区活动导致土地切割严重、地形破碎，致使矿区内天然草原植被破坏，生活区、公共区建筑占用或车辆碾压导致原生草原植被损毁，进而导致地表裸露，土壤贫瘠，植物难以生长，生态景观斑块数量逐步增加且面积逐渐减小。矿区生态景观逐渐破碎化已成为该地区生态景观演变的重要特征。

土壤资源破坏。木里矿区适宜植被生长的土层厚度较薄，有机质含量总体较低，土壤资源稀缺。矿区开采期间采用露天开采的方式进行开采，土壤资源被直接挖损剥离，且未对剥离的表层土壤进行收集、保护，导致原有土壤无法为矿区生态修复使用。由于露天开采间接导致周边草地退化，引起水土流失等问题，进一步加剧了矿区土壤资源的损失。

生物多样性损害。矿区露天开采导致开采区生态系统受到严重破坏，物种数量显著减少。植物群落发生逆行演替，多植物类型的原生草甸向由高山嵩草、矮生嵩草、线叶嵩草等为主的天然草原群落转变并破碎为大量断续的小斑块。马先嵩等植物群落逐渐成为矿区周边草原生态系统的主体，野生物种数量和种类减少，生物多样性明显降低。

草地、湿地、冻土等生态系统退化。露天开采引起原有高寒草甸植被破坏性损毁，弃渣堆放长期压占原有高寒草甸植被，导致矿区及周边地区草原消失殆尽或出现不同程度的退化。矿区草地面积呈下降趋势，矿区开发活动区域及周边高寒沼泽草甸向高寒草甸进行了不可逆的演替。湿地生态系统扰动显著，矿区开采期间河流面积整体呈先减小后增加的趋势，原河道及周边湿地植被干涸死亡，矿区沼泽面积呈下降趋势。冻土生态系统遭到破坏，露天开采方式导致第四系季节融化层提前剥离掉，铲除天然地表植被后破坏了原有的地貌，开采区形成后增大了太阳辐射的面积，打破了热辐射平衡，导致开采区多年冻土的破坏。

环境污染风险。受矿区地下水环境背景值影响，部分监测点位铁和锰浓度均超过Ⅲ类标准。另外，采坑部分回填后，存在矿坑水污染地下水与周边水系的风险，应加强矿坑水水质监测，开展矿坑水与地表水、地下水的径流补、排关系研究。矿区生态修复施工期间，大量设备与施工人员进入矿区，应预防生态环境二次破坏的风险。

生态系统服务功能降低。矿区自开采以来，挖掘、压占、运输、贮存等各环节都导致原地貌扰动、地表植被占压破坏，引起区域生态系统服务功能降低。基于遥感解译数据的生态系统服务功能评估可知，2014 年生态环境综合整治之后，木里矿区生态功能有所提升，但水源涵养、土壤保持与生物多样保护功能与原生状态相比仍分别下降了 25.97%、14.69%、15.04%，距离原生状态下的生态系统服务功能有一定差距。

6.5.4　矿山生态修复分区

与青海省土地利用总体规划、青海省主体功能区规划等相衔接，结合矿区空间布局特征、土地损毁情况等，综合考虑矿区重点生态环境问题与生态修复需求，根据矿区生态修复分区原则，将矿区分为生态治理重点区域与生态修复一般区域。生态治理重点区域以土地损毁区域为主，区域内有大量渣山和采坑，生态景观及草地等重要生态系统破坏严重，需重点进行生态治理，近期以人工修复为主，远期开展植被长期管护、生态环境监测与生态监管，促使人工修复向自然恢复转变。生态修复一般区域包括重点区域之外的范围，区域内生态景观、重要生态系统受扰动水平较低，不需要开展大范围的人工修复，以生态系统保护、自然恢复和生态环境监测为主。

根据自然地理、水文条件、环境特征、土地损毁特征等，生态治理重点区域可进一步划分为哆嗦贡玛-聚乎更生态修复区与江仓生态修复区。

哆嗦贡玛-聚乎更生态修复区。该区平均海拔高达 4100m，气候寒冷、大风日数多，植物生产期短、植被自然恢复慢，生态环境十分脆弱。区域内所有井田均为露天开采，土地损毁范围较大。恢复区治理方向主要以近期人工修复为主，逐步过渡到自然恢复，突出生态修复后生态景观和功能提升。根据损毁类型与修复内容差异，将区域进一步细化为 4 个采坑回填恢复区、3 个采坑保水恢复区、1 个坑底平整恢复区、3 个渣山削坡恢复区、2 个渣山巩固恢复区和 4 个建筑拆除恢复区。

江仓生态修复区。该区平均海拔 3750m，自然条件与哆嗦贡玛-聚乎更生态修复区相比较为优越，植被盖度相对较高。区域井田既有露天采坑也有井工建设（仅建成设施，未开采）。恢复区治理方向主要以近期人工修复为主，逐步过渡到自然恢复，并保留必要工业遗迹设施，突出生态修复后工业遗迹展示与警示示范。根据损毁类型与修复内容差异，将区域进一步细化为 1 个采坑回填恢复区、3 个采坑保水恢复区、4 个渣山削坡恢复区和 2 个工业遗迹恢复区。

6.5.5 矿山生态修复技术比选

1. 技术难点

木里矿区生态修复是在高原高寒地区开展的矿山生态治理探索性工程，在国内外无类似案例。由于矿区自然条件差、生态环境脆弱、治理面积大、技术难题多，自然恢复慢，缺少适宜的成熟经验和整装技术可借鉴，生态修复具有很大挑战性。

自然条件严酷，植被自然恢复慢。木里矿区生态修复区地处高寒高海拔地区，气候寒冷，植物生长期短，大风天数多，生态环境脆弱，植物自然恢复慢，为矿区生态修复由人工修复向自然恢复过渡带来了较大困难。

适宜人工种植的植物种类较少。木里矿区自然条件严酷，目前规模化繁育的适宜木里矿区种植的草种仅有同德短芒披碱草、青海冷地早熟禾、青海草地早熟禾、青海中华羊茅等 4 种，且均为禾本科草种。矿区已开展的其他移栽实验结果表明，其他植物种类成活率较低，生长速率慢。

客土来源困难，渣土改良难度大。矿区及周边地区土壤资源稀缺，异地客土难度大，距离矿区最近的客土源远在 240km 之外，且土壤条件差，pH 大于 9，不具备种草条件。同时，矿区表层渣土经肥力测定，养分含量极低，无土壤团粒结构，植物生长所需的土壤母质严重缺乏，不能满足植物生长需要。矿区植被恢复区域土壤稀缺成为制约植草复绿的关键因素。

矿区地形复杂，修复成本较高。木里矿区受多年采矿活动影响地形复杂，地面不平整且砾石多、坡度大，加上运距长、运费高，修复成本总体相对较高。

2. 地形重塑技术

国内外矿山地形重塑是通过改变地势起伏的方式实现矿区生态重建中的地形、水系、土体和植被等要素之间的相互渗透与融合。在立坡渣堆中可采用形成浅丘、细沟及微湿地方式进行整形。适宜木里矿区的地形重塑技术包括渣山整形、采坑回填和采坑边坡整治。

渣山整形技术：灵活采用分级放坡、削坡减载、坡面平整等措施，总体坡度小于 25°，放坡率宜为 1∶2.5 ~ 1∶5，重塑地形随坡就势，削高垫底，与周边地形自然过渡衔接。渣山整形修坡保证渣山稳定之后，可采取形成浅丘、细沟及微湿地方式，形成长效水循环、碳循环以及营养供给系统，保证渣山生态修复长效性。

采坑回填技术：利用渣山削方回填矿坑，稳定矿坑边坡，形成自然水循环系统。采坑回填包括坑底回填和采坑边坡回填两部分。采坑回填材料来自就近的渣山整形土石方，自下而上以分段分层倾填式回填。根据采坑的实际回填高程，按采坑平面每层 2m 进行回填，采坑底部回填完成后，再回填上部边坡，分别从采坑两侧向中间回填。

采坑边坡整治技术：设计通过统一的削坡减载方法，在采坑边坡滑坡体范围内削坡减载，确保边坡达到稳定状态。同时，对采坑强卸荷带不稳岩质边坡岩块及散落的渣土进行清理。

地质灾害防治技术：近期针对采坑与渣山边坡地质灾害均采用削方的方式进行处理。远期的主要任务为监测边坡变形，并对其稳定性进行评价，及时掌控边坡及渣山稳定性情况，若后期发现可能存在失稳的边坡，则需采取工程支挡或进一步削方、压脚等措施，对边坡失稳进行防控，具体工程措施依据灾害具体情况选取。

3. 土壤重构技术

矿区土壤重构技术主要包括客土法和改良渣土技术。客土法采用外运土壤用于矿区土壤重构，土壤营养基质含量高、保水保墒能力强，有利于植被生长，是最常用的土壤重构方式。改良渣土技术是指就地取材、利用矿渣，添加有机肥、羊板粪和牧草专用肥等措施进行土壤重构。

木里矿区治理面积大、周边均无可用土源，异地客土困难。经检测分析，木里矿区渣土中养分含量极低，无土壤团粒结构，植物生长所需养分严重缺乏，不能满足植物生长需要，因此，建议木里矿区采用改良渣土技术进行土壤重构，从渣山中筛分渣土或粉碎渣石作为覆土来源，并添加保水、保墒、固肥生态修复材料，提高渣土保水、保墒固肥能力，为自然恢复和人工修复提供基础。

改良渣土技术：通过机械筛分，大颗粒砾石用于矿坑回填，细小砾石用于30cm表层覆盖。由于砾石养分含量极低，保水保墒能力差，故采用有机肥、羊板粪和牧草专用肥对渣土进行改良，在坡度大于5°的渣土区掺加固土保墒材料，在坡度大于10°的渣土区可同时设置排水沟、构建微湿地地形，防止水土流失，提高保水保墒能力，确保植被恢复率。将渣土与肥混合均匀后覆盖地表。改良渣土极易退化，保水和保肥能力差，为提高土壤肥力和水分的保持，在渣土改良过程中必须使用保水、保墒、固肥生态修复材料，提高渣土保水保墒能力。同时，可选用添加高寒微生物菌群土壤改良剂，提高渣土保水保墒能力。

4. 植草复绿技术

草种选择及播种技术：草种采用高寒区本地同德短芒披碱草、青海草地早熟禾、青海冷地早熟禾、青海中华羊茅等作为绿化草种，按照1:1:1:1合理搭配，依据修复区不同情况，以人工、机械或飞机等方式进行播撒，按 $120 \sim 240 kg/hm^2$ 播种，大小籽粒混播，深度控制在 $1 \sim 2 cm$。根据测土配方结果，种植时撒施有机肥和牧草专用肥作为底肥，采用人工或机械轻耙镇压，确保草种、肥料与土壤紧密接触。用无纺布覆盖等措施，提高草种萌发；使用保水、保墒、固肥生态修复材料减缓渣山退化，减少水土流失，为本土先锋物种演替提供基础条件，提高人工建植+覆土+施肥生态修复模式的长效性效果。对于坡度大于 25°的渣山边坡和矿坑边坡生态修复，以自然恢复为主，人工干预相结合的生态修复模式，采用工程措施+生物措施相结合的高陡边坡生态重构技术。依据坡面类型和坡度，选用改性糯米基生态固化土浇筑（基体）、改性糯米基浆土草籽挂网喷涂或改性糯米基浆土草籽混合喷播等治理措施。

5. 长期管护技术

围栏封育：治理区植被恢复后，及时配套围栏设施，防止牲畜、人为活动造成治理区二次破坏，围栏安装严格按照围栏说明书进行安装，确定合理围栏使用范围，做好封育围栏管护工作，及时维修维护。

补播改良：针对复绿达不到指标要求的区域采取补播、施肥、覆盖无纺布等措施。针对已治理区，利用无人机或直升飞机进行补播改良，其中，同德短芒披碱草、青海草地早熟禾、青海冷地早熟禾、青海中华羊茅各 15kg，草种播散前进行包衣处理。

追肥：从种草复绿第二年开始，视种植草长势和土壤养分情况，在植物返青季采用无人机或直升机连续两年追施牧草专用肥，保证植物正常生长所需养分。

禁牧管护：治理区严格落实禁牧管护制度，设置生态管护员，加强禁牧管护，禁止任何形式的放牧采食和人为毁坏等行为，确保植被恢复长期发挥效益。在冬季土壤封冻期可适当放牧利用，促进土壤养分正常循环。

设立天空地一体化管护系统：将天空地一体化管护系统纳入天空地一体化监控体系建设工程，利用现代科技和5G网络手段，在木里矿区生态敏感区域和关键节点设置视频监控系统，进行全天候全方位无死角管护，减少以后人防投入和减轻人力管护压力。

6.5.6　矿山生态修复重点工程

统筹考虑木里矿区自然条件、生态定位以及损毁程度，结合矿区未来生态修复目标，确定木里矿区以自然恢复为主、人工恢复为辅，人工修复为自然恢复创造条件的生态修复模式。近期重点开展景观重塑、植被恢复、河道整治、环境治理等人工修复，建立健全木里矿区生态环境管理长效机制，为矿区由人工恢复转向自然恢复打好基础；远期以矿区生态环境长效管护为重点，通过开展矿区生态环境状况监测、生态修复全过程监控、生态修复动态调整，以及矿区植被补种、追肥养护等长期维护工作，实现矿区改良土的恢复和植被正向演替，植被盖度进一步提升，生物多样性逐步增加，矿区自然恢复能力全面建立。

结合以上生态修复模式和目标，实施六项生态修复工程，包括地表重塑工程、景观恢复工程、植被恢复工程、环境污染综合防治工程、生态环境监测工程、长效管护机制建设工程等。

1. 地表重塑工程

综合考虑采坑、渣山的规模、稳定程度、水文地质和植被生态状况等因素，以渣山整形、采坑回填、采坑边坡整治为主，开展矿区地表重塑。开展地表重塑的同时，在矿坑、渣山四周及渣山坡面设置截排水沟，将周边汇水、渣山坡顶水以及坡面水等汇水进行截排至治理区湿地，减少水土流失。实施渣山整形、采坑回填和采坑边坡整治等地形重塑措施后，以管护监测为主，为植被复绿、环境整治创造条件，实现采坑、渣山一体化治理与自然地貌景观相协调。

2. 景观恢复工程

实施矿区自然地貌塑造、微地形塑造、仿自然形态河道修复等，重塑矿区地貌景观。渣山可采取分级放坡、削顶减载、坡面平整等措施，与周边地形自然过渡衔接；通过补播改良、人工种草、乔灌草结合的生物措施进行景观恢复，与自然景观相协调。对于有积水的采坑，通过适当回填，依托现有采坑积水或适当注水进行矿坑保水。对于没有积水的采坑，通过采坑回填和采坑边坡治理，确保边坡达到稳定状态，在坑底、边坡实施植草复绿，实现植物群落合理配置，与周边自然景观相协调。

3. 植被恢复工程

选取青海当地生产的、适宜青海高寒地区生长的多年生牧草品种实施渣山平台、坑底、储煤场、生活区及道路植草复绿。对已治理区进行同步补播改良，保障修复质量。加强区域生态保护，采取生物措施、工程措施与管理措施相结合的方法，减少水土流失造成的土壤结构破坏，增强沼泽草甸地表水分的存储能力。开展矿区水系调查，密切关注河流的生态变化，加强矿区河流湿地资源监管，强化湖泊管理和保护。

4. 环境污染综合防治工程

开展矿坑水环境污染风险防治，规划并布设地表水、地下水、矿坑水环境质量长期监测点位，跟踪地表水、地下水、矿水环境质量动态变化。强化施工期环境污染综合治理，各种施工废油与废液集中储积、集中处理，按照治理方案具体要求处置，严禁乱流乱淌，防止污染水体。降低固体废弃物污染，安排专人及时清挡、清运各类生产生活垃圾。使用清洁环保能源和施工机械，禁止使用高通量废气排放的机械，妥善处理施工过程中产生的废气和废渣，避免施工阶段人为活动造成二次环境污染。建立矿区环境质量评估长效机制，对矿区环境质量变化进行常态化监测。

5. 生态环境监测工程

设立天空地一体化管护系统，利用现代科技和5G网络手段，在生态敏感区域和关键节点设置视频监控系统，开展植被生长监测、土壤质量监测、多年冻土监测、环境质量监测、水文资源与水土流失监测、湿地资源监测、气象监测、水文地质调查与研究、卫星遥感监测和无人机遥感监测。建设木里矿区生态环境基础信息平台，整合矿山生态环境调查、植被与土壤监测、冻土环境监测、生态修复与治理工程监管数据库。对矿区生态环境进行常态化监测，同时不断完善生态环境监测网络体系。

6. 长效管护机制建设工程

建立矿区生态修复动态调整机制，定时对生态修复情况进行全面评估，及时调整木里矿区生态修复技术路线、预期目标和任务方案，保障木里矿区生态修复方案的科学性、适用性，确保矿区生态修复效果稳定。定期监测治理区域生态修复效果，对植被退化明显、土壤质量下降显著和水土流失严重区进行补植、补肥和水土保持。完善矿区生态环境风险预防与应急机制，对矿区采坑和渣山治理、采坑及渣山边坡稳定性、土壤修复质量、复绿植物生态修复情况、后期管护、河道综合整治、地下水与矿坑水环境质量、草原、湿地及冻土生态保护等方面开展问题识别与风险评估，并针对可能出现的问题与风险制定相应解决办法。开展矿区常态化监管督查，加大对矿区植被复绿、水土流失、管护措施的巡查力度，定期对各矿区生态修复进展情况进行督查。

6.5.7 矿山生态环境管理长效机制

建立健全生态环境监测网络。针对矿区生态恢复总体目标，开展植被生长监测、土壤质量监测、多年冻土监测、环境质量监测、水文资源与水土流失监测、湿地资源监测、气象监测、水文地质调查与研究、卫星遥感监测和无人机遥感监测。近期建设木里矿区生态环境基础信息平台，整合矿山生态环境调查、植被与土壤监测、冻土环境监测、生态恢复与治理工程监管数据库；远期对矿区生态环境进行常态化监测，同步不断完善生态环境监测网络体系。

开展生态恢复成果评估。实现矿区生态环境整治效果评价的常态化和规范化，定期对整治效果进行评估考核。对矿区水环境修复效果、含水层结构修复效果、植被生态系统修复效果、冻土修复效果、湿地修复效果、土地复垦效果、水土流失防治效果、岩土体稳定性整治效果、景观修复效果等 9 个方面进行专项评估。综合专项评估结果，对矿区生态恢复工程实施情况、生态环境恢复效果、矿区生态功能恢复情况、生态环境监测体系建设情况、监督管理机制体系建设情况、创新性技术示范和推广情况等进行综合评估。系统总结生态恢复成果、经验和存在的问题，对于未能达到整治目标的提出相应的对策建议，进一步提高生态恢复水平，并要求其按照建议按期完成整治；对于已达到整治目标的提出优化整治措施的建议，保障矿区生态环境质量持续向好。

　　建立矿区生态恢复动态调整机制。生态恢复中期应对前半段生态恢复情况进行全面评估，识别生态恢复过程中存在的问题，研判不适用的生态恢复技术方法、预期目标、任务措施，结合生态恢复实际效果，及时调整木里矿区生态恢复技术路线、预期目标和任务方案，保障木里矿区生态恢复方案的科学性、适用性，确保矿区生态恢复效果稳定。

参 考 文 献

白俞，周文亮.2020.露天矿山开采的生态环境问题及其修复技术研究［J］.世界有色金属，560（20）：198-199.

白中科，周伟，王金满，等.2018.再论矿区生态系统恢复重建［J］.中国土地科学，32（11）：1-9.

白中科，周伟，王金满，等.2019.再论矿区生态系统恢复重建［J］.浙江国土资源，（1）：20.

陈鸿鹄，蔡润.2022.探究矿山地质环境现状与生态修复技术的应用［J］.中国金属通报，（8）：204-206.

陈倩.2023.黄河流域历史遗留矿山生态环境修复模式研究［J］.资源节约与环保，（3）：45-48.

代枝兴.2019.关于矿山废水处理的深入研究［J］.环境与发展，31（1）：2.

杜实之.2022.矿山酸性废水处理技术的研究进展［J］.当代化工研究，（14）：58-63.

高苇，李永盛.2018.矿产资源开发利用的环境效应：空间格局和演化趋势［J］.环境经济研究，3（1）：76-93.

胡光晓，李炳辉.2018.感受不一样的矿业文化多元精髓 走进北京怀柔圆金梦国家矿山公园［J］.地球，（9）：63-65.

贾同福.2018.矿山边坡及排土场生态修复［J］.中国新技术新产品，（21）：123-124.

姜杉钰，张凤仪，莫楠.2022.矿山生态修复治理模式研究与对策建议——以北京市为例［J］.中国非金属矿工业导刊，（5）：59-62.

蒋正举.2014."资源-资产-资本"视角下矿山废弃地转化理论及其应用研究［D］.北京：中国矿业大学.

康红普，王金华，林健.2010.煤矿巷道锚杆支护应用实例分析［J］.岩石力学与工程学报，29（4）：649-664.

蓝书开.2020.矿产资源开发引起的地质灾害问题分析［J］.世界有色金属，（16）：92-93.

李二平，闵小波，舒余德，等.2011.内聚营养源SRB污泥固定化处理含锌及硫酸根废水［J］.中南大学学报（自然科学版），42（6）：1522-1527.

李海东，马伟波，等.2022.矿区修复生态学理论与实践［M］.北京：中国环境出版集团有限公司.

李剑韬，叶汉逶.2018.矿山污染生态修复技术［J］.湖南林业科技，45（2）：66-70.

李梦露，何舸，王成坤．2021．新时期国土空间矿山生态修复规划研究：以南宁市为例［J］．中国矿业，30（7）：71-77.

李三艳．2014．预氧化—化学混凝沉淀—吸附法处理酸性高浓度含氟工业废水［D］．武汉：华中科技大学．

梁天昌，欧莉莎，张朝玉．2021．矿山废弃地生态修复技术研究［J］．环保科技，27（5）：59-64.

刘超群．2022．废弃露天矿山地质环境问题治理［J］．世界有色金属，（15）：148-150.

刘群星，邱学尧．2020．露天开采矿山植被恢复策略与方法［J］．有色金属设计，47（2）：17-19.

刘少君，刘博．2019．矿山生态修复研究综述［J］．世界有色金属，（10）：170-171.

刘爽，柴波，刘倩．2014．广西合山市煤矸石堆客土覆盖恢复植被研究［C］//中国水利学会．中国水利学会 2014 学术年会论文集（下册）．北京：中国水利学会．

龙丹．2019．废弃矿山植被的快速恢复［J］．农村实用技术，（3）：6.

吕洪斌．2011．攀枝花市矿山环境保护与治理分区研究［D］．成都：成都理工大学．

罗小燕．2013．矿山土壤环境污染与修复技术研究进展［J］．广东化工，40（24）：98-99.

马丽，田华征，康蕾．2020．黄河流域矿产资源开发的生态环境影响与空间管控路径［J］．资源科学，42（1）：137-149.

马天良．2015．浅谈适时整地技术在营林生产建设中的运用［J］．农民致富之友，（22）：147.

牛政，贺铝，肖伟，等．2021．酸性矿山废水处理组合工艺的研究进展［J］．中国资源综合利用，39（9）：188-190，200.

潘欣，崔冬龙．2020．矿产资源开发对生态环境的影响及对策浅析［J］．南方农业，14（23）：181-182.

卿翠贵，王华俊，姚文杰，等．2020．锚喷边坡坡面植被恢复生境构建技术［J］．中国水土保持，455（2）：34-36.

沈忱．2020．谈矿山土地复垦与生态恢复治理［J］．建材与装饰，（16）：115-116.

生态环境部．2022．内蒙古巴彦淖尔乌拉特前旗铁矿等开采违法违规问题突出，生态破坏严重［EB/OL］．https://www.mee.gov.cn/ywgz/zysthjbhdc/dcjl/202204/t20220406_973776.shtml.

石多多．2005．自然生态保护管理手册［M］．北京：中国环境科学出版社．

水新芳，赵元艺，王强．2021．矿山重金属污染土壤修复技术进展及展望［J］．地质论评，67（3）：752-766.

孙晓玲，韦宝玺．2020．废弃矿山生态修复模式探讨［J］．环境生态学，2（10）：55-58，63.

谭永杰，杨建锋，付晶泽，等．2009．我国矿山地质环境调查研究［M］．北京：地质出版社．

滕娟，朱帅．2017．松软易冒顶板煤巷优化支护设计及应用效果分析［J］．煤炭工程，49（12）：128-132，135.

汪民．2012．我国矿产分布全局正悄然改变［J］．金属矿山，（3）：26.

王飞，雷良奇，黄军平，等．2009．硫化矿尾矿酸性矿山废水污染及释酸能力预测评价方法［J］．广州环境科学，（2）：37-40.

王利群．2015．内蒙古自治区不同开采方式下煤矿恢复治理研究［D］．呼和浩特：内蒙古大学．

王培鑫.2022.五位一体视域下的矿山生态修复分析 [J].世界有色金属,(24):90-92.

王松,谢洪勇.2018.硫化法处理酸性含重金属废水技术现状及发展 [J].当代化工,47(6):1272-1274.

王雪.2009.土壤结构改良剂的研究利用现状综述 [J].中小企业管理与科技(下旬刊),(3):199.

吴靖雪,张希,李鑫.2015.矿山废弃地生态修复模式与技术研究 [J].现代商贸工业,36(7):83-84.

熊俊丽.2018.分析矿产资源开发对其生态环境影响 [J].世界有色金属,(17):110-112.

许闯胜,宋伟,李换换,等.2023.中国生态修复的实践错位问题与应对措施 [J].资源科学,45(1):222-234.

许晓明,胡国峰,邵雁,等.2022.我国矿山生态修复发展状况及趋势分析 [J].矿产勘查,13(Z1):309-314.

严丹霖,孟楠,杨树旺.2015.矿产资源开发对生态环境影响的多维分析 [J].中国国土资源经济,28(5):39-42.

颜德宏.2019.矿山环境恢复治理分析 [J].节能与环保,(2):50-51.

杨翠霞,张成梁,刘禹伯,等.2017.矿区废弃地近自然生态修复规划设计 [J].江苏农业科学,45(17):269-272.

杨翠霞.2014.露天开采矿区废弃地近自然地形重塑研究 [D].北京:北京林业大学.

杨建锋,王尧,张翠光.2015.主体功能区矿产资源开发现状与前景 [J].中国矿业,24(12):56-59.

杨剑锋.2022.矿山生态修复工程及技术措施探讨 [J].世界有色金属,(23):178-180.

杨黎萌.2022.废弃露天矿山生态修复技术的实践应用 [J].世界有色金属.13:202-204.

杨松青.2017.金属矿山酸性废水处理技术 [J].中国资源综合利用,35(10):29-31.

杨鞞鞞.2012.矿山废弃地生态修复技术与效应研究 [D].郑州:华北水利水电学院.

杨壮.2022.矿山地质环境治理与生态修复技术研究 [J].内蒙古煤炭经济,20:175-177.

岳小松,吴佳熠.2021.浅析江西省矿山生态修复措施与政策 [J].国土与自然资源研究,(2):63-64.

张博超,童辉,龙明,等.2023.矿山废弃地生态环境修复主要路径的研究 [J].能源与节能,(4):51-53,57.

张慧,朱淑飞,鲁学仁.2002.膜技术在水处理中的应用与发展 [J].水处理技术,(5):256-259.

张家明,陈积普,杨继清,等.2019.中国岩质边坡植被护坡技术研究进展 [J].水土保持学报,33(5):1-7.

张君宇,申文金,祝潇扬,等.2023.关于我国历史遗留矿山土地复垦的思考 [J].中国国土资源经济,36(4):67-72.

张明,刘伟杰,张喜俭,等.2014.矿山植被恢复技术研究 [J].中国农业信息,(23):38.

张永军,何云峰,魏洁.2019.甘肃省矿山地质环境保护与治理区划 [J].世界有色金属,(7):281-283.

赵方莹,孙保平.2009.矿山生态植被恢复技术 [M].北京:中国林业出版社.

赵鑫江.2020.矿山开发及地质灾害防治探究 [J].世界有色金属,(4):282-284.

朱文武 . 2022. 矿山重金属污染土壤修复研究 [J]. 中国资源综合利用, 40 (1)：143-145.

朱振波 . 2017. 浅谈适时整地技术在营林生产建设中的运用 [J]. 农业与技术, 37 (22)：193.

Bradshaw A. 1997. Restoration of mined lands- Using natural processes [J]. Ecological Engineering, (8)：255-269.

Karel P, Kamila L, Klára R, et al. 2013. Spontaneous vegetation succession at different central European mining sites：a comparison across seres [J]. Environmental Science & Pollution Research International, 20 (11)：7680-7685.

Pat-Espadas, Aurora M, Portales L. 2018. Review of constructed wetlands for acid mine drainage treatment [J]. Water, 10 (11)：530-540.

Salam O, Reiad N A, Elshafei M M. 2011. A study of the removal characteristics of heavy metals from wastewater by low-cost adsorbents [J]. Journal of Advanced Research, 2 (4)：297-303.

Sheoran A S, Sheoran V. 2005. Heavy metal removal mechanism of acid mine drainage in wetlands：A critical review [J]. Minerals Engineering, 19 (2)：12-17.

Shilpi J, Baruah B P, Khare P. 2014. Kinetic leaching of high sulphur mine rejects amended with biochar：Buffering implication [J]. Ecological Engineering, 71：703-709.

第7章 自然生态系统修复工程

自然生态系统是经济社会发展的重要基础，持续为人类提供生态系统服务。然而，在人类活动、气候变化的影响下，各类自然生态系统发生不同程度退化，如森林纯林化、草原退化、湿地萎缩、水土流失、荒漠化、盐碱化等诸多问题，导致生态功能下降甚至威胁区域生态安全。本章重点介绍了当前我国自然生态系统的类型与分布、保护现状、存在问题，以及针对森林、草原、湿地等重要自然生态系统和盐碱化、水土流失、荒漠化等典型退化区域进行生态修复的典型技术模式与案例。

7.1 概　　述

7.1.1 我国自然生态系统类型与分布

1. 生态系统类型

我国生态系统类型多样，构成复杂，主要分为陆地生态系统和海洋生态系统。根据《中国植被》与《中国湿地植被》记录，我国陆地自然生态系统共有 683 种类型，包括森林生态系统 240 类、灌丛生态系统 112 类、草地生态系统 122 类、湿地生态系统 145 类、荒漠生态系统 49 类和高山冻原生态系统 15 类。海洋生态系统类型分为珊瑚礁生态系统、海草生态系统、海藻场生态系统、上升流生态系统、深海生态系统和海岛生态系统，以及河口、海湾、盐沼和红树林 4 种滨海湿地生态系统，共 10 类典型海洋生态系统（徐卫华和欧阳志云，2022）。

（1）森林生态系统

中国森林生态系统可分为针叶林、阔叶林、竹林等类型。针叶林又可分为寒温性针叶林、温性针叶林、温性针阔混交林、暖性针叶林和热性针叶林；阔叶林可进一步细分为落叶阔叶林、常绿落叶阔叶混交林、常绿阔叶林、硬叶常绿阔叶林、季雨林、雨林、珊瑚岛常绿林。

（2）灌丛生态系统

灌丛生态系统包括常绿针叶灌丛、常绿革叶灌丛、落叶阔叶灌丛、常绿落叶灌丛和灌草丛五大类，代表性的灌丛生态系统包括高山柏灌丛、亮鳞杜鹃灌丛、学层杜鹃灌丛、秀线菊灌丛等，主要分布在鄂尔多斯、太行山、秦岭、横断山区、云贵高原、南岭等地。

（3）草地生态系统

草地生态系统主要包括草原生态系统和草甸生态系统等，中国的草原生态系统可分为草甸草原、典型草原、荒漠草原和高寒草原四大类，主要分布于内蒙古高原、黄土高原北部、松嫩平原西部、青藏高原中西部地区，以及阿尔泰山、天山、昆仑山等地。草甸生态系统分为典型草甸、高寒草甸、沼泽化草甸和盐生草甸四大类，主要分布在青藏高原东部、北方温带地区的高山和山地，以及平原湿地和海滨。

（4）湿地生态系统

按照《中国湿地植被》的分类，湿地可分为沼泽、浅水植物湿地、红树林、盐沼和海草湿地。其中，沼泽又包括森林沼泽、灌木沼泽、草丛沼泽和藓类沼泽；盐沼又包括灌丛盐沼、草丛盐沼。湿地生态系统主要分布在东北山地、三江平原、青藏高原东部边缘，以及亚热带湖滩、河滩洼地、河口、沿海滩涂等。

（5）荒漠生态系统

荒漠生态系统是发育在降水稀少、蒸发强烈、极端干旱生境下的生态系统类型，主要分布在中国的西北部。中国的荒漠可分为四种类型，即小乔木荒漠、灌木荒漠、半灌木和小半灌木荒漠及垫状小半灌木（高寒）荒漠，我国需要重点保护的荒漠生态系统主要分布在西北部的塔里木盆地、准噶尔盆地、腾格里沙漠、昆仑山等地。

（6）高山冻原生态系统

高山冻原生态系统主要分布在林线以上高山带，由适寒植被组成，包括高山冻原、高山垫状植被及高山流石滩等类型，主要分布在长白山、阿尔泰山、青藏高原等地。

(7) 海洋生态系统

我国由北向南依次分布着渤海、黄海、东海和南海四大海洋生态系统。

渤海生态系统位于渤海海盆，面积约7.7万 km²，平均水深18m，盐度仅30‰。表层水温夏季达21℃，冬季0℃左右，属于温带海洋。入海河流有辽河–双台子河、海河和黄河，分布有海草床等重要生态系统。

黄海生态系统位于黄海海盆，面积约38万 km²，平均深度44m，盐度平均31‰~32‰。表层水温夏季为25℃，冬季为2~8℃，属于温带海洋，入海河流主要有鸭绿江，分布有海草床等重要生态系统。

东海生态系统东海西部为水深不到200m的陆架，东部是深达2000多米的冲绳海槽，面积达77万 km²。陆架区平均盐度为31‰~32‰，东部为34‰。海水温度平均为9.2℃，属于亚热带海洋。东海的入海河流主要有长江、钱塘江、瓯江等，东海东部常年受发源于赤道的高温高盐的黑潮暖流影响，分布有海草床等重要生态系统。

南海生态系统南海是世界第三大陆架边缘海，面积约356万 km²，平均水深约1212m，最深处达5559m。南海盐度平均35‰，海水表层水温平均25~28℃，年温差小（3~4℃），终年高温高湿，属于热带海洋。入海河流主要有珠江、红河、湄公河、湄南河等，南海分布有诸多珊瑚礁生态系统，我国的红树林也主要分布在广东、广西和海南等省份沿海地区。

2. 生态系统分布格局

根据2015~2020年全国生态状况遥感调查评估结果，2020年，全国森林、灌丛、草地、湿地和荒漠等自然生态系统约占陆域国土面积的78.66%（2015年为78.10%）。从空间分布来看，森林主要分布在我国东北的大小兴安岭和长白山，西南的川西、川南、云南大部、藏东南，东南、华南的低山丘陵区，以及西北的秦岭、天山、阿尔泰山、祁连山、青海东南部等区域。草地主要分布在北方温带草地区、青藏高原高寒草地区以及南方和东部次生草地区。湿地分布东多西少，东部地区主要分布有河流、沼泽、滨海湿地，西部干旱区湿地主要分布在高原和山地，以湖泊、沼泽湿地为主。荒漠主要分布在西北干旱半干旱地区，是西北地区的代表性生态系统。

（1）森林生态系统

2020 年，全国森林生态系统面积约 200.47 万 km²，主要分布于湿润的东部季风区。其中，东北、西南与华南地区森林面积较大，西北地区森林资源贫乏。历次全国森林资源清查结果显示，自 20 世纪 80 年代末以来，森林面积和森林蓄积量连续 30 年保持"双增长"。我国成为全球森林资源增长最多的国家，也是全球新增绿化面积的主要贡献来源。2015～2020 年，全国森林总面积增加了约 127.50km²，局部地区略有变化，与 2000～2015 年相比，增速有所降低，森林生态系统空间格局基本稳定。全国森林生态系统质量整体改善，碳汇能力明显提升，持续发挥着水源涵养、土壤保持、生物多样性维护等重要生态系统服务功能。

（2）草地生态系统

2020 年，全国草地生态系统面积约 277.13 万 km²，是面积最大的生态系统类型。草原在草地生态系统中面积占比最大，达到 41.04%，主要分布在内蒙古高原中部和东部、新疆北部以及青藏高原；其次是稀疏草地，面积占比为 36.71%，主要分布在青藏高原北部和西部、内蒙古中部以及荒漠区周围；草甸和草丛的面积占比分别为 16.27% 和 5.98%。优良等级草地生态系统面积占比 7.04%，主要分布在内蒙古呼伦贝尔、甘肃甘南、新疆伊犁等地区。

2000～2020 年，全国草地面积持续减少，20 年间减少了 9.52 万 km²。其中，2000～2015 年草地面积减少趋势明显，年均减少 0.62 万 km²，15 年间减幅达 3.24%，减少区域主要集中在东北平原西部、新疆绿洲周边、内蒙古、西藏等地区。2015～2020 年，草地面积减少态势趋缓，年均减少 0.05 万 km²，减幅仅为 0.09%，部分区域草地面积增加，如青海湖东部。从不同草地生态系统类型来看，草甸面积相对稳定，草原、稀疏草地和草丛面积均有不同程度减少，其中稀疏草地的面积减少最明显，共减少约 0.12 万 km²，草原和草丛分别减少 0.06 万 km² 和 0.07 万 km²，主要分布在北方的农牧交错带、荒漠周边等典型生态脆弱区，如黄河中游、内蒙古北部和西部等地区。2020 年，全国草地综合植被盖度为 56.1%，较 2015 年提高 2.1 个百分点，天然草地鲜草总产量较 2015 年提高 8.27 个百分点。近五年来，全国草地减少趋势基本得到遏制，草地质量和生态服务功能逐步提升，草地退化压力整体得到缓解。

（3）湿地生态系统

2020 年，全国湿地面积为 38.18 万 km²，河流/湖库面积占湿地生态系统总面积的 57.66%，主要分布于长江流域、黄河流域、云贵高原、青藏高原等地区；其次是沼泽，面积占比为 39.23%，分布于三江平原、黄河下游、东部沿海、云贵高原等地区；滩涂最小，面积占比仅为 3.11%，主要分布于杭州湾以东、辽东半岛、环渤海等地区。

20 世纪 80 年代以来，全国湿地面积净减少了约 12%。其中，2000 年以前，湿地面积持续萎缩，主要以草本沼泽和滩涂减少为主。2000 年以来，湿地面积有所恢复，以湖库和滨海养殖池扩张为主。2015～2020 年，全国湿地略有增加，生态系统服务功能有所提升，湿地保护与管理逐步完善。全国湿地生态系统总面积由 2015 年的 37.67 万 km² 增加到 2020 年的 38.18 万 km²，增幅为 1.35%，与 2000～2015 年相比，增速有所降低。其中，河流/湖库面积增加了 0.43 万 km²，主要分布于青藏高原和长江中下游区域；滩涂面积增加了 0.20 万 km²，主要分布在雷州半岛、珠三角、黄河三角洲等沿海区域；沼泽面积减少了 0.12 万 km²，主要发生在东北松嫩平原等区域。自 1992 年加入湿地公约以来，我国积极致力于湿地的保护与恢复，目前，已建立了 602 个湿地自然保护区，1600 余处湿地公园，湿地保护率达 52.65%。截至 2020 年 9 月，我国共有 64 处湿地列入《国际重要湿地名录》，《中华人民共和国湿地保护法》也于 2022 年 6 月 1 日开始施行。

（4）荒漠生态系统

2020 年，全国荒漠生态系统面积为 136.76 万 km²，主要分布在西北干旱区和青藏高原北部。其中，沙漠面积最大，为 104.98 万 km²，占荒漠生态系统总面积的 76.76%，主要分布于新疆南部、北部和东部，以及内蒙古西部和甘肃西北部等区域；其次为沙地，面积为 24.86 万 km²，占比为 18.18%，主要分布于新疆东部、内蒙古西部和甘肃西北部；盐碱地分布最少，面积为 6.92 万 km²，占比为 5.06%，集中分布于新疆东部和青海西北部。

2000 年以来，我国荒漠生态系统呈持续减少趋势。内蒙古乌梁素海、宁夏贺兰山东麓、新疆额尔齐斯河流域等国家山水林田湖草生态保护修复工程试点区域，地表植被状况明显改善。2015～2020 年，全国荒漠生态系统总面积减少了 357.01 km²，与 2000～2015 年相比，减少速率有所降低，荒漠生态系统整体稳定。荒漠生态系统变化区域主要分布在绿洲–荒漠交错带，主要转变为草地和灌丛等生态系统，如甘肃河西走廊、宁夏沙坡头、新疆绿洲–荒漠交错带等地区。此外，绿洲–荒漠交错带的农田开垦，也是局部地区荒漠生态系统减少的主要原因。

7.1.2 自然生态系统保护现状

1. 生态空间管控

（1）我国自然保护地建设

1994年，我国正式发布并实施《中华人民共和国自然保护区条例》，并于2017年修订完善，确定了我国自然保护区的划分标准以及保护区管理相关职责。2017年以来，又先后印发《建立国家公园体制总体方案》、《关于建立以国家公园为主体的自然保护地体系的指导意见》和《自然保护地生态环境监管工作暂行办法》，建立完整的自然保护地体系，落实监督管理相关政策。根据《关于建立以国家公园为主体的自然保护地体系的指导意见》，我国将自然保护地按生态价值和保护强度高低依次分为3类，分别是国家公园、自然保护区和自然公园。截至2021年，我国共建立各级各类保护地超1万个，总面积占陆域国土面积的18%以上。

国家公园是指以保护具有国家代表性的自然生态系统为主要目的、实现自然资源科学保护和合理利用的特定陆域或海域，是我国自然生态系统中最重要、自然景观最独特、自然遗产最精华、生物多样性最富集的部分，保护范围大，生态过程完整，具有全球价值、国家象征，国民认同度高。2013年，党的十八届三中全会首次提出了"建设国家公园体制"；2015年由国家发展和改革委员会会同财政部、国家林业局等十三个部门联合印发《建立国家公园试点方案》，明确推进国家公园体制试点；2017年我国印发《建立国家公园体制总体方案》，正式提出国家公园建设的总体框架，明确要建设由国家批准设立并主导管理、边界清晰、以保护具有国家代表性的大面积自然生态系统为主要目的、实现自然资源科学保护和合理利用的特定陆地或海洋区域的国家公园。2021年，正式设立三江源、海南热带雨林、武夷山等第一批国家公园，总面积超过 22 万 km²，约占陆域国土面积 23%。2022 年，国家林草局、财政部、自然资源部、生态环境部联合印发《国家公园空间布局方案》，明确了我国国家公园体系建设的时间表、路线图，提出到 2035 年基本建成世界最大的国家公园体系。

自然保护区是指保护典型的自然生态系统、珍稀濒危野生动植物种的天然集中分布区、有特殊意义的自然遗迹的区域。截至 2020 年，全国已建立国家级自然保护区 474 处，总面积约 98.34 万 km²；建立省级自然保护区 848 个，总面积为 36.68 万 km²；建立市县级自然保护区 1432 个，总面积为 12.77 万 km²。

自然公园是指保护重要的自然生态系统、自然遗迹和自然景观，具有生态、观赏、文化和科学价值，可持续利用的区域。截至 2020 年，国家级风景名胜区 244 处，总面积约 10.66 万 km²；国家地质公园 281 处，总面积约 0.737 万 km²；划定 35 个生物多样性保护优先区域（《中国的生物多样性保护》白皮书），其中 32 个陆域优先区域总面积为 276.3 万 km²。

（2）重点生态功能区建设

依据《生态功能分区技术规范》，生态功能分区根据区域生态环境要素、生态环境敏感性与服务功能空间分异规律和不同地域单元的主导生态功能进行划分。生态功能分区主要评价内容包括：生态服务功能，如生物多样性维持、水源涵养和洪水调蓄、土壤保持、防风固沙、营养物质保持、产品提供以及人居保障等方面；生态环境的生态敏感性包括：土壤侵蚀敏感性、沙漠化敏感性、盐渍化敏感性、石漠化敏感性、酸雨敏感性、重要自然与文化价值敏感性等。

《全国生态功能区划》按照我国的气候和地貌等自然条件，将全国陆地生态系统划分为 3 个生态大区，东部季风生态大区、西部干旱生态大区和青藏高寒生态大区；按照生态系统的自然属性和所具有的主导服务功能类型，将全国划分为生态调节、产品提供以及人居保障 3 类生态功能一级区；在一级区的基础上划分为水源涵养、防风固沙、土壤保持、生物多样性保护、洪水调蓄、农产品提供、林产品提供、大都市群和重点城镇群 9 类生态功能二级区；并在二级区的基础上按照生态系统与生态功能的空间分布特征、地形差异、土地利用的组合划分为 216 个生态功能三级区。

重点生态功能区即生态系统脆弱或生态功能重要、资源环境承载能力较低、不具备大规模高强度工业化城镇化开发的条件、必须把增强生态产品生产能力作为首要任务、从而应该限制进行大规模高强度工业化城镇化开发的地区。重点生态功能区政策最早源于《全国生态环境保护纲要》提出的建立"生态功能保护区"要求。2010 年国务院发布《全国主体功能区规划》，正式划分出限制开发区域（国家重点生态功能区）包括大小兴安岭森林生态功能区等 25 个地区，覆盖了 436 个县域，总面积约 386 万 km^2，占全国陆地国土面积的 40.2%；以及包括国家级自然保护区、世界自然文化遗产、国家级风景名胜区、国家森林公园、国家地质公园在内的国家禁止开发区域共 1443 处，总面积约 120 万 km^2，占全国陆地国土面积的 12.5%。

生态脆弱区也称生态交错区，是指两种不同类型生态系统交界过渡区域。我国生态脆弱区主要分布在北方干旱半干旱区、南方丘陵区、西南山地区、青藏高原区及东部沿海水陆交接地区，主要类型包括东北林草交错生态脆弱区、北方农牧交错生态脆弱区、西北荒漠绿洲交接生态脆弱区、南方红壤丘陵山地生态脆弱区、西南岩溶山地石漠化生态脆弱区、西南山地农牧交错生态脆弱区、青藏高原复合侵蚀生态脆弱区和沿海水陆交接带生态脆弱区。这些交接过渡区域生态环境条件与两个不同生态系统核心区域有明显的区别，具有系统抗干扰能力弱、对全球气候变化敏感、时空波动性强、边缘效应显著、环境异质性高等特点，是生态环境变化明显的区域，也是生态保护的重要领域。《国务院关于落实科学发展观加强环境保护的决定》明确指出，在生态脆弱地区要实行限制开发，并落实"三区推进"（即自然保护区、重要生态功能保护区和生态脆弱区）的生态保护战略，为改善生态脆弱区生态环境提供政策保障。2008年印发的《全国生态脆弱区保护规划纲要》明确了生态脆弱区划分以及保护原则和建设方向。

（3）划定并严守生态保护红线

生态保护红线是依法在重点生态功能区、生态环境敏感区和脆弱区等区域内划定的严格管控边界，在生态空间范围内具有特殊重要生态功能，是必须强制性严格保护的区域，是保障和维护国家生态安全的底线和生命线。生态红线保护范围通常包括具有重要水源涵养、生物多样性维护、水土保持、防风固沙、海岸生态稳定等功能的生态功能重要区域，以及水土流失、土地沙化、石漠化、盐渍化等生态环境敏感脆弱区域。生态保护红线是生态保护的关键区域，具有不可替代性，对经济社会可持续发展起到支撑作用的生态安全格局基础框架，因此，需要实施最为严格的环境准入制度与管理措施。

2011 年，《国务院关于加强环境保护重点工作的意见》提出在重要生态功能区、陆地和海洋生态环境敏感区、脆弱区等区域划定生态红线。2013 年，习近平总书记要求要牢固树立生态红线的观念。2014 年修订后的《环境保护法》第 29 条明确规定，国家在重点生态功能区、生态环境敏感区和脆弱区等区域划定生态保护红线，实行严格保护。2017 年出台《关于划定并严守生态保护红线的若干意见》，成为划定并严守生态保护红线的纲领性文件。2019 年出台的《关于在国土空间规划中统筹划定落实三条控制线的指导意见》明确要求，仅允许对生态功能不造成破坏的有限人为活动。2020 年发布《生态保护红线监管指标体系（试行)》以及《生态保护红线监管技术规范基础调查（试行)》等七项标准，完善制定生态保护红线监管配套政策和生态保护红线监管技术规范等，探索建立生态保护红线生态破坏问题监管机制，建立国家生态保护红线监管平台，生态保护红线监管制度逐步健全。我国目前完成了生态保护红线划定工作，红线面积约占陆域国土面积的 31.7% 以上，保护了绝大多数的生态功能极重要区、生态环境敏感脆弱区及生物多样性分布关键区，涵盖了 95% 的珍稀濒危物种。

2. 生态系统保护修复

在我国发布的一系列生态保护政策文件中，包含了对森林、草原、湿地、海洋等不同生态系统的保护修复要求，只是在不同阶段各有侧重。随着生态保护理念的转变，不仅森林、草原、湿地、海洋等各要素领域的保护政策随之完善、优化、升级，总体策略也从单一要素转变到后期生态系统区域整体性保护，及至目前的山水林田湖草沙一体化保护和系统修复。

（1）森林生态系统

关于森林生态系统的保护主要包括：一是重点生态功能区、大江大河等生态屏障区域防护林体系建设；二是实施天然林资源的保护，在天然林资源分布比较集中、生态地位十分重要的区域实施天然林保护工程；三是退耕还林（草）、国土绿化、植树造林、森林质量精准提升等工程，并开展森林可持续经营，改善森林生态系统质量，提升森林生态系统功能。2000 年，国务院正式批准了天然林资源保护工程，主要分布在天然林资源分布比较集中、生态地位十分重要的 12 个省份。2003 年，《退耕还林条例》正式施行，同年国务院下发了《关于加快林业发展的决定》，将退耕还林还草等六大重点工程作为实现林业战略目标的重要途径。2019 年，第十三届全国人民代表大会常务委员会第十五次会议修订《中华人民共和国森林法》，明确践行"绿水青山就是金山银山"理念，将"保护、培育、利用森林资源应当尊重自然、顺应自然，坚持生态优先、保护优先、保育结合、可持续发展"作为基本原则，涵盖森林权属、发展规划、森林保护、造林绿化、经营管理、监督检查等规定。

（2）草原生态系统

草原生态系统保护主要包括草原保护立法，实行草畜平衡、禁牧舍饲和基本草原保护等制度，实施退牧还草、京津风沙源治理、西南岩溶地区草地治理等重大生态工程。2002 年，《关于加强草原保护与建设的若干意见》强调建立和完善基本草原保护制度，实行草畜平衡制度，推行划区轮牧、休牧和禁牧制度，推行舍圈养的饲养方式，至此我国基本建立和完善了草原家庭承包经营制度和划区轮牧、休牧和禁牧等制度。2002 年，国务院批准《关于启动退牧还草工程建设的请示》，西部地区八省份及新疆生产建设兵团实施以草场围栏建设为主要内容的退牧还草工程。2020 年，《国家林业和草原局关于进一步加强草原禁牧休牧工作的通知》提出，加强北方防沙带天然草原及青藏高原屏障区高寒草原保护修复，严格自然保护地草原禁牧封育政策。2021 年，《国务院办公厅关于加强草原保护修复的若干意见》提出，以完善草原保护修复制度、推进草原治理体系和治理能力现代化为主线，加强草原保护管理，推进草原生态修复，要求到 2025 年，实现草原保护修复制度体系基本建立的目标。

（3）湿地生态系统

湿地生态系统保护主要包括湿地保护工程建设、制定湿地保护规划、建设湿地公园和退耕还湿工程。2003 年，《全国湿地保护工程规划（2002—2030年）》发布，并启动了退耕还湿工程。2004 年，国务院办公厅发出了《关于加强湿地保护管理通知》，表明湿地保护已经纳入国家议事日程，具有里程碑的意义。《青海三江源自然保护区生态保护与建设总体规划（2005—2010 年）》和《全国湿地保护工程实施规划（2005—2010 年）》获批，推动了我国湿地保护的进程。2009 年中央投资 22 387 万元用于林业湿地工程，建立了《全国湿地保护工程实施规划》信息管理系统，加强了湿地财政项目的管理（田信桥等，2011）。2016 年，《国务院办公厅关于印发湿地保护修复制度方案的通知》提出，要建立湿地保护修复制度，全面保护湿地，强化湿地利用监管，推进退化湿地修复，实行湿地面积总量管控。2017 年，《国家湿地公园管理办法》提出，在全国或区域范围内具有典型性、生态地位重要、湿地生物多样性丰富或者集中分布有珍贵、濒危的野生生物物种的湿地区域建立湿地公园，保护湿地生态系统。2022 年，国家林业和草原局、自然资源部联合印发《全国湿地保护规划（2022—2030 年)》，立足我国湿地资源现状，明确了我国湿地保护的总体要求、空间布局和重点任务，提出到 2025 年，全国湿地保有量总体稳定，湿地保护率达到 55%。近年来，多地、多部门科学开展湿地修复，持续提升湿地生态系统质量和功能，科学修复退化湿地，红树林规模增加、质量提升，健全了湿地保护法规制度体系，提升了湿地监测监管能力水平，逐步提高了湿地生态系统质量和稳定性。

（4）海洋生态系统

海洋生态系统保护主要包括海洋保护立法、编制功能区划、建立海洋保护区、划定海洋生态红线等方面。2001 年，《近岸海域环境功能区管理办法》对近岸海域按照不同的使用功能和保护目标分为四类区域，明确了近岸海域环境功能区划定和管理的要求。2002 年，《中华人民共和国海域使用管理法》确立了海洋功能区划、海域权属管理、海域有偿使用等三项基本制度。2005 年，《海洋特别保护区管理暂行办法》提出，鼓励建立海洋特别保护区，保护海洋生态环境。2012 年，《关于建立渤海海洋生态红线制度的若干意见》明确提出海洋生态红线的划定、管控要求。2017 年，新修订的《中华人民共和国海洋环境保护法》将生态保护红线和海洋生态补偿制度确定为海洋环境保护的基本制度，加大了对污染海洋生态环境违法行为的处罚力度。同年，《海岸线保护与利用管理办法》提出建立自然岸线保有率控制制度，对海岸线实施分类保护。2018 年，《国务院关于加强滨海湿地保护严格管控围填海的通知》提出，严格海洋生态保护红线保护和监管，全面清理非法占用红线区的围填海项目。

（5）荒漠生态系统

荒漠生态系统保护主要包括防沙治沙立法、制定防沙治沙规划、开展调查评估、实施荒漠化综合防治工程、划定保护区和封禁区等方面。2002 年，《中华人民共和国防沙治沙法》开始施行，明确了防沙治沙规划、土地沙化的预防、沙化土地的治理、保障措施和法律责任等，使中国防沙治沙工作走上了法制化的轨道，对维护我国的生态安全、促进经济和社会的可持续发展，起到重要的作用。自 1994 年开始，我国开展了 6 次全国荒漠化和沙化调查监测，对不同阶段沙化土地防治成效进行科学评价，全面掌握了荒漠化和沙化土地现状和动态变化。国务院批准实施了三期防沙治沙规划，其中，一期规划期限为 6 年，二期规划为 10 年，三期规划为 10 年。以 10 年为一个周期，稳步推进防沙治沙工作。2022 年，国家林业和草原局会同有关部门联合印发实施《全国防沙治沙规划（2021—2030 年)》，明确了下一时期防沙治沙总体思路、总体布局和重点建设区域，以及分类保护沙化土地、推进重点区域沙化土地综合治理、适度发展绿色生态沙产业、健全规划实施保障机制等重要任务。1978 年，党中央、国务院站在中华民族生存和发展的战略高度作出建设三北防护林体系的重大决策，工程涉及 13 个省（自治区、直辖市）的 725 个县（市、区、旗）和新疆生产建设兵团，土地总面积 435.8 万 km^2，占国土面积的 45.3%。工程规划从 1978 年到 2050 年，历时 73 年分三个阶段 8 期工程建设，被誉为中国"绿色长城"、"改造自然的伟大壮举"、世界"生态工程之最"。为进一步强化对沙化土地的保护，我国印发《国家沙化土地封禁保护区管理办法》，划定沙化土地封禁保护区，《2020 年中国国土绿化状况公报》显示，截至 2020 年，全国沙化土地封禁保护区面积扩大到 177.17 万 hm^2。

7.1.3　生态系统主要问题

1. 自然生态系统质量偏低

我国是世界上生态脆弱区分布面积最大、脆弱生态类型最多、生态脆弱性表现最明显的国家之一。中度以上生态脆弱区域占全国陆地国土空间面积的 55%，其中极度脆弱区域占 9.7%，重度脆弱区域占 19.8%。生态脆弱区草地退化、土地沙化面积巨大，并已成为我国北方重要沙尘源区；土壤侵蚀强度大，水土流失严重，自然灾害频发。青藏高原生态系统脆弱、敏感，气候变化导致该区域冰川加速融化，生态安全面临一系列问题和风险。全国乔木纯林面积达 10 447 万 hm^2，占乔木林比例 58.1%，全国乔木林质量指数 0.62，森林生态系统不稳定，整体仍处于中等水平。草原生态系统整体仍较脆弱，中度和重度退化面积仍占 1/3 以上。部分河道、湿地、湖泊生态功能降低或丧失。全国沙化土地面积 1.72 亿 hm^2，水土流失面积 2.74 亿 hm^2，问题依然严峻。红树林面积与 20 世纪 50 年代相比减少了 40%，珊瑚礁覆盖率下降、海草床盖度降低等问题较为突出，自然岸线缩减的现象依然普遍，防灾减灾功能退化，近岸海域生态系统整体形势不容乐观。

2. 自然资源过度开发和不合理利用依然存在

一些地方不合理执行"占补平衡"政策，造成城镇空间挤占农业空间、农业空间挤占生态空间。我国耕地重心正从东南湿热地区向东北温凉地区和西北温干地区转移。城市快速扩张和工业园区建设直接占用或破坏城郊区、开发区周边重要生态空间。海岸线生态空间挤占形式主要包括填海、围海、海岸围垦和滩涂风电工程等。矿产资源开发造成大面积的生态空间被占用，进而导致生物栖息环境受到破坏或破碎化。道路交通网络建设挤占生态空间的同时，还会对原有生态环境造成屏障效应、栖息地破碎化。部分地区自然资源过度开发和不合理利用已超过生态承载能力，威胁区域生态安全。干旱半干旱生态脆弱区占国土面积 40% 以上，其万元 GDP 用水量为 361.1m^3，远超发达国家万元 GDP 用水量 26.3m^3 的水平；黄河、海河、淮河、辽河流域水资源开发利用率远超 40% 的生态警戒线，水资源不合理开发和过度利用现象依然突出。第一轮草原生态补奖政策实施结束后，牧户草场超载现象依然存在，重点天然草原的牲畜超载率为 12.4%，草原超载过牧形势尚未得到根本扭转。部分区域旅游开发过度，本土动植物生境遭受破坏。尽管我国已经实施伏季休渔制度，但过度捕捞依然存在，我国近岸海域渔业资源衰退形势尚未得到根本扭转。

3. 生物多样性受威胁依然严重

根据《中国生物多样性红色名录》，全国 21.4% 的脊椎动物（不含海洋鱼类）和 10.9% 的已知高等植物受到威胁。我国水生生物物种数量急剧减少，白鳍豚、白鲟功能性灭绝，中华鲟、长江江豚、长江鲟等资源量持续下降。长江上游受威胁鱼类种类占全国受威胁鱼类总数的 40%，超过 30% 的鱼类面临灭绝威胁；黄河流域部分河段原生鱼类、洄游鱼类濒临灭绝，鱼类资源呈现严重衰退态势；海岸带近海产卵场、索饵场、越冬场、洄游通道功能退化，赤潮、绿潮、水母旺发等生态灾害频发。现有保护地体系仍不完善，保护地交叉重叠和保护空缺同时存在，栖息地破碎化和孤岛化问题依然存在。现有保护措施对哺乳动物栖息地保护比例较高，但两栖、爬行物种，水生物种特别是海洋物种保护投入有限（魏辅文等，2021）。

4. 生态保护修复与监管体系仍不完善

生态保护立法缺乏综合性顶层设计，生态保护法律法规约束力不强、现有的部分法律囿于自然资源要素分割管理模式，生态保护综合性立法缺失。生态保护标准体系仍存在空缺，特别是生态工程监管、生态保护修复成效评估等标准亟需制定。生态保护监管体制机制仍存在职责交叉、边界不清等问题，部门间数据共享机制不健全，生态保护协同效能有待提升。自然资源部负责自然资源违法案件查处；生态环境部统一负责生态环境监督执法，以及自然保护地监督执法；国家林业和草原局负责森林相关行政执法监管工作；水利部负责重大涉水违法事件的查处。生态环境保护综合执法与相关部门的联合执法机制仍不完善。生态环境基层执法人员配备不足，缺少协调各利益主体关系的生态环境督查职能机构，不能适应当前生态保护统一监督的需要。生态监测基础支撑不足，科技创新支撑管理决策能力仍需提高，专业化人才队伍建设有待加强。

5. 生态保护修复工程成效尚不稳固

一些生态工程整体性考虑不足，为争取国家资金和追求短期效益，"重人工建设、轻自然恢复""建设投入多、管护投入少"问题普遍存在。生态工程的建设目标、建设内容和治理措施相对单一，生态修复大多聚焦于水、土、林、草等单一生态要素，或水土保持、河道治理等单一内容，未实现多要素、多内容的统筹考虑，导致治标不治本的问题较为突出，对生态系统整体性保护与恢复不足。部分造林工程或生态修复工程设计时，未按照"宜林则林、宜草则草、宜荒则荒"的自然规律，片面追求林地面积增加而进行大面积造林的现象时有发生，尽管短期成效明显，但长期来看生态系统仍面临单一化、低质化、生物多样性低等问题，甚至导致区域水资源短缺问题加剧，生态修复成效难以稳固。

7.2　自然生态系统修复模式

生态修复（ecological restoration）是指协助退化、受损生态系统恢复的过程。自然生态系统修复技术包括划区保护、保育恢复、辅助再生、生态重建等。生态修复目标可能是针对特定生态系统服务的恢复，也可能是针对一项或多项生态服务质量的改善。

7.2.1　划区保护

（1）生态功能区划

生态功能区划是根据区域生态系统格局、生态环境敏感性与生态系统服务功能空间分布规律，将区域划分成不同生态功能的地区。全国生态功能区划是以全国生态调查评估为基础，综合分析确定不同地域单元的主导生态功能，制定全国生态功能分区方案。全国生态功能区划是实施区域生态分区管理、构建国家和区域生态安全格局的基础，为全国生态保护与建设规划、维护区域生态安全、促进社会经济可持续发展提供依据。

生态功能区划遵循主导功能原则、区域相关性原则、协调原则、分级区划原则。其中，主导功能原则是指，区域生态功能的确定以生态系统的主导服务功能为主。在具有多种生态系统服务功能的地域，以生态调节功能优先；在具有多种生态调节功能的地域，以主导调节功能优先。区域相关性原则是指，在区划过程中，综合考虑流域上下游的关系、区域间生态功能的互补作用，根据保障区域、流域与国家生态安全的要求，分析和确定区域的主导生态功能。协调原则是指，生态功能区划是国土空间开发利用的基础性区划，是国民经济发展综合规划、国家主体功能区规划、土地利用规划、农业区划、城镇体系规划等区划、规划编制的科学基础。在制订生态功能区划时，与已经形成的国土空间开发利用格局现状进行衔接。分级区划原则是指，全国生态功能区划应从满足国家经济社会发展和生态保护工作宏观管理的需要出发，进行大尺度范围划分。省级政府应根据经济社会发展和生态保护工作管理的需要，制定地方生态功能区划。

全国生态功能区划是在生态系统调查、生态敏感性与生态系统服务功能评价的基础上，明确其空间分布规律，确定不同区域的生态功能，提出全国生态功能区划方案。通过综合评估生态系统水源涵养、生物多样性保护、土壤保持、防风固沙、洪水调蓄等生态系统服务功能重要性，确定全国生态系统服务功能重要性空间分布。通过综合评估水土流失敏感性、沙漠化敏感性、冻融侵蚀敏感性、石漠化敏感性，确定全国生态敏感性空间分布。综合全国生态系统服务功能重要性与生态敏感性，形成全国生态保护重要性空间分布格局。

根据生态系统服务功能类型及其空间分布特征，开展全国生态功能区划。按照生态系统的自然属性和所具有的主导服务功能类型，将生态系统服务功能分为生态调节、产品提供与人居保障三大类。在生态功能大类的基础上，依据生态系统服务功能重要性划分 9 个生态功能类型。生态调节功能包括水源涵养、生物多样性保护、土壤保持、防风固沙、洪水调蓄 5 个类型；产品提供功能包括农产品和林产品提供 2 个类型；人居保障功能包括人口和经济密集的大都市群和重点城镇群 2 个类型。根据生态功能类型及其空间分布特征，以及生态系统类型的空间分布特征、地形差异、土地利用的组合，划分生态功能区。

（2）划定生态保护红线

生态保护红线指在生态空间范围内具有特殊重要生态功能必须强制性严格保护的区域，是保障和维护国家生态安全的底线和生命线，通常包括具有重要水源涵养、生物多样性维护、水土保持、防风固沙、海岸生态稳定等功能的生态功能重要区域，以及水土流失、土地沙化、石漠化、盐渍化等生态环境敏感脆弱区域。

生态保护红线划定遵循科学性、整体性、协调性和动态性原则。其中，科学性原则是以构建国家生态安全格局为目标，采取定量评估与定性判定相结合的方法划定生态保护红线。在资源环境承载能力和国土空间开发适宜性评价的基础上，按生态系统服务功能重要性、生态环境敏感性识别生态保护红线范围，并落实到国土空间，确保生态保护红线布局合理、落地准确、边界清晰。整体性原则是统筹考虑自然生态整体性和系统性，结合山脉、河流、地貌单元、植被等自然边界以及生态廊道的连通性，合理划定生态保护红线，应划尽划，避免生境破碎化，加强跨区域生态保护红线的有序衔接。协调性原则是建立协调有序的生态保护红线划定工作机制，强化部门联动、上下结合，充分与主体功能区规划、生态功能区划、水功能区划及土地利用现状、城乡发展布局、国家应对气候变化规划等相衔接，与永久基本农田保护红线和城镇开发边界相协调，与经济社会发展需求和当前监管能力相适应，统筹划定生态保护红线。动态性原则是根据构建国家和区域生态安全格局，提升生态保护能力和生态系统完整性的需要，生态保护红线布局应不断优化和完善，面积只增不减。

生态保护红线划定技术流程主要包括：开展科学评估、校验划定范围、确定红线边界、形成划定成果等。其中，开展科学评估是在国土空间范围内，按照资源环境承载能力和国土空间开发适宜性评价技术方法，开展生态功能重要性评估和生态环境敏感性评估，确定水源涵养、生物多样性维护、水土保持、防风固沙等生态功能极重要区域及极敏感区域，纳入生态保护红线。科学评估的主要步骤包括：确定基本评估单元、选择评估类型与方法、数据准备、模型运算、评估分级和现场校验。校验划定范围是根据科学评估结果，将评估得到的生态功能极重要区和生态环境极敏感区进行叠加合并，并与保护地分布进行校验，形成生态保护红线空间叠加图，确保划定范围涵盖国家级和省级禁止开发区域，以及其他有必要严格保护的各类保护地。确定红线边界是将确定的生态保护红线叠加图，通过边界处理、现状与规划衔接、跨区域协调、上下对接等步骤，确定生态保护红线边界。形成划定成果是在上述工作基础上，编制生态保护红线划定文本、图件、登记表及技术报告，建立台账数据库，形成生态保护红线划定方案，并进行勘界定标。

7.2.2 保育恢复

保护保育（ecosystem conservation）是指保护单一生物物种或者不同生物群落所依存的栖息地、生态系统，以及保护和维系栖息地（自然生态保护区域内）原有居住者的文化与传统生活习惯，以达到维持自然资源可持续利用与永续存在的活动。自然恢复（natural regeneration）是指对生态系统停止人为干扰，以减轻负荷压力，依靠生态系统的自我调节能力和自组织能力使其向有序的方向自然演替和更新恢复的活动。一般为生态系统的正向演替过程。

天然林保护管理。2019 年，国家印发《天然林保护修复制度方案》，指出应当坚持全面保护，突出重点。采取严格科学的保护措施，把所有天然林都保护起来。根据生态区位重要性、物种珍稀性等多种因素，确定天然林保护重点区域。实行天然林保护与公益林管理并轨，加快构建以天然林为主体的健康稳定的森林生态系统。在保护天然林过程中，应当坚持尊重自然，科学修复。遵循天然林演替规律，以自然恢复为主、人工促进为辅，保育并举，改善天然林分结构，注重培育乡土树种，提高森林质量，统筹山水林田湖草治理，全面提升生态服务功能。此外，还应当加强天然林管护能力建设，完善天然林管护体系，加强天然林管护站点等建设，提高管护效率和应急处理能力。充分运用高新技术，构建全方位、多角度、高效运转、天地一体的天然林管护网络，实现天然林保护相关信息获取全面，共享充分，更新及时。健全天然林防火监测预警体系，加强天然林有害生物监测、预报、防治工作。结合精准扶贫扩大天然林护林员队伍，建立天然林管护人员培训制度。加强天然林区居民和社区共同参与天然林管护机制建设。

草原保护。落实基本草原保护制度，把维护国家生态安全、保障草原畜牧业健康发展所需最基本、最重要的草原划定为基本草原，实施更加严格的保护和管理，确保基本草原面积不减少、质量不下降、用途不改变。严格落实生态保护红线制度和国土空间用途管制制度。加大执法监督力度，建立健全草原联合执法机制，严厉打击、坚决遏制各类非法挤占草原生态空间、乱开滥垦草原等行为。建立健全草原执法责任追究制度，严格落实草原生态环境损害赔偿制度。加强矿藏开采、工程建设等征占用草原审核审批管理，强化源头管控和事中事后监管。依法规范规模化养殖场等设施建设占用草原行为。完善落实禁牧休牧和草畜平衡制度，依法查处超载过牧和禁牧休牧期违规放牧行为。组织开展草畜平衡示范县建设，总结推广实现草畜平衡的经验和模式。整合优化建立草原类型自然保护地，实行整体保护、差别化管理。开展自然保护地自然资源确权登记，在自然保护地核心保护区，原则上禁止人为活动；在自然保护地一般控制区和草原自然公园，实行负面清单管理，规范生产生活和旅游等活动，增强草原生态系统的完整性和连通性，为野生动植物生存繁衍留下空间，有效保护生物多样性。牧区要以实现草畜平衡为目标，优化畜群结构，控制放牧牲畜数量，提高科学饲养和放牧管理水平，减轻天然草原放牧压力。半农半牧区要因地制宜建设多年生人工草地，发展适度规模经营。

湿地保护。按照生态区位、面积以及维护生态功能、生物多样性的重要程度，将湿地分为重要湿地和一般湿地，将重要湿地依法划入生态保护红线。对国家和地方重要湿地，要通过设立国家公园、湿地类型自然保护区、湿地类型自然公园等方式加强保护，在生态敏感和脆弱地区加快保护管理体系建设。按照主体功能定位确定各类湿地功能，实施负面清单管理。禁止擅自征收、占用国家和地方重要湿地，在保护的前提下合理利用一般湿地，禁止侵占自然湿地等水源涵养空间，已侵占的要限期予以恢复，禁止开（围）垦、填埋、排干湿地，禁止永久性截断湿地水源，禁止向湿地超标排放污染物，禁止对湿地野生动物栖息地和鱼类洄游通道造成破坏，禁止破坏湿地及其生态功能的其他活动。建设项目选址、选线应当避让湿地，无法避让的应当尽量减少占用，并采取必要措施减轻对湿地生态功能的不利影响。加强各级湿地保护管理机构的能力建设，夯实保护基础。在国家和地方重要湿地探索设立湿地管护公益岗位，建立完善县、乡、村三级管护联动网络，创新湿地保护管理形式。

7.2.3 辅助再生

辅助再生亦称协助再生，是指充分利用生态系统的自我恢复能力，辅以人工促进措施，使退化、受损的生态系统逐步恢复并进入良性循环的活动。例如，采矿损毁土地表土不适合植被生长，需要进行土地平整、表土覆盖和培肥才能使受损生态系统逐步恢复。该修复方式通过坡面危岩清理、采坑回填、废石（渣）清理等，消除地质安全隐患；通过坡面修整、土壤改良、截排水等人工辅助措施进行场地平整，改善土壤功能，为植被恢复提供条件。过程中，严格筛选适合当地的植物物种，采取补植、补播、抚育、间伐、杂灌草清除等人工辅助措施，加快生态系统结构和功能的修复，不应引入对当地生物多样性造成威胁的外来物种。

7.2.4 生态重建

生态重建是指对因自然灾害或人为破坏导致生态功能和自我恢复能力丧

失，生态系统发生不可逆转变化，以人工措施为主，通过生物、物理、化学、生态或工程技术方法，围绕修复生境、恢复植被、生物多样性重组等过程，重构生态系统并使生态系统进入良性循环的活动。生态重建强调重建生态系统生境（水生、陆生）和功能的一致性，但生态系统的结构可以被替代。从生态位宽度来看，生态重建后生态系统与原有生态系统相比生境有一定变化，相应生物群落结构存在差异，最为重要的是改变生态系统对生态环境资源的可利用率，生态位会有所改变，从而总体恢复原有生态服务功能。

针对非生物生境遭到严重破坏的区域，如矿山开采区、固化河道等，可开展生态重建，重建过程主要是对破坏区域进行生境的重构，以适应不同环境要求的生物生长需求，通过多样化恢复区，提供更为复杂的生境。生态重建技术主要对生态系统中被破坏的非生物基质进行工程整理，使之适合生态系统生物组分的生存和发展。包括矿山生态修复中的坡地整形技术；为构建污水处理湿地的河道整形及改变湖泊水利联系的重新构型（构建深潭、浅滩和湿地，增加河流蜿蜒度，增加水体恢复生物多样性所需的多元生境等）技术。美国和欧洲的很多国家对原来固化的河道进行去固化，并使其恢复至曲折蜿蜒的形态。矿山排土场的整形，适宜物种种植并减少水土流失和滑坡等的发生。对于以砂砾石等为主无任何肥力的退化区域，需要采取客土法来建立适于生物生长的基本条件，客土可来源于周边的肥沃土壤或者利用污泥等其他废弃物，通过处理和配方改良熟化后用于客土工程，常见的有土壤熟化技术和人工造土技术等。

要成功实现生态重建，必须营造稳定的生态系统，需要对生态系统的结构和功能进行完善。因此，需要筛选或培育出相应的适生生物物种。例如，矿山受损区，若以水土流失和污染控制为目标，则宜选择一生物量高、根系发达的多年生耐性草本植物，辅以部分灌木、乔木。若以农业用地为目标，选用植物或作物品种必须考虑有害元素在可食部分的积累，尽可能避免有害元素在食物链中的迁移和大量富集。以野生生物保护为目的的生态修复，则尽可能选择乡土物种，而且物种组成尽可能多样化，在这种情况下，引入地带性原始植被的土壤种子库是一项重要措施。

7.3 重要生态系统修复工程

以我国典型的森林、草原、湿地等自然生态系统为重点，梳理已有生态修复工程实践，总结典型做法、主要修复技术模式和取得成效，为不同地区开展相关类型的生态修复工程建设提供借鉴。

7.3.1 森林恢复技术模式及案例

森林是生物种类最多、生物生产量最高的一个陆地生态系统，但受城镇化和工业化等人类活动影响，加之病虫害、干旱、洪涝、地震等自然灾害，局部森林生态系统退化，生态功能下降，引起水土流失、荒漠化等一系列生态问题。根据国内外已有森林恢复的实践，目前森林恢复技术模式主要以森林可持续经营为主，国家林业和草原局已发布两批共 17 个森林可持续经营典型案例（国家林业和草原局，2023）。本节主要介绍黄土高原黄龙山林区、甘肃小陇山、北京市西山试验林场 3 个典型案例。

1. 黄土高原黄龙山林区松栎林近自然经营技术

（1）基本概况
黄龙山林区位于陕西省延安市，是黄土高原南部具有代表性的森林区，林区主要分布油松、栎类针阔混交林。近年来，延安市黄龙山林业局通过研发并应用森林近自然经营技术，建立了油松、辽东栎近自然经营示范林 1979 亩，辐射黄龙县、黄陵县、宜川县、桥山林业局、桥北林业局、劳山林业局、志丹县等，推广面积 62 万亩。

（2）松栎林近自然经营技术
近自然经营技术是在森林经营中遵循自然规律，按照森林管理模式，以森林更新、目标树种择伐及经营为关键技术手段，对森林经营的整个过程持续优化，促使人工林经营实现生态效益及经济效益的共同增长（陈光华，2022）。

延安市黄龙山林业局联合西北农林科技大学研发了黄龙山林区松栎林近自然经营技术，并进行示范应用，具体技术内容包括以下方面（曹旭平，2015）。

a. 人工油松同龄林异龄化复层结构调整技术

间伐劣质木、病虫木、干扰树；保护辽东栎、茶条槭、漆树等阔叶乡土树种幼苗、幼树，促进林地向混交趋势发展；保护油松幼苗、幼树，促进目的树种更新。

b. 人工油松林林下中药材栽培技术

对油松中龄林进行近自然间伐，确定目标树（密度 8m×8m）；以目标树为核心，确定生态树、干扰树；伐除干扰木（含病虫木、劣质木），保留郁闭度 0.6 左右，为林下中药材种植开辟环境。在林下栽植连翘和黄芩（连翘 200 亩，黄芩 200 亩，密度均为 2m×2m）；抚育保护油松、辽东栎幼苗，将油松人工林改造为具有混交趋势、林下生产中药材的异龄林。

c. 天然油松林人工促进更新及物种多样性培育技术

以森林近自然经营理念为指导，对林木分类，确定目标树（密度 10m×10m）；以目标树为核心，确定生态树、干扰树；伐除干扰木（含病虫木、劣质木），强度控制在 10%~15%（保留郁闭度>60%）；保护辽东栎个体（作为生态目标树）；抚育保护油松、辽东栎幼苗及林下乡土灌木。

d. 天然辽东栎林人工促进更新及物种多样性培育技术

以不同强度对天然辽东栎林（近自然森林阶段）进行抚育间伐，保留郁闭度 0.6 左右，伐除干扰树病虫木、劣质木；保护林内现有油松个体（作为生态目标树）；抚育保护油松、辽东栎幼苗及林下乡土灌草种类，促进林分混交。

近年来，黄龙山国有林管理局在森林近自然经营实践中，进一步总结出"油松—栎类针阔混交林目标树单株择伐抚育""辽东栎阔叶混交林目标树单株择伐抚育""油松—阔叶混交林林下种植药材目标树单株择伐抚育"三种技术模式，将近自然经营技术乡土化，形成了先定株、控制密度、选择目标树或后备目标树的技术措施；对影响幼苗幼树生长的灌木采取"疏灌折灌"技术措施；对目标树的标记做到"三看"，向上看主干的通直度、生长势、树冠交叉程度；向下看目标树分布均匀程度；看周围情况，采用对比方法选择目标树和干扰木。

（3）主要成效

通过对辽东栎、油松林的近自然经营，全面提高林地生态功能，培育群落物种多样性和稳定性，提高林地培育生产力，优化森林结构。样地监测表明：

单位面积目的树种幼苗、幼树量数量（密度）增加 20.7%，灌木、草本盖度增加 22.1%；林地物种多样性指数提高 21.3%，水保效益及生态功能有明显改善。在提高生态防护效益的同时，监测样地内主要林产品产量提高 20.7%，间伐得到木材、枝梢等净收益共计 7457.26 万元，取得显著经济收益（曹旭平，2015）。

截至 2021 年底，林区范围内的黄龙山国有林管理局共建设示范林 4.85 万亩、森林经营示范基地 11.59 万亩。近 20 年监测对照显示，抚育间伐后优质木的比例增加了 23%，树高和胸径年生长率分别增加 28% 和 16%，林地生物量增加 8%；群落物种多样性指数平均增加 18%；土壤有机质及养分元素氮、磷、钾等含量提高 10%~18%（国家林业和草原局，2023）。

2. 甘肃小陇山结构化森林经营技术模式

（1）基本概况

甘肃省小陇山林区地跨天水市、陇南市、定西市三市，包括两当县、徽县、礼县、漳县、秦州区、麦积区、武山县、清水县 8 个县区，由 21 个国有林场管理，小陇山林区位于嘉陵江、渭河、西汉水上游，林区主要分布栎类针阔天然次生林，近年来主要探索建立了结构化森林经营技术，累计建设结构化经营示范林 22.5 万亩，建成可复制、可推广的松栎混交林结构优化、人工林断层修复、华山松果材兼用、"示范林＋林药（菌）"森林复合经营等模式近30 种，推广培育森林 280 万亩以上（国家林业和草原局，2023）。

（2）松栎混交林结构优化经营技术

2008 年，结构化森林经营技术开始在小陇山林区推广实施。该技术旨在培育健康稳定的森林，遵循自然，注重林分空间结构，以无人为干扰或轻微干扰但恢复良好的天然林为模型，创造或保持最佳的森林空间结构，最终获得健康稳定的森林（张艳芳和李录林，2022）。

具体内容包括：在小陇山次生林综合培育技术基础上，对抚育法进行创新优化，总结形成一套技术方法，即"看林分定目标、看树种定混交、看树冠定密度、看周围定分布""优先保留稀少种和濒危种并采伐不健康林木个体；优先采伐与目标树树种相同的林木；优先采伐影响目标树生长的林木；优先采伐分布在目标树一侧的林木；优先采伐达到目标直径的林木，但一倍树高范围内不允许连续采伐""逐渐调整林木空间分布格局、调整树种空间隔离程度、调整树种空间竞争关系、调整立木径阶分布，调整林分卫生状况"（刘文桢，2014）。

（3）主要成效

截至目前，甘肃省小陇山林业保护中心经营总面积 1238.9 万亩，森林面积 842 万亩，森林覆盖率为 69.3%，活立木总蓄积量 4827 万 m^3，经过监测对照显示，作业后 5~8 年，人工日本落叶松、油松、华山松、天然栎类、阔叶混交林生长率比对照分别净增 3.22、2.46、2.10、0.72、2.03 个百分点。

3. 北京市西山试验林场：多功能生态系统经营实践

（1）基本概况

北京市西山试验林场经营总面积 8.65 万亩，有林地面积 8.07 万亩，活立木总蓄积量 30.3 万 m^3，森林覆盖率 93.29%，全部为人工林。林场形成了"全要素、全周期、多功能"的经营技术体系，注重多样小环境营造和野生动物栖息地构建，精准提高森林质量，构建稳定、健康、优质、高效的森林生态系统。

（2）多功能生态系统经营技术

多功能生态系统经营是从森林生态系统的基本概念出发，即森林生态系统是由乔木和其他植物、微生物与土壤、鸟类和野生动物、限制性环境因子等 4个要素构成的，具有丰富空间结构和完整生命过程的，能充分发挥其生态环境、文化景观、物质生产、基础支持等四大社会支撑功能的近自然生态系统。从经营学和系统学角度解析和组织森林生态系统，以《森林法》提出的"稳定、健康、优质、高效"为目标。为此，北京市山区森林经营试点实验工作经历了从近自然经营到健康经营再到生态系统多功能经营的探索发展。

从系统学角度出发，2021 年更新的《北京市山区森林抚育技术规定》《森林抚育经营作业设计纲要》，更加强调森林经营中对生态系统全要素基本结构调控和生态系统过程（即生命周期）的再组织设计，成为指导森林生态系统多功能经营的重要技术文件。其设计的森林生态系统抚育经营作业技术系统包括的四个作业子系统：主林层的抚育性采伐作业、林下层补植和促进天然更新作业、改进林分质量的辅助性作业、生态系统整体促进的作业。主林层的抚育性采伐作业子系统和林下层补植和促进天然更新作业子系统是以乔木促进为目标的作业设计；改进林分质量的辅助性作业子系统是以个体林木为对象的非采伐性促进措施，包括对目标树或优势木的修枝和整枝、对补植或天然更新幼苗幼树的浇水（菌液）、施肥、土壤改良、围栏保护等与自然协同的促进性作业处理；生态系统整体促进的作业子系统则包括了林缘维护和功能性乔灌种植，人工近自然小型积水湿地建设，林中步道建设，野生动物的隐蔽地、觅食地、水源地、栖息地的维护和建设，林下腐生或共生食用真菌培育与保护，山脊生态脆弱带或沟底自然植被和物种多样性斑块维护等高于林木和林分层次的可选作业处理。

四个作业子系统均有实施的必要性，且对整体目标实现有交互性支持作用。其中第一个作业子系统是每次抚育经营作业必须执行的，第二、第三个作业子系统是鼓励实施的，第四个作业子系统是按需要和可能选择项目实施的。而主林层作业中的特别目标树（辅助树）的标记和保护，是兼顾了对鸟类、昆虫、小动物和腐生性微生物的保护促进处理。以改善野生生物水源条件为直接目标的林中小型积水地建设，又提高了森林游憩康养的价值。通过这些要素与结构和功能的交互作用，达到促进森林生态系统整体进步的目标（国家林业和草原局，2022）。

（3）主要成效

近 5 年来，林场实施森林抚育 6 万余亩，低效林改造 1.65 万亩，建设森林经营示范林 3 处。监测调查结果显示，林场林分蓄积年均增长量由 2014 ~ 2019 年的 0.11 m³/亩提高到 2019 ~ 2021 年的 0.13 m³/亩，哺乳动物、鸟类种数由 2013 年的 18 种、98 种分别增加到 21 种、105 种（国家林业和草原局，2023）。

7.3.2 自然湿地恢复技术模式及案例

湿地素有"地球之肾"之称，是全球甲烷等温室气体重要的源与汇，具有十分重要的水源涵养、洪水调蓄、气候调节、碳固定及生物多样性维护功能，也是很多珍稀濒危物种的重要栖息地。近年来，由于城市化和工业化活动加剧，我国局部地区均出现不同程度的湿地萎缩、退化问题。根据国内已有湿地修复实践和湿地的典型性，选取 2 个滨海湿地典型代表：黄河三角洲退化湿地（生态中国网，2023）、锦州市大凌河口（生态修复网，2023）；2 个内陆湿地典型代表：松嫩平原西部湿地（东北地理所，2018）、河北南大港湿地（生态修复网，2023），进行修复技术模式介绍。

1. 黄河三角洲退化湿地修复

（1）现状及问题

黄河三角洲位于渤海湾南岸和莱州湾西岸，主要分布于山东省东营市和滨州市境内，是由古代、近代和现代的三个三角洲组成的联合体。由于黄河独特水沙条件和渤海弱潮动力环境的共同作用，黄河三角洲形成了中国温带最广阔、最完整和最年轻的原生湿地生态系统。近年来，受湿地淡水补给严重缺乏和城市化、农业开发带来的土地围垦等行为影响，湿地出现面积萎缩、生态功能下降、栖息地丧失等生态退化问题。

（2）修复技术模式

近年来，通过自然恢复与工程修复相结合，黄河三角洲完成退耕还湿、退养还滩 7.25 万亩，累计修复湿地近 30 万亩。自 2019 年起，进一步加大生态保护修复力度，先后实施了黄河三角洲国际重要湿地保护与恢复工程等总投资 10.8 亿元的 16 项生态保护恢复工程，有效推进黄河三角洲湿地生态系统的恢复。在修复过程中，研究创新了黄河三角洲湿地修复模式：针对不同的湿地类型分类施策，通过水系循环与水分补给、互花米草治理与原生植物恢复、微生境改造、种子库补充等恢复及构建技术，逐渐形成了"河流水系循环连通、原生湿地保育补水、鱼虾生物繁衍生息、适宜鸟类觅食筑巢"和"一次恢复、自然演替、逐步稳定"的黄河三角洲湿地修复新模式。

1）水系循环连通与生态补水。以水文连通为中心，着力恢复所依托的主要河流水系与湿地、海洋的交流，通过开展生态补水、水系连通等措施修复激活湿地"水生态"。通过建设水闸船提高补水能力，实现全天候补水；大力实施水系连通工程，有效恢复黄河与两侧湿地的水系大循环和地表径流，逐步形成黄河与自然保护区的大循环和贯通的湿地内部小循环；修筑堤坝进一步提高蓄水能力，最终形成生态补水"引得出、送得到、蓄得住"，有效促进湿地生境恢复。2020 年，生态引水量首次突破 1 亿 m^3，达到 1.43 亿 m^3，创历史新高并首次实现漫滩式补水；2021 年生态补水达到 1.6 亿 m³。

2）互花米草治理与原生植被恢复。开展互花米草入侵机制与治理技术科研攻关及工程示范，创新探索"刈割+翻耕+围淹"治理模式。刈割，即清除地上植被，切断光合作用，阻止其结出成熟种子；翻耕，即自主研发机耕船反复翻耕，破坏茎秆和根系，抑制互花米草生长和繁殖；围淹，即创新使用充填膜袋方式，对刈割后的根茬持续淹水，使根系窒息死亡。通过互花米草治理工程，疏通被阻塞潮沟，充分恢复海岸带范围内湿地和海洋潮汐的交流，为原生物种恢复提供天然条件。针对典型海洋生态系统海草床，采用植株移植、种子种植和自然恢复三种方法，积极修复海草床，并探索海草床生态系统修复的最新技术和模式。

3）微生境改造。在河流沼泽湿地，科学引进主要水系的水流，结合生态涵闸调节水位，模拟形成水系自然漫溢过程；按照生态学原理塑造微地形，设置大缓坡、深水区，打造鸟类繁殖岛、鱼类栖息地，满足鸟类觅食、繁殖需求；结合下游漫滩补水需水量，系统考虑鱼、鸟生物关系，结合原地形专门设置快速过水通道，在实现漫滩补水的同时保留鱼类资源，打造形成适宜不同物种的栖息地。

4）种子库补充。在盐沼湿地，以恢复先锋植被盐地碱蓬为目标，结合其生物学特性、生态群落及立地土壤等条件，从营造发芽生长条件入手，在不改变原有的河流水系、地形地貌前提下，通过水系连通补充种子萌发所需淡水，通过疏通潮沟恢复湿地和海洋交流，通过微生境改造在滩涂湿地塑造微地形，减少水流冲击、风力造成的种子流失，截留天然盐地碱蓬种子，通过其自然生长繁衍对盐沼湿地种子库进行补充，从而提高近海滩涂土著植物竞争能力，为鸥类、鹤类等鸟类提供丰富的食物来源和优良的栖息场所。

（3）主要成效

黄河三角洲湿地底栖生物增加到了 36 种，鸟类由 1992 年的 187 种增加到 371 种，38 种鸟类数量超过全球总量的 1%，黄河三角洲成为东方白鹳全球最大繁殖地、黑嘴鸥全球第二大繁殖地、白鹤全球第二大越冬地、我国丹顶鹤野外繁殖的最南界。2022 年，黄河口湿地东方白鹳繁殖 152 巢、470 只幼鸟，黑嘴鸥繁殖种群达到 9712 只；2021～2022 年度冬丹顶鹤达 281 只，丹顶鹤、白鹤等关键物种越冬数量，东方白鹳、黑嘴鸥繁殖数量均为历年最高。

2. 锦州市大凌河口生态修复

（1）现状及问题

大凌河发源于辽宁省与河北省接壤地区，全长 447km，流域面积 2.33 万 km²，年均径流量 17.91 亿 m³，是辽宁省西部最大的河流。大凌河入海口地处辽河三角洲湿地西部，域内滩涂广袤、芦苇和碱蓬壮阔、生物群落丰富多样，是我国河口湿地的典型区域。大凌河入海口两侧原为芦苇和翅碱蓬交替出现的滨海湿地。随着区域围海养殖的大规模发展，养殖围堰占用了滨海湿地，割裂了河口天然潮沟，导致滨海湿地海水交换受阻，盐沼植被逐渐退化，自然湿地生态系统功能受损。

（2）修复技术模式

针对修复区域的生态问题，项目以恢复河口湿地生态功能为重点，坚持目标导向、问题导向，按照"保障生态安全、突出生态功能、兼顾生态景观"的次序，科学选取技术模式，保障修复效果。

1）湿地地形重塑。拆除围海养殖围堰 3670m，恢复滨海湿地，因地制宜进行地形改造，疏通潮沟水系，重塑了芦苇–碱蓬湿地生境。

2）潮沟清淤疏浚。开展河口潮沟清淤疏浚，疏通养殖围堰外围潮沟 9317m，恢复河口滨海湿地的水动力条件，修复滨海湿地 190hm²，改善河口生境质量。

3）盐沼植被恢复。在地形重塑的基础上，选择芦苇、翅碱蓬等当地植物进行补植，恢复盐沼植被 37hm²，打造鸟类栖息适宜生境，恢复典型河口滨海湿地生态景观。

（3）主要成效

项目实施养殖围堰拆除及潮沟清淤疏浚后，首先恢复了原有滩涂及Ⅰ级潮沟，修复了滩涂潮沟的水动力条件，改善了滩涂径流及潮流的交互过程；并在潮沟清淤疏浚后的自然演化作用下，促进Ⅲ–Ⅳ级潮沟系统发育，形成天然的滩涂潮沟水文动力环境。其次通过滩涂生境改善及盐沼湿地植被种植等措施，逐渐恢复大凌河口芦苇–碱蓬生态系统，改善了湿地生态环境，提升了湿地生态系统自我恢复和纳污自净能力。中国野生动物保护协会 2021 年 8 月在修复区附近 1 天内观察到鸟类 34 种，种类涉及中型涉禽、小型涉禽、中型游禽和中小型猛禽，其中国家一级保护野生动物有黑脸琵鹭、黄胸鹀、黑嘴鸥 3 种，国家二级保护野生动物有翻石鹬、阔嘴鹬、大杓鹬、白腰杓鹬、大滨鹬、小天鹅、白腹鹞、白尾鹞、短耳鸮 9 种，保护修复效果显著。

3. 东北松嫩平原西部湿地植被恢复

（1）现状及问题

松嫩平原位于大小兴安岭与长白山脉及松辽分水岭之间的松辽盆地中部区域，主要由松花江和嫩江冲积而成，分布有众多沼泽湿地，平原西部以芦苇沼泽湿地为主。由于湿地自身的脆弱性，加上长期农业垦殖、生态用水保障不足等因素影响，区域湿地生态系统出现明显萎缩、盐碱化等问题，自然恢复十分缓慢。

（2）修复技术模式

目前，已研发形成松嫩平原西部湿地植被快速恢复技术，并进行示范应用（东北地理所，2018）。其主要修复技术包括以下方面。

1）种质资源筛选及处理技术。通过低温和变温浸种等处理技术使灰脉薹草、扁秆藨草、芦苇、香蒲等典型湿地植物种子的萌发率提升了 50%～90%，萌发时间缩短了 8～10 天；通过种质资源筛选、外源激素添加等技术使睡莲、荷花根茎萌发率提升 35%，生长速度提升 20%；通过河漫滩湿地中扦插枝条的多行、密植技术设置，使柳条的光合效率显著提高，实现了多物种、多途径协同增殖，沼柳成活率达 96%，在此基础上创建了融合有性繁殖与无性繁殖的湿地植物快速繁殖技术体系。

2）优势种群快速建立技术。通过原位取苗、分根移栽、适量补水、干湿交替等一体化技术实施，使由灰脉薹草形成的"塔头"成活率达到 90%，缩短恢复时间 10 年以上；通过对芦苇和扁秆藨草生长时期水位的精准管理，使扁秆藨草密度提升 2.2 倍，生物量增加 3.4；芦苇密度增加 74.8%，生物量增加 2.5，实现了目标种群快速建立与生长优化，并由此获得了基于水文调控的湿地植被快速恢复技术。

3）湿地微地貌改造技术。通过改变退化湿地表层土壤物理结构、实施根际土壤间替更新和先锋物种引入恢复技术，使重度盐碱湿地碱蓬覆盖度达 50%～80%，恢复时间比自然恢复缩短 2 年以上；芦苇返青提前 10～15 天，覆盖度达 80% ~ 90%，生物量提升 30%；香蒲湿地恢复时间缩短 2 ~ 3 年，实现了典型湿地植被的快速复壮与自我更新，形成了基于湿地微地貌改造的植被快速恢复技术。

（3）主要成效

该项技术在黑龙江、吉林、内蒙古等地的 12 块退化湿地得到推广应用，累计推广面积 31 万 hm²，示范区植被盖度和生物量显著提高，湿地水质净化功能、碳汇功能、水文调蓄功能明显提升，为相关地区湿地植被恢复提供了技术支撑。

4. 河北南大港湿地生态保护修复

（1）现状及问题

河北南大港湿地和鸟类省级自然保护区位于河北省沧州市渤海新区、渤海湾西岸，是我国 29 个国家重要湿地之一，是国际鸟类迁徙网络重要节点，中国黄（渤）海候鸟栖息地（第二期）世界自然遗产提名地，首批全国科普教育基地。湿地内现有植物 237 种，昆虫 291 种，鸟类 268 种。其中，属国家一级保护野生动物的鸟类 16 种，属国家二级保护野生动物的鸟类 50 种。

南大港湿地北部处于南大港湿地水循环系统的末端。由于多年来缺乏有效保护，该区域被围垦形成连片养殖池塘，改变了原有湿地地形地貌，割裂了湿地的水文连通性和生态空间。湿地水体盐度升高、水质恶化、水生生物减少、鸟类栖息和觅食空间萎缩等生态问题日益凸显，严重影响了南大港湿地生态系统的稳定性和可持续发展。

（2）修复技术模式

1）湿地综合修复模式。2020 年，为改善鸟类栖息空间，提升湿地生态环境，河北沧州组织实施了南大港湿地（北部养殖池塘）生态修复项目。主要通过退养还湿、微地形整理、滩面营造、坡面生态化改造等生态修复措施，形成了适用于南大港湿地的"退养还湿、清淤拆堤、生境岛营造、灌丛隔离带构建"的湿地综合修复模式。恢复了由水域-浅滩-生境岛组成的自然湿地结构，有效提升湿地区域的生态环境质量，提高了生态系统的稳定性和物种的多样性。

2）湿地监测监管能力建设。开展以东方白鹳为重点的国家重点保护野生动物专属保护栖息地建设。建设南大港湿地和鸟类自然保护区科研监测一体化平台，开展野生鸟类调查监测，实现鸟类智能监测与管理，掌握鸟类品种、数量、分布等信息。实施保护站点提升工程，加强保护区巡护监测。科研监测系统性工程发挥作用，为湿地生态保护提供了重要支撑。

（3）主要成效

湿地生态环境持续好转，吸引着更多鸟类来到南大港湿地。2021年仅北部修复区观测到鸟类10 360只，鸟类数量较修复前同期提升了109%，2022年候鸟迁徙期间观测到鸟类数量2万余只，记录到国家一级保护野生动物2种——东方白鹳、白枕鹤，国家二级保护野生动物4种——大天鹅、小天鹅、疣鼻天鹅、白琵鹭。鸟类的种类、数量以及珍稀程度均有明显的提升。修复区内水体盐度、化学需氧量、总氮等水环境指标下降明显，土壤质量向好；湿地水体环境和水文连通性改善之后，矛尾鰕虎鱼、中华绒螯蟹、梭鱼、鲫鱼等逐步恢复，完善了湿地生态系统结构，提升了生态系统的稳定性和物种的多样性。

7.3.3 草原恢复技术模式及案例

草原的恢复能够恢复草原的生态系统，防止草原的退化，保护草原的生物多样性。同时，草原的恢复还具有维护生态平衡、改善气候环境、减少自然灾害等方面的作用。通常的草原恢复技术主要以建植适宜草地为主，这里主要介绍锡林浩特草原（自然资源部，2022）、若尔盖沙化草地（李开章，2008）、三江源区草原3个草原（傅伯杰和伍星，2022）恢复治理案例。

1. 锡林浩特草原恢复案例

（1）现状及问题

锡林浩特是距离京津地区最近的草原牧区，全市草原面积139.6万hm²，2009年划定基本草原136.9万hm²，以温性典型草原为主。2019年国家林业和草原局启动实施了退化草原人工种草生态修复试点项目，锡林浩特市作为典型草原试点地区，因放牧场和打草场过度利用，同时受到极端气候的影响，存在植被退化、土壤沙化较严重的突出问题。2000年以来，由于连续干旱、过度利用、人口增加、气候原因，加之草原鼠虫害频发等因素，天然放牧场退化沙化严重，出现零散分布的风蚀坑。打草场过早刈割、留茬高度低、过度搂耙、不轮刈、不留隔离带等问题，导致植物种子未能成熟落地、地表无枯落物、地表水分蒸发量大和腐殖质减少、土壤贫瘠、植被盖度和种类减少、产草量逐年下降。

（2）修复技术模式

锡林浩特草原修复措施主要包括退化放牧场生态修复、退化打草场修复以及野生优良乡土草种抚育。

1）退化放牧场生态修复。中重度退化放牧场采取"免耕补播+施肥+围封禁牧+管护"措施，其余严重风蚀沙化草地采取"土地平整+设置草帘沙障+免耕补播+施肥+围封禁牧+管护"措施。沙障使用4m×4m苇帘，使其有效防护寿命延长至5年以上。针对沙化草地土壤贫瘠、有效养分含量低的问题，施用有机肥。在作业过程中，严格执行种子箱和化肥箱分开，提高出苗率和幼苗成活率；在草种选择上，主要选用耐寒耐旱物种，高冰草、沙生冰草、沙打旺、羊柴。

2）退化打草场修复。生态修复治理6.5万亩，其中采取"切根+免耕补播+施固态生物有机肥+休刈+管护"措施1万亩；采取"施固态生物有机肥+休刈+管护"措施4.5万亩；采取"施液态有机肥+休刈+管护"措施1万亩。采用不同施肥种类、不同施肥量进行试验示范。

3）野生优良乡土草种抚育。选择具有抚育潜力的优质野生草种进行围封、施肥等人工抚育，提高野生草种的种子产量，增加退化草原生态修复用种。抚育0.1万亩，采取"施液态有机肥+草种采收+管护"措施。

（3）修复成效

生态效益。修复2~3年后，退化放牧场植被盖度增加到40%~60%，干草的产量提高50%以上；退化打草场植被盖度平均提高15%~20%，干草产量平均提高20%~40%，草群中多年生优良牧草比例增加，土壤有机质增加10%以上；严重沙化草地植被盖度达到40%~50%或以上，治理区域植被盖度、植被高度和植被密度，随着治理年限的增加而明显增加，风蚀得以控制，周边环境明显好转。补播增加了植被的多样性，对于沙化草地植物群落结构起到了稳定作用。经监测，切根处理显著提高植被盖度、密度和产草量。切根可以促进羊草复壮与自我繁殖，使羊草的个体数量增加、盖度提高，不同深度之间没有显著差异。试验数据表明，施不同肥料的打草场平均每亩增产20%~40%，打草场禾本科和豆科植物占比有了较大提高。

经济效益。由于实行了全程禁牧和补播施肥措施，草地生产力明显提高。项目建成后，7.6万亩生态修复区年累计可实现增收141万元以上；野生优良草种抚育可采集种子1.5年累计可实现增收84万元以上，每年共计可实现增收225万元以上。提高了草地的家畜承载力，牧户和国有农牧场的收入增加20%~30%。

社会效益。项目的实施，使牧民群众认识到草原退化的严峻问题和保护的重要性，提高了牧民生态保护主动性，带动周围牧民转变了生产经营方式，调动了项目区牧民治理生态环境的积极性，使项目区牧民生产生活条件得到改善，为实现草原生态的可持续发展提供了保障。

2. 若尔盖沙化草地治理技术案例

（1）现状与问题

若尔盖县位于四川的西北部，平均海拔3500m，属黄河水系，为高原亚寒带湿润季风气候。多年平均气温0.7℃，年降水量657mm。全县沙化、退化、鼠虫害草地面积63.33万hm^2，占可利用草地面积的97.1%。其中退化面积28.67万hm^2，占可利用草场面积的44.2%；沙化草地4.67万hm^2，占可利用草场面积的7.2%；潜在沙化草地6.1万hm^2，并每年以11.8%的速度递增。鼠虫危害面积30万hm^2，占可利用面积的46%，受沙漠化威胁的草场面积达1.36万hm^2。

（2）修复技术模式

若尔盖沙化草地治理技术主要包括围栏封育、建设牧草基地、构建防风林带等方面（吕昌河和于伯华，2011）。

1）围栏封育，灭除鼠害。选用8-110-60型镀锌网围栏，对沙化区进行围栏封育，严禁牲畜入内践踏。同时做好鼠害防治，采用物理、化学、生物相结合的方法，对沙化治理区及周边辐射地带进行灭治，以保护沙化治理植被。

2）建设牧草基地。将适合高寒草原生境条件的披碱草、老芒麦、细茎冰草、扁穗冰草、沙生冰草、紫花苜蓿、紫羊茅、无芒雀麦、苇状羊苏、黑药鹅冠草等多年生优良牧草与燕麦、旱雀麦、多花黑麦草等一年生牧草混播，利用自制的铁耙打沟，先播种再拖耙或先拖耙再播种。条播或撒播，播前应将各草种均匀混合。播期一般为 4 月上旬至 6 月下旬。在条件允许的情况下，撒施固水固肥剂。

3）构建防风林带。对活动沙地，采用埋植稿秆沙障、种植生物沙障等方法进行固沙。同时通过扦插高山柳，构建防风林带。选两年以上的高山柳，切成 50cm 的茎段，用"生根液"浸泡，将腋芽基部向上，在风口按带宽 6m、带距 50m、带内窝距 1.5m×2m，呈"丁"字形扦插，深度 40cm。

（3）修复成效

通过综合治理，两年后，区域植被盖度达到 30%，局部达到 60%，基本控制了沙丘的扩散流动。一年生牧草当年效果显著，每公顷产量可达到 6150kg，高度为 75cm；种植两年以上，多年生牧草每公顷产量可达 1800kg，盖度达到 20% 以上，起到了防风固沙的作用。种植的高山柳成活率可达 90% 以上，高山柳茎段成活率达 80%。生物沙障长势良好，一年生牧草与多年生牧草交替生长，起到固沙、保水的良好作用。

3. 三江源区草原恢复技术案例

（1）现状及问题

三江源区位于青藏高原腹地，青海省南部，包括玉树、果洛、海南、黄南、海西 5 个自治州的 20 个县市及格尔木市代管的唐古拉山乡，总面积 39.31 万 km^2。最新的三江源区野外调查和遥感分析结果显示，三江源区未退化、轻中度退化、重度退化高寒草甸的面积分别为 35 854 万 hm^2、44 807 万 hm^2 和 269.78 万 hm^2。三江源国家级自然保护区内生态退化趋势得以缓解和改善，但仍有 80% 的黑土滩退化草地和 60% 的沙化土地未治理。

目前，三江源区林草植被覆盖度降低，湿地生态系统面积减少，湖泊萎缩，冰川后退，水资源减少；草地退化与土地沙化日趋加剧，水源涵养功能下降，江河径流量逐年减少，水土保持功能减弱；草原鼠害猖獗；生物多样性减少。高寒草地在气候变化、鼠虫害、过度放牧等自然和人为因素的共同作用下呈现明显的退化趋势，草地退化加速。高寒草地的大面积退化直接威胁到该地区人畜的生存与发展，也威胁到长江、黄河中下游地区的生态平衡。

（2） 修复技术模式

目前，三江源区草原生态恢复主要有人工草地分类建植技术、生态型人工草地建植技术、放牧型人工草地建植技术、刈用型人工草地建植技术、高寒地区燕麦和箭筈豌豆混播技术等 5 类。

1） 人工草地分类建植技术。在玉树藏族自治州玉树市巴塘乡铁力角村和玉树市国有牧场，经过多年的建设，研发了 3 种不同类型黑土滩人工草建植技术，退化草地分类恢复技术综合治理示范区已建成，不同示范区已发挥生态保护和示范作用，对玉树市三江源黑土滩综合治理工程起到了技术支撑和示范作用，并得到了大面积推广应用。

2） 生态型人工草地建植技术。建立生态型黑土滩人工草地的农艺措施主要有：条播，灭鼠–浅耕–轻耙–施肥–机械播种–覆土–镇压；撒播，灭鼠–浅耕–轻耙–施肥–撒播大粒种子–覆土–撒播小粒种子–镇压。适宜建植区域：土层厚度在 15m 以下、坡度小于 25°的滩地缓坡地黑土滩和坡度大于 25°的陡坡地黑土滩。特点：能够防风固沙、涵养水源，易形成草皮。

3） 放牧型人工草地建植技术。建立放牧型黑土滩人工草地的农艺措施主要有：灭鼠–翻耕–耙糖–施肥–撒播（条播）–覆土–镇压等。其中播种量、播深和镇压等工序非常重要。镇压不但使种子与土壤紧密结合，有利于种子破土萌发，而且能起到提墒和减少风蚀的作用。特别是在轻壤或轻沙壤土地区尤为重要。适宜建植区域：土层厚度在 15cm 以上、坡度小 25°的滩地和缓坡地黑土滩。特点：快速形成草皮、耐牧耐踏、草质柔软、适口性好、持久性强、产量高，可用 10 年以上。

4） 刈用型人工草地建植技术。建立刈用型黑土滩人工草地的农艺措施主要有：条播，灭鼠–翻耕–耙糖–施肥–机械播种–镇压；撒播，灭鼠–翻耕–施肥–耙糖–撒播–覆土–镇压等。适宜建植区域：择冬春草场土层厚度在 20cm 以上、坡度小于 7°的黑土滩。特点：植株高大、产量高、牧草营养丰富、可加工为育肥补饲饲料、可作青贮饲料。

5） 高寒地区燕麦和箭筈豌豆混播技术。这是 2011 年开发的一种高寒地区燕麦和箭筈豌豆混播技术。燕麦与箭筈豌豆为 2∶1 的混播比例，产量达到 40 596kg/hm²，与燕麦单播相比，产量提高了 37.71%、粗蛋白含量提高了 43.52%。目前已在三江源区的果洛、玉树、海南等地使用，在青海三江集的国有牧场也得到推广应用。

（3）修复成效

生态恢复措施实施以来，三江源草地面积净增加 123.7km²，水体与湿地面积净增加 279.85km²，荒漠生态系统面积净减少 492.61km²。青海湖面积为 4389.31km²，与此前 10 多年的平均值相比，增大了 125.05km²。最近的监测数据表明，与保护工程实施前相比，三江源地区各类草地的平均覆盖度增加 5.6%，草地产草量整体提高 30.31%。

7.4 生态退化区修复工程

7.4.1 盐碱地改良修复技术模式及案例

目前，全世界盐碱地的面积为 9.5438 亿 hm²，其中我国为 9913 万 hm²。我国碱土和碱化土壤的形成，大部分与土壤中碳酸盐的累积有关，因而碱化度普遍较高，严重的盐碱土壤地区植物几乎不能生存，因此盐碱地改良有着重要的意义。盐碱地改良的主要技术模式是种植耐盐植物、盐生植物、筛选耐盐碱的微生物或喷洒微生物菌肥，其中种植耐盐植物应用较为广泛。这里主要介绍潍坊市（山东省资源自然厅，2022）、西北干旱荒漠区（傅伯杰和伍星，2022）两个盐碱地改良修复案例。

1. 潍坊市盐碱地改良修复案例

（1）现状及问题

"北柳"主要指柽柳，特别适合在环渤海盐碱荒地生长。山东省潍坊市位于渤海莱州湾南岸，滨海地区土壤含盐量高，盐碱地约占全市总面积的 17%，其中强渍化面积达 381km²，占全市面积的 2.35%，该区域自然条件较差、生态环境脆弱、绿化成本较高、盐碱地综合利用难度大等问题，一直是潍坊推进海洋生态建设的最大制约。

（2）修复技术模式

潍坊市盐碱地改良修复方案主要包括调整土地利用结构、水利改良、农业耕作改良以及改良剂施用等措施。

1）调整土地利用结构技术。通过植树造林、建设绿色生态屏障、种植耐盐和盐生植被、种植绿肥牧草，扩大地表植被覆盖，尤其是引种耐盐碱乔木型柽柳——盐松（鲁柽 1 号），从根本上破解了长期困扰盐碱地生态绿化难题，发挥生物治理盐碱的生态效应。

2）水利改良技术。采用灌溉淋洗（以水控盐）、排水携盐（带走盐分）两方面措施来调控区域水盐运动，通过井渠结合、深沟与浅沟、沟汕条（台）田、暗管排水与扬水站排水、深沟河网等井、沟、渠配套模式，修复次生盐渍。

3）农业耕作改良技术。采取平整土地、深翻改土、耕作保苗、土壤培肥等农业耕作措施，减少地面蒸发，调节控制土壤水盐动态，使之向有利于土壤脱盐的方向发展。

4）改良剂施用技术。施用一些生物团粒结构改良剂，通过离子交换及化学作用，降低土壤交换性 Na^+ 的饱和度和土壤碱性，通过抗盐碱生物菌剂改善结构，促进淋洗，抑制钠吸附和培肥等。

（3）修复成效

降低沿海防护林种植、维护成本。通过种植抗盐碱及泌盐能力强、不怕沙埋及海水倒灌、生长速度快的乔木型盐松，从种植到 3 年养护的成本仅为一般乔木的 20%~30%；盐松改良土壤效果明显，3 年后土壤盐渍化程度从种植初期的 3‰降低到 1‰，优化了土壤结构，不毛之地上的地被植物大量生长，地表植被覆盖率可达 80% 以上，且生长的植物品种繁多，提升了当地生态系统生物多样性，有效筑起一道沿海绿色屏障。

实现"海洋生态+蓝色经济"良性发展。通过与国内知名海洋科研机构合作，深入推进海洋生态修复产业化发展，盐碱地柽柳的林下经济效益可观，一举破解了"生态无回报、回报低、回报慢"的问题。同时，研究发现柽柳叶中富含多种对人类有益的氨基酸、微量元素等，探索开展柽柳产业化开发，推进以柽柳为原料的产品研发，努力实现柽柳资源的合理有效利用，为探索和推进滨海盐碱地生态治理、产业化发展提供了新思路。

提升盐碱荒地生态价值。通过全面实施盐碱荒地生态绿化工程，在潍坊北部形成一道重要的生态屏障；同时，以盐松替代成活率低、养护成本高的移栽苗木，成功解决了沿海道路、小区等乔木绿化问题，改善了生态，美化了环境，构筑起绿色海洋生态长廊，打造特色滨海旅游，提升滨海生态和人居环境。

2. 西北干旱区盐碱地生态治理案例

（1）概述

对于轻度盐碱地种植沙枣防护林、抗盐牧草，实现林灌结合增加地表植被盖度，减少盐分上升。对于中度和重度盐碱地可选用比豆科牧草抗盐性更强的禾本科牧草，建植人工草地，改善盐碱草地植物群落结构。通过修渠排盐，在盐分降低的土地上种植麻黄、甘草等耐盐药用林草，可最大限度地增加经济、生态效益。

（2）治理技术模式

1）对盐碱化草地以围封为主，实施禁牧、分区隔离、人工管护，充分利用生态系统的自我恢复功能，通过自然恢复、人工促进自然恢复和人工恢复，宜草则草、宜灌则灌、宜乔则乔，建设乔灌草结合的植被体系。

2）人工建植抗盐饲用牧草、乔木和灌木，防止盐分上升。

3）乔灌草配置改良盐碱地技术主要采用的乔木为沙枣，灌木主要为柽柳，抗盐牧草主要有禾本科芦苇、赖草、碱茅属植物；高麦草、湖南稷子及豆科的草木樨等乔灌草结合配置，既可防风固沙又能够改善盐碱地。

4）"封育+灌溉+刈牧兼用"的改良培育盐渍化草地技术是对盐碱地主要实施封育，并通过补播修补原有盐碱地的不足，改善盐碱草地植物群落结构，进而增加草地牧草的密度。

5）盐碱地林药栽培技术是根据盐渍化土地的水盐动态规律、盐分类型以及盐碱危害植物机制，选择合适的药用林草，如红枣、麻黄和甘草等，充分利用土地空间，对土表进行活植物覆盖，减少地面蒸发，降低盐分表聚，最大限度地增加经济、生态效益等。

（3）治理效果

该技术模式适用于我国干旱地区及盐渍化地区，主要包括河西走廊三大流域（石羊河流域、黑河流域和疏勒河流域）的下游、次生盐渍化农耕地，以及山前平原区的荒漠草地和盐荒地等。目前已在古浪、永昌、瓜州、凉州、山丹、肃州等地建植耐盐牧草，并实行粮草轮作；如靖远县北滩乡通过种植耐盐作物向日葵、枸杞等；瓜州县通过引种盐地先锋植物柽柳、花花柴等进行盐碱地治理，每年从土壤中带走部分盐分；景泰县利用种植枸杞开展生物治理盐碱地，如在灌区盐碱化程度较轻的乡镇大面积种植枸杞；民勤县正兴林场利用盐碱地及沙漠地下水种植沙枣、向日葵、耐盐芦苇等，结合治沙，改良盐碱地取得了显著成效。目前在我国西北干旱荒漠区已经系统地开展了针对荒漠化、盐碱化、绿洲生态防护、典型退化脆弱生态系统恢复等多方位的恢复治理措施，为今后该区的生态恢复治理积累了宝贵的经验。

7.4.2 土地沙化生态修复技术模式及案例

治理荒漠化需要采取系列综合措施，主要包括林业治沙、沙漠化土地恢复、水资源配置优化、微气候改善等方面，其中以林业治沙最为常用。这里主要介绍塞罕坝机械林场（自然资源部，2021）、古浪八步沙林场（自然资源部，2022）两个林业治沙典型案例。

1. 塞罕坝机械林场生态修复案例

（1）现状及问题

塞罕坝机械林场于 1962 年建立，位于河北省最北部，年均气温−1.3℃，最低气温−43.3℃，无霜期 64 天，气候寒冷、无霜期短，环境恶劣。林场地处内蒙古浑善达克沙漠的南端，土壤受风蚀或水蚀危害较重，属于土地沙化敏感地区，是风沙进入京津地区的重要通道。林场海拔 1010～1940m，是滦河、辽河两大水系的重要发源地之一。历史上，塞罕坝曾是森林茂密、古木参天、水草丰沛的皇家猎苑，属"木兰围场"的一部分。清末实行开围募民、垦荒伐木，加之连年战火，到新中国成立初期，塞罕坝已经退化为"飞鸟无栖树，黄沙遮天日"的高原荒丘，林草植被稀少。由于塞罕坝机械林场与北京直线距离仅 180km，平均海拔相差 1500 多米，塞罕坝及周边的浑善达克沙漠成为京津地区主要的沙尘起源地和风沙通道。

（2）修复技术模式

1）科学育苗。育苗是造林的基础，建场初期造林成活率仅有 8%，面对造林的失败，塞罕坝机械林场开始使用乡土苗木造林，摸索总结了高寒地区全光育苗技术，培育优质壮苗。1964年春季组织实施"马蹄坑机械造林大会战"，成活率达到了90%以上，林场从此开始了大规模高质量的造林绿化。

2）推广使用"三锹半人工缝隙植苗法"。第一锹向内倾斜45°斜插底土开缝，重复前后摇晃，直到缝隙宽5~8cm，深度达25cm。顺着锹缝侧面抖动苗木投入穴中，深松浅提，以舒展根系，再脚踩定苗。离苗5cm左右垂直下插第二锹，先拉后推，挤实根部防止吊苗，挤法同第一锹。第三锹，再距5cm，操作同于第二锹，仍为挤实。最后半锹堵住锹缝，防止透风，以利于苗木的成活。最后是平整穴面，覆盖一层沙土以利保墒。

3）推广使用"苗根蘸浆保水法"。苗木蘸泥浆前，先将根系上附着的土粒、石块抖落干净，然后将苗木分扎成小捆，捆绳应位于根茎的上部，并注意将根系对齐。若单株苗体过大，则不必扎捆，蘸泥浆最好是随时起苗随时蘸浆。泥浆的制作选择偏黏性的壤土地块，在地上挖一个圆形土坑，大小视蘸泥浆的苗木多少而定。先把土坑中的泥块铲碎，然后边浇水边搅拌。检验泥浆是否合适，可取一段30cm长、手指粗的树枝，竖直插于泥浆中，若树枝慢慢倒下，则说明泥浆的浓度正好。

4）科学营林。塞罕坝机械林场采取疏伐、定向目标伐、块状皆伐、引阔入针等作业方式，营造樟子松、云杉块状混交林和培育复层异龄混交林，调整资源结构、低密度培育大径材、实现林苗一体化经营，促进林下灌、草生长，全面发挥人工林的经济和生态双重效能，提升森林质量。

（3）修复成效

生态效益。与建场初期相比，林场有林地面积由24万亩增加到115万亩，林木蓄积量由33万 m^3 增加到1036.8万 m^3，森林覆盖率由11.4%提高到82%；近十年与建场初期十年相比，无霜期由52天增加至64天，年均大风日数由83天减少到53天，年均降水量由不足410mm增加到479mm。每年可涵养水源、净化水质2.84亿 m^3，固碳86.03万t，释放氧气59.84万t，释放萜烯类物质约1.05万t，空气负离子最大含量是北京市市区最大量的112倍，平均含量是北京市区的6倍。

经济效益。林场依托百万亩森林资源积极发展生态旅游、绿化苗木、林业碳汇等绿色生态产业，形成了良性循环发展链条，已经形成了木材生产、森林旅游、种苗花卉三大支柱产业，年实现经营收入 5000 多万元。建场以来，累计上缴利税超过 5000 万元，为社会提供造林绿化苗木 2 亿多株，为当地群众提供劳务收入 15 000 多万元，有力地拉动了地方经济的增长。每年带动当地实现社会总收入超过 6 亿元，带动 1200 余户贫困户、1 万余贫困人口脱贫致富。2021 年 2 月被国家授予"脱贫攻坚楷模"荣誉称号。

社会效益。建场以来，林场获得"地球卫士奖"等诸多荣誉，被确定为"绿水青山就是金山银山"实践创新基地。依托教育基地，建设了塞罕坝展览馆、尚海纪念林、防沙治沙示范区等现场教学点，与高校联合开展科研活动，集教、学、研、展为一体，全方位开展生态环境研究、教育和培训。

2. 古浪八步沙林场防沙造林案例

（1）现状及问题

甘肃省古浪县八步沙林场是 1981 年以联户承包的方式发起和组建的集体林场，位于古浪县境内腾格里沙漠南缘，交通条件便利，地理位置优越。下辖八步沙、黑岗沙、黄草湾、五道沟和七道沟等 7 个护林站。古浪县八步沙是河西走廊东端、腾格里沙漠南缘的一个重点风沙口，这里风沙以每年 7.5m 的速度向南推移，给周边 10 多个村庄、2 万多亩农田和当地 3 万多群众的生产生活以及过境公路、铁路造成危害。

（2）修复技术模式

古浪八步沙林场防沙造林技术主要包括混交种植技术、苗木深植技术、六位一体种植技术和高秆造林技术等（张乐，2023）。

1）混交种植技术。在选择使用十字形配置、等腰三角形配置的基础上，古浪县八步沙林场配合使用混交种植技术对树木进行栽植。结合古浪县南高北低的地势特点和温带大陆性干旱气候特点，选择乔木混交、乔灌混交、灌木混交的种植方式，不仅能够有效抵御树木病虫害，还能对种植空间与营养面积进行高效利用，确保树木健康生长、获得理想的造林价值。

2）苗木深植技术。沙化严重地区存在大量的流动沙丘，采用大苗深植技术可以达到有效防止沙埋、抗干旱、防风蚀的效果。古浪县在使用苗木深植技术的过程中，选择柠条、沙柳等根系发达的树木，进一步充分发挥苗木深植技术的优势与作用。

3）六位一体种植技术。对浇灌、病虫害防治、保温、深部种植、套笼防护、搭设障蔽6个环节进行统一融合，并在此基础上开展一系列造林栽植工作。古浪县八步沙林场在使用六位一体种植技术过程中，配合灵活的栽植方式，如部分树木采用带土移栽的方式、部分树木通过培育树种获得树苗，以确保树木的健康生长。古浪县全年平均气温5.9℃，6~7月最高气温可达39℃，短时间内的持续高温会进一步造成地表、地下水分大量蒸发。为了防止林木因缺水而枯萎，选择滴灌的方式为林木补充水分。7~8月为杨毒蛾高发期，为了防止杨毒蛾对树木造成破坏，选择在6月下旬使用稀释的苏云金杆菌对杨毒蛾进行防治，将杨毒蛾消灭在幼虫状态。选择在树木根部覆盖薄膜，通过减少树木根部的呼吸作用减少水分蒸发，同时达到一定的保温效果。为了防止树木被动物啃食，通过设置套笼为树木提供稳定的生长环境。

4）高秆造林技术。通常应用于相对恶劣的自然生态环境，更适用于生长能力强的树种。古浪县八步沙林场在使用高秆造林技术的过程中，选择旱柳作为主要栽植对象，并充分结合旱柳的耐旱性、耐沙埋性与高秆造林的技术规范。通过选地整地、选取高秆、挖坑栽植等技术流程完成旱柳的种植。

（3）修复成果

经过40多年的生态治理，八步沙林场管护区沙漠前沿乔、灌、草结合的防风固沙林体系逐步形成，区域内林草植被覆盖率由治理前的不足3%提高到现在的60%以上，形成了一条南北长10km、东西宽8km的防风固沙绿色长廊，使周边农田得到了保护，确保了干（塘）武（威）铁路和西气东输、西油东送等国家能源建设大动脉的畅通。实现了沙漠变绿洲、绿洲变金山的转变，为构筑西部生态安全屏障做出了重要贡献。

八步沙林场按照"公司+基地+农户"模式，建立公司化林业产业经营机制，探索发展多种经营。截至目前，流转土地1.25万亩，栽植以枸杞为主的经济林7500亩、梭梭接种肉苁蓉1.06万亩，为周边贫困群众提供临时性就业岗位700多个。建成占地面积2万亩的林下养鸡场，创建了有机绿色品牌。目前，八步沙林场通过防沙、治沙、用沙，固定资产由原来的200万元增加到现在的2000多万元，职工收入也大幅提高。

7.4.3 水土流失治理技术模式及案例

水土流失治理的主要措施有植树造林、人工建设水土保持工程、加强农用地管理等。根据不同地区地域的生态情况，水土流失治理采取不同的技术和措施，本节主要介绍长汀县水土流失治理（自然资源部，2021）与黄土高原农灌区水土流失治理（傅伯杰和伍星，2022）2 个典型案例。

1. 长汀县水土流失治理典型案例

（1）现状问题

福建省长汀县曾是我国南方红壤区水土流失最为严重的县之一，草木不存，红壤遍露，山岭一片赤色。"山光、水浊、田瘦、人穷"是当时自然生态恶化、群众生活贫困的真实写照，其水土流失面积之广、程度之深、危害之重、影响之大居福建省之首。据 1985 年遥感普查，长汀县水土流失面积达 974.67km^2，占全县总面积的 31.5%，土壤侵蚀模数达 5000~12 000t/（km^2·a），植被覆盖度为 5%~40%，生物多样性面临严重退化。

（2）治理技术模式

长汀县坚持因地制宜、因山施策，探索出一套工程措施与生物措施相结合、人工治理与生态修复相结合、生态建设与经济发展相结合的水土流失防治模式，主要包括山地植被恢复模式、茶果园生态治理模式、崩岗综合整治模式、生态清洁小流域系统治理模式和生态提质增效模式。

1）山地植被恢复模式。采用草灌乔混交治理，为提高树木成活率，长汀采取以工程促生物、以生物环保工程及人工客土施肥和先种草灌、再种乔木的多树种草灌乔混交模式，为生态修复创造条件，加快了植被恢复。在治理技术路线上，大力实施"等高草灌带种植"、陡坡地"小穴播草"等行之有效的新技术。实施"老头松"施肥改造，在立地条件较差的中、轻度水土流失山地，马尾松林分密度在 120 株/亩以上的林地，通过抚育施肥改造，促进"老头松"生长，促长其他伴生树草，达到植被恢复目的。封育管护治理，对高山远山人为活动较少和已治理有林地进行补植施肥，让大面积植被进行自我修复，严格执行"十个禁止"封山育林县长令，实行"林长制"，建立燃料补助制度，优先解决封禁区群众生活上的后顾之忧，从源头上杜绝对植被的破坏。

2）茶果园生态治理模式。开展草牧沼果循环种养，在低矮山丘陵地，鼓励群众进行开发性治理，以油茶、果、牧、畜为主体，以草为基础、沼气为纽带，形成植物、动物与土壤三者链接的良性物质循环和能源结构，沼液作为果树肥料，达到零排放、无污染，既治理水土流失又增加经济收入。实施茶果园坡改梯工程，对顺坡种植及梯田平台不达标的茶果园进行改造，做到前有埂、后有沟，并在田埂种草覆盖、田面套种豆科植物，达到泥沙不下山、雨水不冲埂的效果。

3）崩岗综合整治模式。对山体比较稳定的崩岗采用"上截、下堵、中绿化"办法进行综合整治，即顶部开截水沟引走坡面径流，底部设土石谷坊拦挡泥砂，中部种植林草覆盖地表；积极探索崩岗开发治理模式，通过"削、降、治、稳"等措施，崩岗区变成层层梯田，栽满了杨梅树，套种了大豆、金银花等季节性作物，生态效益、经济效益、社会效益同步实现。

4）生态清洁小流域系统治理模式。以小流域为单元，山水林田路村系统治理，实施村旁、宅旁、水旁、路旁等"四地绿化"，因地制宜选取具有生态、景观、亲水功能的沟渠和河道进行综合治理，结合进户、河道周边路网建设生态休闲观光道路，构建"绿水相间、绿带成网、绿环村庄"的水美乡村。

5）生态提质提效模式。实施森林质量提升工程，对已治理水土流失区、树种结构单一、生物多样性缺乏、抵御自然灾害能力较弱的林地，进行树种结构调整和补植修复，实施阔叶化造林，构建以水源涵养为主的复合生态系统面积133km²。实施生态产业培育工程。积极引导农民发展大田经济、林下经济、花卉经济等生态农业。

（3）治理成效

生态环境改善。2020年，长汀县累计减少水土流失面积760.84km²，水土流失率降为6.78%，森林覆盖率提高到80.3%，森林蓄积量提高到1779万m³，湿地面积达3513hm²，空气环境质量常年维持在Ⅱ级标准以上，国家级、省级控断面水质和饮用水源地水质达标率均为100%。

生物多样性恢复。维管束植物从治理前的110种增加到340种；茂密的植被涵养了水源，也为各种野生动物提供了栖息地和庇护所，鸟类从不到100种恢复到306种，消失多年的白颈长尾雉、黄腹角雉、苏门羚、豹猫等珍稀濒危野生动物也纷纷重新回到山林。

生态产业发展。2020 年,通过生态观光、森林旅游、绿色休闲等共接待游客 100 万人次,实现年产值 11.66 亿元。通过水土流失治理,使自然生态资源价值得到实现,促进当地经济可持续发展。

2. 黄土高原农灌区水土流失治理案例

(1) 现状问题

黄土高原西北部的沙地及沙漠区气候干旱、降水稀少,年降水量在 400mm 以下,蒸发量大,水蚀模数小,风蚀剧烈,沙尘暴频繁,土地沙化严重。农灌区主要为河套地区和宁夏沿黄地区,植被以农田防护林和农作物为主。由于长期过牧滥牧造成比较严重的草原退化和沙化,相当一部分固定、半固定沙丘被激活形成移动沙丘。农灌区域由于气候干旱和地下水位较高,土地盐渍化较重,不适当的引水和灌溉导致了耕地大面积的次生盐渍化;另外,不适当地抽取地下水,导致了地下水位下降和地表植被死亡。

(2) 治理技术模式

目前黄土高原沙区水土流失治理主要采用生态防护体系模式,农灌区水土流失治理主要采用节水农业模式。

a. 沙区生态防护体系模式

按照沙漠绿洲工程系统建设配置,以绿洲为核心,向周边发展,在绿洲外围建立封沙育草(灌)带式防风固沙林,绿洲边缘营造大型防风防沙林带或环滩林带,绿洲内部营造"窄带林、小网格"农田防护林网,开展"四旁"植树,绿洲内外的零星小片荒地建立小片的经济林和薪炭林等。从绿洲外围到绿洲内部,根据不同生境和需要,构成一个多林种、多树种、多功能、多效益的防护林体系。

b. 农灌区节水农业模式

银南改造区节水模式:以高效利用黄河水为目的,大力推广渠道防渗衬砌技术、畦田灌水技术、水稻控灌技术、农业节水技术(包括农业种植结构调整、耕作保墒、地膜覆盖、化学制剂抗旱保墒、作物使用抗旱品种栽种等)、管理节水技术(包括节水型灌溉制度、水量优化调配管理、田间灌溉用水调配、水价政策等),并在无法用渠道灌溉的城郊地区实施"机井+滴灌"等技术措施。

银北中低产田改造区节水模式：在中低产田改造区通过实施"井渠结合、以渠补源"实现水资源高效利用，节水技术包括渠道防渗衬砌、沟畦规格改进、平整土地、地膜覆盖灌水、农业节水措施和以井补灌等。将井渠和节水灌溉结合，实施低压管道输水、田间地面软管和农艺节水相结合措施。

贺兰山东麓及边缘地区节水模式：分为贺兰山东麓地区节水模式和边缘扬水区节水灌溉模式。前者以高效利用深层地下水为目的，以种植经济作物为主，通过节水灌溉技术提高灌溉水的产出效益；后者在对干、支渠等输水工程进行防渗处理的同时，充分挖掘灌区田间节水潜力，提高节水技术水平，同时结合种植结构调整、耕作保墒等农业节水技术加强灌溉管理，进一步提高水资源利用率和水分生产效率。

（3）治理成效

沙区生态防护体系模式已在样地、小流域和区域广泛实施，根据项目区的景观和立地条件，灵活利用和改进技术，使植被覆盖率得到大幅提高，生态环境改善明显，沙区农牧民的经济收入显著提高，是切实可行且效益良好的综合治理模式。节水农业是干旱、半干旱地区农业发展的主要方向，节水灌溉既减少了地上和地下水的开采，又减少了灌溉后土壤的无效蒸发。这种模式一方面大大提高了水分利用率，增加了作物产量；另一方面又确保了林草植被的基本生态用水，防止植被退化。该模式加快了植被自然恢复的速度，减轻了土地退化和沙化的程度。

参 考 文 献

曹旭平. 2015. 黄土高原黄龙山林区松栎林近自然经营技术推广与示范［R］. 延安：延安市黄龙山林业局.

陈光华. 2022. 近自然经营理念在落叶松人工林经营中的应用［J］. 辽宁林业科技，（2）：69-70.

东北地理所. 2018. 东北地理所"松嫩平原西部湿地植被快速恢复技术及应用"成果荣获 2017 年吉林省科技进步奖一等奖［EB/OL］.（2023-10-11），http：//www. neigae. ac. cn/ xwzx/zhxw/201801/t20180119_ 4936180. html.［2018-01-19］.

傅伯杰，伍星. 2022. 中国典型生态脆弱区生态治理与恢复［M］. 郑州：河南科学技术出版社.

光明网. 2022. 黄河三角洲的蝶变是如何实现的［EB/OL］.（2023-10-11），https：//news. gmw. cn/2022-11/ 11/content_36152137. htm.［2022-11-11］.

国家林业和草原局 . 2022. 北京开启森林生态系统经营时代 [EB/OL]. (2023-10-10), http://www. forest-ry. gov. cn/main/586/20220708/085656244605188. html. [2022-07-08].

国家林业和草原局 . 2023. 国家林草局推介第二批全国森林可持续经营试点典型案例 [EB/OL]. (2023-10-10), http://www. forestry. gov. cn/main/5383/20230110/154216887309774. html. [2023-01-09].

李洪远, 莫训强 . 2016. 生态恢复的原理与实践 (第二版) [M]. 北京: 化学工业出版社 .

李开章 . 2008. 若尔盖高寒草地沙化治理初探 [J]. 草业与畜牧, (1): 33-34.

刘文桢 . 2014. 秦岭西端森林可持续经营技术示范 [R]. 陇南: 甘肃省小陇山林业实验局林业科学研究所 .

吕昌河, 于伯华 . 2011. 青藏高原土地退化整治技术与模式 [M]. 北京: 科学出版社 .

魏辅文, 平晓鸽, 胡义波, 等 . 2021. 中国生物多样性保护取得的主要成绩、面临的挑战与对策建议 [J]. 中国科学院院刊, 36 (4): 375-383.

山东省自然资源厅 . 2022. 自然资源领域生态产品价值实现的山东实践 [EB/OL]. (2023-10-11), https://mp. weixin. qq. com/s/rb-sYD3FKtuBTc_R_PmEkQ. [2022-6-14].

生态修复网 . 2023. 2023 年海洋生态保护修复典型案例 [EB/OL]. (2023-10-11), https://mp. weixin. qq. com/s/ecVPfcJGSrkr8RjmfSWbGw. [2023-06-08].

生态中国网 . 2023. 以 "黄河口湿地修复模式" 促进黄河三角洲生态系统良性循环 [EB/OL]. (2023-10-11), https://www. eco. gov. cn/news_info/61221. html. [2023-01-09].

徐卫华, 欧阳志云 . 2022. 中国国家公园与自然保护地体系 [M]. 郑州: 河南科学技术出版社 .

张乐 . 2023. 古浪县八步沙林场防沙造林配置模式及技术要点 [J]. 南方农业, 17 (2): 101-103.

张艳芳, 李录林 . 2022. 小陇山栎类次生林经营综述 [J]. 中国林副特产, (3): 109-110.

郑华, 张路, 孔令桥, 等 . 2022. 中国生态系统多样性与保护 [M]. 郑州: 河南科学技术出版社 .

自然资源部 . 2021. 中国生态修复典型案例 (1) 塞罕坝机械林场治沙止漠 筑牢绿色生态屏障 [EB/OL] . https://m. thepaper. cn/baijiahao_14936318 [2021-10-16].

自然资源部 . 2022. 中国生态修复典型案例 [EB/OL]. (2023-10-11), https://mp. weixin. qq. com/s/YaGklC3TnnAU15L4HtlDPw. [2022-12-1].

|第8章| 城乡生态系统修复工程

城乡生态系统修复工程发挥着优化城市生态空间、结构和功能，提高城乡人居环境质量，促进城乡区域可持续发展的重要作用。本章在概述城市生态系统和农业农村生态系统的概念、特征及存在的生态环境问题基础上，分类阐述城市生态修复工程、农村人居生态治理工程、农业生态工程的主要技术模式，并介绍相关生态工程典型案例。

8.1 概　　述

8.1.1 城市生态系统

1. 概念

20世纪70年代以来，随着世界性环境危机的加剧，城市可持续发展进程受到挑战，生态学原理与方法在城市规划中得以广泛应用与推广，并由此产生了城市生态学。生态学家从生态学角度把城市看作高密度建筑区居民与其周围环境组成的开放的人工生态系统（董德明和包国章，2001）。20世纪末，马世骏、王如松等学者提出城市生态系统是以"人"为中心的，是由城市中的自然环境、经济生活及社会结构等子系统互相影响、互相交织所组成的一个复合的人工有机体（马世骏和王如松，1984）。王发曾（1997）从城市生态系统的起源将城市生态系统定义为：以城市人群为主体，以城市次生自然要素，自然资源和人工物质要素、精神要素为环境并与一定范围的区域保持密切联系的复杂人类生态系统。李铁峰（1997）认为城市生态系统是一个综合系统，由自然环境、社会经济和文化科学技术共同组成。近年来，相关学者基于马世骏等学者提出的"社会-经济-自然复合生态系统"理论对城市生态系统的定义及内涵进行了深入研究。邬建国等认为城市生态系统可看作是一个生态系统，也可看作是由不同生态系统类型组成的城市景观（Wu，2014）。刘虹虹等（2014）认为城市生态系统是城市居民与环境相互作用形成的统一整体，也是人们适应、加工和转化自然环境后构建的特殊人工生态系统。闫丽沙（2019）认为城市生态系统不仅包括自然、社会和经济生态系统，还包括遭人类破坏后生态系统的自然修复程度。漆宇（2019）认为城市生态系统是城市居民与其环境相互作用而形成的统一整体，研究城市生态系统就是从城市生态学角度研究城市居民与城市环境之间的关系。

综上，城市生态系统是以"人"为核心，包含"社会-经济-自然"三个子系统，由城市空间范围内的居民与自然环境及人工建造的社会环境相互作用而成的复杂有机体，其中自然环境涵盖了诸如大气、水、土壤、动植物等城市居民生存所需的基本要素；经济生活涵盖了诸如生产、加工、消费等各个经济环节；而社会结构则反映了城市居民的物质与精神生活的各个方面（张鑫，2019）。

2. 特征

相比自然生态系统、半人工生态系统等，城市生态系统主要具备以下五个特征。

一是人为主导性。城市生态系统是以人为主导的复杂系统。人在影响与改变生态系统服务的同时，也是生态系统服务的最终受益者（毛齐正等，2015）。有序的人类活动可以改善与提高城市生态系统服务与人类福祉，相反，无序的人类活动则可能给生态系统带来不可逆转的破坏性。

二是开放性。城市生态系统是一个人工化的开放系统，需要从外界获得空气、水、食品以及燃料和其他物质，且聚集着大量的信息、能量、物质，它们与外界环境进行流通交换、快速转化，以确保系统的正常运行。

三是复杂性。以满足人类需要为目的，具有政治、经济、文化、科学、技术、旅游等多种功能，且在人类干预下迅速发展和变化（伍涛，2017）。

四是高度依赖性。城市生态系统无法自发产生所需基本资源，需要森林、湖泊、农田、海洋、草原等外部生态系统人为输入来保证城市正常运行的大部分物质与能量；其自身也难以消纳产生的废物，必须输出到外部其他系统中进行消化分解（刘涛，2017）。

五是脆弱性。高强度的人类活动产生大量污染，同时在一定程度上破坏了城市自然系统的调节机制，系统的稳定主要依赖社会经济亚系统的调控能力和水平（沈清基，1997），对外部依赖性越强的城市，生态系统也越脆弱。

3. 功能

生态系统的功能是指系统内生物与环境相互作用过程中，所发挥的创造物质、自身消耗和维护生态环境质量的功效。城市生态系统的功能是由内部功能和外部功能两部分组成的，主要是指其本身与城市外部环境相互影响及作用的能力。

城市生态系统的生态功能和经济功能是其两大内部功能，生态功能是指城市为居民提供宜人的环境条件，保证其正常的工作和生活；经济功能是指生态系统能够带给城市居民的大量的信息和物质资源。外部功能是指城市生态系统为了保证和促进自身正常的能量流动和物质循环而与外部其他生态系统相结合，从其他系统获取能量和物质来补充自身的需要。在探寻城乡规划响应策略的时候，要以城市生态系统功能的正常发挥作为出发点，只有能正常发挥功能的生态系统才是健康的生态系统（刘涛，2017）。

4. 存在问题

理论研究层面。城市生态系统的研究依托于城市生态学的发展，当前城市生态学的发展受到了理论、解释力、空间范畴、指标四个方面的挑战（沈清基和王玲慧，2018）。首先，我国城市生态学还未形成较为成熟、公认的理论体系，学者在城市生态学的定义和问题范畴上存在较大分歧（盛连喜，2009）。其次，由于城市生态系统受到强烈的人为活动干扰，适用于自然生态系统的理论难以解释城市生态系统中的各类现象（刘树华，2009）。再次，如何揭示空间范围内的景观格局与生态环境之间相互联系、相互影响的原理与规律，建立起格局和过程的联系，也是城市生态系统的重要挑战（孙然好等，2021）。最后，如何开发与社会经济和生态过程相关联的、可表达格局特点的指标，至今仍亟待解决（李祚泳等，2001）。

技术层面。国内外大量研究表明，人工修复短期效果明显快于、好于自然修复，但从长期来看，人工修复运维成本高，稳定性、演替效果、生物多样性等方面远不及自然修复。在湿地修复中，美国、欧洲、日本等发达国家和地区提出"多自然型河流""重新自然化"等保护和修复策略，以及"让大自然修复湿地"等思想，将城市地区过于人工化的湿地环境进行自然化、野化的修复，目标是修复城市湿地的自然风貌和功能；废弃地生态修复中已开始注重利用自然演替以及污染物自然分解等过程实现低干预、低投入和长效的生态修复。如修复过程中选用乡土植物、利用林下表土和凋落物促进自然演替等；美国的矿山修复使用一种地貌复垦法，通过模拟自然的地形地貌、水文过程等，起到了很好的人工促进自然修复效果。但总体而言，国内的城市生态修复目前仍以人工措施为主，生态系统结构简单、修复效果较差，甚至常有不当的人工措施引起生态系统破坏的现象（李锋和马远，2021）。

管理机制层面。发达国家在城市废弃地管理方面机制较健全，在管理机构、法律法规、标准规范、资金保障等方面均处于领先。以美国为例，美国城市湿地管理的"零净损失"、湿地补偿银行等制度值得我国借鉴，以保障城市湿地总量的稳定。在废弃地修复方面，美国建立了由联邦政府、州政府、地方政府和社区以及社会组织组成的多方、多级管理组织；出台了《超级基金法》《自愿清理计划》等系列法律法规专门保障废弃地修复；在生态修复费用方面，采取"污染者付费"为主，相关责任主体分担的责任方式，同时还设置了生态修复保证金制度，调动了污染企业生态修复的积极性。相比之下，我国城市生态修复的管理机制还有较大差距。如我国以前没有国家层面的湿地立法，存在管理部门混乱、公众参与程度低等问题，未来《湿地保护法草案》的出台，将为湿地保护、修复和管理提供法治保障；城市湿地的生态补偿制度尚在探索阶段，已成为当前湿地保护的制约因素；废弃地生态修复管理机制尚不完善，存在法规政策不完善、职责部门不明确、修复标准不清等问题，亟待强化完善。

8.1.2 农村农业生态系统

1. 概念

目前，学术层面对农村农业生态系统这一概念研究较少，多数研究者将农村生态系统和农业生态系统进行单独讨论。农村生态系统方面，20 世纪 70 年代，欧洲学者最早提出农村生态的概念，主要从社会学的视角寻找农村环境质量、农业结构、农村发展等问题背后的关联性，以探究农村变化中种种社会现象的根源所在。20 世纪 80 年代以来，国内兴起农村生态的研究，主要关注产业发展问题及环境治理。1985 年，全国农村生态环境情报交流会以农村产业与农村环境为议题，提出农村生态系统是由以人为主的村镇生态系统与以自然资源为主的农业生态系统组成，应将更多新兴学科引入研究当中，为农村生态系统奠定了理论基础。2008 年，杨小波出版《农村生态学》，以构建农村生态系统为主线，探究农村人口、环境、能源、文化、景观等要素对整体系统的影响。涂武斌等（2012）从农村生态系统的组成要素进行阐述，认为其是由村落子系统、农业子系统、自然子系统以及由人类生产活动而产生的经济社会子系统组成。农业生态系统方面，20 世纪 70 年代末，农业生态系统思想开始引入我国，研究了石油农业特征及功过。1986 年吴志强出版了《农业生态基础》，研究了农业生态系统的机构和功能。1987 年，骆世明等出版了《农业生态学》一书，提出把农业生物与其自然和社会环境作为一个整体，研究其中的相互联系、协同演变、调节控制和持续发展规律的科学（林文雄等，2012），比较完整地阐明了农业生态系统的概念与内涵。随后学者提出的农业生态系统概念是一脉相承的，如曾晨岑等认为农业生态系统是以耕地、森林、生物等农业资源为基础的、一种按照人类的意愿输出物质、受人类影响程度高的复杂生态系统；王超杰将山地、农田、林地、草地、湿地及水域和海岸带视为舟山市农业生态系统，杨正勇等（2009）认为应该由农田、林地、草地以及各种水体共同组成。

综上，农村生态系统和农业生态系统在构成要素方面具有一定的重合性。本书中的农村农业生态系统是指以人居聚落作为主体，包括房屋建筑群、生活生产设施等，且具有一定的劳动人口、组织结构、农业特征以及自然资源禀赋，是相对于城市生态系统存在的社会-经济-生态复合系统。

2. 特征

开放性。农村是以从事种植业、养殖业等农业生产活动为主的人口聚居区域，受人类活动强烈影响，一般由村庄居住点、道路、河流、农田、养殖场、果园、林地等多类型景观构成。不同尺度的农村农业生态系统具有不同的结构和功能特征，是长期自然过程和人为活动的综合表征。人、水流、空气、生物、污染物等物质和能量在不同乡村组分间流动，生态过程十分复杂。同时，由于物质和能量流动，乡村生态系统与外部环境会产生联系，发生物质能量交换，从而形成乡村生态系统的显著开放性特征。

整体性。农村农业生态系统涵盖水、大气、土壤、生物等各类生态要素，各要素生态过程相互影响、相互制约，是不可分割的一个整体。"人的命脉在田，田的命脉在水，水的命脉在山，山的命脉在土，土的命脉在树"充分阐述了乡村地区各生态要素在"生命共同体"中相互关联，形成了一个完整的链条。

价值性。农村农业生态系统具有农产品提供、生态产品供给、污染净化、气候调节、文化美学等多重服务价值，乡村地区的森林、草原、湿地、农田等既具有提供物质产品的经济价值，也具有维持生态系统平衡的生态价值，还具有丰富景观的美学价值和特定的历史文化价值。"山水林田湖草生命共同体"的核心要义就是要树立自然价值理念，确保生态系统健康和可持续发展，乡村生态保护修复的目标导向也是要实现生态系统服务功能稳定、价值提升。

3. 存在问题

理论研究层面。农村农业生态系统领域的生态学理论主要有乡村生态学和农业生态学。一方面，乡村生态学尚不能阐明乡村生态价值实现的主要影响因素、实现路径和过程，也不能在理论上清晰指明生态系统服务与乡村共同富裕的相互关系和作用机制，对于乡村生态治理的研究范式转换和实践模式转型指导也不足（郭青海等，2022）。另一方面，农业生态系统是一个自然–经济–社会的复合生态系统，农业生态学仍存在与农业生态系统调控相关的社会、经济、文化等的实际研究不足，在利用模拟、模型和数学方法进行农业生态系统养分平衡等定量研究方面还存在挑战（骆世明，2013）。此外，生态农业作为农业生态学的具体指导实践，在应对全球气候变化、农业面源污染治理、农业资源高效利用、新生态农业模式构建以及农业景观优化等方面面临着新的任务与挑战（赵桂慎等，2021），亟待多学科交叉融合，兼顾农业优质高产和生态环境友好的新理论仍然是农业生态学迫切需求。

技术层面。一方面，绿色低碳的农业关键技术创新不够。农业面源污染具有分布范围广、形成过程随机、影响因子多样和监测方式困难等特点，农业面源污染负荷数据获取难度大，农业面源污染负荷估算不够精准，现有的监测和评估技术难以满足实际需求；各类有机废弃物在不同系统（介质）间的运移过程和利用途径不清，低碳减排技术及其集成优化技术对农业农村面源污染防控成效不明。另一方面，绿色低碳的农村人居环境整治技术、装备不足。农村生活污水具有规模小、排放分散、不稳定等特点，加之农村地区经济发展水平不高，现有处理技术和设备的质量和效果参差不齐，无法满足低碳、经济、高效、资源利用和简便易行的实际需求，尤其是山区丘陵、干旱缺水、高寒缺氧等地区；农村易腐垃圾、厕所粪污等有机废弃物无害化处理和资源化利用技术与装备仍不能满足需求，仍是制约农村生活垃圾资源化利用的主要因素。

管理机制层面。各地不同程度地存在重设施建设、轻配套政策，重工程建设、轻后期管护的情况，部分设施缺乏运维管护或运维管护不规范，存在设施闲置等不正常运行现象。

8.2 城市生态系统修复工程

8.2.1 技术模式

国内外学者对城市生态系统修复技术开展了大量研究。如 MacArthur 和 Wilson（1967）在"岛屿生物地理学说"基础上提出用廊道连接相互隔离的生境斑块，以减少生境破碎化给物种生存带来的负面影响，这种生态修复模式在当下被称作生态廊道。这一概念在发展中不断地扩充，Linehan 等（1995）认为生态廊道也可以是连接同一区域内的公园、风景名胜区、自然保护地、历史名胜古迹及其他与高密集度群落居民区之间开放型纽带，随着学科实践，还衍生出如"绿道""绿地系统"等概念。我国城市生态修复研究起步较晚，不同学者从修复主体、人工干预程度等方面对城市生态系统修复技术模式进行了划分，如将城市生态修复技术模式分为以城市绿地生态修复为核心的城市整体绿化模式（吴成金，2017），以城市湿地生态修复为核心的污水处理模式（陈秀娟等，2006）和以城市废弃地生态系统修复为主要对象的景观再造模式（李锋和王如松，2003）三种；孙丹丹（2022）从人类干预程度将城市生态系统修复划分为城镇空间辅助修复模式、城镇空间保育和保护模式、城镇空间自然恢复模式三种模式；王晓莹（2022）依照人工辅助修复程度逐级增加的形式，将城市生态修复划分为保护保育模式、自然恢复模式、人工辅助模式以及生态重建模式。依据城市修复地区特征的不同，部分国家及地区开展了城市生态系统修复模式及工程探索。如英国工业城市谢菲尔德，根据其自然环境构建适合城市发展的丘陵溪谷型生态廊道模式（Jack，1995）。新加坡在打造花园城市时，重视公园绿化带网络规划，开展新城生态廊道系统建设（Annaliese，1995）。福建省福州市在对城市水生动物的产卵场洄游等场所进行针对性保护时，尤其重视链接破碎化的生境板块，进行了高连续性生态廊桥建设（林琨，2015）。浙江省嘉兴市跳出以核心单中心发展的空间模式，规划根据现有城市格局，形成了"九水连心"线形绿地生态廊道系统（熊志远和张德顺，2020）。

综上，按照修复主体不同，可将城市生态修复技术模式分为城市山体生态修复、城市水体生态修复、城市废弃地生态修复、城市绿地生态修复等。其中，城市山体生态修复主要是对破损山体边坡开展生态治理，包括喷混植生、水平植生、砌筑燕窝植生、挂网厚层基材喷播等修复技术，以及种植攀援植物、客土喷播复绿、悬垂藤本植物和穴植灌木等绿化技术。城市水体生态修复主要包括城市水体格局优化、水资源配置、水文过程调节、水质净化、生态系统调控等。废弃矿山、工厂、垃圾填埋场等废弃地的生态修复主要有人工修复和自然修复两种技术模式。城市绿地生态修复主要针对因城市发展而被破坏的绿地以及缺失规划区域的绿地系统，通过构建点、线、面连通的绿化配置，使城市绿地建设成一种较为完善的生态格局（袁伟，2020）。

8.2.2 典型案例

1. 城市山体生态修复案例

（1）西宁市南北山生态修复
西宁市地处我国西北地区、青海省东部、湟水中游河谷盆地，总面积

$7660km^2$。南北山位于西宁市南北两侧，地处湟水河中游，属祁连山支脉的延伸部分。南北山存在土壤贫瘠、植被稀少、灾害频发等问题。

1989 年开始实施南北山绿化工程。建设由泵站、蓄水池、输水管道等设施组成的覆盖整个造林区域的林灌网络系统，重点解决了灌溉水源不足的问题。在植被保护与恢复中，坚持因地制宜、精准施策、适地适树、高效治理的原则，宜林则林、宜灌则灌、宜草则草，注重本地原有物种的使用，栽植了青海云杉、祁连圆柏、油松、青杨、河北杨、山杏、山桃、沙枣、暴马丁香等乔木，同时混交柽柳、柠条、沙棘、白刺等灌木，通过绿化、美化、香化相结合措施，建成了以乔木为主体，针、阔、灌树种合理配置，层次多样的森林生态防护体系；在生态服务价值上，通过结合节水灌溉与保墒整地，实行规模化、生态化、景观化建设模式，不断完善栈道、凉亭、观景台等基础设施，提升生态服务价值的同时，拓展了城市绿色公共空间。

西宁南北山建成了基本覆盖造林区域的林灌网络系统、生态功能较为稳定的混交人工林，绿化总面积达 51.6 万亩，森林覆盖率提高了 67.8 个百分点，森林蓄积量提高了 13.7 万 m^3。城市人居环境明显改善，年扬沙日数总体下降，年滞尘 7.5 万 t，减少水土流失 14.8 万 t。西宁南北山涵养水源已达 1011 万 m^3，固碳 14 463t，每年释放氧气 38 721t。

（2）洛阳市栾川山体修复

洛阳市地处河南省西部，横跨黄河中下游南北两岸，辖 7 县 7 区，总面积 15 230km²。栾川山脉位于洛阳市西南部，过去存在水土流失严重、岩石裸露、地质灾害频发等问题。同时，由于当地风力较大，冬季温度较低，地表以裸露岩石为主，山体生态修复难度较大。

栾川县依托百城建设提质和廊道绿化工程，采用了高次团粒喷播、生态袋护坡、育林板植绿等多种技术开展生态修复。其中，高次团粒喷播技术：在生态修复施工伊始，先对山体进行平整清理，并铺设固定钢丝网，然后利用高压喷射装置，将混合了稻壳、锯末、复合肥、黏合剂、保水剂等材料泥浆，喷涂至山体表面，凝固后形成 8cm 的基质层，再将植物种子与泥浆混合，喷射在基质层上方，形成 2cm 厚的种子层，通过此技术形成的"土壤"兼具保水性、透气性和抗侵蚀性，宜于植物生长。生态袋护坡技术：主要由生态袋、连接扣、植被组成，旨在形成一个集生态修复、环保等功能于一体的边坡防护结构。生态袋由聚丙烯长丝无纺布制成，具有良好的抗冲刷、抗老化、透水不透土等性能，装满营养土后，自下而上依次沿坡面码放整齐，生态袋之间由钉板状的连接扣固定，然后向表层喷射种子层。随着植物生长，其根系将起到"深根锚固""浅根加筋"的作用，使生态袋与边坡紧密连接，大幅提升边坡的整体性和稳定性。育林板植绿技术：是改善植被稀疏的石质困难地生态条件的有效途径，主要通过点缀式绿化提升景观效果，先在山体打入锚桩，其次将弧形育林板固定于钢锚，在育林板内填土后栽植植物。

栾川县统筹推进生态保护修复，持续推进国土绿化行动，廊道沿线超过6万 m² 的裸露山体、土坡实现全面绿化，有效地提升了栾川山脉水土保持能力。2020 年，森林面积达到 310 万亩，森林覆盖率达到 83.51%，与 2010 年相比，森林面积增加了 11.6 万亩，森林覆盖率增加了 3.13%。

2. 城市水体生态修复案例

（1）重庆梁平区水体修复

梁平区位于重庆东北部，与四川省达州市接壤，面积 1892km²。双桂湖国家湿地公园水域面积 1700 余亩，湿地总面积 5250 亩，前身系以农业灌溉、水产养殖为主的小型水库。20 世纪末由于农业面源、集约化水产养殖，以及生活污水等污染，致使库区水质恶化为Ⅳ类。

近年来，梁平区坚持生态优先、绿色发展，利用城区"一湖三库四水"优质水生态资源，大力实施河湖连通工程，将涵养林、溪流湿地、立体山坪塘与双桂湖湿地、城区若干河流、道路带状小微湿地进行生态连接，形成城市湿地有机网络，构筑城市生态屏障。采取梯塘小微湿地、竹林小微湿地、稻田湿地等"小微湿地+"模式，连通广布乡村的田、塘、渠、沟、堰、井等湿地资源，为生物生存提供良好的生态环境。注重拟自然理念的运用，将双桂湖东岸、湖体水域、入湖三大河流划为生态保育区，建立无人区，营建水生、陆生动物自然栖居地和鸟类迁徙通道，全面加强生物多样性保护。

经过水体生态系统修复，双桂湖湿地水质由地表水Ⅳ类提升至Ⅲ类，生物多样性得到大幅提升，湖内高等维管植物增至 623 种，包括苏铁、水杉等国家级保护植物，脊椎动物达到 282 种，其中鸟类有 212 种，包括青头潜鸭、鸳鸯、红隼、斑头鸺鹠、棉凫、水雉等国家重点保护野生动物，荇菜也由 2017

年的 3 个群落发展到 30 余个 400 余亩。

（2）杭州市西溪湿地水体修复

杭州市地处浙江省北部、钱塘江下游、东南沿海、京杭大运河南端，总面积 16 850km²。西溪国家湿地公园位于杭州市西湖区和余杭区西北部，湿地内约 70% 的面积为河港、池塘、湖漾、沼泽等水域。20 世纪 90 年代，受城市扩张影响，西溪湿地萎缩。

2003 年，坚持生态优先、最小干预、修旧如旧、注重文化、以人为本、可持续发展原则，实施西溪湿地保护修复工程。在生态保护过程中，湿地按照一级保护区要求，划定生态保护、生态恢复、历史遗存三个保护区，对西溪湿地中生态环境较好、最具湿地特色的区域实行相对封闭保护；优化植被配置，充分尊重原有地形、地貌、植被，采用大量的乡土树种或草本植物进行植被恢复；加强原生态治理，采用传统的驳坎方式，进行淤泥护坡、插柳固堤、捻泥清淤，对塘堤及大树根基进行加固保护；实施引水入城、截污纳管、清淤疏浚、生物治理等措施，不断改善西溪水质；设置莲花滩、千斤漾、朝天暮漾三大观鸟区和水禽栖息地，在保护好现有大块湿地、林地和草地等自然场所的基础上，在农田、养殖场及树林、院落、花园、绿地上设置人工鸟巢等设施，吸引鸟类栖息。

经治理，湿地控断面水质从劣 V 类提升至 II 类，西溪湿地维管植物、昆虫、鸟类分别达 739 种、911 种、203 种，现有国家一级保护动物 3 种、国家二级保护动物 31 种、国家二级保护植物 4 种。2021 年引种的国家一级重点保护植物中华水韭，已迁地保护成功。同时，湿地缓解"温室效应"和"热岛效应"的效果增强，对其周边约 15km² 地域起到降温 0.5~1.5℃的作用。

（3）武汉市江汉区水体修复

武汉市地处江汉平原东部、长江中游，总面积 8569.15km²。江汉区地处长江与汉水交汇处，是武汉中央商务区所在地，人口密集。20 世纪 80 年代初，江汉区的湖泊承担汉口地区雨季调蓄功能，湖泊与市政排水管网相连，造成湖泊水质富营养化，长期处于"浊水态"。

汉江区西北湖采用了"食藻虫引导的水下生态修复技术"，食藻虫摄食消化水体蓝藻后，可以产生弱酸性的排泄物，降低水体中的 pH，并抑制水体蓝藻的生长；水体蓝藻减少后，水体透明度增加，促进沉水植被生长，沉水植被与食藻虫可形成良好的共生关系；沉水植被替代蓝绿藻进行水下光合作用，释放出大量的溶解氧，吸收掉水中过多的氮、磷等富营化物质，形成水域生态"水下森林"和"水下草皮"自净，并产生它感作用进一步抑制蓝绿藻；沉水植被恢复后，底泥氧化还原电位升高，有利于水生昆虫和水生底栖生物的大量滋生，在沉水植被共生作用下，"水下森林"和"水下草皮"形成底泥营养物质的封存和生态链自净。

通过构建"食藻虫—水生动物—微生物"共生体系的生态自净系统，恢复水体生物多样性、生态系统结构和功能，提高水生态系统自净能力，使水体水质得到明显改善。经生态修复后，西北湖湿地水质常年达到Ⅲ类，冬季时能达到Ⅱ类。

3. 城市废弃地生态修复案例

（1）南京市矿区生态修复

南京市地处长江下游、濒江近海，总面积 $6587.02km^2$。牛首山位于南京市江宁区境内，海拔 242.9m，因东、西双峰并峙形似牛头双角而得名。因过去长达 21 年的铁矿开采，导致山体西峰整体被削平，留下了一个直径 200 余米、深 60 多米的巨大矿坑。

牛首山采用了废弃矿坑超高陡边坡治理与生态修复技术，对历史遗留废弃矿山进行生态修复。该技术主要针对既有废弃矿坑开发利用中边坡长期稳定性与变形控制、超高边坡治理、地形地貌生态恢复、滑坡预警等难点，通过废弃矿坑边坡—基础—建筑结构共同作用设计理论与方法研究，采用骨架造型+塑石咬花、雕刻、喷涂+景观覆盖的生态修复覆绿的施工方法，以及"蠕变时效"原理的高边坡滑坡预测预报技术，实现废弃矿坑资源开发利用及生态修复。

经治理牛首山森林覆盖率超86%，利用废弃矿坑建成面积约13.6万 m^2 的地宫（即佛顶宫），成为著名景点，年累计接待游客超百万。

（2）温州市垃圾填埋场生态修复

温州市位于浙江省东南部，陆地面积 12 110km²，海域面积 8649km²。杨府山垃圾填埋场位于温州市老城区东郊，1994 年投入使用，2005 年实施了封场。但因其属于平地上的简易垃圾填埋场，采用的是粗放填埋方式，场底没有采取任何防渗及渗滤液收集处理措施，造成该区域土壤和水域污染，对周围居民生活造成影响。

根据杨府山垃圾填埋场实际情况，采用了封场覆盖、渗滤液收集导排处理、生态恢复和园林造景等技术。堆体整形与场地平整：采用保守改造法对杨府山垃圾场25m的垃圾堆体进行整形，以满足坡稳定、封场覆盖层的铺设和封场后园林造景等要求。封场覆盖：按照排气层、防渗层、排水层、植被层的结构铺设封场覆盖系统，防止地表水进入填埋区，控制填埋气体向上迁移，收集填埋气体，防止填埋气体无组织释放。填埋场防渗处理：采用垂直防渗与天然隔水层相结合技术措施。气体收集导排与处理：采用垂直花管与封场覆盖层内的粗大料建筑垃圾层相结合的方式导排填埋气体。渗滤液收集与处理：垃圾堆体周围沿着垂直防渗墙设置渗滤液收集盲沟，汇集后经污水提升井送至渗滤液污水储存池，循环喷洒回灌后，通过水解酸化+接触氧化法等技术进行处理。生态恢复与园林造景：通过覆土与土壤改良、植被栽植、景观建设等方式建成公园绿地，全面提升该区域的生态环境和居住的环境。

杨府山垃圾填埋场进行封场、植被恢复和景观重建，不仅有效改善了周边生态环境，对于优化城市环境、增加城市绿地面积、促进城市和谐健康发展也具有重要意义。

（3）焦作市采石场生态修复

焦作市是中国中原城市群和豫晋交界地区的区域性中心城市，总面积4071 km^2。凤凰山（也称北山）位于焦作市北部，20世纪80～90年代中期，附近有采石场12家，严重破坏了周边生态环境。

1999年，焦作市关停北山附近所有的采石场。2005年开始建设北山公园，实施了一系列生态修复工程。采用放炮削坡、锚杆、锚网、锚索加固等，对岩质边坡进行治理。采用厚层基材喷播绿化技术对岩石边坡进行绿化，根据不同的立地条件将8～15cm厚的基材与刺槐、紫穗槐、马棘、荆条、菊花等10多种植被种子的混合物喷射到坡面上，解决了采石场高陡岩质边坡无法生长植物的难题。此外，充分利用采石场遗迹，将不规则乱石滩改造成"西子湖"，运用现代的风景园林设计手法改造残缺山体和采石场遗址，使其形成独特园林景观。

经治理修复后，缝山公园绿化面积占公园总面积80%以上，绿化苗木种植约 10 万株，绿化草籽喷播约 7 万 m^2。

4. 城市绿地建设和修复案例

（1）西安市绿地系统建设

西安市是关中平原城市群中的核心城市，总面积 10 108 km^2，属于暖温带半湿润季风气候，四季分明。中华人民共和国成立时，全市仅有莲湖公园、革命公园和儿童公园三处绿地建设，总面积 18.6 hm^2。随着城市建成区面积增加，城市绿地建设不断加快，截至目前已进行四次绿地系统规划。

西安市绿地系统规划时充分利用自身山、水、林、田、城的自然特征，提出"三环、八带、十廊道、五区"的绿地系统总体布局，主要分为市域范围、市区范围、中心城区范围三个层次。绿地建设发展时注重生态环境的保护，坚持"城市大园林"的规划理念，充分结合自身地形地貌的特点，重点建设森林公园、风景名胜区、自然保护区等绿地，在河流、道路沿线形成防护林带，在城市内部建设完善公园绿地、广场用地，通过绿色廊道，将市域的绿色空间逐步渗透到城市的内部，创造"绿脉""蓝网"交织生态系统格局，构建"自然空间格局"和"历史空间格局"双重体系，建立了多层次、多类型的城乡一体化的绿化网络。

西安市充分利用了"山、水"地貌，塑造市域绿色空间，串联城市综合公园、社区公园、街角的游园、小广场等绿地斑块，形成"点、线、面"结合的生态绿地系统。2022 年，全市新增城市绿地 705 万 m^2，建成开放城市公园 8 座，新建和改造提升绿地广场、口袋公园 154 座，新建绿道 381 km。

（2）盐城市绿地系统建设和修复

盐城市是江苏省面积最大的地级市，地处中国东部沿海的中部，位于长江三角洲城市群的北翼，总面积 16 931 km^2。随着工业化进程加快以及城市空间过度开发，使城市绿地空间减少、水体水质变差，整体生态环境质量受到影响。

在自然生态绿地保护修复方面，重点开展了盐碱地营林，土壤改良时主要通过堆土抬田、疏通水系，形成较高地势，加快淋盐爽碱，确保盐分顺利排出地块；部分碱性较重地块合理施加有机肥，改变土壤团粒结构，中和碱性，加速土壤熟化疏松；造林绿化时，多选用中山杉、薄壳山核桃、刺槐、乌桕等耐盐碱的适生小苗，通过设置隔盐层、栽植容器苗等方式提高成活率。在人工生态绿地保护修复方面，中心城区绿地建设时，将公园绿化、河道绿化、道路绿化以及广场绿化作为重点，并将街旁绿化和小区绿化以及单位绿化、庭院绿化作为补充，严格遵循增绿量、扩绿地以及提升绿化水平的准则，在城市生态园林建设方面加大强度。

盐城市绿化结构不断优化，服务功能不断加强，先后创建成全国绿化模范城市、国家森林城市。截至 2022 年底，全市森林覆盖面积 538 万亩，林木覆盖率 25.17%，新增、改造绿地面积 315hm²，全域绿色空间体系基本形成。

8.3　农村人居生态治理工程

8.3.1　技术模式

农村人居环境整治是改善城乡生态环境质量的重要举措，其中，农村庭院生态建设、农村饮用水水源地保护、生活污水处理及资源化利用、生活垃圾收集处理等是人居环境整治的重要内容。

农村庭院生态建设。20 世纪 90 年代以来，我国在安徽、四川、湖北等地探索了庭院生态工程模式，主要类型包括沼气池、庭院作物种植等（周传斌等，2022）。农村庭院生态建设技术可以分为以下几种模式（梁吉义，2020）：沼气池–日光温室–畜（禽）舍–蔬菜四位一体生态农业模式、沼气池–猪栏–厕所三位一体模式、大棚–猪（鸡）舍–沼气池种养模式，以及猪、沼、鱼、鸭、果菜生态循环农业模式。

饮用水水源地保护。农村饮用水水源地保护技术包括防护技术、污染治理技术等。水源地防护技术分为：水源地标志工程建设，包括界标、交通警示牌和宣传牌等；隔离防护设施建设，包括物理防护和生物防护，物理防护包括护栏、隔离网、隔离墙等，生物防护主要为植物篱构建。水源地污染治理技术包括水源补充水污染治理技术和农业面源污染防治技术。水源补充水污染治理技术包括生态沟渠、植被缓冲带和塘坝水源入库溪流前置库技术等；农药污染防治技术包括选用低毒农药、应用生物农药和生物降解；化肥污染防治技术包括推广测土配方施肥、施用缓释肥、发展有机农业和生态农业、建设生态缓冲带等。

农村生活污水治理。我国在农村生活污水处理技术研发方面开展了大量工作，主流的污水处理工艺可以分为预处理技术、生物处理技术和生态处理技术三大类。预处理技术包括化粪池、沼气池、厌氧生物膜池。生物处理技术包括厌氧–好氧活性污泥法（AO 法）、厌氧–缺氧–好氧活性污泥法（A²/O 法），序批式活性污泥法（SBR）、氧化沟、生物滤池、膜反应器等方法。生态处理技术包括稳定塘（氧化塘、生物塘）、人工湿地、土地渗滤系统等方法。此外多种工艺可以进行组合，目前农村污水处理采用的多是预处理、生物处理、生态处理等优化组合处理工艺，其运行稳定性更高、处理效果更好。

农村生活垃圾治理。我国目前广泛采用的农村生活垃圾处理技术为填埋、焚烧、堆肥法等。填埋法包括简易填埋和卫生填埋；焚烧法即以一定量的空气与被处理的有机废物在焚烧炉内进行氧化燃烧反应，垃圾中的有毒有害物质在高温下氧化、热解而被消耗；垃圾堆肥处理技术主要通过土壤中的细菌、真菌等微生物的新陈代谢活动，分解垃圾中的可降解有机物，使其转化为腐殖质，腐殖质可作为一种肥料作用于土壤中，从而改善土壤质量（曹海清，2020）。厌氧发酵处理技术是将有机生活垃圾作为发酵原料，在厌氧的条件下经过水解、酸化、产氢产乙酸、产甲烷四个阶段，以沼气作为最终产物的一种生物处理技术，该技术适用于分类后有机生活垃圾的分散处理，可就地就近实现农村生活垃圾的减量化、资源化和无害化（张国治等，2021）。热解是将生活垃圾在隔绝空气或仅提供少量氧气的条件下，高温加热，通过热化学反应，将生活垃圾中的有机大分子裂解成小分子的热化学过程。

8.3.2　典型案例

1. 农村庭院生态建设案例

（1）广西壮族自治区河池市

河池市地处云贵高原的东南边缘向桂南、桂中丘陵平原、低山盆地的过渡地带，属典型的石山地区，全市石山面积达 166.53 万 hm²，占全市土地总面积的 49.7%。全市辖 11 个县（市、区）、165 个乡（镇）、1636 个村委会，农村人口 296.9 万人，农村居民人均耕地 0.05hm²。全市农村房屋分布较为分散，庭院的基本结构为住房、畜（禽）圈（舍）、园地、绿化用地。受地形地势和建筑密度的影响，庭院面积各不相同，全市农村庭院的平均占地面积为 0.02 ~ 0.04hm²，其中绿化用地面积为 0.01 ~ 0.03hm²。受大环境生态状况的影响，部分农村庭院的生态环境状况也渐趋恶化，林木资源少、缺水、能源紧张，受水土流失、石漠化等生态灾害影响，可耕作土地日益减少，加上多数农民居住条件简陋，且人畜（禽）共处，卫生状况差，已严重制约当地发展，对农民的生活质量和身体健康也造成一定影响。

近年来，河池市通过造林绿化和能源改造，构建起"一村一带""一屯一林""一房一院""一户一池"的村庄庭院林业生态建设模式。"一村一带"：以村为单位，规划建设一定规模的环村林带，主要建设范围为村庄四周可视范围内的可绿化用地，主要结合农村经济综合开发、林业生态市建设和退耕还林等国家重点林业工程建设，采用农林复合型经营模式，选用杉木、桉树、香椿、喜树、板栗、核桃、八角、油茶、茶叶、柑橘、李、青皮竹、葡萄、金银花等速生、丰产、多用途的树种（植物），营造环村庄林带，改善村庄的生态状况，增强农村综合经济实力。"一屯一林"：以自然村屯为单位，恢复和保护好村旁风景林，依托当地村民注重保护村旁"风水林""风水树"的习惯，在加强全市现有村（屯）旁风景林保护的基础上，在没有风景林的自然村（屯），规划建设 1hm² 以上的村旁风景林，具体规模视条件而定。"一房一院"：以房屋庭院为单位，进行绿化美化，构建园林式庭院，前院主要栽植较为低矮且观赏性较强的经济林树种，以保证房屋的通风和采光，房屋两侧以竹类和乔木经济林树种为主，后院以高大乔木树种为主，尽可能选择常绿、无环境危害、主干突出的用材树种。"一户一池"：以户为单位，每户修建一个沼气池，保障清洁能源供应，减少薪柴消耗。把沼气池建设与改水、改厨、改厕、改路、改房结合起来，与发展种、养业结合，走养殖—沼气—种植三位一体的生态建设模式，推进新农村建设（范志浩，2007）。

2020 年，河池市通过建设"绿美乡村"工程美化示范村，种植各类绿化美化树种 8229 株，实施特殊及珍稀林木培育项目 1850 亩、森林质量提升工程 1700 亩、森林景观改造项目 1600 亩，村庄绿化覆盖率达到 47.59%，高出全自治区村庄绿化覆盖率 7 个百分点。

（2）内蒙古自治区通辽市库伦旗

库伦旗地处科尔沁沙地与辽西浅山黄土丘陵区的过渡区，当地庭院一般占地几亩到几十亩，以养殖和种植为主，人居环境较差。废旧塑料堆积量较大，亟待安全处理。

结合当地经济欠发达、干旱少雨、光照充沛和庭院面积大等特点，开展了设施栽培工程建设。将废旧塑料通过增容改性、嫁接扩链和熔融发泡，开发了新型栽培基质，具有开孔、轻质、柔性和超吸水的特点，可以支撑和维持植物生长。针对新型废旧塑料基的特点，通过运用生态工程理论，将农户院落建设为生态庭院，通过在生态庭院的院内和墙面搭建立体置物架，充分利用立体空间资源，经过切割和分装后，栽培基质可作为生长基质运用在生态庭院建设中，实现废弃资源循环再生（周传斌，2022）。

生态庭院工程运行结果表明，开发的新型栽培基质具有超吸水能力，可以减少灌溉次数，促进作物生长，实现废旧塑料的高值化利用。同时，经济社会效益显著，可提高当地农户 4000~5000 元/年的收入。

2. 饮用水水源地保护案例

官厅水库是北京市重要的饮用水水源地，同时具有调蓄径流、防洪减灾的作用，流域内具有较高的生物多样性保护价值。近年来，官厅水库面临一些亟待解决的生态问题。例如，在源头区，流域源头北部山区采石造成山体破损和水土流失，同时，永定河源头周边村庄养殖及污水直排污染水体。在滩区，水库滩区被大量无序开垦为玉米地，化肥农药施用量大，造成面源污染。在库区岸带，缓冲带生态系统退化，不完整、连通性差，生境破碎。

为了全面提升首都战略水源涵养区功能，近年来，官厅水库基于自然的解决方案，把治理、恢复、涵养、提升结合起来，全面推进官厅水库生态综合治理。一是对餐饮、畜牧养殖等集中治理，减少源头污染。二是构建水源涵养功能复合生态系统，实施植被恢复与水系联通工程，构建以水源涵养为主的乔—灌—草—湿复合生态系统，提升水源涵养功能；同时采用生态工程手段，运用纵向设计和微地形改造技术，恢复河流的自然形态，恢复过程中注重河道空间的多样性和河道结构空间的异质性，形成自然河流的蜿蜒形态、深潭与浅滩兼具的格局。三是建设环库区生态缓冲带，缓冲带由退耕还湿、退渔还湿等补充的湿地和乔灌草植被带等构成，有效净化了入库地表径流。四是恢复植被，在水流较缓、水位稳定的区域，进行水生植物和湿生植物的成片恢复，形成水面和植被交互区域。

通过多种生态技术措施的实施，官厅水库生态系统净化能力得到增强，水质持续改善，2019年断面达到Ⅲ类水质标准。

3. 农村生活污水治理案例

（1）四川省成都市新都区集中治理模式

该案例位于四川省成都市新都区，现污水处理站的污水处理能力为300m³/d，运行稳定，出水稳定达到相关排放标准。目前，污水处理站溢流水规模达到800m³/d，原污水处理设施无法满足要求，因此要新增污水处理设施对溢流水进行处理。新增项目污水处理能力不小于500t/d，水质指标pH、COD、悬浮物（SS）、总氮（TN）、NH_3-N、总磷（TP）、动植物油等要满足《农村生活污水处理设施水污染排放标准》（DB51/2626—2019）的一级标准。

项目周边农村污水的主要来源有厕所、厨房、养殖场等，有机物和COD含量都非常高。目前，农村生活污水处理项目多采用膜生物反应器（MBR）工艺、AO+MBBR工艺，可以确保出水达标排放。该项目系统由调节池、缺氧池、MBBR好氧池、二沉池和消毒设备等组成。经集成，MBBR一体化污水处理设备占地面积小，投资省，建设周期短，运行管理简便，能耗低，运行费用低廉，处理效率高。采用AO+MBBR工艺，可以提高污水处理效率，缩短水力停留时间，减小设备体积。

设备运行稳定后，对实际进水和出水分别进行测定，出水水质达到《农村生活污水处理设施水污染排放标准》（DB51/2626—2019）要求。其中，COD去除率达到88%，NH_3-N去除率达到78%。

（2）山东省临沂市诸夏社区分散治理模式

该案例位于山东省临沂市蒙阴县坦埠镇诸夏社区。临沂市属于典型的丘陵地区，地势西高东低、北高南低，属温带季风性气候，年平均降水为789mm。诸夏社区下辖5个自然村，户籍数1272户，总人口3887人。

针对诸夏社区农户居住分散、黑灰分质收集处理、灰水产生量少、污染物浓度低、房屋周边有可用土地等特点,采用户用分散式污水处理模式。灰水由户内排水管收集,经隔油/沉淀池预处理后,通过原位生态净化槽、微生态潜流湿地或强化快渗池等强化生态处理,用于房前屋后小菜园、小果园、小花园灌溉用水或回补地下水,实现污水就地资源化利用。在运行维护管理方面,生态化治理设施日常维护以各农户先行进行简易处理,村级指定专人对全村生活污水治理设施进行巡查及管护,保证各污水治理设施长效正常运行。组建了镇、村协管队伍,形成由农户自身负责、村级管理、乡镇巡查、县级抽查的管理体系。生态化治理设施均不需要外加动力,无电费等运行费用,根据农户不同排水量情况,各设施沉淀池内沉积物平均每月清掏一次。

目前黑水通过双瓮式化粪池无害化处理后,由专业拉运队运至镇驻地污水处理站进行集中处理后达标排放。灰水通过原位生态净化槽、微生态潜流湿地、强化快渗池的处理后达到《农田灌溉水质标准》(GB 5084—2021)。

(3)黑龙江省盘岭村资源化利用模式

该案例位于低山丘陵区,海拔高度为 241~1559m,最高气温 36.5℃,最低气温-40.1℃,年平均气温 3.5℃。全村 211 户,户籍人口 596 人,常住人口 500 人,目前全村改厕户数为 140 户,以水冲厕为主。盘岭村建立了以蔬菜种植加工基地为核心,辐射周边村屯。

针对盘岭村房屋分布相对集中,人均耕地较大(12 亩/人)、污水处理规模大于 20m³/d 等因素,结合蔬菜种植较为发达等特点,采用"管网收集+土壤覆盖型微生物协同净化+生态鱼塘"的集中处理模式,开展农村生活污水治理。设计规模为 30m³/d,实际处理规模为 25m³/d,出水满足黑龙江省《农村生活污水处理设施水污染物排放标准》(DB23/2456—2019)二级标准。农灌时节,出水用于周边农作物种植,雨季或非农灌期外排。在运行维护方面,由村集体负责处理设施运维,设备厂家不定期采用现场培训、视频教学等方式指导当地农民日常维护知识,克服了农村无专业技术人员管理导致设备运维难题。运维费主要是电费、沉渣清理运输费和日常维护用工费。

经第三方机构水质检测结果表明,出水达到《农村生活污水处理设施水污染物排放标准》(DB23/2456—2019)二级标准。

4. 农村生活垃圾治理案例

（1）四川省丹棱县

丹棱县位于成都平原西南边缘，县域国土面积 449km²，辖 4 镇 1 乡，35 个行政村和 15 个居民社区，总人口 16.8 万人。农村垃圾治理投入难、减量难、监督难、常态维持难的"四难"问题一直是治理难题。垃圾"围河、围路、围房"现象普遍。丹棱县以丹棱镇龙鹄村为试点，探索实践农村生活垃圾治理模式。

在分类收运环节，农户根据自家实际至少自备 4 类垃圾分类收集设施：厨房设厨余（可腐）垃圾和其他垃圾收集桶；杂物间或房屋角落设有害垃圾和可回收物堆放桶（袋）。此外，打破乡镇、村（社区）、村民小组行政区域界线，按照"方便农民、大小适宜"的原则，对相对集中的农户，以邻近的 3～15 户不等，统一布局修建大小适宜、联户定点，带宣传栏、"丹"字形垃圾分类收集亭和其他垃圾收集点（池）。最后，根据道路分布现状，科学合理串联全县村收集站按线路进行，并将村收集站垃圾转运和处理实施打捆外包，由环卫公司统一安排 5 台压缩式垃圾车每天定时定点逐一清运处理。在源头减量环节，根据农村垃圾的组成特点，丹棱县探索了"农户主体、源头减量"的做法。如烂水果、烂菜叶等厨余（可腐）垃圾单独收集后倒入自家沼气池或在果园菜地堆沤还田处理，基本达到厨余垃圾不出户，实现变"弃"为"宝"；对于有害垃圾（主要是农药包装废弃物），农户收集后可以投放到垃圾亭红色有害垃圾桶中，也可送到指定点（各村道德超市）积分兑换物品，最后由县上招标公司收集暂存后定量进行无害化处置，实现变"害"为"宝"；可回收物单独存放后，可自行出售、可送到道德超市积分兑换、可拨打再生资源回收服务电话上门收购，实现变"废"为"宝"；其他垃圾单独收集后，就近投放到垃圾分类收集亭的灰桶或垃圾池中，定时转运无害化处理。在运行管理环节，乡镇和村两委按照村民自治法有关规定，采取"一事一议"方式，引导村民自愿每月交纳不低于 1 元的费用，专门用于公共领域垃圾的清扫、收集、运输、处理等，不足部分由村集体经济收入等解决（李扬和何晓妍，2019）。

丹棱县通过推行"因地制宜、分类收集、村民收费"的垃圾收运处理新模式，全县农村生活垃圾有效处理，基本实现无害化、减量化、资源化处理。

（2）浙江省南湖区

南湖区是嘉兴市的主城区，全区国土面积 439km²，辖 4 个镇、9 个街道，户籍人口 50.88 万人，常住人口 86.27 万人。2018 年以来，南湖区聚焦农村生活垃圾分类领域，创新全流程监管技术，采用数字化监管系统，实现农村生活垃圾大数据精密智控。

南湖区通过数字赋能，有效破解了农村生活垃圾分类参与度难提升、长效机制难建立等难点问题。通过开发数字化监管系统 App，管理积分发放、使用、提现等过程，并接入农业银行支付系统监管资金。农户可采取分类自查、售卖可回收物等方式获得积分，兑换生活用品。针对农户参与率不断提高，人工审核分类照片工作量不断增大的形势，开发人工智能（AI）识别技术，实现所有分类照片（目前约 5 万张/天）实时自动评分，解放了基层工作力量。数字化监管系统 App 整合分类准确率评分、房前屋后检查、公共环境举报等功能，提升基层工作效率。在数字化监管系统管理后台，区、镇、村（社区）实行分级管理，通过后台可以轻松掌握面上的风险隐患点，并迅速落实整改。在治理创新方面，以"一图一码一指数"实现全区农村垃圾分类综合评价；创新研发智能收集车、智能分类驿站等新装备。

南湖区农户垃圾分类全部实行数字化溯源评分，农村生活垃圾分类准确率从 81% 上升至 95%，农村生活垃圾有效实现分类处理。

8.4 农业生态工程

8.4.1 技术模式

生态农业是模拟自然生态系统中生产者、消费者和分解者之间的相互作用关系，利用农业生物多样性，克服单一大规模种植和养殖的弊端，在农田、区域等不同尺度上构建农业生态复杂系统，通过优化农业生产系统结构和功能，用最小的外部投入获得更高的产出，同时减少对生态环境的影响（赵桂慎和施生旭，2023）。我国在 20 世纪 90 年代开始致力于生态农业的示范推广，在实践探索中先后探索出北方"四位一体"模式、南方"猪-沼-果（稻、菜、鱼）"模式、平原农林牧复合模式、草地生态恢复与持续利用模式、生态种植及配套技术模式、生态畜牧业生产模式、生态渔业及配套技术模式、丘陵山区小流域综合治理利用模式、设施生态农业及配套技术模式和观光生态农业模式等全国十大生态农业典型模式（王松良和施生旭，2023）。2018 年，发布《农业绿色发展技术导则》，从顶层设计角度提出了生态农业在农业绿色生产、绿色低碳种养等方面的技术体系。

生态种植模式。生态种植是一种集约化保护农业生态环境的农业发展模式，是使农业生态处于良性循环中的可持续种植方式。生态种植业的技术主要包括保持耕地质量、水肥利用、病虫害防治、绿色低碳种养等。耕地质量保护与提升技术包括机械化深松深翻整地技术、激光（卫星）平地技术、保护性耕作技术、秸秆还田技术、轮作倒茬技术，以及增施有机肥及土壤改良生物调控技术。水肥高效利用技术包括大力实施水肥一体化技术、精准施肥技术、侧深施肥技术、测土配方施肥技术、种植绿肥、堆肥还田、缓控施肥技术等减肥节本增效技术，灌溉技术包括浅湿（干湿）交替灌溉技术、滴灌、喷灌、渗灌，智能化精确定量灌溉技术等多种高效节水技术。病虫草害综合防控技术包括绿色防控技术、机械除草技术、航化植保技术、静电喷雾技术等。农机作业方面包括机械化、残膜捡拾回收、深松、深翻、秸秆还田等农机作业技术。绿色低碳种养技术包括规模化种养结合模式（猪—沼—菜/果/茶/大田作物模式、猪—菜/果/茶/大田作物模式、牛—草/大田作物模式、牛—沼—草/大田作物模式、渔菜共生养殖模式）；种养结合家庭农场模式（稻—虾/鱼/蟹种养模式、牧草—作物—牛羊种养模式、粮—菜—猪种养模式、稻—菇—鹅种养模式）等。

畜禽养殖污染防治模式。生态畜牧业是在畜牧业及现代畜牧业的基础上采用系统工程方法，吸收现代科学技术，结合时代需求发展而形成的，生态畜牧业主要包括畜禽生态养殖及污染物资源化处理等。畜禽生态养殖技术以良种高效繁育为目的，在选种上可采用基因组选择、精准选配等先进生物技术选择优秀品种。在牲畜粪污处理资源化利用上，目前主流的技术有生物发酵技术、沼气发酵技术、生物有机肥生产技术、固体粪便堆肥技术和水肥一体化施用技术等高效粪污资源化利用技术。在生产管理环节上，大多生态养殖业采用数字化管理技术，重点包括养殖场管理软件与网络化技术、生产性能测定与数据分析技术、产品的可追溯技术、大数据分析与人工智能技术。

水产生态养殖模式。水产生态养殖可以分为陆基设施化循环水养殖如池塘鱼菜共生综合种养、工厂化循环水养殖等模式,海上设施化养殖如深水抗风浪网箱养殖等,以及多营养层级综合养殖、稻渔综合种养、大水面生态增养殖、盐碱地渔农综合利用、人工湿地净化养殖模式、生态沟渠净水模式等。水产生态养殖的重点在于养殖尾水的治理,目前的水产养殖尾水治理技术可以分为物理、化学、生物三类技术。物理技术主要包括自然沉淀、微滤机过滤等;化学技术主要包括利用臭氧等杀菌消毒、化学药品处理等技术;生物技术主要包括放养滤食性鱼类、利用水生植物净化、微生物净化处理等技术。

8.4.2 典型案例

1. 生态种植业案例

(1) 浙江省桐乡市

桐乡市位于浙江省北部,地处浙北杭嘉湖平原腹地。2020 年全市粮食播种面积 30.5 万亩,生猪存栏 6.5 万头。近年来,桐乡市围绕农业绿色高质量发展,通过聚焦化肥农药源头减量、废弃物资源循环利用和农田退水末端治理等关键环节,全链式推进农业面源污染治理。

在源头减量环节,依托"肥药两制"数字化管理平台,推行肥药实名购买、定额施用。集成推广有机肥、配方肥、按方施肥、水肥一体化等新技术,推广稻渔综合种养和沼液还田等生态模式,有效减少化肥农药施用。建立农产品质量安全全程追溯体系,推行化肥农药等农业投入品"进—销—用—回"全周期的闭环管理技术。在资源化利用环节,以就地消纳、能量循环为原则,将蔬菜尾菜、废弃果树枝条和畜禽粪便等原料用于生产有机肥,拓宽农业废弃物资源化利用途径。在治理环节,以"生态沟渠"和"生态沟渠+"的形式,建设农田氮磷生态拦截沟渠系统和稻田退水"零直排"工程,全域推进农田退水治理。

桐乡市通过采用"源头减量+资源利用+末端治理"面源污染综合治理体系,2020 年减少不合理施用化肥 1267t、农药 76.8t,秸秆综合利用率达

97.19%，农药包装废弃物和废旧农膜回收处置率保持在90%以上，总氮和总磷分别下降10%和30%以上。

（2）湖南省常德市澧县

澧县位于湖南省西北部，地处洞庭湖西岸、澧水中下游，耕地面积111万亩，是粮油生产大县。近年来，澧县坚持"增产施肥、经济施肥、环保施肥"原则，按照"精、调、改、替、提、带、集"技术路径，依托新型农业经营主体和农业生产专业化服务组织，深入推进测土配方施肥，推广绿肥种植、有机肥替代化肥、水肥一体化、农业废弃物资源化利用等耕地保护与质量提升技术集成，实现化肥减量增效，走出一条高产高效、节本增效、环境友好的可持续发展之路。

具体措施：一是开展技术推广，以"四推"实现减肥增效。推广测土配方施肥技术。通过发放施肥建议卡、安装湖南省测土配方施肥手机 App 等措施，推广测土配方施肥技术232万亩。根据土壤检测数据制定水稻生产配方，遴选肥料生产企业生产水稻和油菜配方肥。推广绿肥生产。采取免费发放绿肥种子和补贴开沟费等措施，建设绿肥生产示范样板7.46万亩。推广使用商品有机肥。采购商品有机肥，发放至葡萄、柑橘、蔬菜、中药材等产业基地。推广先进集成技术。推广水稻机械精量施肥和水肥一体化等技术6万亩，推广稻油水旱轮作30万亩以上。二是建设示范工程，以"百千万"推动绿色生产。开展水稻"百千万"绿色生产技术试点示范。打造好城头山镇、梦溪镇万亩水稻绿色生产示范片和环北民湖万亩绿肥生产示范片，建好大堰当镇、涔南镇、梦溪镇千亩示范片，抓好复兴镇等6个百亩示范片。在每个示范片集成"绿肥+配方肥""绿肥+配方肥+机械深施肥""液体粪肥+配方肥+机械深施肥"等两种以上绿色生产技术措施，开展化肥减量措施对比分析，总结成熟技术模式进行复制推广。三是建立监测统计体系，以"三会一统"完善台账建设。全县建立181个监测点，推动镇街、村社完善资料，建立健全各类台账。

全县测土配方施肥技术覆盖率达到95%以上，全年化肥使用量（折纯量）5.17万 t，较上年减少1565t，减幅2.94%。耕地地力有效提升。种植大户和专业合作社使用有机肥积极性提高，商品有机肥大面积推广应用，绿肥面积从6万多亩稳步增加到21万亩，土壤理化性状得到改良，耕地地力有效提升。

(3) 福建省武夷山市

武夷山市位于福建省西北部，以丘陵山地为主，总面积 2813km²，属中亚热带季风湿润气候区，生态环境优良。有茶园面积近 15 万亩。近年来，武夷山市采取茶园套作特选养分高效绿肥作物、合理施用茶树专用有机肥等技术，结合茶树病虫害绿色防控体系，提升茶园土壤健康指标，优化茶园生态环境，减少茶树病虫害发生，建立"施肥—病虫防治—茶园管理"的生态链式系统，实现武夷岩茶无化肥无化学农药的优质、高效、绿色生产。

具体措施：一是套种养分高效作物。通过在茶园行间套种大豆、油菜等养分高效作物，满足茶山土壤的肥力需求。在当年 5 ~ 6 月，春茶采收后，在茶行中穴播接种高效固氮根瘤菌的大豆，并施用钙镁磷肥作为基肥。9 ~ 10 月，大豆压青还田。10 ~ 11 月，茶园施用有机肥，茶行中撒播油菜种子。翌年 3 ~ 4 月，油菜盛花期或春茶采收前一个月进行油菜压青。二是施用茶树专用有机肥。在只采一季春茶、土壤健康状况较好的情况下，茶园套作油菜+大豆，基本可以达到养分平衡。套种不足的，10 ~ 11 月，茶园施用适量茶树专用有机肥等量替代化肥，采用沟施等施肥方式，提高肥料利用率。三是建立病虫害防治体系。在生产上采用"以虫治虫""以螨治螨""以螨带菌治虫"等技术方法，利用天敌昆虫、病原微生物防治害虫，施用生物药剂和矿物制剂降低虫害，使用太阳能杀虫灯、黏虫板等消灭害虫。

武夷山市通过建设生态茶园，已建成燕子窠、大坪洲 2000 亩生态茶园示范基地，生态茶园面积达到 6 万亩，优化了茶山土壤微生物区系，提高了茶山土壤肥力，减少了茶树病虫害，改良了茶园生态环境，达到了茶园减排固碳、提质稳产的效果。

2. 生态畜牧业案例

(1) 江苏省太仓市

太仓市东林生态养殖专业合作社位于江苏省苏州市太仓市，三面环河，占地面积 55 亩，总建筑面积 1.24 万㎡，主要养殖本地湖羊、澳白羊（澳洲羊和本地湖羊杂交品种），年存栏 3500 头，出栏约 4000 头。合作社以"绿色发展、循环发展、低碳发展"为目标，养殖过程全部采用标准化生产。

合作社采用"羊—肥—稻、果"循环模式，探索出一条以"优化发展生态产业、保护和修复生态涵养、节约减排生态保护、资源集约生态循环"为主线的生态友好型羊产业新路径。将农作物秸秆制作成饲料，再把经过处理的动物粪便、沼渣等制成有机肥料还田，利用农用水净化处理工程，将发酵后的沼液通过水电站、管道进行农田、果园、蔬菜、林地灌溉，形成"稻养畜、畜肥田"的生态循环模式。

通过采用循环生态养殖模式，实现全市 6 万亩农田的稻麦秸秆全量增值利用，畜禽粪污资源化利用率达 100%，化肥减施量达 20% 以上，农药减施量 50% 以上，土壤有机质含量高于当地水平。合作社种植的水稻施用羊粪、水稻秸秆发酵的有机肥，品质得到提升。

（2）山西省澄城县

澄城县是全国生猪调出大县。近年来，澄城县开展畜禽粪污资源化利用，根据现阶段畜禽养殖现状和资源环境特点，因地制宜，集成多种生态循环养殖技术，开拓出"种养结合、资源利用、绿色生产、循环发展"模式。

具体措施：一是"果—沼—畜"种养结合模式。以养殖集中、周边配套果园或设施农业条件好的养殖村、龙头企业为中心，建设沼气设施，并配套建设田间沼液有机肥贮存池，铺设田间沼液管道，配备农用沼液粪污运输车等。通过推广以沼液化处理为纽带的粮畜、果畜、菜畜结合生态循环养殖模式，使养殖粪污基本实现就近还田利用。二是有机肥果畜结合模式。依托大型养殖场建设畜禽粪污有机肥加工厂，采用好氧堆肥发酵工艺，将本场及附近养殖场的粪便和作物秸秆收集后加工有机肥。与周边果菜种植户签订有机肥供应合同，通过政府项目补贴扶持等方式，优惠为农户供应有机肥。该模式还可以向微生物加速发酵、液态专用有机肥生产等模式扩展，通过管道或车辆运输，粪污全量有机还田利用。三是种养结合模式。以养殖场为中心，流转周边相应数量耕地或与周边种植户签订合作协议，将产生粪污全量收集，干湿分离后，干粪加微生物制剂加速堆肥发酵后还田。污水经厌氧（沼化）处理后，在农田需肥和灌溉期间，将无害化处理的粪水与灌溉用水按照一定的比例混合，进行水肥一体化施用。以种植饲粮、果蔬为主，形成"畜，粮，果，蔬"等多元化产品，经过加工后以统一品牌上市，发展专业化，品牌化有机农业生产。四是小规模就地就近消纳模式。以中小规模养殖场为主体，建设排污渠、封闭式发酵池和堆粪台，购置干湿分离机、排污泵、还田软管等设施设备，将养殖产生的粪污全量收集安全贮存，并通过厌氧发酵腐熟后，在田间施肥时就近还田利用。

澄城县通过推广应用生态循环养殖技术，全县规模化畜禽养殖场均建设了粪污处理设施，畜禽粪污综合利用率达 94% 以上，同时通过大量畜禽粪污有机肥施入，提高土壤有机质含量，提升了苹果、樱桃等品质。

（3）四川省成都市邛崃市

邛崃市位于成都平原西部，是生猪调出大县。为促进农业产业与农村环境协调发展，邛崃市开展畜禽粪污资源化利用，形成"就近循环+异地循环+多形式综合利用"畜禽粪污治理模式。

主要采取三种模式分类推进畜禽粪污资源化利用：一是"就近循环"利用模式。采用"规模养殖场+种植基地"和"种植基地+养殖户"模式，配套蓄粪池、沼液输送管网等粪污处理设施设备和种植基地，实现畜禽粪污就近、就地还田利用。二是"异地循环"利用模式。推广"养殖场（户）+粪污转运合作社+种植基地"模式，以市场需求为核心，成立粪污转运合作社，建立信息平台，共享畜禽粪污供需信息，粪污转运合作社有偿将养殖场（户）的畜禽粪便转运到种植基地利用，既解决了养殖场（户）畜禽粪便的"出路"问题，又满足了种植基地的用肥需求。三是"多形式综合利用"模式。采用"养殖场（户）+蚯蚓养殖基地"利用模式，通过补贴政策引导，全市形成蚯蚓养殖基地 7 个，年处理粪污 4 万余吨，年产蚯蚓粪 1 万余吨，实现畜禽粪污的肥料化利用。

通过畜禽粪污资源化利用模式的推广应用，全市畜禽粪污综合利用率达 90% 以上，规模养殖场粪污处理设施装备配套率实现 100%，化肥使用量持续 3 年实现负增长，农村生态环境明显改善，土壤肥力得到提升。

3. 生态水产养殖案例

（1）湖南省常德市汉寿县

汉寿县水产资源丰富，是湖南省典型的水产品生产大县。全县拥有养殖水面 24.6 万亩，其中池塘养殖面积 19.9 万亩。汉寿县池塘大都始建于 20 世纪六七十年代，由于年久失修，池塘淤泥堆积、池堤坍塌，加之过度投肥投饵，养殖尾水不能达标排放，对周边环境造成污染。

近年来，汉寿县实施集中连片养殖池塘标准化改造和尾水生态治理项目，采取"三池两坝"（沉淀池、曝气池、净化池；两座过滤坝）净化处理工艺，通过采用"原位修复+异位治理"的综合技术模式，确保养殖尾水达标排放。其中，原位修复通过控制养殖密度、养殖容量，减少饲料肥料投入，混养滤食性水生动物，使用水质底质改良剂调控水质，种植水生植物等措施，利用生物代谢作用，降解和吸收水体有机物和氮磷营养盐，实现养殖尾水原位修复或循环利用。异位治理采取"沉淀+过滤坝+曝气+过滤坝+生态净化池"的组合工艺，并根据每个养殖场条件和需求，对工艺环节进行优化。

尾水经处理后排放水质符合水产行业标准《淡水池塘养殖水排放要求》，达到 SC/T9101—2007 水质标准，使养殖尾水实现有效净化。

（2）浙江省湖州市德清县

德清县是水产养殖大县，养殖面积约 20 万亩，均为淡水养殖。主要养殖品种有青虾、加州鲈、乌鳢（黑鱼）、黄颡鱼（黄骨鱼）等。德清县启动水产养殖尾水治理后，建成治理场点 1533 个，完成治理面积 18.9 万亩，实行退养面积 0.7 万亩，实现县域水产养殖尾水治理全覆盖。

德清县水产养殖治理主要包括连片集中治理和规模养殖场自治两种模式。连片集中治理是以村为单位，将村内的零散养殖的尾水统一集中收集处理，养殖尾水治理设施由村委会统一管理。规模养殖场自治模式是指 100 亩以上的养殖场自主建设、自行管理养殖尾水治理设施。尾水治理模式以"三池两坝"为主，该模式在浙江省多地进行了实践，是目前较为普遍、技术相对成熟的水产养殖尾水治理模式，被农业农村部认定为全国农业主推技术。尾水治理设施主要包括生态渠道、沉淀池、曝气池、过滤坝和生物净化池等，可根据养殖面积、养殖品种、养殖密度和养殖所在地环境的不同，增减相应的"池"和"坝"的数量与面积。当地根据养殖品种的尾水污染水平不同，对养殖尾水治理设施面积制定了相应的标准，一般占养殖总面积的 6%～10%。

德清县通过养殖区原位处理和治理区"沉淀池、过滤坝、曝气池、生物净化池、洁水池"等异位处理，配套养殖场绿化和景观，实现养殖尾水的生态化处理，达到循环利用或达标排放，有效改善了当地生态环境。

参 考 文 献

曹海清.2020.农村生活垃圾处理现状及问题分析 [J].山西化工,40 (3):209-210.

陈秀娟,张超兰,韦必帽,等.2006.人工湿地处理污水的研究进展 [J].广西大学学报(自然科学版),(S1):327-330.

董德明,包国章.2001.城市生态系统与生态城市的基本理论问题 [J].城市发展研究,(S1):32-35,48.

范志浩.2007.河池农村庭院林业生态建设模式探讨 [J].中南林业调查规划,26 (3):4.

郭青海,仇铂添,王鹏飞,等.2022.基于文献计量分析的中国乡村生态学研究综述 [J].生态学报,42 (17):6922-6936.

李锋,马远.2021.城市生态系统修复研究进展 [J].生态学报,41 (23):9144-9153.

李锋,王如松.2003.城市绿地系统的生态服务功能评价、规划与预测研究——以扬州市为例 [J].生态学报,(9):1929-1936.

李铁峰.1997.环境地质学 [M].北京:高等教育出版社.

李扬,何晓妍.2019.农村生活垃圾分类治理路径的优化与选择——基于案例的比较分析 [J].农村经济与科技,30 (7):40-41.

李祚泳,甘刚,沈仕伦.2001.社会经济与环境协调发展的评价指标体系及评价模型 [J].成都信息工程学院学报,(3):174-178.

梁吉义.2020.关于农村庭院生态农业发展几个问题的浅识 [J].科学种养,(4):60-62.

林琨.2015.福州市城市生态廊道景观结构的研究 [D].福州:福建师范大学.

林文雄,陈婷,周明明.2012.农业生态学的新视野 [J].中国生态农业学报,20 (3):253-264.

刘涛.2017.城市生态系统健康评价及规划响应研究 [D].重庆:重庆大学.

刘玒玒,汪妮,解建仓,等.2014.基于熵权法的城市生态系统健康模糊评价 [J].武汉大学学报(工学版),47 (6):755-759.

刘树华.2009.环境生态学 [M].北京:北京大学出版社.

骆世明.2013.农业生态学的国外发展及其启示 [J].中国生态农业学报,21 (1):14-22.

马世骏,王如松.1984.社会–经济–自然复合生态系统 [J].生态学报,(1):1-9.

毛齐正,黄甘霖,邬建国.2015.城市生态系统服务研究综述 [J].应用生态学报,26 (4):1023-1033.

漆宇.2019.城市生态系统可持续发展综合评价与比较研究 [D].成都:成都信息工程大学.

沈清基,王玲慧.2018.城市生态学新发展:解读、评析与思考 [J].城市规划学刊,242 (2):113-118.

沈清基.1997.城市生态系统基本特征探讨 [J].华中建筑,15 (1):88-91.

盛连喜.2009.环境生态学导论 [M].北京:高等教育出版社.

孙丹丹.2022.丹东市城镇空间生态修复策略研究 [D].沈阳:沈阳师范大学.

孙然好,孙龙,苏旭坤,等.2021.景观格局与生态过程的耦合研究:传承与创新 [J].生态学报,

41（1）：415-421.

涂武斌，张领先，傅泽田 . 2012. 基于多目标规划的农村生态系统健康评价指标选择模型［J］. 系统工程理论与实践，32（10）：2229-2236.

王发曾 . 1997. 城市生态系统基本理论问题辨析［J］. 城市规划汇刊，（1）：15-20，66.

王松良，施生旭 . 2023. 发展中国生态农业是实现中国式农业现代化的根本路径——兼论生态农业在我国兴起与发展的"前世今生"［J］. 中国生态农业学报（中英文），31（8）：1184-1193.

王晓莹 . 2022. 湖北省大别山片区国土空间生态修复分区及其策略研究［D］. 武汉：华中农业大学 .

吴成金 . 2017. 城市绿化的发展思路——绿色空间建设［J］. 农技服务，34（14）：108.

伍涛 . 2017. 城市生态系统诊断研究综述［J］. 城市建设理论研究（电子版），230（20）：14-16.

熊志远，张德顺 . 2020. 生态修复提升城市人居环境研究——以嘉兴市区为例［J］. 浙江园林，（1）：38-41.

闫丽沙 . 2019. 太原城市圈城市生态系统健康评价［D］. 太原：山西师范大学 .

杨正勇，杨怀宇，郭宗香 . 2009. 农业生态系统服务价值评估研究进展［J］. 中国生态农业学报，17（5）：1045-1050.

袁伟 . 2020. 浅谈利用生态学理念进行城市生态修复［J］. 现代园艺，43（7）：153-155.

张国治，魏珞宇，葛一洪，等 . 2021. 我国农村生活垃圾处理现状及其展望［J］. 中国沼气，39（4）：54-61.

张鑫 . 2019. 贵阳市城市生态系统健康评价研究［D］. 昆明：云南大学 .

赵桂慎，任胜男，原燕燕，等 . 2021. 2020 年农业生态学热点回眸［J］. 科技导报，39（1）：166-173.

赵桂慎 . 2023. 中国生态农业现代化：内涵、任务与路径［J］. 中国生态农业学报（中英文），31（8）：1171-1177.

周传斌，陈灏，张付申 . 2022. 基于脱贫和环境改善目标的寒旱地区农村庭院生态工程［J］. 环境工程学报，16（9）：3125-3133.

Annaliese B. 1995. Greenways as vehicles for expression［J］. Landscape and Urban Planning, 33：317-325.

Jack A. 1995. Greenways as a planning strategy［J］. Landscape and Urban Planning, 33：131-155.

Linehan J, Gross M, Finn J. 1995. Greenway planning：Developing a landscape ecological network approach［J］. Landscape and Urban Planning, 33：179-193.

MacArthur R H, Wilson E O. 1967. The Theory of Island Biogeography［M］. Princeton：Princeton University Press.

Wu J G. 2014. Urban ecology and sustainability：The-state-of-the-science and future directions［J］. Landscape and Urban Planning, 12（5）：209-221.

第 9 章　　海岸与海岛生态修复工程

海岸与海岛是海洋生态系统的重要组成部分，研究海岸与海岛生态环境保护对于增强海洋生态系统稳定性、提高海洋生态系统功能具有重要意义。本章首先对我国海洋生态系统进行概述，包括海洋环境与海洋生态系统相关概念、我国海洋生态系统保护现状以及海洋生态系统保护面临的问题，然后分别从生态系统修复、海岸形态恢复、监管能力建设三个方面总结了海岸与海岛生态保护与修复技术，对近海及海岸带、海岛生态保护修复的典型案例进行介绍。

9.1　概　　述

9.1.1　海洋环境与海洋生态系统

1. 海洋环境

（1）海洋环境的概念

海洋由洋和海以及海湾、海峡等几部分组成，主要部分为洋，其余可视为附属部分。其中，洋或称大洋，远离大陆、面积广阔，约占海洋总面积的90%，深度一般大于2000m，海洋要素如盐度、温度等不受大陆影响，具有独立的潮汐系统和洋流系统。海是介于大陆和大洋之间的水域，深度较浅，一般小于2000m，水文要素受大陆影响很大，没有独立的潮汐和洋流系统，潮汐涨落往往比大洋显著。海洋环境是指地球上广大连续的海和洋的总水域，包括海水、溶解和悬浮于海水中的物质、海底沉积物以及生活于海洋中的生物，是一个非常复杂的系统。

（2）海洋环境的分类

通常可按照海洋环境的区域性、要素和人类对海洋环境的利用管理或海洋环境的功能等对其进行分类。如按海洋环境的区域性将其分为河口、海湾、沿岸海域、近海、外海和大洋等；按海洋环境要素，将其分为海水、沉积物、海洋生物和海面上空大气等；从海洋环境功能和管理角度，将其分为旅游区、海滨浴场、自然保护区、渔业用海区、养殖区、石油开发区、港口航运区、排污倾倒区和特殊利用区等。

（3）海洋环境的分区

海洋环境分为水层区和海底区，水层区指海洋的水体部分，即覆盖于海底之上的全部海域，水平方向上可进一步分为浅海区和大洋区；海底区指海底以及海浪所能冲击到的全部区域，又可进一步分为海岸和海底。

（4）海洋环境的特点

从海洋环境科学角度来看，海洋环境具有整体性与区域性、变动性和稳定性、环境容量大三个特点。整体性表现在海洋是一个连续性整体；而区域性则可解释为在海洋的不同区域，其环境要素可能存在很大差异。海洋是一个开放式整体，在自然和人为因素作用下，海洋环境始终处于不断变化状态，这反映了其变动性；又因海洋环境本身具有一定的自我调节功能，在外界干扰不超过其自净能力时可恢复其稳定性。由于海洋的空间总体积巨大，海水自净能力很强，海洋环境容量大。

此外，海洋具有三大环境梯度。首先是从赤道到两极的纬度梯度，从赤道到两极，太阳辐射强度逐渐减弱、季节差异逐渐增大、每日光照持续时间不同，这样就会直接影响光合作用的季节差异和不同纬度海区的温跃层模式。其次是从海面到深海海底的深度梯度，从海面到深海海底，光照逐渐减弱、温度具有明显垂直变化、压力逐渐增大、深层有机食物稀少。再次是从沿岸到开阔大洋的水平梯度，从沿岸到开阔大洋，海水深度、营养物含量、海水混合作用、温度和盐度发生变化。

2. 海洋生态系统

（1）海洋生态系统的概念

海洋是一个连续整体，在海洋的不同区域其环境要素仍有很大差异，不同海洋生境栖息着不同类型的海洋生物，对已知的 20 多万种海洋生物可根据其生活方式分为浮游生物、游泳生物和底栖生物三大生态类群。近 20 年来，由于自然或人为因素导致一些海洋生物随洋流和季风等漂移形成赤潮等生态灾害，给海洋生态系统带来严重危害。

海洋生态系统是指海洋生物群落与其海洋环境通过能量流动、物质循环和信息传递而相互作用和相互依赖构成的功能单元，包括海岸、岛屿、浅海、外海、大洋五部分。海洋是地球生物圈的重要组成部分，也是其中最大的一个生态系统。海洋生态系统由不同等级的海洋生态系统组成，每一个海洋生态系统占有一定空间并包含相互作用和相互依赖的生物和非生物组分。

（2）海洋生态系统的分类

海洋生态系统类型多样，目前还没有统一的划分方法。海洋生态系统按海区划分，一般可分为海岸带生态系统（潮上带、潮间带、潮下带）、岛屿生态系统、浅海生态系统、外海和大洋生态系统、极地海洋生态系统；按生物群落划分，一般可分为海藻场生态系统、海草床生态系统、红树林生态系统和珊瑚礁生态系统；按海洋自然地貌划分，一般分为河口生态系统、海湾生态系统、上升流生态系统、海岛生态系统和热液口生态系统等。

（3）海洋生态系统服务

a. 海洋生态系统服务的概念

海洋生态系统是地球上面积最大且结构最复杂的生态系统，也是地球生态环境的调节器和人类生命支持系统的重要组成部分，为人类生存提供了大量产品和服务。海洋生态系统服务是指以海洋生态系统及其生物多样性为载体，通过系统内一定生态过程来实现的对人类有益的所有效应集合。

海洋生态系统服务的对象是人类，海洋生态系统的组成即海洋生物组分和非生物环境是其服务产生的物质基础，海洋生物群落的组成和数量的变化、海洋非生物环境的改变都影响着海洋生态系统服务的种类和质量。

b. 海洋生态系统服务的分类

目前，人们普遍接受将海洋生态系统服务分为供给服务、调节服务、文化服务和支持服务四大类，供给服务主要包括海产品生产、原料生产、氧气提供和基因资源提供；调节服务主要包括气候调节、废弃物处理、干扰调节和生物控制；文化服务主要包括休闲娱乐、文化用途和科研服务；支持服务主要包括初级生产、营养物质循环和物种多样性维持。

c. 海洋生态系统服务的价值

海洋生态系统服务价值衡量了海洋生态系统对人类经济社会的贡献度。海洋生态系统服务实际或潜在地满足了人类物质与非物质需求，并为人类带来惠益，所以对人类社会而言海洋生态系统的各项服务具有其经济价值。海洋生态系统服务的总经济价值在宏观上根据人类受益的过程划分为使用价值和非使用价值。

人类直接或间接地从海洋生态系统服务中获得的现期效益体现为使用价值。海洋生态系统服务的使用价值在微观上通常被解析为直接使用价值、间接使用价值及选择价值三部分。直接使用价值主要指海洋生态系统服务直接满足人类生产和消费活动所带来的价值，间接使用价值主要指无法商品化的海洋生态系统服务通过为人类生产和消费活动提供保证条件间接产生的价值，选择价值是人们欲使未来可以直接使用或者间接使用某项生态系统服务的现期意愿支付价值。

人类不即期从海洋生态系统服务中获得的效益体现为非使用价值。海洋生态系统服务的非使用价值在微观上通常被解析为遗产价值与存在价值。遗产价值是指通过不即期利用海洋生态系统服务的惠益而为后代保留惠益所产生的一种递延性质的价值，存在价值常被认为是人类为维持物种多样性、水文循环稳定等海洋生态系统服务存在的支付意愿，可以理解为人类对海洋生态系统服务客观存在的一种主观满足带来的价值。

（4）海洋生态系统健康

a. 海洋生态系统健康的概念

海洋生态系统健康的概念最早出现于 20 世纪 90 年代，我国于 21 世纪初开始给予关注。海洋生态系统健康应包括海洋生态系统的稳定性、自我平衡能力和功能的正常发挥。《近岸海洋生态健康评价指南》（HY/T 087—2005）中将海洋生态系统健康定义为：海洋生态系统保持其自然属性，维持生物多样性和关键生态过程稳定并持续发挥其服务功能的能力。

由于海洋的流动性、边界和尺度的难确定性等特殊性质，与其他生态系统相比，海洋生态系统的结构和功能更加复杂且稳定性较低。健康的海洋生态系统是指在特定的自然边界范围内，可维系正常的结构（现存物种类别、种群大小和组成）和功能（食物网物质和能量流动）的海洋生态系统。

b. 海洋生态系统健康的标准

海洋生态系统健康标准如下：没有严重的生态胁迫症状；可从自然的或人为正常干扰中恢复过来；没有或几乎没有投入的条件下，具有自我维持功能；对相邻或其他系统不造成压力；不受风险因素的影响；经济可行；可维持人类和其他生物群落的健康。

c. 海洋生态系统健康的评价

海洋生态系统健康是发挥其功能的基础，海洋生态系统健康评价可为海洋生态环境保护和生态管理提供重要科学依据。

《近岸海洋生态健康评价指南》（HY/T 087—2005）中将近岸海洋生态系统健康状况分为健康、亚健康和不健康三个级别。健康级别海洋生态系统的特征是生态系统保持其自然属性，生物多样性及生态系统结构基本稳定，生态系统主要服务功能正常发挥，人为活动所产生的生态压力在生态系统的承载力范围之内。亚健康级别海洋生态系统的特征是生态系统基本维持其自然属性，生物多样性及生态系统结构发生了一定程度的改变，但生态系统主要服务功能尚能正常发挥，环境污染、人为破坏、资源的不合理利用等生态压力超出了生态系统的承载能力。不健康级别海洋生态系统的特征是生态系统自然属性明显改变，生物多样性及生态系统结构发生了较大程度的改变，生态系统主要服务功能严重退化或丧失，环境污染、人为破坏、资源的不合理利用等生态压力超出了生态系统的承载能力，生态系统在短期内难以恢复。

《近岸海洋生态健康评价指南》（HY/T087—2005）给出了河口及海湾、海草床、红树林和珊瑚礁海洋生态系统健康的评价方法。目前来看，海洋生态系统健康的评价方法主要包括指示物种评价和结构功能指标评价两种。指示物种评价主要依据海洋生态系统的关键物种、特有物种等的数量、生产力和一些生理生态指标描述海洋生态系统的健康状况。结构功能指标评价主要是综合生态系统的多项指标，反映生态系统的结构和功能；结构功能指标评价包括单指标评价、复合指标评价和指标体系评价等，指标体系法是在选择不同组织水平的类群和考虑不同尺度的前提下对海洋生态系统的各个组织水平的各类信息进行的综合评价。

9.1.2 我国海洋生态系统保护现状进展

1. 海洋主体功能区建设

2015 年，国务院印发《全国海洋主体功能区规划》，强调海洋是国家战略资源的重要基地，指出提高海洋资源开发能力、发展海洋经济、保护海洋生态环境、维护国家海洋权益，对于实施海洋强国战略、扩大对外开放、推进生态文明建设、促进经济持续健康发展具有十分重要的意义。规划提出应合理确定不同海域主体功能，对我国海洋进行分区治理，进一步优化海洋空间开发格局，实现可持续开发利用。

（1）主体功能分区

海洋主体功能区按开发内容可分为产业与城镇建设、农渔业生产、生态环境服务三种功能。依据主体功能，将海洋空间划分为优化开发区域、重点开发区域、限制开发区域和禁止开发区域共四类区域。

优化开发区域是指现有开发利用强度较高，资源环境约束较强，产业结构亟需调整和优化的海域。重点开发区域是指在沿海经济社会发展中具有重要地位，发展潜力较大，资源环境承载能力较强，可以进行高强度集中开发的海域。限制开发区域是指以提供海洋水产品为主要功能的海域，包括用于保护海洋渔业资源和海洋生态功能的海域。禁止开发区域是指对维护海洋生物多样性、保护典型海洋生态系统具有重要作用的海域，包括海洋自然保护区、领海基点所在岛屿等。

（2）内水和领海主体功能区

我国已明确公布的内水和领海面积共 38 万 km^2，是海洋开发活动的核心区域，也是坚持陆海统筹、实现人口资源环境协调发展的关键区域。

a. 优化开发区域

我国海洋的优化开发区域包括渤海湾、长江口及其两翼、珠江口及其两翼、北部湾、海峡西部，以及辽东半岛、山东半岛、苏北、珠江口及其两翼、海南岛附近海域。该区域的发展方向与开发原则是，优化近岸海域空间布局，合理调整海域开发规模和时序，控制开发强度，严格实施围填海总量控制制度；推动海洋传统产业技术改造和优化升级，大力发展海洋高技术产业，积极发展现代海洋服务业，推动海洋产业结构向高端、高效、高附加值转变；推进海洋经济绿色发展，提高产业准入门槛，积极开发利用海洋可再生能源，增强海洋碳汇功能；严格控制陆源污染物排放，加强重点河口海湾污染整治和生态修复，规范入海排污口设置；有效保护自然岸线和典型海洋生态系统，提高海洋生态服务功能。

渤海湾海域。包括河北省秦皇岛市、唐山市、沧州市，以及天津市毗邻海域。优化港口功能与布局，推动天津北方国际航运中心建设。积极推进工厂化循环水养殖和集约化养殖。加快海水综合利用、海洋精细化工业等产业发展，控制重化工业规模。保护水产种质资源，开展海岸生态修复和防护林体系建设。加强海洋环境突发事件监视监测和海洋灾害应急处置体系建设，强化石油勘探开发区域监测与评价，提高溢油事故应急能力。

长江口及其两翼海域。包括江苏省南通市、上海市和浙江省嘉兴市、杭州市、绍兴市、宁波市、舟山市、台州市毗邻海域。整合长三角港口资源，推动港口功能调整升级，发展现代航运服务体系，提高上海国际航运中心整体水平。发展生态养殖和都市休闲渔业。控制临港重化工业规模。严格落实长江经济带及长江流域相关生态环境保护规划，加大长江中下游水环境治理力度。加强杭州湾、长江口等海域污染综合治理和生态保护。严格海洋倾废、船舶排污监管，加强海洋环境监测，完善台风、风暴潮等海洋灾害预报预警和防御决策系统。

北部湾海域。包括广东省湛江市（滘尾角以西）和广西壮族自治区北海市、钦州市、防城港市毗邻海域。构建西南现代化港口群。积极推广生态养殖，严格控制近海捕捞强度，合理开发渔业资源。依托民俗文化特色，发展具有热带气候、沙滩海岛、民族风情的特色旅游。推动近岸海域污染防治，强化船舶污染治理。加强珍稀濒危物种、水产种质资源及沿海红树林、海草床、河口、海湾、滨海湿地等保护。

海峡西部海域。包括浙江省温州市和福建省宁德市、福州市、莆田市、泉州市、厦门市、漳州市毗邻海域。推进形成海峡西岸现代化港口群。发挥海峡海湾优势，建设两岸渔业交流合作基地。突出海洋生态和海洋文化特色，扩大两岸旅游双向对接。加强沿海防护林工程建设，构建沿岸河口、海湾、海岛等生态系统与海洋自然保护区条块交错的生态格局。完善海洋灾害预报预警和防御决策系统。

辽东半岛海域。包括辽宁省丹东市、大连市、营口市、盘锦市、锦州市、葫芦岛市毗邻海域。加快建设大连东北亚国际航运中心，优化整合港口资源，打造现代化港口集群。开展渔业资源增殖放流和健康养殖，加强辽河口、大连湾、锦州湾等海域污染防治，强化陆源污染综合整治。

山东半岛海域。包括山东省滨州市、东营市、潍坊市、烟台市、威海市、青岛市、日照市毗邻海域。强化沿海港口协调互动，培育现代化港口集群。加快发展海洋新兴产业。建设具有国际竞争力的滨海旅游目的地。开展现代渔业示范建设。推进莱州湾、胶州湾等海湾污染治理和生态环境修复。有效防范赤潮、绿潮等海洋灾害对海洋环境的危害。

苏北海域。包括江苏省连云港市、盐城市毗邻海域。有序推进连云港港口建设，提升沿海港口服务功能。统筹规划海上风电建设。以海州湾、苏北浅滩为重点，扩大海洋牧场规模，发展工厂化、集约化生态养殖。加快建设滨海湿地海洋特别保护区，建成我国东部沿海重要的湿地生态旅游目的地。

珠江口及其两翼海域。包括广东省汕头市、潮州市、揭阳市、汕尾市、广州市、深圳市、珠海市、惠州市、东莞市、中山市、江门市、阳江市、茂名市、湛江市（滘尾角以东）毗邻海域。构建布局合理、优势互补、协调发展的珠三角现代化港口群。发展高端旅游产业，加强粤港澳邮轮航线合作。加快发展深水网箱养殖，加强渔业资源养护及生态环境修复。严格控制入海污染物排放，实施区域污染联防机制。加强海洋生物多样性保护，完善伏季休渔和禁渔期、禁渔区制度。健全海洋环境污染事故应急响应机制。

海南岛海域。包括海南岛周边及三沙海域。加大渔业结构调整力度，实施捕养结合，加快海洋牧场建设。加强海洋水产种质资源保存和选育。有序推进海岛旅游观光，提高休闲旅游服务水平。完善港口功能与布局。严格直排污染源环境监测和入海排污口监管。加强红树林、珊瑚礁、海草床等保护。

b. 重点开发区域

重点开发区域包括城镇建设用海区、港口和临港产业用海区、海洋工程和资源开发区。该区域的发展方向与开发原则是：实施据点式集约开发，严格控制开发活动规模和范围，形成现代海洋产业集群；实施围填海总量控制，科学选择围填海位置和方式，严格围填海监管；统筹规划港口、桥梁、隧道及其配套设施等海洋工程建设，形成陆海协调、安全高效的基础设施网络；加强对重大海洋工程特别是围填海项目的环境影响评价，对临港工业集中区和重大海洋工程施工过程实施严格的环境监控。加强海洋防灾减灾能力建设。

城镇建设用海区，是指拓展滨海城市发展空间，可供城市发展和建设的海域。城镇建设用海应符合海洋功能区划、防洪规划和城市总体规划等，坚持节约集约用海原则，提高海域使用效能和协调性，增强海洋生态环境服务功能，提高滨海城市堤防建设标准，做好海洋防灾减灾工作。

港口和临港产业用海区，是指港口建设和临港产业拓展所需海域。港口和临港产业用海应满足国家区域发展战略要求，合理布局，促进临港产业集聚发展。控制建设规模，防止低水平重复建设和产业结构趋同化。严格环境准入，禁止占用和影响周边海域旅游景区、自然保护区、河口行洪区和防洪保留区等。

海洋工程和资源开发区，是指国家批准建设的跨海桥梁、海底隧道等重大基础设施以及海洋能源、矿产资源勘探开发利用所需海域。海洋工程建设和资源勘探开发应认真做好海域使用论证和环境影响评价，减少对周围海域生态系统的影响，避免发生重大环境污染事件。支持海洋可再生能源开发与建设，因地制宜科学开发海上风能。

c. 限制开发区域

限制开发区域包括海洋渔业保障区、海洋特别保护区和海岛及其周边海域。该区域的发展方向与开发原则是：实施分类管理，在海洋渔业保障区，实施禁渔区、休渔期管制，加强水产种质资源保护，禁止开展对海洋经济生物繁殖生长有较大影响的开发活动；在海洋特别保护区，严格限制不符合保护目标的开发活动，不得擅自改变海岸、海底地形地貌及其他自然生态环境状况；在海岛及其周边海域，禁止以建设实体坝方式连接岛礁，严格限制无居民海岛开发和改变海岛自然岸线的行为，禁止在无居民海岛弃置或者向其周边海域倾倒废水和固体废物。

海洋渔业保障区。包括传统渔场、海水养殖区和水产种质资源保护区。我国沿海有传统渔场 52 个，覆盖我国管辖海域的绝大部分。海水养殖区主要分布在近岸海域，面积约 2.31 万 km^2。我国现有海洋国家级水产种质资源保护区 51 个，面积 7.4 万 km²。在传统渔场，要继续实行捕捞渔船数量和功率总量控制制度，严格执行伏季休渔制度，调整捕捞作业结构，促进渔业资源逐步恢复和合理利用；加强重要渔业资源保护，开展增殖放流，改善渔业资源结构。在海水养殖区，要推广健康养殖模式，推进标准化建设；发展设施渔业，拓展深水养殖，推进以海洋牧场建设为主要形式的区域综合开发。加强水产种质资源保护区建设和管理，在种质资源主要生长繁殖区，划定一定面积海域及其毗邻岛礁，用于保障种质资源繁殖生长，提高种群数量和质量。

海洋特别保护区。我国现有国家级海洋特别保护区 23 个，总面积约2859km²。加强海洋特别保护区建设和管理，严格控制开发规模和强度，集约利用海洋资源，保持海洋生态系统完整性，提高生态服务功能。在重要河口区域，禁止采挖海砂、围填海等破坏河口生态功能的开发活动；在重要滨海湿地区域，禁止开展围填海、城市建设开发等改变海域自然属性、破坏湿地生态系统功能的开发活动；在重要砂质岸线，禁止开展可能改变或影响沙滩自然属性的开发建设活动，岸线向海一侧 3.5km 范围内禁止开展采挖海砂、围填海、倾倒废物等可能引发沙滩蚀退的开发活动；在重要渔业海域，禁止开展围填海及可能截断洄游通道等开发活动。适度发展渔业和旅游业。

海岛及其周边海域。加强交通通信、电力供给、人畜饮水、污水处理等设施建设，支持可再生能源、海水淡化、雨水集蓄和再生水回用等技术应用，改善居民基本生产、生活条件，提高基础教育、公共卫生、劳动就业、社会保障等公共服务能力。发展海岛特色经济，合理调整产业发展规模，支持渔业产业调整和结构优化，因地制宜发展生态旅游、生态养殖、休闲渔业等。保护海岛生态系统，维护海岛及其周边海域生态平衡。对开发利用程度较高、生态环境遭受破坏的海岛，实施生态修复。适度控制海岛居住人口规模，对发展成本高、生存环境差的边远海岛居民实施易地安置。加强对建有导航、观测等公益性设施海岛的保护和管理。充分利用现有科技资源，在具有科研价值的海岛建立试验基地。从事科研活动，不得对海岛及其周边海域生态环境造成损害。

d. 禁止开发区域

禁止开发区域包括各级各类海洋自然保护区、领海基点所在岛礁等。该区域的管制原则是：对海洋自然保护区依法实行强制性保护，实施分类管理；对领海基点所在地实施严格保护，任何单位和个人不得破坏或擅自移动领海基点标志。

海洋自然保护区。我国现有国家级海洋自然保护区 34 个，总面积约 1.94 万 km²。在保护区核心区和缓冲区内不得开展任何与保护无关的工程建设活动，海洋基础设施建设原则上不得穿越保护区，涉及保护区的航道、管线和桥梁等基础设施经严格论证并批准后方可实施。在保护区内开展科学研究，要合理选择考察线路。对具有特殊保护价值的海岛、海域等，要依法设立海洋自然保护区或扩大现有保护区面积。

领海基点所在岛礁。领海基点在有居民海岛的，应根据需要划定保护范围；领海基点在无居民海岛的，应实施全岛保护。禁止在领海基点保护范围内从事任何改变该区域地形地貌的活动。

(3) 专属经济区和大陆架及其他管辖海域主体功能区

我国专属经济区和大陆架及其他管辖海域划分为重点开发区域和限制开发区域。

a. 重点开发区域

重点开发区域包括资源勘探开发区、重点边远岛礁及其周边海域。该区域的开发原则是：加快推进资源勘探与评估，加强深海开采技术研发和成套装备能力建设；以海洋科研调查、绿色养殖、生态旅游等开发活动为先导，有序适度推进边远岛礁开发。

资源勘探开发区。选择油气资源开采前景较好的海域，稳妥开展勘探、开采工作。加快开发研制深海及远程开采储运成套装备。加强天然气水合物等矿产资源调查评价、勘探开发科研工作。

重点边远岛礁及周边海域。加快码头、通信、可再生能源、海水淡化、雨水集聚、污水处理等设施建设。开展深海、绿色、高效养殖，建立海洋渔业综合保障基地。根据岛礁自然特点，开辟特色旅游线路，发展生态旅游、探险旅游、休闲渔业等旅游业态。加强海洋科学实验、气象观测、灾害预警预报等活动，建设观测、导航等设施。

b. 限制开发区域

限制开发区域包括除重点开发区域以外的其他海域。该区域的开发原则是：适度开展渔业捕捞，保护海洋生态环境。

在黄海、东海专属经济区和大陆架海域加快恢复渔业资源。在南海海域适度发展捕捞业，鼓励和支持我国渔民在传统渔区的生产活动。加强对经济鱼类产卵场、索饵场、越冬场和洄游区域的保护，加强西沙群岛水产种质资源保护区管理。适时建立各类保护区，维护海洋生物多样性和生态系统完整性。

2. 蓝色海湾行动

"蓝色海湾"整治项目是海岸带生态修复的重点工程，其主要内容包括海岸带生态修复、滨海湿地生态修复和海岛海域生态修复。其中，海岸带生态修复是采取护岸加固、海堤生态化建设等手段对受损自然岸线进行整治与修复，修复目标是提升岸线稳定性和自然灾害防护能力。滨海湿地生态修复是通过退围还海、退养还滩，因地制宜种植红树林、碱蓬草、柽柳等植被，其修复目标是恢复滨海湿地生态系统，增加纳潮量，遏制滨海湿地退化的趋势，提高滨海湿地功能。海岛海域生态系统修复是实施自然生态系统保育保全，珍稀濒危和特有物种及生境保护、权益岛礁保护等，其目标在于提升海岛生态功能。截至目前，已在 28 个城市实施"蓝色海湾"整治行动，开展海域海岸带环境综合整治、海岛整治修复、典型生态系统保护修复和生态保护修复能力建设等。

9.1.3 海洋生态系统主要生态问题

近年来，我国海洋生态环境虽局部区域有所改善，整体上趋好，但仍然处于污染排放和环境风险的高压期，近岸海域污染整体上依旧较为严重，生态系统退化趋势尚未得到根本扭转，形势依然严峻。当前海洋生态系统存在的主要问题有海洋环境污染和海洋生态破坏两大类。

1. 海洋环境污染

海洋环境污染是指人类直接或间接把物质或能量引入海洋环境，造成或可能造成损害生物资源、危害人类健康、妨碍包括渔业在内的各种海上活动、损坏海水使用质量和降低环境的舒适度等。海洋污染的主要来源有：陆源污染、大气污染、船舶污染、海洋倾倒和海底活动污染，所占比例分别为 44%、33%、12%、10% 和 1%（安鑫龙和李亚宁，2019）。可见，引起海洋生态系统破坏和海水质量下降的污染物主要来自陆源排污。目前，受污染严重的海域主要在沿海、港湾和河口等陆源区域,并且在海流、潮汐等的作用下,正向大洋和深海扩散。

(1) 海洋环境污染的类型

海洋环境污染包括海洋环境的物理性污染、化学性污染和生物性污染。海洋环境的物理性污染主要有电离辐射污染、非电离辐射污染、热污染以及噪声污染。海洋化学污染物主要有陆源、海源和气源三种来源。陆源和海源污染源又可分为点源和非点源;气源污染源包括大气的干、湿沉降。根据污染物的性质和毒性以及对海洋环境造成危害的方式,大致把海洋环境化学污染物分为植物营养盐、重金属、石油类、有机物和微塑料等海洋新型污染物。海洋环境的生物污染主要指致病性细菌、病毒和寄生虫对海洋生物及其生境的污染。

(2) 海洋环境污染的特点

海洋环境污染与大气污染和陆地污染有很多不同之处,其突出特点是污染源广、持续性强、扩散范围广、防治难、危害大。

污染源广是由于海洋在地球上覆盖面大,接纳外来物的面广,人类在海洋上的活动可以直接污染海洋,人类在陆地和空中等其他活动方面所产生的污染物也可以通过地表径流、大气长距离运输和扩散以及通过雨雪等降水形式最终汇入海洋造成海洋污染。因此,有人称海洋是陆上一切污染物的"垃圾桶""倾倒场"。持续性强是因为海洋是地球上地势最低的区域,一旦污染物进入海洋后很难再通过其他途径转移出去,那些不能溶解和不易分解的污染物在海洋中将越积越多,它们可通过生物的浓缩作用和食物链传递进入人体后对人类造成潜在威胁。扩散范围广表现在全球海洋是相互连通的一个整体,某一海域污染后,污染物往往会在海流作用下扩散到周边海域,甚至有的后期效应还会波及全球。防治难是由于海洋污染不易被及时发现,因此具有很长的积累过程,一旦污染形成,就需要消耗很大治理费用进行长期治理才能消除影响。危害大表现在海洋污染造成的危害会影响到各方面,各类海洋生物及其生境均会受到不同程度影响,若不及时进行修复,最终可导致海洋生态系统受损。

2. 海洋生态破坏

(1) 海洋生态系统受损

无论是人为干扰还是自然灾害,其长期作用都能对海洋生态系统造成不同程度的损伤，引发海洋生态系统的结构和功能发生逆向演替，甚至造成崩溃。

a. 受损海洋生态系统概念

受损海洋生态系统又称为退化海洋生态系统，是相对未退化或退化前的初始海洋生态系统而言的。根据受损生态系统的概念，受损海洋生态系统是指在自然或人为干扰下形成的偏离自然状态的海洋生态系统。即在自然因素、人为因素或二者共同干扰下，导致海洋生态系统的结构和功能发生了位移，即改变、打破了海洋生态系统原有的平衡状态，使其结构、功能发生变化或出现障碍，改变了其正常过程，并出现逆向演替。

b. 受损海洋生态系统的成因

自然因素和人为因素的干扰均可导致海洋生态系统受损，但主要还是人为干扰引起的。海岸侵蚀可导致红树林和珊瑚礁等遭到严重破坏，筑堤建坝和填海造地等海洋工程建设以及沿海城市化建设人为改变沿岸区的自然环境并导致滨海湿地生态系统结构和功能退化，过度捕捞等人为活动除破坏海洋生态系统物理环境外，还会导致其食物链缩短等结构和功能退化，海洋污染负荷大大超过其自净能力导致很多生物群落遭到灭顶之灾，海水养殖引起自身污染并因小杂鱼等饵料鱼需求引起生态问题，大规模赤潮和生物入侵对原有海洋生物群落和生态系统的稳定性造成威胁并导致生境退化，全球气候变化影响了海洋生物的生存。

总之，海洋生态系统面临的干扰因素主要包括在浅海、滩涂和港湾等海域进行的围垦；陆源和海源污染物导致的海洋污染；海上风电场建设等新兴涉海行业干扰；渔业资源不合理利用；红树林、海草床和珊瑚礁区的海水养殖等破坏活动；采沙；疏浚；海岸植被砍伐；外来物种入侵等海洋生态灾害；台风、海啸和全球气候变化等。

c. 受损海洋生态系统的基本特征

海洋生态系统受损可以理解为生态系统完整性受到损伤。海洋生态系统受损后，原有的平衡状态被打破，系统的结构和功能发生变化，导致系统稳定性减弱、生产能力降低、服务功能弱化等。受损海洋生态系统的基本特征表现在海水水质和沉积物质量降低、生境丧失、物种多样性减少、系统结构简单化、食物网破裂、能量流动效率降低、物质循环不畅或受阻、生产力下降、系统稳定性降低、服务功能衰退等方面。

（2）海洋生态系统退化

当前，一些海域和近海的海草床生态系统、红树林生态系统、珊瑚礁生态系统、滨海湿地生态系统退化现象十分明显。据报道，全球至少有 35% 的红树林、30% 的珊瑚礁和 29% 的海草床已消失或退化。资料显示，南中国海沿岸各国红树林的年均损失率为 0.5%~3.5%，海草床有 20%~50% 遭到破坏，珊瑚礁中有 82% 呈退化趋势。20 世纪 50 年代以来，我国已丧失滨海湿地面积占总面积的 50%；其中，天然红树林面积减少约 73%，珊瑚礁约 80% 被破坏。近 40 年来，特别是最近 20 年来，由于围海造地、围海养殖、砍伐等人为因素，红树林面积由 40 年前的 4 万 hm^2 减少到 1.88 万 hm^2。由于一些港湾围海造田、围滩（塘）养殖、填滩造陆和码头与道路的建设，厦门天然红树林面积由 1960 年前后的 $320hm^2$ 降到 2005 年 4 月的 $21hm^2$，使得厦门海湾生物多样性下降，同时导致外来物种的入侵。由于我国海草研究起步较晚，20 世纪鲜有海草床分布面积记录，故因缺乏连续监测数据而无法准确估测我国海草床退化的面积和速率。但相关报道显示一些区域的海草床退化还是非常明显，如广西北海市合浦英罗港附近的海草床，面积由 1994 年的 $267hm^2$ 降低到 2000 年的 $32hm^2$、2001 年的 $0.1hm^2$，面临完全消失的危险。同样，人类活动加剧导致近岸环境污染日益严重和栖息地生态质量下降（安鑫龙和李亚宁，2019）。

9.2　海岸与海岛生态修复技术

9.2.1　生态系统修复

1. 海草床生态系统修复

（1）概述

海草床是一类遍布世界、具有极高生产力的浅海生态系统，其主要成分是海草。海草床是许多海洋动物的重要栖息地、产卵场、繁育场、隐蔽场所和直接的食物来源，为附生植物提供了理想的固着基质。海草作为沉积物的捕获者，能够改善海水透明度并具有稳定底泥沉积物的作用。海草能够从海水和底泥沉淀物中吸收氮磷等营养物质和重金属，具有净化海水的功能，是控制浅海水质的关键植物。

然而，受自然因素和人类活动干扰的影响，世界范围内海草床生长环境日益恶化、覆盖面积迅速缩减。据统计，自 1980 年以来，海草床面积正在以每年 110km² 的速度减少，至今已有超过 170 000km² 的海草区域消失，已威胁到其他海洋生物的生存。我国海草床面积的急剧萎缩已严重威胁到海草物种多样性，导致海草多样性严重丧失。导致海草床生态系统受损的自然因素主要有全球气候变化、自然灾害和敌害生物，而人为因素则包括由人类活动导致的海草床接受光线严重不足和人类活动直接导致的海草床覆盖面锐减。造成海草床破坏的自然因素不可控，但发生频率较低，当前人为因素成为海草面临的最主要威胁。

（2）海草床生态系统修复方法

自 20 世纪 40 年代开始，人们已开始尝试采用生境修复法对海草床进行修复。1906 年，美国佛罗里达湾开始尝试采用移植的方法修复海草床。直到 20 世纪末，海草床生态系统修复才在世界范围内相继开展，主要在发达国家实施。而近年来，我国海草床生态系统修复进展逐步加快，取得了较好成果。目前来看，常见的海草床生态系统修复方法包括生境修复法、种子播种法和植株移植法。

a. 生境修复法

人类活动造成的水质下降是海草退化的重要原因。生境修复法是海草床修复最早尝试使用的方法，即通过保护、改善或者模拟海草生境，借助海草的自然繁衍达到逐步恢复的目的，如通过截留污染物入海、防止底拖网作业、禁止挖捕、退养还草、提高海水透明度、净化水质、改善底质、驱逐海胆和水鸟等敌害生物等方法为海草生长繁殖提供良好生境。目前认为生境修复是最佳的海草床修复策略，但由于这是一项长期工程，开展起来难度较大。

b. 种子播种法

种子在海草的生长、繁殖中起重要作用。将采集到的种子直接散播在海滩上或埋种于适宜深度底质中是最为简单的播种方法。由于海草种子的萌发率低，为确保种子发芽率，可将种子放在漂浮的网箱中或者在实验室内暂养发芽后再行移栽；也可将种子放入具有小于种子直径孔径的麻袋中，然后将麻袋平铺埋入海底进行种子保护播种；还可将种子制成泥块形式进行播种或采用播种机播种。利用海草种子进行海草床修复,具有对供区海草床破坏小、受空间限制小等诸多优点,具有较大的应用潜力。但目前由于多数海草有性繁殖率非常低、种子采集困难、播种后易流失、采种受季节限制大、海草床修复需要大量种子,再加上种子保存、播种后的萌发率以及幼苗存活和生长等各种问题存在,种子播种法还没有成为常用的海草床修复方法。

c. 植株移植法

植株移植法是目前最常用、最成熟、全球最有效的退化海草床修复方法,即将来自天然海草床的海草苗或成熟植株或培育的幼苗或成熟根状茎移栽到适宜海草生长的海域移植地。

移植地的选址是海草移植成功与否的最关键因素,研究表明,在海草床依旧存在或海草床刚消失不久的海域进行人工移植的效果最好。同时,应当尽量选择与海草来源地立地条件相似的移植地。在移植前,需要对移植区进行清理,如清除较大的牡蛎壳、垃圾、大型海藻等,整平凹凸不同处。在移植过程中,移植植株因受机械作用损伤或移植栽种后因移植地环境条件和原生地存在差异,海草植株将受到不同程度的胁迫。植株移植时,根据移植地所处区域不同可采取不同形式进行作业。若在潮下带开展移植,根据水深不同可采用潜水或直接作业;若在潮间带开展移植,则可选择在低潮时进行而无需潜水作业。

移植的基本单位称为移植单元,目前移植单元主要有草皮、草块和根状茎三类,与之对应的移植方法分别为草皮法、草块法和根状茎法。草皮法与陆上移植草皮类似,就是直接将草皮平铺在移植地,通过沉积作用和潮涨潮落等使其与海底融为一体,不可避免受到海水冲刷作用影响。草块法与陆上移植高等植物类似,就是将带有底质的植株移栽到移植地,草块与移植地直接融为一体,可明显减少海水冲刷作用。根状茎法就是直接移植没有底质、裸露的根状茎,通过将根状茎固定在移植地底质中使其恢复生长。根状茎法的移植单元是一段长 2～20cm 的包括完整根和枝的根状茎,与草皮法和草块法最大的差异就是不含底质,表现出易操作、无污染、破坏性小等特点。

(3) 海草床生态系统修复的维护

由于海草床生态系统修复所需时间长短与其海草种类、受损程度、干扰因素、修复措施、水动力条件、光照和底质等多种因素有关。因此,修复过程中应注意及时维护,如在修复区外围设置防护网等标志以免被破坏、在草皮和根状茎等被海水冲刷以及食草动物取食后应及时补种和清除敌害等，这些维护措施对于海草床生态系统的有效修复具有重要意义。

2. 红树林生态系统修复

（1）概述

红树林是生长在热带、亚热带海岸潮间带滩涂的木本植物群落，其主体是真红树。红树林内生长着木本植物、草本植物和藤本植物等，其中木本植物包括长期只生长于受潮汐浸润的潮间带的真红树和只有高洪期方可浸润的高潮带以上或具有两栖性的半红树植物。

红树林是许多海洋生物的栖息地，是躲避敌害、育苗和生长的良好场所。作为滨海湿地防护林，红树林能够抵抗潮汐、过滤陆地径流和内陆带来的有机物质、为近海区提供有机碎屑，通过网罗碎屑拦淤造陆、促进土壤形成，作为海洋高等植物能够净化海区污染物，作为典型的近海生态系统已成为进行社会、环境教育和旅游的自然和人文景观。因此，红树林具有维持海岸带生物多样性以及防风固岸、促淤造陆等重要生态功能。

然而，受自然和人类活动干扰的影响，世界范围内红树林生长环境日益恶化、覆盖面积迅速缩减，并威胁到了其他海洋生物的生存。其中，导致红树林生态系统受损的自然因素主要有温度等气象条件、自然灾害和敌害生物。而人类活动会直接导致红树林覆盖面锐减，围填海是红树林面积减少的最直接原因，如城市扩展、海岸工业交通设施建设、毁林造地、毁林造田、围垦红树林滩涂进行海水养殖、海堤建设等；同时，沿海城镇的快速发展会排放大量污染物入海，导致海岸附近及近海环境污染、土地盐碱化和局部海水水质下降；此外，红树林区资源动物的采捕、旅游业发展等均会对生境造成一定影响。

（2）红树林生态系统修复方法

20世纪80年代以来，毁林养殖、采挖林区经济动物、生境污染、旅游破坏等导致红树资源面临较大威胁。随之，我国开展了红树林的改造修复生产实践。直到1991年，我国开始对红树林生态系统进行全面修复。目前来看，常见的红树林生态系统修复方法包括生境修复法和种植法。

a. 生境修复法

林地选择是红树林造林的关键。生境修复法即通过保护、改善或者模拟红树林生境，借助红树的自然繁衍来达到逐步恢复的目的，如通过封滩育林、退塘还林、截留污染物入海、清理漂浮垃圾、净化水质、改善底质、驱逐螃蟹和鼠类、人工铲除和施化学药剂等除去入侵植物和覆盖缠绕植物等方法为红树生长繁殖提供良好生境。

b. 种植法

在红树林改造和重建过程中，需要种植红树植物。对已有退化、低矮的群落进行人工修复，如套种当地演替序列中后期的红树树种加快群落的正向演替或提高群落的生态健康水平；用乡土红树树种替代外来树种进行改造；对遭受自然和敌害生物严重危害的红树植物群落，在清理或伐除病腐木后进行适当补植；在无红树林生长的地点，如宜林滩涂和困难光滩等区域通过直接种植或工程措施新造红树林，潮滩高程是选择宜林潮滩的关键指标，在低高程滩涂造林很难获得成功，河口及外围有天然红树林屏障的滩涂造林易成功；原来围垦红树林滩涂进行海水养殖的区域，要清除塘堤，完全恢复潮间带自然地貌特征，对生境进行宜林化改造后新造红树林。根据种苗来源可将种植红树林的方法分为胚轴插植法、人工育苗法、直接移植法和无性繁殖法四类。

胚轴插植法是从野外直接采集繁殖体胚轴进行种植，造林成活率较高，是目前红树林造林的主导方法，成本仅为容器苗造林的 21%、天然苗造林的 27%。该法适用于有遮蔽或有成林掩护岸段，通常把胚轴长度的 1/3～1/2 直接插入土壤基质。为防止胚轴插植后被海浪冲走，可在定植后用竹条或塑料管固定；对隐胎生、繁殖体短小的红树植物，可用种子保护罩保护。

人工育苗法即在种植前使用容器育苗，待苗木培养一定时间后连带容器出圃用于造林种植，造林成活率较高，目前正逐步成为另一种主流的造林方法。育苗使用的培养基质要根据不同树种进行种类选择，可用天然滩涂的淤泥或泥沙，亦可用人工调配的基质。该法可为红树林恢复工程提供质量更好、抗性更高的苗木，因此在一定程度上提高了造林成活率。

直接移植法是从红树林中挖取天然苗木进行造林，因天然苗根系裸露，在挖苗和种植时易受伤害，加之苗木年龄和规格因素，导致成活率较低。

无性繁殖法是利用组织培养技术，培育红树植物优良品系乡土无性系种苗进行造林，或者利用植物生长素吲哚乙酸等处理红树植物进行扦插造林。

目前来看，大树移植成活率较低，因此不应移植大的原生红树。在裸滩造林时适当高密度种植可以形成群体效应，有利于提高成活率。另一方面，由于红树品种众多，在引种时需要慎重考虑，繁殖速度快、挤占本地品种生存空间、掉落物多、易使海水酸化的品种不宜引入种植。此外，由于很多鸟类靠潮涨潮落之后光滩上的鱼虾贝为食，在红树林修复时适当保留光滩有利于吸引候鸟在红树林栖息，形成生态景观，让整个海洋生态系统得以可持续发展。这就将单纯的红树植被修复扩展到红树林湿地生态系统整体功能的恢复，将鸟类和底栖生物生境恢复纳入了恢复目标。

（3）红树林生态系统修复的维护

红树林生态系统修复所需时间长短与其受损程度、干扰因素、修复措施、水动力条件等有关。因此，修复过程中应注意及时进行维护。如在修复区外围设置防护网等标志以免被破坏，繁殖体被海水冲走、藤壶、绿潮藻和互花米草危害以及动物取食后及时补种和清理敌害，禁止围网捕鱼和挖取海滩动植物，红树林病虫害及时防治等，这些维护措施对于红树林生态系统修复非常重要。

3. 珊瑚礁生态系统修复

（1）概述

珊瑚礁生态系统是地球上生物多样性最丰富、生产力最高的生态系统之一，被誉为"海洋中的热带雨林"，对调节全球气候和生态系统平衡起着不可替代的重要作用。据世界资源研究所 2011 年报道，珊瑚礁生态系统以只占不到全球海洋 0.1% 的表面积，却占据了全球 25% 的海洋生物多样性，其单位面积的初级生产力居于全球各类生态系统首位。珊瑚礁为旅游业、渔业和海岸线保护提供生态系统服务，其每年的全球经济价值估计在 9.9 万亿美元左右。

虽然珊瑚礁生态系统具有较高的生物多样性，但由于全球气候变化、海洋酸化、过度捕捞等多重压力，导致全球的珊瑚礁面积不断缩小、逐步退化。据全球珊瑚礁监测网 2004 年的评估报告，全球 20% 的珊瑚礁已遭到严重破坏，并且没有进行过积极有效的珊瑚礁生态修复工作。我国珊瑚礁面积在世界上位居第 8 位，主要分布于南海诸岛、海南、广东、广西、福建沿岸以及台湾、香港等海域，在人类活动及全球气候变化的影响下，我国珊瑚礁生态系统也出现了不同程度的退化现象。

导致珊瑚礁破坏的原因是多方面的，虽然珊瑚有一定的自我恢复能力，但

是当破坏的速度超过其自我恢复的速度时，珊瑚礁就会逐渐衰退。影响珊瑚礁
生长的主要因素有：全球气候变化、海水酸化、臭氧消耗、敌害生物暴发等自
然因素，以及破坏性的捕鱼方式、海水污染、珊瑚礁开采、旅游活动等人为
因素。

（2）珊瑚礁生态系统修复方法

全球珊瑚礁生态系统处于不断变化中，有衰退的区域，也有恢复的区域。
健康的珊瑚礁生态系统可以应对自然干扰，能够从严重干扰中恢复过来，但是
完全恢复可能需要花费数十年时间。在受人类长期影响的区域，需要采取一些
修复措施来促进恢复。需要强调的是，由于珊瑚礁修复仍处于起步阶段，应该
清楚地了解它的局限性。目前来看，常见的珊瑚礁生态系统修复方法包括物理
修复法和生物修复法。其中，物理修复主要是利用工程的方法修复珊瑚礁的环
境，生物修复则是以修复生物群落和生态环境为主。

a. 物理修复

有些破坏活动，如船舶搁浅、珊瑚挖掘和炸鱼等，均会对珊瑚礁群结构造
成严重的物理伤害，或者创建一些不稳定区域：如珊瑚礁碎屑区域，如果不采
取物理修复措施，即使几十年也难以恢复。

当一些突发事件破坏了珊瑚礁，采取紧急处理对修复是很有帮助的。这涉
及固定珊瑚和其他礁栖生物，或将其转移到一个安全的生境。紧急处理需要参
照标准（如大小、年龄、难度以及对生境多样性的贡献）决定哪些珊瑚优先
进行急救处理。外来物（树干、油桶等）可能会随着波浪对完好的区域造成
危害或污染。每年台风后，沉积下来的物体都应该从珊瑚礁中清除掉。在不稳
定的碎石区域，珊瑚会被磨掉或者埋起来，在这种地方珊瑚存活的概率较低。
在风暴潮期间，这些被扰动起来的碎石可能会影响到附近的珊瑚礁区域。在一
些情况下，用大的石灰岩覆盖碎石，可以取得较好的效果。

人工鱼礁属于物理修复范畴，材料可以从石灰石、钢铁到设计好的混凝
土。在修复项目中使用这些材料应该慎重考虑，因为引入人工基质是一种替代
活动，存在一定风险。人工鱼礁应用于修复珊瑚礁生态系统，主要适用于缺少
珊瑚幼虫附着基底的区域，如泥沙底质区域，或者底质类型不稳定的区域。因
为碎屑区域的不稳定性，在波浪等作用下，珊瑚碎屑可能把新近附着的珊瑚幼
虫或者小的珊瑚个体摩擦致死。人工鱼礁的作用就是提供珊瑚幼虫附着基质及

稳固底质。人工鱼礁的外形多种多样，主要根据当地的实际情况进行考虑，可以是圆柱状、盒状、桌状、球状、平板状等。

b. 生物修复

最常见的生物修复手段就是将珊瑚移植到退化区域，但要降低对供体珊瑚的影响，尽量提高移植珊瑚成活率。只有当一个自我支持的、功能正常的珊瑚礁系统出现，修复工作才算获得成功。

珊瑚的无性繁殖包括珊瑚的无性培育和珊瑚移植两种方法。珊瑚无性培育是指从片段生长成个体，是一种常见的珊瑚培育方法，单个个体能够成长为一个群落。无性培育的目标是：最大化利用给定数量的材料，最大程度降低对供体的损害；从小片段生长成的小群落比直接移植的小片段的成活率更高；可以建立小的珊瑚种源库，随时提供可用的移植源。无性培育的潜在好处是，单一个体片段能产生数以百计的小个体，这对于修复工作来说非常有效，但在实际修复工作中，需要考虑遗传多样性。收集珊瑚片段或者从大量供体中采集少量断枝，是比较有前景的移植方式，能够确保遗传多样性。如果还可以鉴别出抗白化或是耐受基因型，那么无性培育就提供了一个有前景的并能够培育大量移植珊瑚个体的良好途径。珊瑚移植的主要工作是把珊瑚整体或部分移植到退化区域，改善退化区域的生物多样性。然而，珊瑚移植最大的问题是珊瑚的来源问题，为获得移植源可能需要从其他珊瑚群落收集一些珊瑚。通常从珊瑚供体取得小的片段，在一段时间的培养后会生长成为一个小的群落，然后再进行移植。无论是直接移植或培育后移植，应取用供体源群落的一小部分（少于10%），这样可以将供体群落的生存压力降到最小，对于大块的珊瑚群落，最好从群落的边缘移取片段。

珊瑚有性繁殖具有两大优点：只需要少量的片段供体，可以减少对珊瑚源的破坏；有性繁殖珊瑚不是克隆体，可以有效增加珊瑚的遗传多样性。珊瑚幼体培养一段时间就可以定植在水族箱里面，随后这些小珊瑚就可以长到适合移植的大小。有两种方法收集珊瑚幼虫，其中之一是收集产卵珊瑚，然后置于水族箱里直到其产卵，另外一种方法是每年定期一两次到珊瑚海域收集珊瑚幼虫，然后原位或者异位培养。

（3）珊瑚礁生态系统修复的维护

很多珊瑚礁修复活动由于缺乏系统的跟踪监测，常常不知道为什么修复活动会成功或失败。失败的原因包括外部事件引起或本身方法上存在缺陷。所以不应将珊瑚修复视为一次性事件，而应是一个持续的过程。

跟踪监测的数据要基于事实，较好的检测指标是珊瑚覆盖率的变化、珊瑚存活率、珊瑚生长率。此外，也应监测一些生物多样性的变化，如珊瑚礁鱼类、大型底栖动物和其他一些有重要经济价值的物种。跟踪监测可以每隔一个月或者几个月进行。如果发现敌害生物过多，如大型藻类生长过快，那么检测间隔时间就应相应缩短以便及时采取补救措施。

4. 盐沼湿地生态系统修复

（1）概述

盐沼潮滩湿地系统在温带和亚热带地区较为常见，多发育于潟湖、海湾等半封闭的海岸或细颗粒泥沙供给丰富的河口三角洲、平原海岸等。盐沼湿地是生物生产力最丰富、蓝碳固存最高效的生态系统之一，在中国沿海的分布十分广泛，常见于辽东半岛东部、渤海湾、江苏、上海、浙江、福建等地。盐沼为人类提供了大量宝贵的资源，包括提供原材料和食物、海岸灾害防护、固沙促淤、海洋环境净化、蓝碳储存，以及渔业维护、旅游、娱乐、教育和研究等多种功能。此外，其也为野生动物提供了多种生态服务。

盐沼作为常见的天然滨海湿地类型，由于过度开发和不合理利用而面临严重退化的局面。盐沼面积不断减少，不仅会改变区域水动力特性，破坏原有的生态环境，而且使沿海生物失去生存空间，造成生物多样性减少，对海洋生物资源造成长期的影响。由于围垦和城市扩张，从 20 世纪 80 年代至今，滩涂植被丧失了 70% 以上，自然湿地发育的空间不断减少，盐沼对环境变化的适应能力不断下降。同时围垦后土地利用率不高、利用情况不完善，还引起了航道堵塞、海岸侵蚀等问题，影响排洪泄涝。伴随着经济发展，对盐沼的开发规模不断扩大、开发强度不断增强，盐沼受到的破坏也越来越严重，盐沼生产力随之不断下降，资源量出现萎缩，许多物种甚至灭绝。污染作为盐沼生态系统面临的威胁之一，已经严重影响了其物质循环，并通过食物链的富集作用影响到盐沼的生物资源。污染会引起盐沼生物死亡，破坏原有的生态群落结构，严重影响盐沼的生态平衡。

（2）盐沼湿地生态系统修复方法

盐沼修复是指通过生态技术对退化或消失的盐沼进行修复或重建，再现干扰前的结构和功能，以及相关的物理、化学和生物学特性，使其发挥应有的作用。盐沼修复常用的方法有生物组分修复、生境改良修复和大型工程修复三种。

a. 生物组分修复

由于互花米草具有生长迅速、根系强大、耐高盐、生殖能力强等特性，曾被认为是一种适合用来修复生态系统的物种。中国于 1979 年将互花米草从北美引入，经人工栽种和自然扩散在沿海湿地大面积扩张，与本地植物物种形成激烈的竞争，对本地生态系统造成了深远的影响。互花米草能够较好地抵抗风浪、保滩护岸、拦截泥沙、促淤造陆、吸收营养盐、分解污染物。但扩张过快的互花米草会改变盐沼生境，由于植株高而密，改变了原光滩沉积物的物理、化学环境和潮汐水动力条件，从而影响到光滩上生物的原有生存环境。在中国还未发现在亚热带和温带的自然条件下可以代替互花米草的植物，因此可以通过人工干扰，进行芦苇对互花米草的逐步替代。例如，通过围堰、刈割、淹水、晒地等物理措施，喷洒滩涂米草除控剂等化学措施，移栽碱蓬、芦苇等本地植物的生物措施，达到控制外来物种的目的，起到保护滩涂、提高初级生产力、改良盐碱地、缓解污染和丰富生物多样性的作用。

过度捕捞会直接造成生态系统中生物数量和种类发生变化，导致盐沼生物群落组成和生态结构遭到破坏，生态系统崩溃。由过度捕捞而产生的盐沼衰退的情况，常常根据该地原有的生物组成，释放不同种类的生物，使得该地的生物群落结构得到合理的配置，自然种群得以恢复。同时加强立法，采取多种控制捕捞强度和保护资源的措施，从根本上对盐沼生态系统进行保护。

b. 生境改良修复

重金属在土壤中以多种形态存在，不能被降解而从环境中彻底消失，只能从一种形态转化为另一种形态，从高浓度转变为低浓度，能在生物体内积累富集。因此，对于重金属的生境改良常采取两种方式：一是通过种植富集植物对重金属进行吸收和积累，从而除去重金属；二是利用生物化学和生物活性，将重金属转化为毒性较低的产物，或利用重金属与微生物的亲和性进行吸附，以达到降低其活性的目的。

石油污染对生态环境的影响巨大，会影响土壤的通透性，降低土壤质量，阻碍植物根系的呼吸与吸收，降低土壤的有效磷、氮的含量，甚至渗入地下水使其污染，同时石油中多环芳烃会严重危及人类健康。海洋细菌多具有降解石油的能力，其降解过程是好氧过程。同时碱蓬、芦苇等盐沼植物能够在受污染的土壤中生长良好，并降低盐碱土中石油烃含量。同时可以通过接种石油降解菌、使用分散剂和氮磷营养盐以达到加速海洋石油污染修复的目的。

盐碱地生物改良针对不同地段的含盐量水平，选择适当的耐盐植物进行人工种植，通过抑制地表水分蒸发，促进耕作层盐分的淋溶，从而有效降低盐荒地土壤含盐量，形成良性循环。例如，黄河三角洲由于地下水位高、地下水矿化度高、蒸降比高等特点，有大量滨海盐碱地难以彻底治理。针对滨海退化盐沼湿地，通过碱蓬、岩地碱蓬等主要植被的培养移植，使其起到保护滩涂、改良盐碱地和丰富生物多样性的作用。还可以采用淡水引入的方式改善土壤水分情况，降低盐碱度；通过物理翻耕的措施和微地形的设置，改善土壤的水分和透气条件；筛选土壤改良剂并布设暗管排水系统，也能在一定程度上改善土壤盐碱度。

生态补水技术主要通过上游大型水利工程，将上游丰水期和雨季的淡水贮存起来，用于旱季的淡水补充，以冲淡盐沼土地的盐碱度，进而增加芦苇等面积，为原生盐沼植物的生存和繁衍提供场所。盐沼的生态补水技术需要对历史径流的大量模拟和生态水文过程进行分析，计算其生态需水量和补水量。还需要对盐沼生态补水方式、补水时间进行调试，寻找最优组合，建立长效补水机制。同时可以促进水陆和水系之间的联通，疏通潮沟、改造涵洞、拆除堤坝，增加水体流动性，增加潮汐对盐沼的影响。同时潮汐能够保证植物不因盐分结晶成盐鞘而死亡，有助于恢复盐沼动植物群落。

c. 大型工程修复

随着陆源污染物入海量的增加和海岸带开发所带来的生态系统结构失衡和功能下降，盐沼生态环境不断恶化。迄今为止，对于盐沼生态环境的保护主要集中在限制污染排放、加强海域使用管理等方面。盐沼生态恢复与建设是滨海湿地研究的热点，但目前大型修复工程还未见到大规模实践。中国滨海湿地的恢复研究主要集中在南方海岸湿地的恢复和重建上，包括红树林和珊瑚礁两大生态系统。黄河三角洲湿地生态恢复和保护工程是中国较为成功的滨海湿地生态恢复项目。通过引灌黄河水、增加湿地淡水量，强化生态系统自身调节能力，有效改善了湿地生态环境，为进一步救治、保护动植物提供了有利条件。

现有的滨海湿地修复研究主要局限在作用机制的应用性基础研究阶段，难以满足各级政府决策所需的相关技术经济数据需要和投资需求。工程化研究就是将应用性基础研究成果结合实际进行选择性集成和"产品化"设计，在经济成本分析的基础上进行可行性评价。设计实施盐沼修复的大型工程将成为滨海湿地修复的发展趋势。

9.2.2　海岸形态恢复

1. 自然化整治修复

通过沙滩养护、促淤保滩、生态护岸等人工措施，重建自然海滩，逐步恢复和形成自然岸滩剖面形态和生态功能。淤泥质岸段可充分利用近岸悬浮泥沙，通过退养（塘）还滩、促淤保滩等工程，恢复自然岸滩剖面形态、滨岸沼泽或红树林。砂砾质岸段可依靠泥沙运动、陆域来沙输入或人工补沙等砂源供给，恢复自然岸滩剖面形态，形成人工海滩。基岩岸段可经过人工构筑物清除、海岸危石和弃渣清理、植被恢复、生态重建等措施，将人工岸线整治修复成形态自然的岩礁性海岸形态。

2. 景观化整治修复

通过环境整治等人工手段，清理海岸景观构筑物，构建观光廊道和滨海景观带，修复和保护海岸地质遗迹等自然和人文景观，提升海岸景观效果，展现海洋文化价值，构建民众亲海空间。修复围堤海塘等人工岸段景观，通过设施清理、绿化改造、景观提升等工程，转变岸线利用类型，构建人工滨海景观带。通过土方回填、地形改造等人工干预措施，修复加固破损退化的基岩和砂质岸线。保护海岛及大陆濒海岸线的地质地貌及人类活动遗址，保护重要海洋自然景观和人文景观的完整性和原生性。

3. 生态化整治修复

在生态功能退化的海岸带地区，通过建设海岸生态廊道、构建人工生态系统、开展湿地养护、植被种植等生态化修复工程，改善海岸生态条件，增强岸滩的稳定性、提升海岸生态功能。恢复和保护滨海湿地、海岛、红树林等生态系统，采取退养还滩、植被修复等措施，防止生态系统破碎和退化。采取生态与亲水护岸、景观建设、植被种植等方式，构建海岸生态廊道，提升海岸生态景观功能。采取人工鱼礁投放、大型海藻底播增殖、海草床养护种植等方法，完善海洋生物多样性、提高生物物源量、改善海洋水体质量。通过人类干预的方式，弃土回填或者疏浚泥回填，结合生态系统自身的恢复能力进行生态修复。

4. 防护能力整治修复

通过修复破损海塘，对海防工程加固提标、提高海塘防御等级；新建海塘，设置防波堤、导流堤；加固破损基岩岸线，实施沿岸防风林，海岸清淤疏浚整治等措施，增强海岸灾害防御能力、改善海洋水动力环境和提升开发利用的环境支撑能力。对具有重要价值的海岸段进行针对性的防护能力提升，如新建高标准海堤等。就已设防的岸线而言，应当对现有防护能力不足或防护措施受损岸段进行提升防护等级或加固修复。在侵蚀、退化严重的自然岸段进行人工修复，采取人工防护林带、人工护岸、护滩工程等。对淤积严重的海岸区域清淤疏浚整治，改善近岸水质质量，提高岸线利用率。

9.2.3 监管能力建设

1. 海洋保护区建设和管理

（1）海洋自然保护区

我国 1995 年颁布的《海洋自然保护区管理办法》给出如下定义：海洋自然保护区是以海洋自然环境和资源保护为目的，依法把包括保护对象在内的一定面积的海岸、河口、岛屿、湿地或海域划分出来，进行特殊保护和管理的区域。我国是一个海洋大国，海域辽阔，海岸线漫长，海域纵跨暖温带、亚热带和热带三个温度带，拥有海岸滩涂、河口、湿地、海岛、红树林、珊瑚礁、上升流及大洋等各种自然生态系统。加强海洋自然保护区建设是保护海洋生物多样性和防止海洋生态环境恶化的有效途径之一。

与其他类型的海洋保护区相比，海洋自然保护区主要是保护原始性、存留性和珍稀性的海洋生态环境；海洋自然保护区按区域实行不同程度的强制与封闭性管理，原则上不允许规模性开发利用，特别是核心区不仅要严禁开发，而且无关人员不能随便进入。因此，海洋自然保护区既能较为完整地保留一部分海洋生态系统的天然"本底"而成为活的海洋自然博物馆，又能减少或消除不利的人为影响，从而保护海洋环境，维护海洋生态平衡、促进海洋资源可持续利用，进而为人类提供其服务价值。

（2）海洋水产种质资源保护区

我国《水产种质资源保护区管理暂行办法》对于强化和规范水产种质资源保护区的设立和管理、保护重要水产种质资源及其生存环境、促进渔业可持续发展和国家生态文明建设发挥了重要作用，如该办法第七条规定，国家和地方规定的重点保护水生生物物种的主要生长繁育区域，我国特有或地方特有水产种质资源的主要生长繁育区域，重要水产养殖对象的原种、苗种的主要天然生长繁育区域，其他具有较高经济价值和遗传育种价值的水产种质资源的主要生长繁育区域，应当设立水产种质资源保护区。

水产种质资源保护区是指为保护水产种质资源及其生存环境，在具有较高经济价值和遗传育种价值的水产种质资源的主要生长繁育区域，依法划定并予以特殊保护和管理的水域、滩涂及其毗邻的岛礁、陆域。近年来，针对工程建设等人类活动大量占用、破坏重要水生生物栖息地和传统渔业水域，严重影响渔业可持续发展和国家生态文明建设的严峻形势，我国农业农村部在大力组织开展增殖放流、休渔禁渔等水生生物资源养护措施的同时，根据《中华人民共和国渔业法》等法律法规规定和国务院《中国水生生物资源养护行动纲要》要求，自2007年起推进建立水产种质资源保护区，目前已经初步构建了覆盖各海区和内陆主要江河湖泊的水产种质资源保护区网络。2019年，农业农村部、生态环境部等10部委联合印发的《关于加快推进水产养殖业绿色发展的若干意见》指出，到2022年，国家级水产种质资源保护区达到550个以上。划定水产种质资源保护区是协调经济开发与资源环境保护的有效手段，对于减少人类活动的不利影响、缓解渔业资源衰退和水域生态恶化趋势具有重要作用。

2. 海洋生态监管能力建设

(1) 海洋立体监测网

1984 年 5 月，全国海洋环境污染监测网设立，我国海洋水文观测和水质监测走向常规化。目前，隶属于国家海洋局、地方省市等的 300 多个海洋环境监测站建立并投入使用，全国沿海地级市均成立了海洋环境监测机构。海洋立体监测网通过整合先进的海洋监测手段，运用通讯传输和信息化技术，实现海洋空间、环境、生态、资源等各类数据的高密度、多要素、全天候、全自动采集。通过对数据的整理、统计和分析，实时掌握海域空间、水文、气象、生态、环境信息，为海洋经济发展、海洋科学研究、海洋防灾减灾、海洋污染防治、海洋生态环境保护、海洋监督执法、海洋经济运行监测、海洋综合管理等提供支持。

(2) 国家海域动态监视监测管理系统

国家海域动态监视监测管理系统是依据《海域使用管理法》建立的重要业务系统，系统利用卫星遥感、航空遥感和地面监视监测等多种手段，实施对近岸海域开发活动的监视监测，及时为海洋主管部门和社会公众提供决策支持和信息服务。该系统从 2006 年开始建设，2009 年启动业务化运行，至今已建立 3 个国家级业务中心、11 个省级和 49 个市级海域动态监管中心，成为我国海洋管理领域节点最多、网络覆盖面最广、与行政管理结合最紧密的业务系统，为海域综合管理提供了有力的技术支撑。

(3) 全国海洋生态环境监督管理系统

全国海洋生态环境监督管理系统于 2014 年启动建设，主要目的是提升海洋生态环境管理能力和科学决策水平。该系统依托国家海域动态监视监测管理系统专线传输网和海洋观测网建设，最大程度避免了重复建设，做到资源共享。该系统包括海洋环境监测与评价、海洋生态保护与建设、海洋环境监督与管理、视频会商等 4 个核心子系统，实现数据集成与管理、分析评价与决策、行政审批与管理、政务公开与服务等能力的全面提升，对提高监测与评价服务效能、海洋生态保护与建设发挥了重要作用。

9.3　海岸与海岛生态修复案例

9.3.1　近海及海岸带修复

近海及海岸带作为海洋与陆地相互作用、衔接、过渡的地带，自然资源丰富，人类活动频繁，生态环境脆弱。随着海洋生态系统的不断退化以及气候变化、自然灾害频发的多重威胁，近海及海岸带生态系统的保护和修复得到了更多的关注。本书主要介绍象山县石浦港鹤浦、象山县黄避岙乡、北仑万人沙滩以及干岙湿地4个近海及海岸带生态修复典型案例（刘红丹等，2020）。

1. 象山县石浦港鹤浦海岸带整治修复

（1）现状及问题

修复岸线位于石浦港南岸鹤浦镇沿岸，东起盘基海塘，西至鹤浦船舶基底，总长度5288m。修复岸段沿岸均为人工海塘，外侧主要有船厂、码头等。

鹤浦镇为海岛乡镇，位于宁波市象山县东南侧，夏季极易遭受东南方向台风侵袭。盘基海塘位于鹤浦镇石浦港口，其遭受台风的频次及由此引起的石浦港台风增水问题较一般岸段更为严重。盘基海塘年代久远，为简易的石砌海塘，并且已部分损毁。海塘水闸也为简易水闸，设计标准低，防洪排涝能力弱，抗险抗灾能力不足。

石浦镇为渔业乡镇，石浦港是东南沿海著名的避风良港，为全国六大渔港之一。由于海塘久远，建设之初仅考虑防洪抗台风需要，生态景观建设极为薄弱。随着我国渔业捕捞产业的发展，鹤浦镇沿岸相关修造船厂、冲冰加油、渔业加工产业纷纷呈现，几乎遍及整个鹤浦岸线。鹤浦海岸暗滩污染和破坏日趋严重，随处可见生活垃圾、渔业生产垃圾。海岸外侧滩涂杂乱，海岸内侧植被稀疏，土石裸露、无序堆积，岸线整体生态程度低、景观效果化差。

（2）修复技术方案

a. 盘基海塘维修加固

维修加固海堤全长 1585m，新建水闸 2 座，拆建水闸 1 座。海堤堤顶高程为 5.30m，防浪墙顶高程为 6.30m。海堤工程等级为 Ⅳ 级，按 20 年一遇允许越浪标准设计，相应设计高潮位 4.64m。海堤维修加固工程的轴线走向基本按原海塘走向布置，由于潮汐电站报废及东延鹤浦一级渔港的需要，对部分海堤段进行了拉直。

b. 绿化景观

建设标准 3m 宽绿化带，即鹤浦镇博大船业有限公司东侧至一级渔港西侧绿化带 2768m。绿化方式："乔木+草皮"，采用马尼拉草皮，全铺设。种植数种为香樟和红叶李，其中香樟约 340 株，红叶李约 226 株。

建设景观带一，即鹤浦一级渔港沿岸景观绿化带长 935m，宽 8m。景观建设包括景观亭和绿化，共建设景观亭 2 个。绿化采用乔灌草结合方式，铺设马尼拉草皮共计 10 611m²。种植树种有：香樟、广玉兰、雪松、榉树、银杏、金合欢、乐昌含笑、国槐、木麻黄、杨梅、红叶石楠、榉树、红枫、垂丝海棠、紫薇、金桂、碧桃等共计 64 种，充分考虑了不同季节的开花物种和灌木、乔木的搭配。另外布设多处体现渔业乡镇特色小品。

建设景观带二，即鹤浦一级渔港东侧至石鹤汽渡景观绿化带长 1585m，宽 8m。景观带打造方式同景观带一。

c. 防浪墙真石漆美化

对一级渔港至石鹤汽渡海堤防浪墙进行天然真石漆美化，长度共 2520m，面积共 3780m²。

（3）修复效果

提高了海塘防护能力，人工岸线生态化程度得到提升。对盘基海塘进行维修加固，加固和新建海塘长度共计 1585m，防潮标准为 20 年一遇，并且共修建 3 个水闸，相比原先破损的海塘，大大提高了岸线防御能力，提高了内侧陆域排涝能力，有效保护后方鹤浦镇人民的生命财产安全。此外，在海堤内侧进行了 8m 宽景观带的建设，采用了多达 65 种植物，不仅充分体现了生物多样性，还考虑到植被四季均有开花品种，大大提高了沿岸景观。石浦港鹤浦沿岸为港口岸线，大部分岸段布设了码头，新建岸段为港口开发提供了新的良好岸段，可以提高岸线的综合利用效率。

修复工程提升了海岸景观，改善海岸生态和人居环境。由于鹤浦沿岸为港口开发岸线，港口活动活跃，外侧岸段无法进行绿化美化。因此工程绿化集中在岸线内侧，共建设沿岸景观绿化带5288m。绿化措施采用植被和小品结合打造，既做到了绿化、美化和生态化，同时体现了当地渔业乡镇的特色。

2. 象山县黄避岙乡岸线整治修复

(1) 现状及问题

修复岸线位于黄避岙乡塔头旺村沿岸，西沪港底部北侧。塔头旺村沿岸长期以来沙土遍布、岸滩裸露。象山县属于亚热带季风气候，降水充沛，尤其是夏季，暴雨时有发生，缺少了植被对土壤的保持稳定作用，裸露的沿岸地表受雨水冲刷，泥沙顺势而下，进入海域，使海水中悬浮泥沙含量增高，海水浑浊，对海洋水环境造成了污染。裸露的地表受大风天气影响时，细微颗粒物被卷入大气，形成扬尘，严重破坏海岸带附近居住环境。扬尘进入海域，也会引起海水悬浮泥沙含量增高，海水浑浊，水质受到影响。

西沪港内风平浪静，水质清澈，岸滩平缓，滩涂面发育，具有发展海洋旅游业的良好条件。但沿岸土石裸露，严重影响了海岸带的景观，影响了当地海洋经济的发展和海洋产业的结构升级。岸线后方不远处有村庄，裸露的高滩也不利于村庄的绿化美化，与美丽乡村建设背道而驰。同时，由于滩涂裸露、植被缺失，使该处海洋生物种类和数量受到一定的影响，不利于形成多样性的海洋生态环境。

(2) 修复技术方案

a. 场地清理平整

实施前，沿岸大部分区域为工业废弃土石方，上有生活垃圾、渔业垃圾和海漂垃圾。工程实施首先对原有场地上的杂物垃圾等进行清理，后采用推土机进行场地平整至约3m，并用压路机压实。共清理生活垃圾5000m³，整理平整土方约5×10^4m³，调入填筑土石方约2×10^4m³。

b. 护坡加固

在平整区外侧用块石垒砌护坡约1.2km。块石具有良好的透水结构，适合潮间带生物生存和躲避。

c. 生态公园建设

公园依原有地形，分为两个区块，为公园东区和公园西区。公园东区总面积 1.3hm²。建设护坡、自行车道、景观绿地和园地。沿岸护坡以块石堆砌为主，护坡宽约 20m，长约 350m。块石护坡具有良好的空隙，可以为海洋生物提供躲避空间。护坡内侧为自行车道，与其他段自行车道衔接。自行车道内侧分布景观绿地，面积约为 5500m²。景观绿地西侧留有面积 900m² 的园地，为农作物种植园。

公园西区总面积 1.6hm²。东段沿岸建设干沙乐园 1500m²，干沙乐园上方配套 3 个景观亭和其他少量儿童游玩设施。西段沿岸建设护坡 5000m²。干沙乐园后方有步行观景平台，为多级台阶式，观景平台长 200m。观景平台后方为自行车道，自行车道在公园西区中心节点处布置一个小圆形节点平台。自行车道后方为景观绿地，面积约为 4000m²。景观绿地内设两条步行小径，若干文明旅游宣传牌及照明路灯。两块绿地之间有逐级而下的台阶，连接村庄公路和公园。

d. 绿化与自行车道建设

自行车道两侧均进行相应的绿化，两侧绿化宽度 2~5m 不等，铺设草皮，结合灌木和棕榈树进行。沿岸护坡区域绿化以自然恢复为主。建设 2.5m 宽自行车道（人行步道），长约 1.1km。

e. 红树林种植试验区

在修复岸段开展红树林种植试验区，试种红树林苗约 20 万株。红树林属于南方物种，首次在象山港落户试种，试种成功后将在象山乃至整个浙江沿岸滩涂推广。

（3）修复效果

整治修复立足于环境整治、生态修复和景观提升等多个制约海岸线保护的关键问题，遵循生态设计原则，开展废弃物收集及垃圾减量化工程、海堤加固及景观提升工程、植被再造、生态补充等多元优化配置模式，统筹兼顾，综合建设。通过海岸垃圾清理，净化了海岸环境；通过岸坡植被种植，使裸露的岸坡得到有效覆盖，水土得到有效保持，减少悬浮泥沙入海，改善海岸水质；通过绿化修复、景观打造、休闲公园的建设，提升了海岸景观，增加了亲海设施，改善了海岸生态，最终达到生态环境良好、岸线风貌优美的目标。黄避岙乡海岸的景观化整治修复，使得塔头旺、鸭屿沿岸形成面朝大海、春暖花开的绿色海岸、生态海岸、休闲海岸和景观海岸，与美丽村庄、山地良田交相辉映。

3. 北仑万人沙滩修复

（1）现状及问题

北仑万人沙滩工程位于梅山水道西侧，南堤北侧。因梅山湾的特殊地理条件，梅山水道海水常年浑浊，泥路和荒滩遍布，如遇台风，内涝灾害严重。近年来，海床加速淤积，区域生态环境面临严重挑战。修复岸段南邻梅山水道海堤，后方为沿海中线道路，北侧为绿化带项目。原海岸靠陆侧为南北侧施工留下的乱石，靠海侧为淤泥质岸滩。近岸海域海水泥沙含量高，超Ⅳ类海水水质标准。整个岸线无植被覆盖，由乱石、涂泥、黄色海水组成了海岸线，岸滩坡度难以满足稳定要求，生态景观难以满足滨海城市要求。

（2）修复技术方案

a. 万人沙滩建设

沙滩总长度为440.58m，宽度约为60m，设计高水位以上沙滩的顶面高程由2.5m逐渐下降到1.5m，坡度为1∶20，设计高水位以下沙滩顶面高程由1.5m逐渐下降到-1.5m，水位变动区坡度为1∶20，0.5m高程以下段坡度为1∶5，相对高差约4.0m。铺沙厚度：0.5m高程以上沙滩铺设面沙厚1000mm，下设380g/m²复合土工布一层，土工布下方为底沙，底沙回填范围自清基线至土工布；0.5m高程以下沙滩铺设面沙厚500mm，面沙下方为底沙，底沙回填厚度范围自清基线至面沙，底沙回填应在清基验收合格后方可进行。

设计海滩宽度约200m，设计高水位以上沙滩的顶面高程由2.5m逐渐下降到1.5m，坡度为1∶50，设计高水位以下沙滩的顶面高程由1.5m逐渐下降到-1.8m，坡度为1∶30、1∶50和1∶10，相对高度约为4.3m。铺沙厚度：0m高程以上沙滩铺设面沙厚1000mm，0m高程平段面沙厚700mm，下设380g/m²复合土工布一层，土工布下方为底沙，底沙回填范围自清基线至土工布；0m高程以下沙滩铺设面沙厚500mm，面沙下方为底沙，底沙回填范围自清基线至面沙，底沙回填应在清基验收合格后方可进行。

b. 生态廊道建设

主要乔木有布迪椰子、中东海枣、加拿利海枣、棕榈树、重阳木、香樟、广玉兰、女贞、金桂、杨梅、沙朴、榉树、中山杉、日本早樱等。主要灌木有红叶石楠、海桐球、红叶石楠球、茶梅球、红花檵木球、丝兰等。主要花卉有红叶石楠、金森女贞、洒金珊瑚、金边黄杨、红花檵木、八角金盘、结香、海桐、麦冬等。草皮主要有果岭草、马尼拉等。绿化种植地基处理主要包括土壤隔盐处理，避免海水对林木生长造成不良影响。隔盐处理后需在地表铺设营养土和种植土，种植土厚约 1.5m。苗木的搭配达到简洁明快的效果，先锋树种（乔木）靠海边栽种，靠陆一侧配置一些后继树种（灌木），同时根据总体布局适当配置季节性树种，使其在简洁的基础上有色彩和层次的变化。建植初期需要对绿化带进行养护。养护期为两年，养护内容包括揭遮阳网、浇水、追肥、病虫害防治等。其中浇水、追肥和病虫害防治是养护关键。景观工程主要有木栈道、花坛、树池、景墙、廊架、水景等。室外安装工程包括给水工程、综合管线、喷泉、景观照明及智能化工程等。

(3) 修复效果

万人沙滩工程的实施，对该处受损岸线进行整治修复，使受损的岸线重新发挥防护功能，改善居住区设施配套，发挥绿化带涵养水源、保持水土、调节气候、美化环境等多种生态功能，改善并提高梅山水道南部的生态环境。同时，人工沙滩也是城市水岸生活的重要组成部分，营造亲水临水的海岸环境，提升了滨海新城的整体居住环境和品质，进而打造一个更加宜居宜业的现代化滨海新城，实现城市发展与海岸带生态建设共生，促进海洋经济与自然生态的和谐发展。

4. 干呑湿地生态修复

(1) 现状及问题

干呑湿地东北侧为梅山大桥，西南侧为绿化带工程，前沿为梅山水道，后方为沿海中线。干呑湿地修复前，大米草为该湿地主要覆盖植被，物种十分单一，且湿地水系沟通能力较差，既要接受后方陆域排水，包含部分生活污水，又要受潮水涨没，导致湿地水域的水质和生态环境均较差，与良好的生态湿地存在较大差距。该区域在修复前生态问题较多，主要有以下几点：大米草大量蔓延生长，植被品种单一；修复区还未进行水系建设，设防标准不达标，汛期滩涂淹没时间长；无排涝通道，涝水无下泄通道，影响度汛安全；项目区水质较差，滩涂无保护设施、无净化措施，涝水含有大量的泥沙等污染物，直接进入梅山水道，对梅山水道水质产生不良影响；水资源利用与调节不合理，大片滩地裸露，亲水条件不足，景观差。

（2）修复技术方案

a. 河堤工程

在湿地区外侧，修建河堤共 1600m，河堤高程约 2m，梅山水道常水位为 1m。河堤上设一水闸，供湿地和梅山水道进行水体交换，水闸单孔，宽 20m。

b. 慢行系统

栈道慢行系统：场地内的慢行系统采用木栈道形式，使其更好地融入整个生态环境；河堤景观区根据筑堤形态设置园路形态，形成景观节点；湿地改造试验区采用折线型路线布局，通过行走时的视觉转折，丰富行人的行进感受。

坝上汀步：在栈道系统中间布设两座汀步，长度分别为 100m 和 90m。坝上汀步总宽度为 9m，中间为 2.4m 宽行走汀步步道，两侧各为 1.6m 漫水平台，平台外侧为防护斜坡，坡顶种植耐盐碱性植物。

c. 湿地改造试验区

选种芦苇、碱蓬、美人蕉、细叶芒、狼尾草、女贞、夹竹桃等 20 余种水生、陆生植物，种植面积约 $6.5×10^4 m^2$。

d. 河堤景观区

河堤景观区兼具闭合式和开敞式两种景观类型，该区主要种植芦苇和硫华菊，提供游人观景漫步道。

e. 原生态体验区

以原有大米草为原生态风景的穿梭体验区域，主要观赏海鸟和植被，宣传环境保护。

（3）修复效果

干岙湿地修复整体上提升了湿地景观和生态，改善了湿地水质。具体而言，通过涂面清理、水系沟通、河堤建设、栈道修建、植被恢复等多项工程措施，使干岙湿地提升了湿地污水净化功能、湿地排水能力，使湿地生物入侵得到抑制，湿地生态逐步恢复，增加了湿地亲水功能，美化了湿地景观，改善了滨海湿地的生态性，修复后生成了更好的湿地生态系统，维持湿地生态系统健康。

9.3.2 海岛修复

海岛是海洋生态系统的重要组成部分，保护海岛生态系统对于维护海洋生态平衡至关重要。本书主要介绍浙江省桥梁山岛（毋瑾超等，2013）和江苏省连岛（江苏省自然资源厅，2023）两个海岛生态修复典型案例。

1. 浙江省桥梁山岛生态修复

（1）现状及问题

桥梁山岛岛体由花岗岩构成，东西长 0.7km，南北宽 0.12km，面积约 0.1km²。岛上数峰横亘，西端最高峰海拔 36.6m。岛上土层较厚，曾长松树，现以茅草为主，植被在没有破坏的区域生长茂密。岛南临桥头门水道，周围水深 2~20m。产黄鱼、鲳鱼、鳝鱼等。20 世纪 90 年代，由于大规模的无序采石等活动，桥梁山岛的生态系统受到破坏，集中表现在水土流失严重、植物群落生产力极低、生态系统不稳定等方面。采石区的地表以裸地为主，间有杂草和稀疏的沙生植物分布，生态环境问题严重。

（2）修复技术方案

a. 喷混植生修复

喷混植生修复技术的核心是在岩质坡面上营造出既能让植物生长发育又避免被冲刷的多孔稳定种植基质。将岩质陡坡植被生长所需要的大量和持续性较强且具有较持久肥力的活性土（人工土）与草种、乡土草木种子及防止水土流失的土壤安定剂、黏合剂、保水剂等掺和后，喷射在岩坡上，形成喷射厚度较大、黏稠度较高的活性土，它可以提供植物长期生长所需要的养料。以泥炭土、腐殖土、保水剂、黏合剂和长效复合肥、草（木）纤维等混合制成的活性土，经搅拌机搅拌均匀后，以干料用空压机和混凝土喷射泵输送，在喷射口前与水混合喷射到钉网处理后的岩面上。

该技术营造较厚的植物生长基质，使植物即使在近陡坡上也能持续自然生长。且该基质可形成类团粒结构并具有一定的强度和通气、保温、保墒等优良性，促使种子早期发芽，使较陡岩坡的绿化变为可能，即使在冬、夏季节，也能将种子保存在发芽状态。它的绿化基材改良后具有较强的肥力，且厚度较大，所以无需经常追肥，就可以达到长期绿化的效果。

b. 客土回填

由于喷混植生工程需要大量客土，选择桥梁山附近的衢山岛三个土源进行土壤肥力测定，分析其全氮、速效氮、磷、钾、pH、有机质等指标，选取合适的土源作为工程所用土壤，并完成客土运输，项目共完成客土运输 5000t。

c. 蓄水池建设

由于植被养护需要大量的用水，项目组修建了容量 $32m^3$ 的蓄水池，设计使用寿命 20 年，蓄水池防漏，地基用钢筋混凝土拉网，整个水池后部和接缝采用防水胶防止漏水，顶部用预制板加盖防蒸发。

d. 边坡养护

为了防止强烈阳光的暴晒和大雨对坡面的冲刷而造成幼苗的不正常发芽生长，在坡面局部不利于保墒部位覆盖遮阳网。待幼苗种类基本出齐，生长到 4～5cm 时拆除。施工完成后，即进入养护期。正常浇水可确保正常的发芽、出苗率。在此期间要注意浇水方法和浇水量，既要保证有足够促使种子发芽的需水量，又不能积存太多的水，否则容易形成地表径流将坡面种子冲走，或造成不均匀，形成部分秃斑。尽可能使坡面保持湿润，直到出苗。工程播种期均为黄金时段，由于当时气温适当、浇灌系统完善、水分较充足，为植物种子的发芽和株体的生长提供了极为有力的保障。由于工程质量过关，基质较厚，施工完工时边坡植物已经表现出了一定的绿色。但由于海岛特殊的气候限制，后期的养护管理也比较困难。

植被浇灌是养护管理期内的必要措施，由于苗期内各种植物的抗性还不稳定，未经过干旱的考验，浇灌即成为了养护管理中必不可少的措施之一。工程安排专人进行养护管理，养护水源主要来自衢山船运。施工完工后即进入夏季高温，由于海岛风大且蒸发量大，按一天浇灌两次的原则执行。浇水操作时应控制喷头与坡面的距离和移动速度，使水成雾状均匀地喷洒在坡面上，保证无集中的水流冲击坡面。对于干旱季节，适当增加浇水次数，雨季适当减少。

由于边坡生态植被生长良好，其中大部分植物，如马棘、多花木兰、紫穗槐、胡枝子、苜蓿、白三叶等均为豆科，本身有固氮能力，所以对氮肥的需求较小。前期主要采用叶面施肥起到催苗作用，苗木长起来后主要采用坡面撒播后进行浇水，使肥料融化后进入植物根部。在边坡生态带顶部下的边坡上栽植了大量的爬山虎，以达到垂直绿化的效果。坡面种植了少量的黄馨，长势良好。在养护期间应做好全面普查工作，对于明显斑秃的位置予以补播。同时认真搞好植保巡查，及时发现并防治病虫害，做到早发现早防治，确保边坡植物健康正常生长。

（3）修复效果

修复后，边坡植被覆盖率达到 99%，种植的坡面植物长势良好，灌木有刺槐、马棘、多花木兰、胡枝子、紫穗槐，草本有狗牙根、百喜草、高羊茅、苜蓿、波斯菊、黄花槐等。海岛土壤的紧实度明显降低，含水率提高，pH 从偏酸性向中性过渡，叶绿素含量提高，海岛土壤的水土保持能力和质量以及生态指数均得到有效改进和提升，这对其自我修复有重要意义。

项目首次将喷混植生边坡修复技术在海岛生态修复中进行了应用，并依据海岛的特殊情况，对喷播工艺、基质配方等进行了改进，使其可以减少淡水养护，提高水土保持能力，更适合于海岛的特殊情况。污水污泥在桥梁山岛生态修复中的应用表明，适量的污水污泥可用于海岛生态修复，可变废为宝，起到一举两得的作用；研究并试验了木麻黄等植物用于海岛裸地修复的技术，并取得成功，其最终成活率达 90% 以上。

2. 江苏省连岛生态修复

（1）现状及问题

连岛位于江苏省连云港市连云区东北海域，由东、西二岛并连组成，岛体呈东南至西北走向，长约 5860m，宽约 1910m，是江苏省第一大基岩海岛。连岛因长期受自然、人为因素破坏亟待整治修复及保护。2012 年以前，由于岸滩演变、山洪冲刷，连岛沙滩资源遭到破坏，大沙湾游乐园的优质沙滩表面大量碎石裸露，原有的自然生态受到损害。同时，自然风化以及岛上工程导致山体出现多处滑坡、崩塌，亟需进行整治。

（2）修复技术方案

1）消灾减灾。通过清除岛上坠石风险点，严格排查清除出现松动的岩石，并对这些区域进行了加固，确保山体安全，防止滑坡、崩塌现象复发。

2）清淤疏浚。在修复中同时实施清淤疏浚、加固海岸，高度还原海岛原生属性，有效改善岛体及周边的海洋环境。

3）修复岸滩。通过修复挡浪墙、清理沙滩碎石、清淤补沙等措施，修复养护沙滩，修复后的大沙湾沙滩恢复了自然风貌，为游人提供了大面积的亲海空间。

4）促进演替。对山体进行植被恢复及绿化，乔灌木为季相、色彩搭配栽植，并与岛上原有植被相搭配，达到阻止水土流失及美化海岛的效果。科学设计抚育措施，通过补植、浇水、施肥、扶正等措施，因地类、因树种开展抚育管护，改善苗木生长环境，确保新栽苗木尽快成林、成景，麻栎、朴树、榔榆等乡土树种成为建群树种，森林群落质量有了显著提升。

（3）修复效果

通过连岛岸线整治、岛体边坡修复工程的实施，解决了人为和自然因素造成的海岛沙滩资源破坏、局部山体滑坡等生态环境受损问题，提升了防灾减灾能力，最大限度地保护了连岛自然地貌，显著优化了连岛生态景观，沙滩、岛体和周边海域的自然景观及资源得以良好恢复。修复后的连岛风光秀丽、景色宜人，集林、石、滩、渔等于一体，四季宜人，实现生态资源、生态修复工程、生态产品的旅游价值，为全国其他沿海地区基岩海岛地质灾害治理和生态修复提供了经验做法和良好示范。连岛生态修复项目的实施使海洋生态环境红利有机转换为社会经济发展动力，找到了一条沿海地区生态效益带动经济效益、人与自然和谐共生的可持续发展之路。

参 考 文 献

安鑫龙，李亚宁．2019．海洋生态修复学［M］．天津：南开大学出版社．

刘红丹，金信飞，徐坚，等．2020．宁波市海洋生态修复实践与发展［M］．北京：海洋出版社．

潘毅．2022．海洋生态环境保护与修复［M］．北京：科学出版社．

江苏省自然资源厅．2023．国土空间生态修复典型案例 江苏连云港连岛整治修复及保护项目［EB/OL］．
　　https://baijiahao.baidu.com/s? id=1786508181369193433&wfr=spider&for=pc［2023-12-6］．

唐迎迎，高瑜，毋瑾超，等．2018．海岸带生境破坏影响因素及整治修复策略研究［J］．海洋开发与管理，35（9）：57-61．

毋瑾超．2013．海岛生态修复与环境保护［M］．北京：海洋出版社．

吴涛，赵明，吴立珍，等．2016．连云港县级海域动态监管能力建设展望［J］．中国高新技术企业，
　　（10）：189-190．

于小芹，余静．2020．我国海岸带生态修复的政策发展、现状问题及建议措施［J］．中国渔业经济，
　　38（5）：8-16．

|第 10 章| 生态工程全过程管理体系

本章简述了生态工程管理的概念及特点，分析了生态工程管理现状和存在问题，结合国家山水林田湖草沙生态保护修复工程管理要求，对生态工程方案制定、规划设计、工程实施、工程验收、工程评估、生态监管等全过程管理要点进行了总结，并介绍了相关典型案例。

10.1 概　　述

10.1.1　生态工程管理概念及特点

生态工程管理是指为保证重大生态工程实施而实行的一系列管理措施和制度。生态工程管理是提高工程资金使用效率和确保工程项目发挥效益的重要保障。以重大生态工程为抓手，推动环境质量改善和区域生态功能提升，是维护地区生态安全的重要支撑（姚梦茵等，2020），生态工程管理水平直接关系到项目投资建设的成败。自国家重大生态工程启动以来，取得了显著成效，但在工程建设中也出现了一些管理问题。这些问题主要集中在工程规划粗放、程序不规范、公众参与较少、监管体系缺失、管理支撑能力不足等方面（董晖，2004；王艳华和乔颖丽，2011；金莲和王永平，2019；魏轩等，2020）。因此，系统构建生态工程管理体系十分必要。

由于生态工程建设活动往往会影响甚至改变工程区环境原有特征和社会发展条件，对区域的经济发展、社会环境、资源利用、能源消耗和生态环境产生影响（陈瑶和许景婷，2017；董战峰等，2016）。生态工程的系统特征决定了对其开展全过程管理的复杂性，具体表现在以下六个方面（孙宁等，2021）。

1）生态工程涉及面广、规模大、资金投入高，开展全过程管理对顶层设计和规划决策具有特殊重要性。

2）生态工程周期长，开展全过程管理需考虑更长的时间尺度，要均衡代内、代际甚至几代人的公平性。

3）生态工程影响深远，开展全过程管理需考虑更大的空间尺度，综合分析生态工程系统及其与外部系统之间的信息传递、物质流动和能量转换的关系，以及对本地区及周边区域的经济、社会和环境影响。

4）生态工程实施区域的物质流、能量流、经济流和信息流受到所处环境和条件的影响与制约，同时又与人类活动密不可分，全过程管理具有多层空间动态时空特征和非线性特质，如不可逆转性、差异性和不均匀性、突发性和滞后性、动态空间性和复杂性，需考虑的因素十分多样复杂。

5）生态工程的利益相关方较多，开展工程管理需考虑不同利益相关方的诉求，分析并设计其参与绿色管理机制。

6）生态工程的复杂性，以及全过程管理主体认知、能力和信息获取程度的差异，开展全过程管理存在大量不确定性、模糊性和价值偏好（胡涛和朱力，2016）。

10.1.2　生态工程管理主要内容

目前，国际主流工程项目管理知识体系主要有项目管理知识体系（project management body of knowledge，PMBOK）、受控环境下的项目（project in controlled environment，PRINCE）和国际项目管理资质标准（international competence baseline，ICB）（宋玲玲等，2014）。重大工程项目普遍实施以结果为导向的项目全过程管理，如亚洲开发银行等国际金融组织经过 30 多年的实践建立起的绩效管理体系，包含项目设计与监测框架、项目执行机构/实施机构的监测和评价、项目绩效报告、项目完工报告和项目绩效评价报告，涵盖了从项目设计与准备项目实施、一直到项目完工后的每个阶段，是一个有层次、有逻辑的管理体系（王金南等，2016）。

目前，我国针对生态环境工程项目管理制度的研究较少，特别是针对生态类工程管理制度研究更为滞后。国家生态环境保护规划管理主要依靠指标管理（陈吉宁，2016），重大工程项目管理以专项资金支持项目为主，其他项目管理较为粗放，缺乏系统性工程管理制度，导致难以及时掌握重大工程项目实施情况。由于重大生态工程管理主要以专项资金项目管理为主，后者的管理主体主要是各级的财务部门以及业务部门，负责规划编制与实施的综合部门未发挥相应作用，缺乏全面落实规划实施的重大工程项目组织管理体系。根据《山水林田湖草生态保护修复工程指南（试行)》，生态工程的管理内容主要包含方案制定、规划设计、工程实施、工程验收、监测评估、生态监管等内容。

10.2　生态工程全过程管理体系

10.2.1　方案制定

方案制定是工程管理的一个重要组成部分，是项目建设成功的前提。方案制定是在工程项目建设前期，通过调查研究和收集资料，在充分占有信息的基础上，针对项目的决策和实施或决策和实施的某个问题，进行组织、管理、经济和技术等方面的科学分析和论证，使得工程项目建设有正确的方向和明确的目的。根据《山水林田湖草生态保护修复工程指南（试行)》的要求，对应区域（或流域）尺度的山水工程，可打破省域行政界限，在按自然地理单元编制总体规划的基础上，分段编制实施方案（含可行性研究报告)，统一设计、同步部署、协同推进。实施方案要体现整体性、系统性、科学性、可行性，目标任务可量化、可考核，实施措施科学合理经济，生态效益明显，兼顾社会和经济效益。这就要求方案制定者开展可靠的项目环境调查和准确的项目背景分析，找出影响项目建设与发展的主要因素，并对环境调查所获取的成果进行系统性分析，为后续策划工作提供良好的基础。

如何将建设意图和初步构思转换成定义明确、系统清晰、目标具体、具有明确可操作性的任务是方案编制的重点，这要解决项目定位和项目目标两个问题。其中项目定位需明确项目建设的基本思路；项目目标是一个系统，不仅要明确项目建设标准和建设档次，也应初步明确项目建设的总投资，还要明确项目建设的周期等内容。方案编制还需要在总体构思和项目总体定位的基础上，细化项目功能，需要基于整个区域（流域）总体规划，进行宏观功能定位，该定位随着外界环境和项目内外条件的变化而变化，不同项目的总体功能定位有很大的不同。同时，还应开展项目具体功能分析，主要是确定项目的性质、项目的组成、规模和质量标准等，该环节应邀请业主方自始至终参与，关键时刻还可邀请有关专家、专业人士参与，使项目各部分子功能详细、明确，并具有可操作性。此外，生态工程功能区划分也是方案编制中很重要的一部分，其为项目的具体规划和设计提供依据，使规划和设计方案更具合理性和可操作性。

10.2.2 规划设计

根据《山水林田湖草生态保护修复工程指南（试行）》的要求，在工程设计阶段应根据实施方案确定的保护修复单元编制规划设计。规划设计要针对生态系统尺度的具体问题。根据需要，保护修复单元可以分为一个或若干个子项目实施，应当进行项目施工设计，明确施工进度、资金、质量、安全等控制和监督措施。要进行设计过程的项目管理工作，必须对设计过程的特点有所了解，与传统项目设计管理相比，生态修复设计管理具有系统性、前瞻性和专业性的特点。

1. 设计阶段划分

生态工程设计阶段可分为方案设计、初步设计、施工图设计三个阶段。方案设计是对总体设计任务的设想性建议，也是对单项设计任务提出的原则性、方案性的解决办法，由建设方委托的设计单位提供总体规划构思或创意。初步设计的特点是技术计算，与方案设计相比，初步设计的内容更全面、更详细。初步设计是整个设计过程中最重要的部分，起着将概念具体化、付诸实施的作用。施工图设计的特点是操作性的，注重可实施性和可施工性，一般包括细部详图和节点大样图。设计深度应满足编制施工图预算及施工招标、施工安装、材料设备订货、非标设备制作的要求，并可以作为工程验收的依据。

2. 设计管理模式

一般来讲，设计管理模式主要有业主方自行项目管理模式、委托项目管理模式、混合项目管理模式三种。设计过程的业主自行管理模式是指业主自己组织项目管理人员组成项目管理团队。这种形式的组织工作比较容易，但对于业主自身的项目管理水平要求比较高，适用于拥有足够项目管理经验的业主。委托项目管理模式适用于业主方缺少经验丰富的设计项目管理人员，这种情况下业主通常将设计过程的项目管理完全委托给专业的项目管理公司，由专业的项目管理公司代替业主进行设计过程的项目管理。设计过程的混合项目管理，是指由业主方的部分项目管理人员与项目管理公司经验丰富的项目管理人员，共同组成混合的设计管理团队。与部分委托项目管理相比，混合式项目管理团队内部协调工作量会大大减少。对于国内大型公共建设工程项目的设计管理，混合式通常更为适用。

10.2.3　工程实施

根据《山水林田湖草生态保护修复工程指南（试行）》的要求，依据实施方案、规划设计及年度计划，实施山水工程的单位组织实施工程建设，要加强山水工程实施的全程监管，加强施工现场管理，强化工程质量控制，切实做到责任明确、监管到位。工程实施过程中，及时组织开展制度建设、工程建设、资金筹措与使用、目标完成情况等方面的跟踪检查。生态工程，往往涵盖多种生态要素的治理，项目参建单位众多，管理和协调工作较为复杂。近年来，建设工程项目管理有着集成化的发展趋势，在政府部门保障之外，以全过程工程咨询和工程总承包为代表的集成化工程管理模式，在实践中能够显著提升项目管理的效率。

1. 全过程工程咨询模式

全过程工程咨询是对工程建设项目前期、工程项目实施以及运行（或称运营）的全生命周期，提供技术、管理等各方面的工程咨询服务。近年来，国家大力推行全过程工程咨询模式，生态工程作为国家未来重要项目战略部署，使用全过程工程咨询模式，既遵循国家宏观政策的导向，也大幅降低生态工程前期规划、过程控制和组织协调存在的困难和风险，确保项目全过程得到有效控制。全过程工程咨询服务可采用多种组织方式，为项目决策、实施和运营持续提供局部或整体解决方案。与其他形式的过程管理相比，全过程工程咨询服务具有咨询服务覆盖范围广、智力支撑强、管理集成程度高等特征。除了覆盖项目策划决策、建设实施、运营维护等过程外，还可为委托方提供智力密集型的决策、实施和运维各阶段工作的策划，更可以实施集成化管理，避免项目管理要素独立运作而出现的漏洞和制约，从而助力项目实现更省的投资、更快的工期、更高的品质和更小的风险等目标。

2. 工程总承包模式

工程总承包（engineering-procurement-construction，EPC）模式，即"设计采购和施工"模式，又称为"交钥匙"工程总承包模式。业主与工程总承包商签订工程总承包合同，把建设项目的设计、采购、施工和调试服务工作全部委托给工程总承包商负责组织实施，统一策划、统一组织、统一指挥、统一协调。EPC模式的优势主要有：①有助于EPC单位整体把握工程进度，统筹规划项目进展，合理安排项目工期，做到高效的协调统一；②生态工程采用EPC模式，有效克服了设计、采购、施工相互制约和相互脱节的矛盾，有利于设计、采购、施工各阶段工作的合理衔接；③EPC单位或联合体通过内部协调统筹规划，有效地实现建设项目的成本和质量控制，也可为业主方节省大量沟通成本；④EPC模式建设工程质量责任主体明确，有利于追究工程质量责任和确定工程质量责任的承担人。

10.2.4　工程验收

工程验收是指为提高工程的科学性、有效性，保证工程建设质量，及时投产或交付使用，并使其发挥投资效益，为此对工程建设质量和成果评定的过程。根据《山水林田湖草生态保护修复工程指南（试行）》要求，按照"谁立项谁验收"的原则，要及时组织项目竣工验收。子项目完工后，要按照相关管理规定及技术要求，依据实施方案确定的约束性和引导性目标、绩效指标以及工程建设内容等，及时组织财务、生态环境、工程、动植物、土壤、林业、水土保持、地质灾害、土地规划、土地管理等方面的专家，开展竣工验收。

生态工程的验收包括子项目验收和工程整体验收：工程规模较小未划分子

项目的，参照《山水林田湖草生态保护修复工程指南（试行）》的要求进行工程验收；工程划分生态保护修复单元的，在工程整体验收中应开展生态保护修复单元评估，并应加强生态修复效果的监测评估和适应性管理。子项目验收内容主要包括工程建设内容和质量资金来源和使用、生态保护修复措施技术及效果、后期管护和监测措施等。工程整体验收应由工程部门或政府指定部门负责，验收工作应成立专家组，根据实施方案确定的工程建设内容所涉及的专业领域综合确定专家组成员，涉及划分若干生态保护修复单元的，在整体验收中应开展生态保护修复单元评估。综合评估单元内各子项目之间的关联性、协同性、生态保护修复模式和措施的科学性，修复效果的综合性和耦合性，以及对整个生态系统功能提升和改善发挥的作用。

同时，验收分为财务验收和业务验收两个阶段，财务验收和业务验收可同时进行。财务验收主要针对项目资金到位情况、项目资金台账建立情况、资金使用合法合规情况，以及形成的资产管理情况等进行审查。业务验收主要针对项目任务完成情况、绩效目标实现情况以及成果产出数量及质量等进行审查。验收应提供的文件资料包括已批复的项目实施方案或工程设计、验收申请、项目完成情况表、监理工作报告、工作总结报告、财务竣工决算、审计报告等。

10.2.5 工程评估

尽管近年来各地区扎实开展生态保护修复工作，开启了系统修复治理的新局面。但生态工程开展过程中仍存在"重手段轻效益""重局部轻区域""重植被轻功能""重修复轻管护"等问题，导致生态保护修复效果大打折扣。因此，生态工程应建立评估制度，在工程整体验收后，要开展项目综合成效评估，从项目决策、项目管理、产出，以及工程实施对自然资源保护利用、生态环境治理改善、生态系统服务功能提升等方面的成效进行综合评估。

当前生态保护修复监管机制和评估技术体系尚不完善，不利于对生态保护修复开展有效监督以及进一步改进完善生态修复工作。为此，国家印发了《生态保护修复成效评估技术指南（试行）》（HJ 1272—2022），规范生态保护修复成效评估技术要求，围绕履行生态保护修复监督职责进行设计，聚焦生态保护修复实施后生态环境质量改善成效及其长期持续发挥的作用，围绕生态系统格局、生态系统质量、生态系统服务功能、人为胁迫等方面，建立了生态保护修复成效评估指标体系，明确了生态保护修复成效监督的重点内容。指标体系具体包括 9 个共性指标和 1 个特色指标，其中，"主导生态功能""环境质量""生物多样性"指标更加突出了生态保护修复的重点；"生态连通性"强调了生态系统的完整性和景观连通性；"公众满意度"则体现了利益相关方对生态保护修复的认同性；"特色指标"为不同区域不同类型的生态保护修复成效评估提供了针对性选择，增强了具体操作过程中的灵活性。

通过开展生态工程评估，运用规范、科学、系统性的评价方法，对项目执行的全部特征和价值进行综合判断，找出项目达到的实际效果与预计效果的差距及原因，总结经验教训，并反馈到项目参与各方，最终改善项目的经营管理，不断加强生态修复力度，将生态保护修复成效的主要结论与定量化结果，纳入生态保护修复实施责任主体的绩效考核，可督促责任主体及时发现问题，防止生态形式主义，改进低效生态保护修复方式。

10.2.6 生态监管

生态监管，即对生态工程进行信息管理。生态工程信息管理是把工程数据信息作为管理对象，对信息传输的合理组织和控制，是通过各个系统、各项工作和各种数据的管理，使项目的信息能方便有效地获取、存储、存档、处理和交流。由于信息技术的渗透性强、发展快，以及建设项目自身的复杂性，建设项目信息化的内涵极为丰富，并处于不断的发展变化之中。在信息技术快速发展的今天，信息化管理已经被广泛应用到工程项目中。工程项目管理信息化具有加快项目信息交流速度、实现项目信息共享和协同、实现项目信息的及时采集等优势，帮助管理决策者及时发现问题，及时作出决策，从而提高工作效率和项目管理水平。

生态工程应建立上图入库核查制度。通过建设项目管理信息化手段，依托国土空间基础信息平台和自然资源三维立体"一张图"，建设山水林田湖草生态保护修复工程项目数据库与监测监管系统。将生态保护修复工程及子项目立项、实施、验收等环节的信息及时上图入库，明确项目位置、规模、类型、内容及建设进展与成效等。综合运用遥感、大数据等技术手段进行比对核查，实现实时动态、可视化、可追踪的全程全面监测监管。

10.3 生态工程管理案例

10.3.1 河北省承德市

1. 案例背景

2016 年，河北省成为首批国家山水林田湖生态保护修复试点省份，确定张家口、承德、保定为试点市。2016～2018 年承德市谋划山水林田湖生态保护修复试点项目 141 个，总投资 186 亿元。

2. 管理措施

一是建立工程组织实施机制。成立山水林田湖生态保护修复试点工作领导小组，统筹推动试点工作，研究重大政策措施，协调有关问题。同时，各县市区也成立相应工作组织，形成系统推进工作格局，有力推动工程实施。

二是开展顶层设计。高标准编制《承德山水林田湖草生态保护修复实施规划（2016—2025 年）》，同步制定项目实施技术体系、示范区规划方案、绩效评价体系等 11 个专项成果，探索"6+3"推进模式，统筹考虑山水林田湖草沙等 7 个生态要素和管理、技术、产业三大支撑，重点打造"环北京潮河流域、坝上及滦河流域湿地草地、重要交通沿线损毁矿山治理" 3 个重点片区，创立围场县、丰宁县、滦平县 3 个示范区，与产业发展深度融合，集中人力、物力、财力向示范区倾斜，达到相互串联、以点带面的扩大示范效益，逐步实现生态反哺百姓、改善民生的良性循环。

三是实行资金统筹使用。①财政资金。各县市区积极调整支出结构，投入资金 3.9 亿元用于试点项目建设。②产业基金。充分发挥"全国首只农业产业发展引导基金"平台作用，解决配套资金问题。③整合资金。围绕工程目标，将清洁小流域、京冀水源林、农村环境整治等生态保护修复资金进行整合使用。④拓宽融资渠道。如丰宁县潮河上游"一主四副"河道综合治理等项目通过 PPP 模式，引入社会资本参与建设。

四是规范工程实施全过程管理。按照"成片区谋划、点线面结合、全要素融合"的系统观念，力求将项目谋准、谋好、谋实。先后制定资金管理、项目管理、绩效考评、台账建立、资金筹措等制度办法，构建"1+5"试点工作管理体系，特别是探索建立项目台账管理机制，统一规范形式内容、数据类型、指标范围等内容，及时记录项目实施阶段信息，全程跟踪项目进展，建立"图文并用、内容翔实、数据准确、对比鲜明"的项目台账，确保试点开展前后有记录、有对比、有成效。在此基础上，市政府与各试点县（市、区）政府签订了目标责任状，与领导干部业绩考核、后续资金安排挂钩，推动项目有序有效开展。

五是创新工程实施管理机制。在做好试点项目、管好试点资金的基础上，探索建立生态保护修复多元机制。建立京津冀横向生态补偿机制，先后与京津建立"京冀水源林、京冀生态清洁小流域治理、密云水库上游稻改旱、流域横向生态补偿"等多个补偿机制，累计争取到位各类生态补偿资金 12.6 亿元，有效改善重点生态功能区环境质量。严格落实河长制，制定了《河长制工作实施方案》，全面构建市、县、乡、村四级河长组织体系，对域内 1132 条河流设立各级河长 4838 名。建立共建共享机制，鼓励民众参与试点项目建设，实施密云水库上游滦平县南大庙流域生态综合治理项目，开展坡改梯、园路建设、河岸治理等工程，发展休闲农业及生态旅游。

承德市在立法、体制、机制、技术和模式等方面率先突破，形成一批可复制可推广的改革成果。①推进立法保护。在地方立法方面，建立健全山水林田湖草系统治理地方性法律法规，明确各级政府及部门、企业团体及个人的职责与义务，全过程、全领域地规范生态保护修复各种行为。②优化管理体制，研究组建山水林田湖草系统治理机构，分管生态保护修复相关的国土资源、水利、农业、林业、环保等部门，对全市山水林田湖草要素进行统筹规划和系统治理。③健全工作机制，以试点项目为核心，健全协调联动机制、流域上下游生态补偿机制、生态脱贫长效机制、资金筹措机制、奖惩机制。④注重模式打造，注重生态优势与乡村振兴、旅游发展的深度融合，探索区域生态文明建设新路径。

10.3.2 江西省赣州市

1. 案例背景

赣州市位于江西南部，处于赣江、东江的源头区，是我国南方地区重要的生态安全屏障及生物多样性和水源涵养生态功能区，其生态环境关系我国南方地区的生态安全。全市有 4 个地质公园、20 个湿地公园、31 个森林公园、115 个自然保护地，森林覆盖率达 76.4%，位列江西省设区市之首。

2. 管理措施

一是建立统筹推进机制。将山水林田湖生态保护修复试点列为重大改革项目，率先在全国成立专职机构——赣州市山水林田湖生态保护中心，作为市政府直属事业单位，具体负责山水林田湖草生态保护修复方案制定、组织实施和综合协调。

二是建立配套制度。研究制定赣州市山水林田湖草生态保护修复专项资金管理暂行办法、生态保护修复项目管理办法、生态保护修复试点工程督查通报制度（试行）、赣州市山水林田湖生态保护修复试点工程项目绩效评价办法（试行）等，推动山水林田湖草保护修复常态化、长效化。

三是探索生态综合执法模式。为破解生态执法领域职能交叉问题，创新生态执法机制，在生态执法力量、生态执法经费等方面，将林业、水利、环保、国土、矿管等部门执法力量进行有效整合，人员集中办公，安远、会昌等县率先在全省成立生态执法局，实行统一指挥、统一行政、统一管理，取得了显著成效。

四是建立生态+精准扶贫模式。通过实施重大生态工程建设，发展生态产业等方式，推动扶贫开发与生态保护相协调、脱贫致富与可持续发展相促进。如宁都县大力推进农田整治和高标准农田建设，坚持农村产业发展与扶贫相结合的工作思路，采取贫困户以产业扶贫资金入股、股份分红的运作方式，发展大棚蔬菜及观光、采摘农业，促进贫困户兴业脱贫，创业致富。

赣州市作为第一批山水林田湖生态保护修复工程试点地区，在生态保护修复管理体制机制方面开展了实践探索。特别是加强工程实施统筹协调和资源整合方面，成立专职机构，把"种树""管水""护田"等职能部门统筹起来，协同推进、形成合力，改变以往分要素的分割式管理模式。探索"生态+"工程模式，使产业发展生态化、生态建设产业化，推进生态产品价值实现，把生态优势转化为发展优势、竞争优势、经济优势，点绿成金，生态惠民，实现生态保护修复与经济发展共赢。

10.3.3　青海省海北藏族自治州

1. 案例背景

2017 年，为加强祁连山生态保护与修复，筑牢祁连山生态安全屏障，海北藏族自治州被确定为全国山水林田湖草生态保护修复工程试点地区。全州采取加强组织领导、完善制度建设、规范项目管理、严格资金使用、强化科技支撑等措施，推动试点取得显著成效。

2. 管理措施

一是开展顶层设计。设立 9 个工程推进工作组，明确各方职责，强化督查检查。编制打造祁连山山水林田湖草生态保护修复"海北模式"方案，通过强化理论学习、采用 EPC 模式、建立共管账户、聘请环保管家等措施，全面加强试点项目的顶层设计。以试点项目为支撑，严守生态保护红线，扎实推进祁连山国家公园（海北片区）改革试点，推动有机绿色畜牧业转型升级，开展全域生态旅游示范州建设。

二是推进地方立法。充分利用民族自治州地方立法权，州人大常委会十五届四次会议通过审议《海北藏族自治州生态环境保护与修复条例（草案）》，公布实施了《海北藏族自治州全域旅游促进条例》，修订了《海北藏族自治州水资源管理条例》，研究制定了《海北藏族自治州新建工程生态保护规定（试行）》等文件，不断强化立法支撑。

三是完善生态保护修复制度。制定了招标投标、项目管理、资金管理、监理管理、验收管理、档案管理、公示制管理、安全生产管理等八个试点项目管理办法。创新政府审批流程，实行"一门受理、抄告相关、联合办理、限时办结"的会审审批制度。在生态修复领域率先采用 EPC 新生模式，有效解决设计与施工的衔接问题；引入移民搬迁、扶贫等领域采用的共管账户，确保试点资金安全。

四是开展工程全生命周期监管。聘请第三方咨询服务机构全程把关指导，协助解决试点项目有关技术、管理等难题。以开工令为抓手，倒逼勘察设计、方案编制、项目审批等前期手续加快完成。以督察帮扶为抓手，加强项目设计优化、困难问题协调等指导帮扶。以阶段性工程报验为抓手，确保工程进度和质量。

五是健全长效机制。探索形成了"村两委+""水管员+""管护员+"等多种长效管护机制。创新公众参与方式，以乡镇为单位，发动周边群众开展春季绿化攻坚，仅门源县就动员 35 个行政村、7800 多名群众参与，按时完成植树任务。配合国家公园内农牧民搬迁等工程实施，全州累计聘用管护员5402 名。

海北藏族自治州立足自身实际，不断完善工程管理体系，探索形成了祁连山山水林田湖草沙冰保护和系统治理的"海北模式"，对其他地区的生态保护修复工作具有良好的借鉴意义。①组建多级试点项目工作领导机构，加强试点项目组织领导，有效保障了项目工程的有序推进。②注重制度建设，规范工程项目管理。制定完善项目管理、资金管理、验收管理等管理办法，提高审批效率和审批流程公开程度。③强化过程监督，确保项目质量安全。列出前期资料清单和责任单位清单，逐项逐条明确责任人和办结时限，并及时落实跟踪督查，重点针对存在的问题，研究讨论解决的办法。④提升示范建设成效，科学识别生态环境问题，提出保护优先的工程方案，因地制宜，分类施策。

10.3.4 重庆市

1. 案例背景

重庆市地处长江上游和三峡库区腹地，生态资源丰富、生态地位重要、生态责任重大。2018 年，重庆市列入第三批国家山水林田湖草生态保护修复工程试点，成为全国唯一在大城市进行的生态修复试点。立足大山大水大城的自然资源本底，重点主城"两江四山"区域开展工程建设。

2. 管理措施

一是统筹试点工程布局。试点工程以国家批准的实施方案为总框架，依据"一岛两江三谷四山"地貌格局和生态功能特征，坚持"山水林田湖草是共同生命体"理念，按照"山为骨、水为脉、林田湖草为肌体"思路，针对试点区山体破坏、植被退化、水土流失、面源污染和水质恶化等系列强关联性生态问题，统筹布局包括山体修复、地灾防治、水环境治理、国土绿化提升、土地整理、生物多样性保护和地下水监测等58个系统工程的试点工程"一张图"，对试点区内山上山下、地上地下以及流域上下游统筹开展系统修复和综合治理。

二是"一盘棋"推动工程实施。试点工程从管理、资金、督促考核等全过程实行"一盘棋"推进。建立长江上游生态屏障（重庆段）山水林田湖草生态保护修复工程试点工作联席会议制度，试点工程充分整合自然资源规划、生态环境保护、住房城乡建设、农业农村以及林业等部门专项资金，并多方吸引社会资金投入，形成了国家资金引领、地方财政资金整合、社会资本参与的资金保障渠道。

三是建设智慧监管平台。试点工程涉及多部门，且项目点多、分布广，为实现全方位、科学化和精细化的项目管理，重庆市充分利用"互联网+"、大数据等先进技术手段，基于二、三维地图，整合已有自然资源规划、生态环境保护、住房城乡建设等部门的信息化资源，探索搭建了集数据收集、分析、应用、预警、展示"五位一体"的项目智慧监管平台，对试点工程实行全过程管理。

四是建立"1+6"的制度体系。制定并印发项目管理暂行办法、资金和绩效管理暂行办法、试点工作联席会议制度、试点项目巡查制度、统计月报和档案管理六项配套制度，基本形成覆盖试点组织决策、项目监管、资金使用、巡查督促和考核评估等全流程的管理制度体系，确保项目高效推进。

五是出台工程实施配套政策。将废弃矿坑作为城市建设弃土有偿回收地，解决了建筑弃土处理和废弃矿坑覆土难题，将所得收入用作矿山恢复治理资金，实现多重效益。拓展地票生态功能，按照"宜耕则耕、宜林则林"原则，推进自然保护区等重要生态功能区建设用地复垦成林地后，形成生态地票，待树木成林达标后还可形成"林票"二次交易。

重庆市通过系统建立工程管理体系，推进山水林田湖草生态保护修复试点取得积极成效。①推进"1+N"国土空间生态保护修复规划编制，以规划引领项目整体布局和系统实施。针对在国家工程试点实施前期因缺少规划指引，个别项目在布局和实施中存在交叉重叠、难以统筹的问题，探索市、区县级生态保护修复专项规划编制重点和路径，印发省级国土空间生态保护修复规划，全面启动市内区县级生态保护修复规划编制，打破生态保护修复中的行政区划、部门管理、行业分割和生态要素等之间的界限，科学确定项目布局、任务和时序，分区、分片、分年度滚动实施。②探索制定符合地域实际的生态保护修复标准体系，确保工程设计实施科学规范。试点工程实施时，针对现行的单一行业要素的规范标准不统一，项目设计、实施受工程技术人员专业、偏好等主观影响大，缺少综合性的生态保护修复标准规范等问题，出台河流、森林、矿山等系列生态修复工程生态效益评价技术导则，建立区域生态修复调查、规划设计、施工、验收等全流程的技术规范，为落实自然恢复为主提供科学指引。③加强工程实施配套政策创新及应用。针对国家试点实施时生态建设的有关产业、消费、土地、金融、税收等政策不配套，社会主体投身生态修复的积极性不高，普遍面临生态修复资金筹集难与政府支出负债重等问题，探索生态地票和森林指标横向交易等政策，缓解了资金压力。同时，鼓励依据国土空间规划在修复后的土地上发展生态产业，为生态修复效果长期稳定提供保障。

10.3.5　广西壮族自治区左右江流域

1. 案例背景

左右江流域位于珠江水系（郁江支流）上游，干流及一、二级支流全长近2200km，流域面积3.2万km²，过境百色市、崇左市和南宁市，全流域多年平均径流量为205.4亿m³，占广西年平均水资源总量的9.2%。流域内拥有丰富的森林和湿地资源，生态系统多样，喀斯特地貌类型占流域面积的66%以上。左右江流域具备了山、水、林、田、草五大生态要素，是珠江流域重要的水源涵养生态功能区、桂黔滇喀斯特石漠化防治生态功能区、南岭山地森林及生物多样性生态功能区及生态安全屏障。

2. 管理措施

一是编制各层级国土空间规划。以重点流域为基础单元，围绕"实现安全功能、实现生态功能、兼顾景观功能"三大重点，科学编制各层级的国土空间规划和国土空间生态修复规划，按照重点流域单元的主体功能区规划，划定"三线三区"范围，科学部署河流生态系统完整性恢复、各类专项修复等工程，一体治理山水林田湖草沙，提升流域生态系统质量和稳定性，为优化国土空间格局提供工作依据。

二是构建生态修复制度体系。生态修复作为落实生态保护和空间战略的重要手段，必须落实制度化才能获得强有力保障。针对包括水资源在内的各类自然资源利用引发的生态环境和空间治理问题，广西急需分类构建各类生态保护和修复操作指引和技术规程。开发生态修复项目监管系统，利用国土空间基础信息平台"一张图"、卫星遥感监测、无人机航拍监测等技术，结合日常动态巡查，实时掌握项目实施情况，对不按方案开展修复、治理的情况，及时发出整改通知并督促整改，实现生态保护修复的规范化和制度化。

三是实施生态保护补偿。积极争取中央财政逐步加大对广西重点生态功能区的转移支付力度，提高补偿标准，助力石漠化治理、水土流失治理、水环境保护和污染防治、土壤改良、生物多样性保护、野生动物保护工程等重大生态建设工程实施。针对流域生态补偿方面，应建立区域间横向生态保护补偿试点，加强流域上下游之间的协作，继续探索推进与贵州省、广东省的跨省合作，完善跨省流域横向生态保护补偿机制，促进区域经济协调发展。

四是建立生态产品价值实现机制。清洁的水源是生态产品之一，广西在水环境质量根本改善、生态安全屏障地位得到巩固的基础上，积极参与生态产品价值实现机制的构建，让流域"保生态、护修复"获得合理回报，建立珠江—西江经济带水权交易平台，依托广西岩溶地区丰富的地下水资源，发展生态友好型产业，如国家地质公园、郊野湿地公园、温泉康养基地等，有效利用市场机制促进流域保护，显著提升水资源有偿使用效益。

建立较为完善的工程实施管理体系，为左右江流域生态保护修复取得良好成效提供了坚实保障。①建立国土空间保护修复规划体系。对生态功能退化、生态系统受损、空间格局失衡、自然资源开发利用不合理的生态、农业、城镇国土空间做出修复规划安排，针对不同的管控要求，提出差异性的目标和方法，统筹和科学开展山水林田湖草沙保护修复。②健全生态保护修复技术规范。梳理原土地整治相关技术规范和标准，明确需要建立完善的生态保护修复技术规范、标准和工作时序。③创新生态保护修复政策措施，各级财政设立生态保护修复专项资金并制定管理办法，为生态保护修复工作提供财政资金保障。通过赋予一定期限的自然资源资产使用权等产权安排，鼓励生态修复项目与生态旅游、林下经济、生态种养、生物质能源、生态康养等特色产业融合发展，引导社会投资投入。

参 考 文 献

陈吉宁. 2016. 以改善环境质量为核心 全力打好补齐环保短板攻坚战 [J]. 环境保护, 44 (2)：10-24.

陈瑶, 许景婷. 2017. 国外污染场地修复政策及对我国的启示 [J]. 环境影响评价, 39 (3)：38-42.

董晖. 2004. 中国林业生态工程管理问题探讨 [J]. 绿色中国, (2)：36-40.

董战峰, 璩爱玉, 郝春旭, 等. 2016. 中国土壤修复与治理的投融资政策最新进展与展望 [J]. 中国环境管理, 8 (5)：44-49.

胡涛, 朱力. 2016. 美国环境风险管理体系建设概况与启示 [J]. 中国环境监察, (Z1)：112-119.

金莲, 王永平. 2019. 贵州省生态移民经济可持续发展研究 [J]. 山地学报, 37 (1)：98-108.

宋玲玲, 程亮, 孙宁. 2014. 亚洲开发银行贷款项目绩效管理经验与启示 [J]. 中国工程咨询, (10)：54-56.

孙宁, 丁贞玉, 尹惠林, 等. 2021. 生态环境重大工程项目全过程管理体系评价与对策 [J]. 中国环境管理, 13 (5)：101-108.

王金南, 逯元堂, 程亮, 等. 2016. 国家重大环保工程项目管理的研究进展 [J]. 环境工程学报, 10 (12)：6801-6808.

王艳华, 乔颖丽. 2011. 退牧还草工程实施中的问题与对策 [J]. 农业经济问题, 32 (2)：99-103.

魏轩, 周立华, 韩张雄, 等. 2020. 生态脆弱区生态工程效益评价的比较研究 [J]. 生态学报, 40 (1)：377-383.

姚梦茵, 宋玲玲, 武娟妮, 等. 2020. 我国生态环境保护重大工程项目管理制度现状及存在的问题 [J]. 环境工程学报, 14 (5)：1137-1145.

Gido I, Clement J P. 2004. 成功的项目管理 [M]. 张金成, 译. 北京：机械工业出版社.

第 11 章 生态工程与生态产品价值实现

生态工程的实施对于提高我国生态系统的质量和稳定性、促进优质生态产品供给具有重要意义。近年来，我国大力推进国家生态文明试验区、生态省、生态市、生态县、国家生态文明建设示范市县以及"绿水青山就是金山银山"实践创新基地等区域生态综合示范工程，不断推动用生态环境高水平保护促进高质量发展，实现生态产品的量质齐升，促进生态产品有效供给和价值实现。

11.1 概　　述

11.1.1 生态工程与生态产品供给

生态工程是促进生态恢复的关键手段，近年来，生态工程已成为多数国家应对全球生态危机的优先事项（Aronson and Alexander，2013）。通过实施生态工程，可以实现对生态系统的修复和保护，重建破坏的生态系统，恢复生态系统的功能，提高自然资源的利用效率，实现生态环境的可持续发展。生态产品供给是指在保护和恢复生态环境的前提下，社会主体通过开发和利用自然资源、发明生态技术、实施生态工程、修复生态系统、保护生态环境、增强生态功能等途径，提供具有生态价值、经济价值和社会价值的产品和服务的过程（谷中原和李亚伟，2019）。生态工程对生态产品供给的影响是积极的。生态工程可以促进生态产品供给，提高生态产品的质量和产量，更好地满足人们对生态产品的需求和期望；同时，也可以保护和修复生态环境，逐步恢复生态系统的弹性和服务功能，提高生态系统的稳定性和可持续性，实现生态系统的健康、可持续发展。

在国际上，国外学者聚焦"基于自然"理念、生态恢复原则、"拟自然"

技术等，深入开展了生态工程研究。2016 年国际恢复生态学会发布《生态恢复实践国际原则和标准》（第一版），并于 2019 年修订后发布第二版（Kyle，2019）；2020 年世界自然保护联盟（IUCN）发布了基于自然的解决方案（Nature-based Solutions，NbS）全球标准（IUCN，2020）。尽管这些国际原则或标准对具体工程而言仍较为宽泛，但客观上也促进了生态工程学科发展。

专栏 11-1　NbS 与生态产品价值实现

NbS 强调尊重自然规律，推崇以可持续的方式利用生态系统的产品与服务，以创造自然、社会、经济的协同效益，可应用于多维空间尺度，更便于复制、推广，为生态产品价值实现路径选择提供新思路。NbS 与生态产品价值实现两者相互促进，接续发展。一方面，NbS 促进生态产品价值多元转化，实现综合效益最大化；另一方面，生态产品价值实现促进多元资金流向 NbS，保障 NbS 长效可持续。

NbS 强调以保护生态环境为优先条件，寻求以自然为中心的效益最大化。NbS 通过科学保护、修复和可持续管理自然或人工生态系统，有效避免、减轻或抵消人类活动对生态环境造成的负外部性，显现生态产品的正外部性特征，促进生态产品价值通过资源权益交易、价值外溢等形式实现。NbS 应用于生态产品价值实现过程中，充分平衡其所能发挥的多重效益，实现生态系统供给服务、调节服务和文化服务最大化的同时，带来多种经济、环境和社会效益，如降低基础设施成本、创造就业、提升人类健康等。

生态产品价值实现机制发展促进社会资金向 NbS 聚集。通过生态产业化经营和市场交易变现的一部分产品价值以资金形式再次投入到 NbS 中，为 NbS 设计、实施及监测评估提供长期稳定的资金保障，应用于生态保护恢复与建设，从而实现生态反哺，打通生态产品价值产业链闭环，实现生态资本持续增值、生态产品可持续再生产。

NbS 为生态产品价值实现提供综合的跨尺度的解决方案。生态产品价值实现有两方面内涵：一是保护，即守住和培育"绿水青山"；二是转化，即创造"金山银山"，把生态优势转化为经济优势。强调保护时，NbS 是生态保护修复与可持续管理、提供更多生态产品的重要手段。强调转化时，NbS 是权衡多利益相关方、促进多区域尺度生态产品价值实现的重要路径。

NbS 通过基于生态系统的方法或工具，统筹山水林田湖草沙等多种生态系统类型，综合考虑生态系统内部、生态系统之间以及生态系统与外部利益相关方之间的相互作用和影响，采用生态修复、基于生态系统的适应（Ecosystem-based Adaptation，EbA）、自然基础设施、绿色基础设施、水资源综合管理、人工与自然复合生态系统可持续管理、生态空间保护（如生态保护红线）等措施，增加生态系统的类型和数量，提升生态系统的质量和稳定性，进而提高生态产品供给能力，提升生态产品溢价，为生态产品价值实现提供整体性的、系统性的解决方案。

NbS 将维护生物多样性和生态系统服务作为基础性任务，权衡生态保护与开发利用，服务于经济、生态和环境等多重目标，从设计到执行过程中遵循包容、透明和赋权的理念，充分权衡参与生态产品保护、经营开发的各利益相关方的利益，使利益相关方充分融入各环节，让各方面真正认识到绿水青山就是金山银山，激励各地积极探索生态产品价值实现路径，营造各方共同参与生态环境保护修复的良好氛围，进而促进建立生态环境保护者受益、使用者付费、破坏者赔偿的利益引导机制。同时，NbS 既能应用于本土案例区生态产品价值实现，又可协同跨区域措施之间的权衡，在更大尺度，如区域、流域上，促进生态产品价值实现，为生态产品价值实现提供多维空间尺度、可持续的解决方案。

在国内，生态工程近年来多以"山水林田湖草沙生态保护修复"或"国土空间生态修复"等为主题开展研究。沈国舫（2017）提出，全面增进生态系统的服务功能，维护好山水林田湖草生命共同体，按照系统论的观念进行综合治理，要实施三项基础工作：生态红线划定、区域发展格局（功能区划）、区域土地利用方向和布局的调整；实现两项辅助措施：人工修复措施、自然恢复，其中人工修复措施包括造林、种草，水土保持措施、病虫鼠害防治及防火等。柴志春和董为红（2020）认为，从保护和扩大自然界提供的生态产品能力入手，通过设计构架系统完善的生态产品供给制度体系来提高生态产品供给能力。在新时期人与自然和谐共生理念指引下，王夏晖等提出基于自然的生态工程范式（Nature-based Ecological Engineering，NbEE），以促进自然生态系统服务和人类社会福祉协同增益为前提，以山水林田湖草沙生态系统服务功能保育提升为核心的一种生态保护修复活动，并提出要按照基于自然的解决方案（NbS）理念，将区域景观规划与国土空间生态修复紧密融合来增强优质生态产品供给能力（王夏晖等，2021；Wang et al., 2022）。国土空间生态修复措施从不同方面增强了生态产品供给，应从工作组织机制、规划编制、配套政策、技术规范等方面入手，创造条件来推动修复性生态产品供给市场高效建立（侯冰，2022）。

专栏 11-2　潘安湖采煤塌陷区生态修复工程提升生态产品供给案例

江苏省徐州市潘安湖采煤塌陷区通过生态工程提升生态产品供给能力。起初，江苏省徐州市贾汪区因煤而立，但由于长期高强度的开采，土地资源和生态环境都遭受了严重破坏，潘安湖地区严重塌陷，塌陷区内土地平均塌陷深度4m，耕地常年积水面积达2.4km²，地上房屋损毁严重，生态环境恶劣，土地所有者权益严重受损。为解决这一现状，徐州市以"矿地融合"的理念来开展潘安湖采煤塌陷区生态修复工程，当地政府按照"多规合一"的要求，统筹考虑区域内矿产、土地、水等资源管理和接续产业发展、新农村建设等，科学规划潘安湖塌陷区生态修复和后续产业发展，并按照"宜农则农、宜水则水、宜游则游、宜生态则生态"的原则，创新实施"基本农田整理、采煤塌陷地复垦、生态环境修复、湿地恢复再造"四位一体的生态修复模式。然后，开展水土污染控制、地灾防治、生物多样性保护、生态旅游建设等一系列措施，系统治理塌陷区受损的自然生态系统。之后，通过对塌陷地征收、土地收购储备、居民点异地安置、土地承包经营权再分配等一系列产权流转，切实维护塌陷区土地所有者权益，为生态修复项目建设和产业转型腾出发展空间。最后，结合塌陷地修复和综合治理成果，推动潘安湖地区由"黑色经济"向"绿色经济"转型发展。

通过进行潘安湖采煤塌陷区生态修复工程，潘安湖地区从昔日满目疮痍、稼穑不生的采煤塌陷区，转变为湖阔景美的湿地景观区，为徐州市及周边区域源源不断地提供清新空气、清洁水源和良好的生物多样性，优质生态产品的供给能力得到了大幅提升。同时，通过产业转型发展，潘安湖地区从过去的煤炭开采、水泥粉磨等资源密集型产业，转型升级为生态旅游、创意文化、教育科技等现代新兴产业，实现了生态产品价值的外溢，促进了生态产品的价值显化，带动了乡村产业发展和村民增收。

11.1.2　生态产品价值实现机理

1. 基于外部性理论的外部经济性内部化

外部性的概念是指某个体从事经济活动时，会对其他个体产生或积极或消极的影响，但并不会因为影响获得报酬或承担责任。外部性被认为是生态产品供给不足的一个重要原因。具体来说，生态产品的外部性主要从两方面体现：一方面会造成生态环境保护行为不能得到合理补偿而影响生态产品的供给，另一方面会造成因生态环境破坏的所应承担的责任或赔偿小于实际造成的损失而加剧生态环境的破坏。外部性内部化就是要将这部分没有付费或补偿的外部影响进行付费或补偿。为了实现生态产品的外部性内部化，学者们也进行了相关研究。最早，国外经济学家庇古提出通过征收税收或补贴以弥补市场失灵的缺陷，也有学者提出通过界定清晰产权消除外部性（Coase，1960）。在国内，高晓龙等认为政府可以通过政策干预建立市场交易机制或非市场的管理方式，调整私人成本同社会成本之间的关系从而实现生态产品外部性内部化（高晓龙等，2019）。王金南等认为，生态产品价值实现的本质包括生态保护效益外部化、生态保护成本内部化两方面（王金南和王夏晖，2020）。廖福林认为生态产品价值实现就是使其外部经济性内部化，并指出要运用政府与市场"两只手"来实现生态产品价值（廖福林，2017）。

因此，在生态产品价值实现过程中，需要考虑生态产品的外部性影响，以确保生态产品的价值得到最大化的实现。同时，还需要建立合理的政策和机制，以减少价值实现过程中带来的负面影响，从而提高其社会效益。

2. 基于公共物品理论的生态产品供求机制

公共物品理论认为，公共物品具有以下特征：非排他性和非竞争性。这意味着，任何人都可以使用公共产品，而使用公共产品的一个人并不会减少其他人使用该产品的机会。而生态产品明显具有公共物品的非竞争和非排他属性，因此，开展生态产品价值实现相关研究时须充分考虑其公共物品属性。学者们在公共物品理论的视角下也有相关研究，指出生态产品具有公共产品属性，需要根据不同类型生态产品供求主客体的具体特征来选择合适的供求方式与模式去解决市场失灵的问题，以保证供求机制的正常运行（曾贤刚，2020）。朱新华等以物品的排他性和竞争性为依据，从生态资源禀赋、制度环境和参与主体维度阐释了生态产品价值实现模式的形成机理，得出生态产品形态的多样化以及消费需求的差异化，使得同一产品可能同时采用多种价值实现模式（朱新华和李雪琳，2022）。

因此，公共产品理论可以为生态产品价值实现提供依据，从而更好地反映其公共属性和社会价值，促进生态产品价值的有效转化。

3. 基于生态资源资本化的逻辑演化

生态产品价值实现是生态产品从生产、交换、分配、消费和完成交易的过程中实现价值创造和增值的过程，依赖于市场机制的调节作用，引导供求匹配，主要通过生态产业化方式，最大化实现生态产品的经济价值。刘韬等（2022）认为生态产品价值实现本质是在将自然资源存量价值化基础上，挖掘自然资本流量价值与生态系统服务的间接价值，将其转化为经济学中可度量、可交易的产品。黎元生（2018）认为生态产业化经营就是生态产品价值生产和实现过程。袁广达和王琪（2021）认为建立生态产品从资源到资产、从资产再到资本的"资源—资产—资本"运营转化机制体系，构建生态产品三级市场，可以实现对生态产品的增值转化。张晓蕾等（2022）构建了贯穿"生产—流通—交换—消费"全过程的生态产品价值实现逻辑框架，认为开发经营和生态补偿可以实现生态产品价值的重要途径。王会等（2022）认为生态产品价值实现的理论逻辑是"是否具有或能否建立排他性—消费主体是否明确—制度供给主体—市场或非市场支付机制"。翟磊和赵紫涵（2022）认为生态资源从生态资产向生态资本的转化过程是生态资产在借助资本运作或市场投资，通过交易补偿生态资源的实际价值和潜在价值，进而形成完整资本化体系的过程。王勇（2020）提出生态资源产品和生态文化服务功能价值是通过"生态资源—生态资产—生态资本—生态产品—价值实现"的这一过程来实现的。

因此将生态产品价值实现过程纳入社会经济体系来考虑，以有形产品交易市场和虚拟交易市场为载体，可确保生态产品价值得到有效转化。

11.1.3 生态产品分类与价值实现路径

1. 生态产品分类

根据生态产品的市场属性，生态产品可分为纯公共性生态产品、准公共性生态产品、经营性生态产品三种类型（张林波等，2021b）。

（1）纯公共性生态产品

纯公共性生态产品主要指产权难以明晰，生产、消费和受益关系难以明确的公共物品，如清新空气、干净水源、宜人气候等人居环境产品和气候调节、物种保育等生态安全产品。如国家公园等重点生态功能区所提供的就是该类能够维系国家生态安全、服务全体人民的公共性生态产品。

（2）准公共性生态产品

准公共性生态产品主要指具有公共特征，但通过法律或政府规则的管控，能够创造交易需求、开展市场交易的产品，如碳排放权、排污权、取水权、用能权等权益产品和公共林地、公共草地、公共湿地等公共资源产品以及生态能源产品。

（3）经营性生态产品

经营性生态产品主要指产权明确、能直接进行市场交易的私人物品，如生态旅游、生态康养、生态文化产品等文化服务产品及有机食品、生态农林牧渔产品、生物质能产品等物质原料产品。

2. 纯公共性生态产品价值实现路径

纯公共性生态产品是最普惠的民生福祉，政府路径是其价值实现的主要方式（张林波等，2021a），即主要依靠财政转移支付、政府购买服务等方式实现生态产品价值；或通过法律保障、政府支持等，培育交易主体，实现生态产品价值（潘安君等，2022）。纯公共性生态产品无法通过市场直接交易来实现其价值，通常价值实现最主要的方式是生态保护补偿，生态保护补偿作为政府主导的生态产品价值实现重要路径，以生态产品数量、质量和价值为基础，坚持正向激励和负向惩罚双向发力，积极引导社会各方参与，通过纵向转移支付、横向生态保护补偿、生态环境损害赔偿等多元化方式，实现优质生态产品可持续和多样化供给，确保生态环境保护修复获得合理回报，生态环境破坏付出相应代价。

根据资金来源不同，生态保护补偿可以分为纵向生态保护补偿和横向生态保护补偿。纵向生态保护补偿是对提供生态产品的重要生态功能地区的转移支付，也可以视为对重要生态功能地区因承担生态环境保护修复任务而丧失的发展权的合理补偿。横向生态保护补偿是生态产品受益地向供给地实施的政府间发展惠益补偿制度，是优化区际利益分配的重要手段。经过多年实践与发展，生态保护补偿机制得到了完善和发展，已成为环境治理、生态修复等项目的主要补偿方式。

专栏 11-3　杭州市青山村设立"善水基金"促进生态产品价值转化案例

20 世纪 80 年代以来，浙江省杭州市青山村村民为增加毛竹和竹笋的产量，大量使用化肥和除草剂，造成了青山村和赐壁村的龙坞水库氮磷污染超标。因此，为显著改善生态环境质量，当地政府在 2015 年积极对接大自然保护协会、万向信托等公益基金寻求资金捐赠，用来支持青山村水源地保护、发展绿色产业等。首先，对水质影响比较大的部分毛竹施肥林地的集中化管理，控制农药、化肥、面源污染。其次，为保障村民的财产权利和生态补偿机制的可持续性，每年向村民支付补偿基金。随后，联合杭州等地企业开展环境宣传教育，开展各种农村环境整治活动，提高村民保护环境的意识。通过对水源地的保护和修复，青山村及龙坞水库的水质逐渐变好，生物多样性也大大提高。

青山村通过建立"善水基金"信托，构建多元化、可持续的生态保护补偿机制，显著改善了生态环境，促进了生态产品价值的有效转化。

此外，还可通过"生态修复+综合开发"、将纯公共性生态产品价值转移到土地价值之上，进而以市场化方式实现。例如，福建省厦门市五缘湾片区曾由于过度养殖、倾倒堆存生活垃圾、填筑海堤阻断了海水自然交换，自然生态系统破坏严重，通过修复岸线生态环境、收储改造当地村庄、建设绿地公园等方式对片区环境治理和综合开发，一方面纯公共性生态产品供给能力大大增强，片区生态价值有了大幅提升，另一方面促进了土地增值，带动了生态旅游、医疗健康等产业发展。

3. 准公共性生态产品价值实现路径

准公共性生态产品在满足产权明晰、市场稀缺、可精确定量 3 个条件时，可在政府管制下通过税费、生态资源权益交易等市场交易实现价值（张林波等，2021a），政府市场混合路径是其价值实现的主要方式，包括资源费、排污费等规费征收，环境税、资源税、耕地占用税等税收，生态资源权益交易和资源产权流转经营等模式。其中，生态资源权益交易和资源产权流转经营是准公共性生态产品价值实现的较为成熟的模式。

生态资源权益交易将生态资源转换为经济高质量发展的生产要素，在界定相关要素产权的基础上，通过交易将其使用价值转化为真实的市场价值，既实现了生态资源权益的价值变现，又引导其向低污染、低消耗和高附加值的行业与企业流转，达到优化配置和价值增值的双重目的。目前，我国生态资源权益交易实践样本主要包括碳排放权、排污权、用能权、用水权等交易，碳排放权交易是指企业或者地区将其碳排放配额余量出售给碳排放超额的企业或地区以增加其可排放量，如内蒙古呼伦贝尔市依托其丰富的草原、森林等多样生态系统，积极探索林草碳汇价值实现路径，率先在大兴安岭重点国有林区推进林业碳汇开发交易。排污权是指排污者因生产或者生活排污需要，在符合法律规定的条件下，根据取得的排放指标、范围、时间、地点、方式等向环境排放污染物的权力，实质上是排污者对环境容量资源占有、使用和收益的权利，如江苏太湖流域率先启动了排污权有偿使用和交易的试点，是全国最早开展排污权交易实践的区域之一。用能权是指在能源消耗总量和强度调控的前提下，用能单位经核发或交易获得、允许其使用或投入生产的综合能源消费量权益，如江苏省张家港市在探索用能权指标交易方面通过建立用能权"集中池"实现了生态资源的经济变现。水权是与水资源相关的各种权力的总称，既包括水资源所有权，也包括水资源使用权，如浙江东阳、义乌两市进行了我国首例水权交易，

专栏 11-4　福建省三明市碳汇生态产品交易案例

2010 年开始，福建省三明市开始探索开展林业碳汇产品交易，主要是通过人工经营来提高森林生态系统的固碳能力，然后再把经过核证签发的森林碳汇量有效转化为林业碳汇产品，借助碳排放权市场或者自愿市场进行交易，从而实现碳汇生态产品价值，其开展的主要项目交易有：国际核证碳减排项目交易、福建林业碳汇项目交易，后来为创新拓宽林业碳汇价值实现渠道，三明市在 2021 年开始探索林业"碳票"制度，采用"森林年净固碳量"作为碳中和目标下衡量森林碳汇能力的基础，对符合条件的林业碳汇量签发林业碳票，并享有交易、质押、兑现等功能，在绿色金融方面，开展林业碳汇质押贷款，开发了以林业碳汇收益权质押的"碳汇贷"等绿色金融产品，促进了林业碳汇产品的价值实现。

引发了全国范围内的水权实践和理论探索。

资源产权流转经营是具有明确产权的林地、耕地等生态资源通过所有权、使用权、经营权、收益权等产权流转实现生态产品价值增值的过程，如福建省南平市"森林生态银行"通过林权赎买、租赁等方式集中收储、整合优化碎片化森林资源，形成可交易的优质生态资产，使生态资源作为生产要素充分融入社会经济活动进而实现价值。重庆地票交易制度通过将农村闲置、废弃的建设用地复垦为生态用地，腾出的建设用地指标经公开交易后形成地票，使耕地的生态产品价值转移到了地票上，通过拓宽地票的生态功能，促使了耕地生态产品价值的实现。这些生态资源权益交易案例为准公共性生态产品的交易提供了有价值的参考借鉴。

专栏 11-5　重庆市地票交易制度案例

重庆市地票交易是以耕地权为载体的价值实现方式。2008 年开始，重庆市开始探索地票交易制度，通过将农村闲置、废弃的建设用地复垦为耕地等农用地，腾出的建设用地指标经公开交易后形成地票，用于重庆市为新增经营性建设用地办理农用地转用等。2018 年，为进一步完善地票制度，重庆市印发了《关于拓展地票生态功能促进生态修复的意见》，将地票制度中的复垦类型从单一的耕地，拓展为耕地、林地、草地等类型，将更多的资源和资本引导到自然生态保护和修复上。

在拓展地票生态功能方面，首先对符合复垦的土地进行复垦并验证其合格程度；然后通过划定地票的使用范围来维持交易市场的稳定；之后在地票运行过程中，落实城镇建设空间布局优化与农村建设用地减少相挂钩的规划目标，确保实现生态用地不减少、建设用地总量不增加的目标；之后就是保障复垦权利人和地票购买主体的权益，明确地票收益归农，地票价款扣除复垦成本后的收益，由农户与农村集体经济组织按照一定比例进行分配，并且对复垦为耕地和林地的地票，实行无差异化交易和使用，并统筹占补平衡管理，确保复垦前后的土地权利主体不变、所获收益相同，保障复垦主体的权益；最后将地票改革与户籍制度改革、农村产权改革、农村金融改革、脱贫攻坚等工作统筹联动，拓展地票生态功能的探索与历史遗留废弃矿山生态修复、林票改革等工作，不断提升生态修复效益和生态产品供给能力。

地票交易运用市场化机制激励"退建还耕还林还草"，提高了生态环境质量，增加了生态空间和生态产品，促进了耕地的生态产品价值实现。

4. 经营性生态产品价值实现路径

经营性生态产品价值实现的方式是将生态资源进行产业化，通过市场交易直接实现价值，支付形式为产品自身价格，实质是将具有使用价值的生态产品转化为商品，使其在经济社会体系的生产、交换、分配、消费和完成交易的过程中实现价值创造和增值的过程，包括物质供给产品、文化服务产品及生态产业化经营形成的生态服务（王金南等，2021）。经营性生态产品可以通过生态产业开发、生态品牌培育等途径在生产流通和交换过程中实现其价值。

（1）生态产业开发

生态产业开发是指生态资源作为生产要素投入经济生产活动，在保护前提下通过产业开发实现生态产品价值和增值。对于物质供给类生态产品，生态产业开发方式主要包括原生态种养、扩展"生态+"产业链、发展环境敏感型产业等；对于文化服务类生态产品，生态产业开发主要包括开发气候资源、文旅农康融合发展等（表11-1）。

表 11-1　生态产业开发主要类型及典型案例

生态产品	开发类型	典型案例
物质供给产品	原生态种养	浙江龙泉市种植对生态环境要求严苛的铁皮石斛，通过原生态有机种植，在提高土地水土保持能力的同时显著提升经济实力，中药材产业成为龙泉市农业经济发展增长极
	拓展"生态+"产业链	四川平昌县大力发展花椒、茶叶等特色生态农业，"平昌青花椒""江口青鲔""镇龙山瓦灰鸡"等获国家地理标志保护产品，大力发展食品饮料、机械制造、清洁能源+农产品精深加工"3+1"生态工业主导产业，深入拓展"平昌产"产业链条，实现集约集群发展
	发展环境敏感型产业	浙江淳安县利用千岛湖畔独特的自然优势，构建无污染、低排放、高效益的绿色产业体系，大力推进包括天然优质饮用水、啤酒、果蔬饮料等在内的水饮料产业有序发展，打造出产值超百亿规模的绿色"水产业"
		贵州贵安新区以优越的气候条件、充足的能源供给、稳定的地质条件，为数据中心建设选址提供了得天独厚的环境优势，引进了国内三大运营商、富士康、华为、高通、苹果、现代、腾讯、FAST天文大数据中心、超算中心等一批标志性项目企业，培育了白山云、数据宝等数据产业新秀，成为全省乃至全国数据中心产业的新引擎

续表

生态产品	开发类型	典型案例
文化服务产品	开发气候资源	福建在全省深度全面挖掘优质、特色气候旅游资源，因地制宜打造避暑清凉、滨海度假、气候养生、气象景观等多个旅游胜地，目前已发掘出 41 个"气候福地"
	文旅农康融合发展	广西金秀瑶族自治县以"瑶山瑶水立县、瑶俗瑶宿稳县、瑶药瑶茶强县"为发展主线，做足做精做细瑶乡生态文旅和绿色农业产业，突出"生态、民族、长寿"三大品牌，打造"世界瑶都""长寿之乡""特色产业"品牌圣地，涌现了"瑶族民俗村、特色瑶族民宿群、瑶族文化博物馆、瑶药产业基地、瑶茶产业示范园"等一大批生态产品开发载体

专栏 11-6 辽宁省盘锦市生态产品经营开发案例

盘锦市位于辽河三角洲中心地带，全国第三大油田辽河油田总部坐落于此。盘锦地处辽河、大辽河、大凌河三条河流入海口，河海交汇的地理环境造就了浩瀚千里的芦苇湿地，孕育了天下奇观红海滩，被誉为中国的"湿地之都""鹤乡""鱼米之乡"。近年来，辽宁省盘锦市依托其良好的生态资源禀赋，以小二认养、小二农场、小二米酒等为代表的"小二"系列品牌为切入口，探索了政府主导、企业和社会各界参与、市场化运作、可持续的生态产品价值实现路径。

盘锦市创新"互联网+认养农业"新模式，促进了农产品品质的提升及高品质农产品的经营销售，抓住了生态认养农业的强力"引流"效应，创建了多个民宿品牌。在生态产品经营开发的模式创新上，在国内率先自建大米产业联盟，将众多小而散的企业凝聚起来。并且建立统一的农业大数据平台和产品质量二维码追溯系统，构建"区域公用品牌+联盟品牌+产品品牌"三位一体的品牌矩阵，有效推动盘锦稻米产业的生态标准化、经营规模化、品牌生态化发展。在生态产品经营开发的价值跃升上，通过"推广高效立体生态综合种养模式""引进院士专家工作试验站""培育发展老字号品牌""与高等院校合作开发新字号高附加值产品"等措施促进生态产品的价值增值。通过对生态产品的开发经营，有效促进了农民增收、产业增值、生态增绿。

（2）生态品牌培育

生态物质产品的生态溢价一般需要有公信力的第三方认证评价及品牌培育推广才能顺利实现。浙江丽水依托其得天独厚的生态及农业资源禀赋，打造覆盖全区域、全品类、全产业链的公用农业品牌"丽水山耕"，通过品牌创建与运营破解了丽水农产品品类多而散、主体多而小、市场竞争力弱的难题，提高了经营性生态产品的溢价，促进了当地经济发展和与人民生活改善。福建省南平市作为农业大市、资源大市，有很多优质特色产品，十个县（市、区）"一县一品"，尤其在茶叶、果蔬、食用菌、畜牧水产、花卉、苗木、中药材等方面具有输出优势，但因缺少有影响力的品牌，面对有资源优势无市场优势、有口碑优势无品牌优势、有品质优势无价格优势等问题时，南平在创新、协调、绿色、开放、共享的新发展理念指引下，着力打好绿色牌、念响山水经，以大武夷绿色生态为闽北优质产品赋能，全力打造覆盖全区域、全品类、全产业链的"武夷山水"区域公用品牌，使其代言南平绿色优质农产品，在打造品牌中延伸产业链、提升价值链，通过打造"武夷山水"区域公用品牌，实现了经营性生态产品的溢价增值。

11.2　区域生态示范建设工程

11.2.1　区域生态示范建设进展情况

1. 国家生态文明试验区

近年来，国家先后印发了《关于加快推进生态文明建设的意见》（中发〔2015〕12 号）和《生态文明体制改革总体方案》（中发〔2015〕25 号）。由于历史等多方面原因，我国生态文明建设水平仍滞后于经济社会发展，特别是制度体系尚不健全，体制机制瓶颈亟待突破，迫切需要顶层设计与地方实践相结合，加强开展改革创新试验，探索适合我国国情和各地发展阶段的生态文明制度模式。为此，党的十八届五中全会和"十三五"规划纲要明确提出设立统一规范的国家生态文明试验区。

2016 年，中共中央办公厅、国务院办公厅印发了《关于设立统一规范的国家生态文明试验区的意见》及《国家生态文明试验区（福建）实施方案》，并发出通知，要求各地区各部门结合实际认真贯彻落实。两份文件全文的印发，对于凝聚改革合力、增添绿色发展动能、探索生态文明建设有效模式，具有十分重要的意义。

2017 年，《国家生态文明试验区（江西）实施方案》和《国家生态文明试验区（贵州）实施方案》相继印发。至此，福建、江西、贵州我国首批 3 个生态文明试验区实施方案全部获批，标志着试验区建设进入全面铺开和加速推进阶段。

2019 年，中共中央办公厅、国务院办公厅印发《国家生态文明试验区（海南）实施方案》，要求通过试验区建设，确保海南省生态环境质量只能更好、不能变差，人民群众对优良生态环境的获得感进一步增强。

2020 年，国家发展和改革委员会印发《国家生态文明试验区改革举措和经验做法推广清单》。文件推广的国家生态文明试验区改革举措和经验做法共 90 项，包括自然资源资产产权、国土空间开发保护、环境治理体系、生活垃圾分类与治理、水资源水环境综合整治、农村人居环境整治、生态保护与修复、绿色循环低碳发展、绿色金融、生态补偿、生态扶贫、生态司法、生态文明立法与监督、生态文明考核与审计等 14 个方面。

2. 生态省、生态市和生态县

生态省、生态市和生态县建设是按照可持续发展的要求，以生态学和生态经济学原理为指导，推进区域社会经济和环境保护协调发展，实现自然资源合理开发利用、生态环境质量改善和社会经济发展。

1995 年，国家环境保护总局正式启动生态乡、生态县、生态市建设。

1999 年，国家环境保护总局提出生态省建设，将建设范围从乡、县、市域扩大到省域。

2000 年起，国家环境保护总局构建了以生态省、生态市、生态县、生态乡镇、生态村、生态工业园区 6 个层级建设为主要内容的生态建设示范区工作体系，其中生态省、生态市、生态县是生态建设示范区建设的主要形式（李庆旭等，2021）。

2003 年 5 月，国家环境保护总局印发了《生态县、生态市、生态省建设指标（试行）》（环发〔2003〕91 号），重点从经济发展、环境保护、社会进步 3 个方面，明确了生态县建设的 36 项指标、生态市建设的 28 项指标、生态省建设的 32 项指标，统筹规划和实施环境保护、社会发展与经济建设，推进生态县、生态市、生态省建设。

2007 年起，为进一步深化生态县、市、省建设，国家环境保护总局（环境保护部）在试点示范总结经验的基础上对生态县、生态市、生态省考核验收的依据和程序进行了规范，先后印发了《生态县、生态市、生态省建设指标（修订稿）》（环发〔2007〕195 号）、《关于进一步深化生态建设示范区工作的意见》（环发〔2010〕16 号）和《国家生态建设示范区管理规程》（环发〔2012〕48 号），进一步加强了国家生态建设示范区的管理。

自 1999 年启动国家生态建设示范区以来，全国共有海南、吉林、黑龙江、浙江等 16 个省份先后开展了生态省建设试点（图 11-1）。其中，浙江于 2019 年 6 月正式通过国家生态省建设试点验收，建成全国首个生态省。

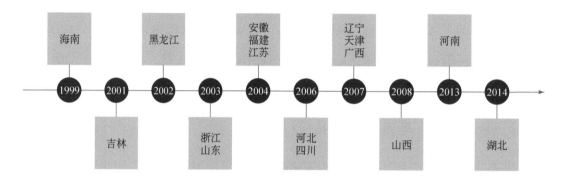

图 11-1　各地生态省建设启动时间

全国各地共有 1000 多个市、县（区）开展了生态市、县（区）建设试点，其中有 183 个市、县（区）获评生态市、县（区）称号。从空间分布上看，生态市、县（区）建设主要集中在东部的江苏、浙江、福建 3 省。

3. 国家生态文明建设示范市县

为充分发挥试点示范的平台载体和典型引领作用，2017 年，环境保护部启动第一批国家生态文明建设示范市县建设工作。截至 2022 年，生态环境部共命名了六批 468 个国家生态文明建设示范区，涵盖了山区、平原、林区、牧区、沿海、海岛等不同资源禀赋、区位条件、发展定位的地区。从空间分布情况来看，东部地区 180 个，中部地区 118 个，西部地区 146 个，东北地区 24 个，分别占命名所在地区的 38.5%、25.2%、31.2% 和 5.1%。

国家生态文明建设示范市县在高水平保护、高质量发展以及高效能治理等方面的示范引领成效显著，大部分地区空气环境质量、水环境质量处于所在省市领先水平，圆满完成水、气、土等污染防治攻坚战目标任务，解决了人民群众关心的一批突出环境问题，推动能耗高、污染重、效益低产业的淘汰升级与绿色转型，绿色成为区域高质量发展的重要动力，全社会生态文明意识和参与水平得到显著提升。

4. "绿水青山就是金山银山" 实践创新基地

为深入践行习近平生态文明思想，推动 "绿水青山就是金山银山" 理念落地生花，环境保护部于 2016 年在浙江省安吉县开展 "绿水青山就是金山银山" 理论试点工作，并在此基础上于 2017 年启动了第一批 "绿水青山就是金山银山" 实践创新基地建设工作。截至 2022 年 12 月，生态环境部先后命名了六批共 187 个 "绿水青山就是金山银山" 实践创新基地（表 11-2）。

表 11-2   "绿水青山就是金山银山" 实践创新基地命名情况

命名时间	批次	个数
2017 年	第一批	13
2018 年	第二批	16
2019 年	第三批	23
2020 年	第四批	35
2021 年	第五批	49
2022 年	第六批	51

2017 年以来，"绿水青山就是金山银山" 实践创新基地命名数量呈逐年增长的趋势，由 2017 年的 13 个增加至 2022 年的 51 个，涵盖了山区、平原、林区、牧区、沿海、海岛等不同资源禀赋、区位条件、发展定位的地区，共同探索不同发展阶段的 "两山" 转化模式。从空间分布情况来看，东部地区 64 个，中部地区 42 个，西部地区 70 个，东北地区 11 个，分别占命名所在地区的 34.2%、22.4%、37.4% 和 5.8%，形成了东中西部有序布局的建设体系和格局，为全国生态文明建设发挥了良好的示范引导作用。从各省份创建情况来

看，"绿水青山就是金山银山"实践创新基地个数排在前十位的省份依次为：浙江省（12个）、陕西省（9个）、山东省（9个）、江苏省（8个）、安徽省（8个）、江西省（8个）、内蒙古自治区（8个）、四川省（8个）、福建省（7个）、广东省（7个），以上10个省份的国家生态文明建设示范区数量占全国总量的45%（图11-2）。

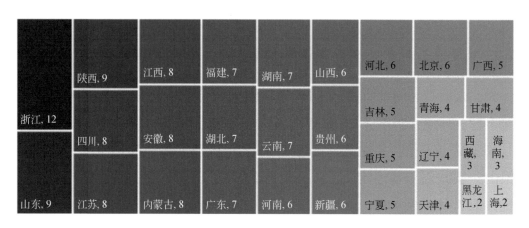

图11-2 "绿水青山就是金山银山"实践创新基地分省份统计

5. 生态工业园

1999年以来，在中国经济快速增长带来的资源环境压力及国际环保新思潮的影响下，国家环境保护总局将建设生态工业园区作为改变经济增长模式、实现经济和环境"双赢"的一个重要举措，在全国范围内，在不同的行业和工业园区进行了生态工业园区建设的试点。2003年，国家环境保护总局发布了《生态工业示范园区规划指南》，指出园区规划应遵循六大原则，即与自然和谐共存原则、生态效率原则、生命周期原则、区域发展原则、高科技高效益原则、软硬件并重原则。同时，分别于2006年和2009年发布了《行业类生态工业园区标准（试行）》（HJ/T 273—2006）、《静脉产业类生态工业园区标准（试行）》（HJ/T 275—2006）、《综合类生态工业园区标准》（HJ 274—2009），这三项标准均从经济发展、物质减量与循环、污染控制和园区管理等四个方面设置了具体的指标体系，用以评价生态工业园区的建设水平。2015年我国对三项标准进行整合，发布了《国家生态工业示范园区标准》，并规定了国家生态工业示范园区的评价方法、评价指标和数据采集与计算方法。新标准自 2016 年 1 月 1 日起实施,原来的三项标准自 2019 年 1 月 1 日起废止。

据生态环境部官网公布的国家生态工业园区数目,2008~2022 年,我国已建成并通过验收批准命名的国家生态工业示范园区达 73 个,其中,江苏省 26 个,山东省 9 个,上海市 9 个,说明江苏省、山东省和上海市生态工业园发展状况较好。从年份来看,2014、2016、2020 年这三个年份批准命名的国家生态工业示范园区数量居多(图 11-3)。

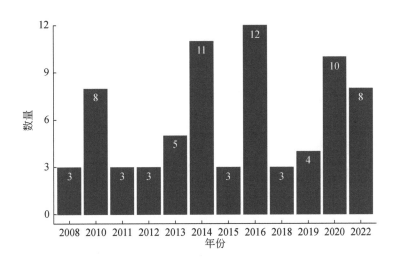

图 11-3 国家生态工业园数量增长情况

2017 年、2021 年无数据

11.2.2 区域生态示范建设内容

区域生态示范建设是在一定区域内由政府牵头组织,以社会-经济-自然复合生态系统为对象,以区域可持续发展为最终目标的一种工作组织方式。区域生态示范区建设的目的是按照可持续发展的要求和生态经济学原理,调整区域内经济发展与自然环境的关系,努力建立起人与自然和谐相处的社会,促进经济、社会和自然环境的可持续发展。建设内容主要包括以下五方面。

(1)生态环境保护修复

针对区域内已经受到污染或破坏的生态环境,坚持保护优先、自然恢复为主,采取有效措施进行修复和保护,统筹推进山水林田湖草沙一体化保护和系统治理，加大生物多样性保护力度，开展复绿、增绿、添绿、补绿等国土绿化行动，科学推进荒漠化、石漠化、水土流失综合治理和历史遗留矿山生态修复，提升生态系统稳定性和可持续性。例如，内蒙古自治区鄂尔多斯市鄂托克前旗执行最严格的生态、草原保护与建设制度，开展生态系统重大修复工程，实施京津风沙源治理、天然林资源保护、退牧还草、"三北"防护林、退耕还林等重点生态工程，创新实施湿地保护与修复工程和退化防护林改造工程，全面推行林地、草原资源数字化管理，加大"三化"草原封育治理力度。福建省龙岩市全面实施"生态立市"发展战略，形成了水土流失治理"长汀经验"、林改"武平经验"、汀江—韩江流域上下游横向生态补偿机制、矿山生态恢复治理和转型升级经验"龙岩紫金山体育公园模式"等一批在全国复制推广的改革经验。

（2）城乡人居环境整治

以改善生态环境质量为核心，高标准打好蓝天、碧水、净土保卫战，着力解决生活污水垃圾治理等人居环境问题，统筹推进农村人居环境整治提升与公共基础设施改善，加强城市公园和绿地建设，推动村容村貌整体提升。例如，浙江省衢州市联动推进市、县（市、区）美丽城市建设，成功创建国际花园城市、国际可持续发展示范城市和全国文明城市；实施农村风貌提升、全域土地综合整治与生态修复三年行动，乡村大花园建设成效显著；建设"衢州有礼"诗画风光带，打造"诗和远方"的现代模样与"富春山居图"的现代样板。北京市门头沟区通过强力控霾、治水、净土等措施全力打赢污染防治攻坚战，率先开展农村生活垃圾分类，推进"厕所革命"，完善污水收集处理设施建设。

（3）生态型产业体系建设

全面优化升级产业结构，深化推进制造业绿色节能技术改造，构建绿色制造体系，推动传统产业高端化、智能化、绿色化发展，不断压减淘汰落后和过剩产能，提升制造业全周期全生态绿色发展水平。充分依托地域自然资源禀赋和地形优势，发展生态农业、生态旅游、"生态+"复合产业等生态产业，推动生态产品蕴含的生态价值持续不断转化为就业增量、经济增长和民生福祉的提升，以及可持续生态友好的社会收益。例如，河北省张家口市崇礼区依托产业基础和冰雪资源优势，开辟出了"绿水青山就是金山银山"

"冰天雪地也是金山银山"成功转化的"崇礼路径",借力"低碳奥运"倒逼机制,崇礼区实现经济社会绿色、低碳、节能良好发展趋势;打造"生态文明+"旅游产业与生态环境保护协同并进的"崇礼模式";实施以体育休闲产业为主导的"生态文明+"旅游产业战略,构筑了不同特色的生态休闲旅游组团,基本实现旅游发展与生态环境保护协同并进。安徽省六安市舒城县发挥绿色、红色、古色旅游资源优势,统筹推进景点建设,一山一湖一泉一线一古城的旅游布局基本形成,舒服之城、度假胜地的品牌影响力不断扩大。山东省青岛市西海岸新区率先推进气候投融资试点及碳达峰工作,围绕产业链部署创新链、围绕创新链布局产业链,建成海洋人工智能与大数据、水下探测设备研发等 4 个科技协同创新平台,全球领先、亚洲首个青岛港全自动化码头投入商业运营。

(4) 生态文化弘扬发展

各地依据所处自然环境因地制宜采取不同的生产生活方式,合理利用资源,久而久之形成特有的生态文化,在探索人与自然和谐共生、实现可持续发展方面,有其不可替代的生态价值。例如,辽宁省盘锦市推进经济发展向绿色转型,结构调整向绿色转轨,消费理念向绿色转变,生活品质向绿色转优,稻作文化、河蟹文化、冰雪文化、民俗文化、辽河口文化等地域特色生态文化得到大力弘扬,实现了生态文明建设与经济发展、社会进步、民生改善的良性互动。

(5) 生态文明制度改革创新

注重发挥体制机制的引领作用,通过构建生态文明综合决策机制、创新环境经济政策、提升生态环境监管执法效能、构建服务型科技创新体系等方式,全力筑牢区域生态文明建设的制度保障。例如,江苏省苏州市吴江区在全国首创"联合河长制",入选中组部编选的攻坚克难案例和中国改革 50 典型案例;苏州市率先成立生态环境保护委员会,打造 7 个超千亩生态公园和 3 个省级以上湿地公园,设立"吴江区生态环境宣传教育基地";江苏全省率先实施区镇空气质量补偿制度,完成全省首笔超千万元排污权抵押组合贷款发放,为区域发展注入强大绿色动能。重庆市武隆区坚持生态体制改革,探索集体林地承包有偿退出机制和重点生态区位非国有商品林赎买机制,落实生态公益林补偿机制;探索建立科学合理的干部考核评价体系,突出生态环境考核指标权重。

11.2.3 区域生态示范建设指标

各类区域生态示范建设工程因工程实施空间尺度、区域示范建设内容等不同，考核方式与评价指标体系中指标的设置不尽相同，但整体上均涉及经济发展、生态环境、社会进步和制度管理四方面，各类区域生态示范建设评价指标体系见表11-3。

生态省、市、县的评价指标体系侧重于生态环境类指标，相对弱化了经济和社会类指标，且为了应对资源紧缺和环境承载能力有限的挑战，更加突出节能减排指标。

国家生态文明建设示范县、市指标围绕优化国土空间开发格局、全面促进资源节约、加大自然生态系统和环境保护力度、加强生态文明制度建设等重点任务，以促进形成绿色发展方式和绿色生活方式、改善生态环境为导向，从生态空间、生态经济、生态环境、生态生活、生态制度、生态文化六个方面，分别设置38项（示范县）和35项（示范市）建设指标，体现了创新、协调、绿色、开放、共享的新发展理念。

"绿水青山就是金山银山"实践创新基地的评价指标是用于量化表征"绿水青山就是金山银山"基地建设成效，科学引导"两山"基地实践探索，主要侧重于区域生态环境资产状况、绿水青山向金山银山转化程度、保障程度及服务"两山"基地管理的综合性指数，其作为"两山"基地后评估和动态管理的重要参考依据，主要包括构筑绿水青山、推动"两山"转化、建立长效机制三方面。

生态工业园的评价指标更加侧重于园区内工业企业的生态化建设，更加强调生态工业园区生产系统应具有工业生态学和循环经济特征，园区的社会、经济和环境应协调发展，不涉及园区内居住、商业等内容，并且纳入指标体系考核的园区内工业企业主要指园区行政管辖范围内的规模以上工业企业。

表 11-3 区域生态示范建设指标体系

一级指标	二级指标	单位	生态县	生态市	生态省	国家生态文明建设示范县	国家生态文明建设示范市	"两山"实践创新基地	综合生态工业园	国家生态工业园
经济发展	单位 GDP 能耗	tce/万元	√	√		√	√			
	单位地区生产总值用水量	m³/万元				√	√			
	单位工业增加值新鲜水耗	m³/万元	√	√					√	
	新鲜水耗弹性系数	—							√	√
	单位工业增加值综合能耗（标煤）	tce/万元							√	√
	综合能耗弹性系数	—							√	√
	碳排放强度	t/万元					√			
	单位国内生产总值建设用地使用面积下降率	%				√	√			
	农业灌溉水有效利用系数	m³/万元	√	√						
	应当实施强制性清洁生产企业通过验收的比例	%		√			√			
	环保产业占比	%			√					
	第三产业占 GDP 比例	%		√						
	绿色、有机农产品产值占农业总产值比例	%						√		
	生态加工业产值占工业总产值比例	%						√		
	生态旅游收入占服务业总产值比例	%						√		
	生态补偿类收入占财政总收入比重	%						√		
	工业增加值年均增长率	%							√	
	单位工业用地工业增加值	亿元/km²							√	√
	生态环保投入占 GDP 比例	%						√		
	主要农产品中有机、绿色及无公害产品种植面积的比例	%	√							
	居民人均生态产品产值占比例	%						√		
	人均工业增加值	万元							√	√

一级指标	二级指标	单位	生态县	生态市	生态省	国家生态文明建设示范县	国家生态文明建设示范市	"两山"实践创新基地	综合生态工业园	国家生态工业园
经济发展	农村生活用能中清洁能源所占比例	%	√							
	秸秆综合利用率	%	√			√				
	规模化畜禽养殖场粪便综合利用率	%	√			√				
	农膜回收利用率	%				√				
	工业固体废物处置利用率	%	√							√
	工业固体废物综合利用率	%				√	√		√	√
	单位工业增加值固废产生量	t/万元							√	√
	高新技术企业工业总产值占园区工业总产值比例	%								√
	园区工业增加值三年年均增长率	%								√
	资源再生利用产业增加值占园区工业增加值比例	%								√
	建设规划实施后新增构建生态工业链项目数量	个								√
	单位工业用地面积工业增加值三年年均增长率	%								√
	城镇居民年人均可支配收入	元			√					
	农民年人均纯收入	元	√	√	√					
生态环境	森林覆盖率	%	√	√	√					
	林草覆盖率	%				√	√	√		
	绿化覆盖率	%								√
	物种丰富度	个						√		
	物种保护指数	—			√					
	国家重点保护野生动植物保护率	%				√	√			
	外来物种入侵	—				√	√			
	特有性或指示性水生物种保持率	%				√	√			

一级指标	二级指标	单位	生态县	生态市	生态省	国家生态文明建设示范县	国家生态文明建设示范市	"两山"实践创新基地	综合生态工业园	国家生态工业园
生态环境	生态保护红线面积	km²				√	√	√		
	自然保护地	—				√	√			
	受保护地区占国土面积比例	%	√	√	√					
	单位国土面积生态系统生产总值	亿元/km²						√		
	退化土地恢复率	%			√					
	自然岸线修复长度	km				√	√			
	自然岸线保有率	%				√	√			
	河湖岸线保护率	%								
	滨海湿地修复面积	hm²				√	√			
	生态环境状况指数	%				√	√			
	水环境质量	—	√	√	√					
	地表水水质达到或优于Ⅲ类水的比例	%						√		
	黑臭水体消除比例	%			√	√				
	近岸海域水环境质量	—	√	√	√		√			
	集中式饮用水源水质达标率	%	√	√		√	√	√		
	村镇饮用水卫生合格率	%	√			√				
	空气环境质量	—	√	√	√					
	环境空气质量优良天数比例	%				√	√	√		
	PM₂.₅浓度下降幅度	%				√	√			
	单位工业增加值 COD 排放量	kg/万元							√	
	COD 排放弹性系数	—							√	
	单位工业增加值 SO₂ 排放量	kg/万元							√	
	SO₂ 排放弹性系数	—							√	
	化肥施用强度（折纯）	kg/hm²	√							
	受污染耕地安全利用率	%							√	
	污染地块安全利用率	%							√	

一级指标	二级指标	单位	生态县	生态市	生态省	国家生态文明建设示范县	国家生态文明建设示范市	"两山"实践创新基地	综合生态工业园	国家生态工业园
生态环境	噪声环境质量	—	√	√						
	主要污染物排放强度	kg/万元（GDP）	√	√	√					
	城镇污水集中处理率	%	√	√		√	√			
	生活污水集中处理率	%							√	
	工业用水重复率	%	√	√					√	√
	单位工业增加值废水产生量	t/万元							√	√
	危险废物处理处置率	%				√	√		√	√
	废物收集和集中处理处置能力	—				√	√		√	
	城镇生活垃圾无害化处理率	%	√			√	√			
	生活垃圾无害化处理率	%							√	
	城镇人均公共绿地面积	m²	√	√				√		
	环境保护投资占GDP的比重	%	√	√	√					
	农村卫生厕所普及率	%	√			√				
	人均水资源年占有量	t							√	√
	主要河流年水消耗量	—			√					
	地下水超采率	%			√					
	降水pH年均值	—			√					
	酸雨频率	%								
	再生资源循环利用率	%								√
	工业园区重点污染源稳定排放达标情况	%								√
	工业园区国家重点污染物排放总量控制指标及地方特征污染物排放总量控制指标完成情况	—								√
	工业园区内企事业单位发生特别重大、重大突发环境事件数量	—								√

续表

一级指标	二级指标	单位	生态县	生态市	生态省	国家生态文明建设示范县	国家生态文明建设示范市	"两山"实践创新基地	综合生态工业园	国家生态工业园
生态环境	工业园区重点企业清洁生产审核实施率	%								√
	污水集中处理设施	—								√
	园区环境风险防控体系建设完善度	%								√
	主要污染物排放弹性系数	—								√
	单位工业增加值二氧化碳排放量年均削减率	%								√
社会进步	人口自然增长率	%	√							
	公众对环境的满意率	%	√	√					√	
	城市化水平	%		√	√					
	城镇新建绿色建筑比例	%				√	√			
	公共交通出行分担率	%					√			
	绿色产品市场占有率	%					√			
	政府绿色采购比例	%				√	√			
	采暖地区集中供热普及率	%		√						
	基尼系数	—			√					
	国际国内生态文化品牌	个						√		
	"两山"建设成效公众满意度	%						√		
	公众对生态工业的认知率	%							√	
	公众对生态文明建设的满意度	%				√	√			
	公众对生态文明建设的参与度	%				√	√			
	党政领导干部参加生态文明培训的人数比例	%				√	√			
制度管理	生态文明建设规划	—				√	√			
	党委政府对生态文明建设重大目标任务部署情况	—				√	√			
	生态文明建设工作占党政实绩考核的比例	%				√	√			

一级指标	二级指标	单位	生态县	生态市	生态省	国家生态文明建设示范县	国家生态文明建设示范市	"两山"实践创新基地	综合生态工业园	国家生态工业园
制度管理	河长制	—				√	√			
	生态环境信息公开率	%				√	√			
	依法开展规划环境影响评价	—				√	√			
	"两山"基地制度建设	项						√		
	生态产品市场化机制	项						√		
	建设用地土壤污染风险管控和修复名录制度	—				√	√			
	突发生态环境事件应急管理机制	—				√	√			
	环境管理制度与能力	—							√	√
	生态工业信息平台的完善度	%							√	
	园区编写环境报告书情况	期/年							√	
	重点企业清洁生产审核实施率	%							√	
	重点企业环境信息公开率	%								√
	生态工业信息平台完善程度	—								√
	生态工业主题宣传活动	—								√

11.3　生态产品价值实现模式与案例

11.3.1　概述

生态产品价值实现是区域生态示范建设工程的核心任务和关键目标。近年来，各地推动生态产品价值实现成为践行绿水青山就是金山银山理念的重要发力点，国家有关部门组织开展了生态产品价值实现试点示范，引导地方从资源、环境、财政等多个方面探索生态产品价值实现的有效路径和模式

（表 11-4）。各地通过开展"绿水青山就是金山银山"实践创新基地等区域生态示范建设工程，在生态保护修复与生态产品供给、经济转型绿色发展、创新长效保障制度等方面积极开展实践探索，形成了"守绿换金""添绿增金""点绿成金""绿色资本"等"两山"转化路径，以及"生态补偿"模式、"绿色银行"模式、"山水资源"模式、"复合业态"模式、"品牌引领"模式、"市场驱动"模式、"溢出效应"模式、"绿色金融"模式等转化模式。

表 11-4 生态产品价值实现分类汇总

分类		来源
模式一："生态补偿"模式	湖南省资兴市探索补偿机制，共促保护与发展	生态环境部
	西藏自治区隆子县以补偿护民生底线，守一方净土	生态环境部
	重庆市森林覆盖率指标交易案例	自然资源部
	湖北省鄂州市生态价值核算和生态补偿案例	自然资源部
	浙江省杭州市余杭区青山村建立水基金促进市场化多元化生态保护补偿案例	自然资源部
	重庆市建立森林覆盖率指标交易机制	国家林业和草原局
	重庆市北碚区探索自然保护区非国有林赎买政策	国家林业和草原局
模式二："绿色银行"模式	萤火虫效应：湿地保护催生别样美丽经济——丽水市保护生态环境 发展生态经济典型案例	国家发展和改革委员会
	江苏省溧阳市优化生态治理格局 探索生态产品价值实现机制	国家发展和改革委员会
	虎腾豹跃绿水青山 民生改善金山银山——东北虎豹国家公园探索生态产品价值实现	国家发展和改革委员会
	福建省厦门市五缘湾片区生态修复与综合开发案例	自然资源部
	浙江省余姚市梁弄镇全域土地综合整治促进生态产品价值实现案例	自然资源部
	江西省赣州市寻乌县山水林田湖草综合治理案例	自然资源部
	云南省玉溪市抚仙湖山水林田湖草综合治理案例	自然资源部
	湖南省常德市穿紫河生态治理与综合开发案例	自然资源部
	江苏省江阴市"三进三退"护长江促生态产品价值实现案例	自然资源部
	广东省南澳县"生态立岛"促进生态产品价值实现案例	自然资源部
	广西壮族自治区北海市冯家江生态治理与综合开发案例	自然资源部
	福建省南平市"森林生态银行"案例	自然资源部
	福建省顺昌县探索"森林生态银行"运行机制	国家林业和草原局
	山东省临沂市探索"两山银行"融资机制	国家林业和草原局

分类		来源
模式三："山水资源"模式	浙江省安吉县"两片"叶子助推绿色发展	生态环境部
	北京市延庆区聚焦特色园艺引领发展生态旅游	生态环境部
	湖北省丹江口市打造"山水成景"开创全域旅游新篇章	生态环境部
	云南普洱祖祥高山茶园有限公司开拓普洱茶有机化发展之路	国家发展和改革委员会
	陕西省柞水县聚焦木耳优势打造首位产业促进生态产品价值实现	国家发展和改革委员会
	浙江丽水轩德皇菊 变荒芜山为黄金山	国家发展和改革委员会
	产业成链 链链生金——吉林省汪清县生态产品价值实现案例	国家发展和改革委员会
	上犹生态鱼的价值倍增之旅	国家发展和改革委员会
	福建省南平市光泽县"水美经济"案例	自然资源部
	云南省元阳县阿者科村发展生态旅游实现人与自然和谐共生案例	自然资源部
	吉林省抚松县发展生态产业推动生态产品价值实现案例	自然资源部
	浙江省龙泉市实行公益林信息化管理	国家林业和草原局
模式四："复合业态"模式	山东省蒙阴县打造生态循环立体农业	生态环境部
	四川省稻城县多措并举创新发展"旅游+"模式	生态环境部
	吉林省集安市打造人参产业链融合发展新模式	生态环境部
	江西省崇义县依托生态创新引领三产融合发展	生态环境部
	贵州省贵阳市乌当区推动"大数据+生态产业"深度融合	生态环境部
	神农架发展"生态+旅游"探索生态产品价值实现路径	国家发展和改革委员会
	陕西省商南县发展"生态茶文旅"打造生态茶城促进生态产品价值实现	国家发展和改革委员会
	以全域生态旅游为抓手打通"两山"转化通道——江西省资溪县探索全域生态旅游发展	国家发展和改革委员会
	百年茶村变游园——江西省上犹县	国家发展和改革委员会
	江苏省苏州市金庭镇发展"生态农文旅"促进生态产品价值实现案例	自然资源部
	河南省淅川县生态产业发展助推生态产品价值实现案例	自然资源部
	宁夏回族自治区银川市贺兰县"稻渔空间"一二三产融合促进生态产品价值实现案例	自然资源部
	四川省宜宾市叙州区建立油樟全产业链发展机制	国家林业和草原局
模式五："品牌引领"模式	安徽省岳西县打好全域有机"生态牌"	生态环境部
	丽水山耕：品牌溢价下的有效机制	国家发展和改革委员会
	品牌建设：兴安盟实现区域产品溢价增值——兴安盟打造有机大米区域公用品牌	国家发展和改革委员会

续表

	分类	来源
模式六："市场驱动"模式	福建省永春县探索培育生态产品"三级市场"	生态环境部
	内蒙古绰尔森林工业有限责任公司林业碳汇产品市场化交易实践	国家发展和改革委员会
	广东省广州市花都区公益林碳普惠项目案例	自然资源部
	重庆市拓展地票生态功能促进生态产品价值实现案例	自然资源部
	福建省三明市林权改革和碳汇交易促进生态产品价值实现案例	自然资源部
	江西省崇义县完善民营林场培育政策	国家林业和草原局
	广西壮族自治区苍梧县建立利益联结机制	国家林业和草原局
	安徽省宁国市探索山核桃林托管经营	国家林业和草原局
	福建省三明市探索林票制度	国家林业和草原局
	贵州锦屏县探索林木采伐承诺管理机制	国家林业和草原局
	四川省巴中市巴州区建立林权交易指导价制度	国家林业和草原局
	四川省巴中市巴州区开展职业林农培训	国家林业和草原局
模式七："溢出效应"模式	内蒙古自治区库布其立体治沙促循环产业发展	生态环境部
	山东省威海华夏城生态修复治理谋转型发展	生态环境部
	甘肃省古浪县八步沙林场"农林牧副"多业并举生态治沙促人沙和谐	生态环境部
	江苏省徐州市贾汪区演绎化蛹成蝶新篇章	生态环境部
	云南省华坪县去"黑"转"绿"促产业生态化	生态环境部
	江苏省徐州市潘安湖采煤塌陷区生态修复及价值实现案例	自然资源部
	山东省威海市华夏城矿坑生态修复及价值实现案例	自然资源部
	北京市房山区史家营乡曹家坊废弃矿山生态修复及价值实现案例	自然资源部
	山东省邹城市采煤塌陷地治理促进生态产品价值实现案例	自然资源部
	河北省唐山市南湖采煤塌陷区生态修复及价值实现案例	自然资源部
	海南省儋州市莲花山矿山生态修复及价值实现案例	自然资源部
	遂昌金矿：既要绿水青山又要金山银山——"两山"理论的遂昌实践	国家发展和改革委员会
模式八："绿色金融"模式	浙江省淳安县探索"生态银行"现代金融模式	生态环境部
	绿色金融：生态产品价值实现的循环力量——丽水市金融支撑生态产品价值实现机制典型案例	国家发展和改革委员会
	解赎买筹资难题，化生态保护与林农利益矛盾——农业银行资溪支行创新森林赎买项目贷款助力林区生态发展	国家发展和改革委员会
	创新古村落抵押，变"死资产"为"活资本"——金溪县创新"古村落金融贷"支持古建筑保护	国家发展和改革委员会
	安徽省旌德县探索生态资源受益权制度	国家林业和草原局
	山西省实施公益林补偿收益权质押贷款制度	国家林业和草原局
	浙江省完善林权抵质押贷款制度	国家林业和草原局
	福建省建立林权收储担保机制	国家林业和草原局

	分类	来源
模式八："绿色金融"模式	江西省建立林权大数据服务机制	国家林业和草原局
	湖北省十堰市郧阳区创新预期碳汇收益权担保制度	国家林业和草原局
	安徽省宣城市推进林地股份制经营	国家林业和草原局
	福建省沙县探索林地股份制村集体企业	国家林业和草原局
	山东省新泰市发展民营林场	国家林业和草原局
	浙江省丽水市探索集体林地地役权制度	国家林业和草原局
	陕西省宁陕县创新公益林股份合作经营	国家林业和草原局
	安徽省旌德县建立林权收储担保机制	国家林业和草原局
	湖南省溆浦县探索林地信托模式	国家林业和草原局
	重庆市南川区积极培育家庭林场	国家林业和草原局

11.3.2 "生态补偿"模式

"生态补偿"模式体现了"谁受益、谁补偿，谁保护、谁受偿"的原则。生态功能极为重要、生态环境敏感脆弱的地区，借助国家重点生态功能区转移支付、重点领域生态保护补偿等各级财政资金，以及流域上下游横向生态补偿、省域内生态保护补偿机制等多种形式，更好地提供具有公共产品属性的生态产品。例如，湖南资兴市紧扣东江湖水资源保护与合理利用这一主题，开展东江湖流域生态补偿试点，并出台《郴州市东江湖流域水环境保护考核暂行办法》，旨在通过考核推动东江湖水环境质量持续改善，推动建立东江湖流域生态补偿机制，筑牢东江湖"绿色屏障"；为进一步释放生态补偿红利，依托生态优势全面实施"旅游+"工程，将旅游产业确定为转型发展的支柱产业，发展旅游与文化、体育、岷山、农业、康养等五大产业融合，同时大力发展大数据产业，初步探索出了一条科学保护、合理利用、相辅相成、良性互动的战略水资源保护利用新路径。

11.3.3 "绿色银行"模式

"绿色银行"模式实现的是生态环境的"整存零取"，存足"绿水青山"

本金，取出"金山银山"利息。一些生态环境本底较好的地区，以长期持续提升生态资产为核心，坚持不懈推进生态建设；而一些生态环境本底较差或生态环境敏感、脆弱的地区，通过坚持不懈地开展生态保护修复与生态建设工程等生态添绿、增绿、补绿举措，不断夯实绿色可持续发展的生态根基，筑牢经济社会发展的"绿色银行"，推动生态资产、绿色资本不断增值、累积和变现，最终将绿水青山的自然财富、生态财富转变为经济财富、社会财富。例如，南澳县坚持"生态立岛、旅游旺岛、海洋强岛"战略，依托丰富的海域海岛自然资源和深厚的历史文化底蕴，大力推进"蓝色海湾"等系列海岛保护修复、近零碳排放城镇试点、海岛生态文体旅产业建设。一方面，提升了海洋生态系统的质量，增强了优质生态产品的供给。840m 金澳湾岸线、900m 竹栖肚湾岸线、5000m 赤石湾十里银滩岸线和 2.6 万 m² 烟墩湾岸滩完成了修复整治，南澳岛自然岸线得到了有效保护和恢复，青澳湾海水水质提升为 I 类。另一方面，推动了生态保护与产业发展的融合，形成了绿色低碳产业发展体系。科学规划和开发海岛风力资源，2020 年南澳县可再生能源消费占全社会能源消费总量的 70.1%；发展生态养殖业，建成了后宅、深澳生态养殖示范区，塑造了"南澳紫菜"等国家地理标志产品，南澳牡蛎、后花园宋茶等农产品区域公用品牌；以"生态文体旅"模式带动全域旅游，"南澳游"品牌影响力持续扩大，连续 6 年荣获"广东省旅游综合竞争力十强县（市）"。同时，促进了经济社会发展和群众增收致富，实现了"绿水青山""碧海蓝天"的综合效益。

11.3.4 "山水资源"模式

"山水资源"模式的特点是因地制宜、因势利导。生态环境资源特色突出的地区，围绕自身生态环境特点和生态资源优势，因地制宜发展特色产业、生态旅游，探索生态优势向发展优势转变的路径，生动践行"靠山吃山唱山歌，靠海吃海念海经"理念。例如，浙江省安吉县依托丰富的竹林资源，发展"全竹利用"的竹木资源深加工产业，以深化林权制度改革培育竹产业原料端，以促进一二三产联动带动竹产业生产和消费端，以深耕品牌效应扩大竹产业对外影响力，构建低碳绿色竹产业体系，以全国 1.8% 的立竹量，创造了占全国近 10% 的竹业总产值，带动就业近 3 万人。依托白茶产业基础，通过科技机械"双强"化、数字化、融合化，大力推进安吉白茶产业现代化，2020 年启动安吉白茶未来工厂建设，首批 5 家白茶未来工厂平均生产效率提高 80%，运营成本下降 45%；运用区块链、物联网、大数据技术，发力数字农业、生态农业、农村电商，推动白茶生产、加工、销售提质增效；不断开拓发展茶饮料、茶食品、茶保健品、茶日化用品等精深加工，在全国率先创新推出农业产业融合项目建设"标准地"改革，促进农文旅融合，形成了以茶促旅、以旅带茶、茶旅互动的新格局。2022 年，安吉白茶年产值占全县农业总产值的 60%，带动全县农民人均增收 8800 余元。

11.3.5 "复合业态"模式

"复合业态"模式的目标是通过产业链条纵向延伸促进生态业态融合发展。生态资源禀赋、产业基础较好、创新要素比较集聚的地区，把生态发展理念贯穿于产业发展、生态环境治理、科技金融、城乡建设以及乡村振兴等方面，推动大生态与大数据、大农业、大旅游、大健康产业等协同发展，培育"生态+"复合产业融合发展的新业态、新模式，不断延展"生态+"效益，形成产业合力效应，实现新业态多元融合、产业发展转型升级、城乡环境转型升级、生活品质转型升级和城市品位整体提升。例如，陕西省商南县作为中国西部最北端的新兴茶区，依托良好的生态资源和现有的 25 万亩生态茶园基地，不断壮大茶产业，发展茶经济，弘扬茶文化，推进茶旅、茶养、茶文、茶体融合发展。构建"公司+基地+合作社+农户"组织形式和线上线下共融共享等新型生产经营模式；推进传统产业数字化转型；借助"22°商洛、北纬 33°商南茶"，全力打造"金丝泉茗"商南茶区域公共品牌，编制《金丝泉茗标准综合体》等体系标准，形成商南茶"拳头"效应，"商南茶"品牌价值达 4.44 亿元以上。商南县按照规模、品质、品牌"三提升"，旅游、康养、加工"三延伸"的思路，茶旅、茶养、茶文、茶体实现融合发展，"生态茶文旅"得到深度融合，茶生态品牌价值不断凸显，商南县先后荣获"中国名茶之乡""中国名茶百强县"等多项荣誉。

11.3.6 "品牌引领"模式

"品牌引领"模式的关键是要擦亮生态产品"金字招牌"。以农业为主导功能或具有特色农业的地区，按照借力品牌赋能的思路，大力发展绿色食品、有机农产品和地理标志农产品，不断扩大生产规模，培育打造特色区域公共品牌，提高产品附加值，实现生态与发展协同互促。例如，浙江丽水围绕区域品牌建设，制定出台《"丽水山耕"品牌建设实施方案（2016—2020 年)》，全面规划"丽水山耕"品牌发展路径，通过企业运作、标准认证、全程溯源监管，推进规范化品牌管理，整合网商、店商、微商，形成"三商融合"营销体系，拓宽营销渠道，同时市政府对各县（市、区）、各职能部门专设"丽水山耕"品牌建设工作考核，完善考核机制。2017 年 6 月，"丽水山耕"成功注册为全国首个含有地级市名的集体商标，成为全国首个覆盖全品类、全区域、全产业链的地市级农业区域公共品牌。截至 2021 年，"丽水山耕"区域公用品牌背书农产品累计达 323 个，已加盟的会员企业达 977 家，合作基地 1153 个，2020 年销售额突破 108 亿元，平均溢价率 30%，部分溢价率达 5 倍以上。

11.3.7 "市场驱动"模式

"市场驱动"模式的本质在于盘活生态资源，实现生态产品价值的交换。生态资源丰富、资源权益交易制度建设完备的地区，构建生态产品及其价值实现的市场化运作体系和市场交易体系，探索建立以生态系统服务消耗量为依据的生态环境指标及产权交易机制，搭建生态产品市场交易平台，实现不同类型的生态产品在不同主体间的高效配置，促进生态资源资产化、可量化、可经营，变生态产品为真金白银。例如，福建三明在全国率先开展以"合作经营、量化权益、自由流转、保底分红"为主要内容的林票制度改革试点，赋予林票交易、质押、兑现等权能，鼓励和引导村集体、其他单位和个人与国有林业企事业单位合作，推出出让经营、委托经营、合资造林、林地入股等 4 种改革模式，实行林票制度，由村民代表大会讨论决定双方合作经营的模式、收益分成比例、林票量化分配方案等，国有林场对本单位发行的林票进行兜底保证。

截至2021年3月，已在12个县（市、区）117个村试点林票制，改革面积76 968亩，制发林票总额7529万元，惠及村民13 606户57 039人，人均获得现值527元的林票，试点村每年村财可增收5万元以上。通过林票制度改革，有效解决了林业发展中的林业难融资、林权难流转、森林资源难变现、集体林质量难提高、各方难共赢的"五难"问题。

11.3.8 "溢出效应"模式

"溢出效应"模式是指将无法直接进行交易的生态产品的价值附加在工业、农业或者服务业产品上通过市场溢价销售实现价值的模式。资源开发强度较大或资源利用枯竭的地区，围绕扩容提质和转型发展，通过绿色化改造、转型升级，将生态产品附加在可以交易的载体产品上，通过培育发展资源节约、环境友好的生态产业，推动实现产业绿色转型和经济高质量发展。例如，海南省儋州市莲花山矿山在不新增建设用地、不砍树不毁林、不搞房地产开发的前提下，采取了生态修复、环境治理、文化传承、产业带动"四轮驱动"模式，利用莲花山的废弃矿坑和6个裸露山体，充分挖掘当地传统祈福文化、苏东坡文化的影响力，开展矿山修复和旅游景点建设，形成了以传承当地福文化、森林温泉康养等为主题的六大功能区，同时，将莲花山生态修复、资源开发与旅游产业规划相融合，推动建设"文康旅、吃住行"全产业链，将昔日满目疮痍的莲花山，建设成为生态良好、文化融合、产业兴旺的4A级景区和"全国第二批森林康养示范基地"。

11.3.9 "绿色金融"模式

"绿色金融"模式是通过发展绿色金融来推进生态效益转化为经济效益。生态环境优良、生态经济发达的地区，通过创新绿色金融产品和金融手段将生态资源股权化、证券化、债券化、基金化，构建生态资源融资担保体系，让绿色生态成为"钱袋子"，源源不断地"生金生银"，实现生态环境保护与经济社会的可持续发展。例如，江西抚州金溪县依托拥有的古建筑、古村落的资产资源，针对古建筑产权企业、古村落开发保护企业或个人，开展金融创新，着力解决古村落建设融资难题。金溪县通过制定《金溪县金融支持生态产品价值实现试点实施方案》，建立"金溪县生态产品交易中心"，并与深圳文化产权交易所对接，搭建传统村落和古建筑的线上交易平台，鼓励金融机构创新古村落金融业务，开发"古村落金融贷"贷款产品等，有效解决了传统建筑古屋修缮保护的资金来源，为古建筑保护开发提供了金融支持。

参 考 文 献

柴志春，董为红．2020．关于生态产品供给的经济学分析［J］．经济研究导刊，(18)：3-5.

高晓龙，程会强，郑华，等．2019．生态产品价值实现的政策工具探究［J］．生态学报，39（23）：8746-8754.

谷中原，李亚伟．2019．政府与民间合力供给生态产品的实践策略［J］．甘肃社会科学，(6)：41-48.

侯冰．2022．国土空间生态修复视角下生态产品供给探析［J］．当代经济，39（6）：36-41.

黎元生．2018．生态产业化经营与生态产品价值实现［J］．中国特色社会主义研究，(4)：84-90.

李庆旭，刘志媛，刘青松，等．2021．我国生态文明示范建设实践与成效［J］．环境保护，49（13）：32-38.

廖福霖．2017．生态产品价值实现［J］．绿色中国，(13)：50-53.

刘韬，和兰娣，赵海鹰，等．2022．区域生态产品价值实现一般化路径探讨［J］．生态环境学报，31（5）：1059-1070.

潘安君，李其军，韩丽．2022．公共性生态产品价值实现路径［J］．前线，496（1）：74-76.

沈国舫．2017．从生态修复的概念说起．http://www.forestry.gov.cn/portal/main/s/72/content-1054176.html.［2023-12-05］.

王会，李强，温亚利．2022．生态产品价值实现机制的逻辑与模式：基于排他性的理论分析［J］．中国土地科学，36（4）：79-85.

王金南，王夏晖．2020．推动生态产品价值实现是践行"两山"理念的时代任务与优先行动［J］．环境保护，48（14）：9-13.

王金南，王志凯，刘桂环，等．2021．生态产品第四产业理论与发展框架研究［J］．中国环境管理，13（4）：5-13.

王夏晖，朱振肖，牟雪洁，等．2021．区域景观规划：增强优质生态产品供给能力的重要途径［J］．环境保护，49（13）：54-57.

王勇．2020．生态产品价值实现的规律路径与发生条件［J］．环境与可持续发展，45（6）：94-97.

袁广达，王琪．2021．"生态资源—生态资产—生态资本"的演化动因与路径［J］．财会月刊，909（17）：25-32.

曾贤刚．2020．生态产品价值实现机制［J］．环境与可持续发展，45（6）：89-93.

翟磊，赵紫涵．2022．社会资本参与生态保护修复项目的路径探讨［J］．项目管理技术，20（12）：

87-92.

张林波，虞慧怡，郝超志，等 . 2021a. 国内外生态产品价值实现的实践模式与路径 [J]. 环境科学研究，34（6）：1407-1416.

张林波，虞慧怡，郝超志，等 . 2021b. 生态产品概念再定义及其内涵辨析 [J]. 环境科学研究，34（3）：655-660.

张晓蕾，严长清，金志丰 . 2022. 自然资源领域生态产品价值实现制度设计 [J]. 中国国土资源经济，35（7）：20-26.

朱新华，李雪琳 . 2022. 生态产品价值实现模式及形成机理——基于多类型样本的对比分析 [J]. 资源科学，44（11）：2303-2314.

Aronson J，Alexander S. 2013. Ecosystem restoration is Now a Global Priority：Time to Roll up our Sleeves [J]. Restoration Ecology，21：293-296.

Coase R H. 1960. The problem of social cost [Z]. In：Gopalakrishnan C，ed. Classic Papers in Natural Resource Economics. London：Palgrave Macmillan.

Kyle G E. 2019. The Arithmetic of Listening：Tuning Theory and History for the Impractical Musician [M]. Bloomington-Normal：University of Illinois Press.

IUCN. 2020. Global standard for Nature-based Solutions：a user-friendly framework for the verification，design and scaling up of NbS. Global standard. Gland：International Union for Conservation of Nature and Natural Resources（IUCN）.

Sowińska-Świerkosz B，García J. 2022. What are Nature-based solutions（NBS）? Setting core ideas for concept clarification [J]. Nature-Based Solutions，2：100009，10. 1016.

Wang X H，Wang J N，Wang B，et al. 2022. The Nature-Based Ecological Engineering Paradigm：Symbiosis，Coupling，and Coordination [J]. Engineering，19：14-21.

第 12 章　新时期生态工程展望

本章分析了国际国内生态工程未来发展趋势，在阐述生态工程研究方法、新技术应用、"双碳"目标等发展前景的基础上，提出了一种新的生态工程范式——基于自然的生态工程（Nature-based Ecological Engineering，NbEE），围绕人与自然和谐共生关系构建，遵循生态系统自身演替规律，识别复合生态系统"格局—过程—服务—福祉"级联关系，构建 NbEE 概念模型，为生态工程理论与实践发展探索新路径。

12.1　国际国内发展趋势

12.1.1　国际趋势

在全球性多重生态危机暴发的背景下，生态学以其非线性思维、整体系统观、多学科整合等优势，为探索解决全球生态危机提供了理论基础（于贵瑞等，2021a）。生态工程是以生态学基本原理和方法为指导、以保护修复生态系统、优化生态环境为目的开展的工程实践，是应对生态危机、实现人与自然和谐共存的重要路径（马世骏，1983）。综观国内外生态工程实践（颜京松和王如松，2001；Matlock and Morgan，2013），在理论根基上均遵循了生态学基本原理和方法，充分发挥了生态系统净化、调节、缓冲等生态服务功能；在工程效益上均对改善区域生态状况、治理污染等发挥了重要作用。

近年来，联合国生态系统修复十年已将修复作为应对社会不平等和环境退化等这些挑战的核心要件。国外生态工程的研究侧重于"基于自然的"理念、"拟自然"技术和"再野化"技术的应用，强调工程技术研究的同时，也注重工程管理的创新，推进生态修复实践趋于标准化和规范化。虽然生态系统恢复是解决气候变化和生物多样性丧失等关键问题的一种有前景的基于自然的解决方案，但修复规划和实施仍主要侧重于生态成效，亟需一种以社会-生态和过程为导向的生态系统修复方法，将生态、社会和经济因素纳入修复中，在增大生态和社会成效的同时推动生态修复全球目标的实现。当前，整合社会和生态系统的理论框架虽已被提出，但将这些构想方法转为实践落地实施仍然具有挑战性。尽管最新研究指导了修复规划以最大限度地提高其效益和可行性，但如何将特定背景的社会和经济因素整合到修复项目中仍是重大挑战。

12.1.2 国内趋势

我国在"山水林田湖草是生命共同体"理念的引领下，通过重大生态工程实施、自然保护地体系建设、生态格局优化、生态网络构建等，强化了生态系统的多要素关联、多过程耦合、多目标协同的研究和实践应用。同时，注重生态保护修复制度创新和生态工程全过程管理。新的历史时期，生态工程也进入新的发展阶段，从理论研究、实践探索到决策管理，要求更加注重工程实际问题的解决，既要充分利用成熟技术和管理手段，又要创新手段和方法，实现工程综合效益最大化（王夏晖等，2022）。在技术方法上，大尺度、多要素生态保护修复强调整体保护、系统修复、综合治理，侧重于自然保护地、生态网络构建、景观连通性提升、生态修复区划等技术研究，注重单要素生态修复技术的整合、优化和互补；小尺度、单要素生态修复技术则侧重于"基于自然的"理念、"拟自然"技术、"再野化"方式的工程实践和技术模式。

随着各类生态工程实施，生态工程技术、材料、装备向多目标、环境友好型、生态化发展，纳米材料、人工复合材料、生物材料等新型生态修复材料和生态设计将更多被采用，在生态修复中实现固碳增汇、节能减排等综合效益。另外，生态工程实施空间尺度逐步由中小尺度向流域、区域等大尺度延伸，更加注重经济、社会、人文、政策等因素耦合，更加强调适应性恢复和管理，生态工程成为推动构建人与自然生命共同体的重要桥梁。

12.2 生态工程科学发展前景

12.2.1 研究方法学

当前生态学研究方法主要包括实验设计法、能值评价法和模型模拟法等，分别面向生态工程的实践、评价和仿真。近年来，通过不断发展实践，这些方法逐步完善。

实验设计法是通过试种和栽培的方式，将试验生物生长发育的各种反应作为实验指标以探究其生长发育规律、栽培技术和不同生长条件的效果，从而为生态工程的方案提供实验数据和科学的指导。形式上主要包含盆栽试验、大田实验和野外实验等。实验设计法能直接获取数据，但由于不同地区的自然环境因素存在较大差异，该法具有一定的地区性和不确定性，其结果普遍存在实验误差，因此，通常需多组数据对照以保证结果可靠。

能值评价法是基于 Odum（1988，1989，1996）建立的能值理论形成的一套生态系统标准化评价体系，常用于评估生态系统保护修复前后承载能力、生态价值、可持续发展能力等的变化，从而为生态保护和生态修复提供针对性指导。能值分析以能量为基准，从贡献者视角，把生态系统中不同等级和不同类别的物质与能量转换成统一标准的太阳能值，进而评价其在生态系统中的作用和功能。该法可比较和分析各种难以统一度量的生态系统的能流、物流等生态流，时至今日，其依旧可作为经典的"环境–经济"系统核算方法。

模型模拟法是对实际生态系统结构与功能的数学概括或系统描述，它能概括问题的轮廓和系统的主要特征，为更深入的研究和管理指引主要方向。该法具有较好的机理性，能实现对大尺度生态保护修复的全过程模拟，有助于理解生态系统运作并引导生态工程的开展。但其机理实则是对现实复杂过程的数学简化，输出结果存在一定的不确定性，因此该法在实践过程中往往需要和实验设计法进行结合，从而及时校正系统偏差。

12. 2. 2　新技术在生态工程研究中的应用

各类技术是支撑生态工程实施的基础，是生态工程取得预期效益的重要保证。生态工程可以融合、集成利用不同类型的技术和方法，实现宏观设计和微观应用的良好结合。随着现代科学技术的不断发展，新技术的引入极大拓宽了生态工程应用的领域。紧密结合科学技术发展现状，有针对性地研发前瞻性、颠覆性、突破性技术并形成技术体系和模式，可发挥提高生态工程效率和效益的重要作用。

1. 地球大数据

近年来，新一轮信息技术革命与人类社会活动交汇融合，半结构化、非结构化数据大量涌现，数据的产生已不受时间和空间的限制，引发了数据爆炸式增长，数据类型繁多且复杂，已经超越了传统数据管理系统和处理模式的能力范围，人类正在开启大数据时代新航程。

当前，大数据已成为知识经济时代的战略高地，是国家和全球的新型战略资源（牛净和邬明权，2023）。作为大数据重要组成部分的地球大数据，正成为地球科学一个新的领域前沿。地球大数据是基于对地观测数据又不唯对地观测数据的、具有空间属性的地球科学领域的大数据，主要产生于具有空间属性的大型科学实验装置、探测设备、传感器、社会经济观测及计算机模拟过程中，其一方面具有海量、多源、异构、多时相、多尺度、非平稳等大数据的一般性质，另一方面具有很强的时空关联和物理关联，具有数据生成方法和来源的可控性。

地球大数据就是以数字化手段连接地球空间、社会空间和知识空间，构建一个数字化的信息框架，以复杂系统的思维方式，综合应用大数据、人工智能和云计算，将地球作为一个整体进行观测和研究，理解地球自然系统与人类社会系统间复杂的交互作用和发展演进过程，解决地球可持续发展问题。

2. 复杂系统模型

生态工程属于复杂科学范畴，模型是生态工程理论和应用研究的重要工具。计算机模拟技术的快速发展已经极大地改变了现代生物学的研究，特别是成为研究类似生态系统这样复杂系统的重要手段。生态学注重模型分析，构建过大量的模型，如迁入–迁出模型、捕食–猎物模型等。这些模型都是将种群作为研究对象，很少有涉及生态系统的模型。以往生态工程中的应用模型多是针对污水处理小试、中试而进行的模型总结，其参数较少，应用范围针对性强。但是对于生态工程，特别是大、中型生态工程，其数学模型的建立是十分困难的，必须对系统变量进行简化。可以说，模型在场景分析中具有重要作用，因为它提供了目标状态下的具体情况，成为研究复杂对象的重要手段。但是由于复杂对象的参数多，目前模型的方法还有很多应用上的困难，亟待破解关键技术瓶颈。

3. 工程遥感技术

遥感作为一种可提供大尺度、长序列、全时段监测的手段，长期以来，遥感技术在资源详查、资源利用动态、灾害监测与评估等方面已得到较广泛应用，为调查评估生态系统的结构、过程、格局、功能、质量提供着充分保障（聂洪峰等，2021；李志忠等，2021），而在海洋资源开发与环境监测、生物量评估与可持续农业中的应用，在地球环境变化与区域持续发展能力建设方面的贡献，只是刚刚起步。

（1）大气污染监测

在大比例尺的遥感图像上，可以直接统计烟囱的数量、直径、分布，以及机动车辆的数量、类型，找出其与燃煤、烧油量的关系，求出相关系数，并结合城市实测资料以及城市气象、风向频率、风速变化等因素，估算城市大气状况。

（2）水污染调查

由于溶解或悬浮于水中的污染成分浓度不同，使水体颜色、密度、透明度和温度产生差异，导致水体反射光能量的变化，而在遥感图像上，能反映为色调、灰阶、形态、纹理等特征的差别。根据这些影像，一般可以识别水体的污染源、污染范围、面积和浓度。

（3）热效应监测

利用热红外遥感图像能够对城市的热岛效应进行有效的调查。我国在沿海城市或地区（天津、北京、上海、广州以及一些河口三角洲，如黄河、长江和珠江）等完成了遥感应用试验，还在攀枝花、沈阳、洛阳、西安、太原等城市进行了城市环境遥感，取得了良好的效果。通过热红外图像研究城市热力景观效应和热岛效应，可以综合反映城市工业布局、建筑密度和绿地水域的环境效应，成为评价城市环境质量的主要依据。通过红外遥感，还可以获得河流下游海水倒灌、沿岸污水渗漏的红外图像，查明污水回流和富营养化。

（4）农业、林业资源的调查与开发

遥感技术具有全天候、大面积同步观测及观测精度高等优点，特别是近年来遥感影像的空间分辨率、时间分辨率和光谱分辨率不断提高，使得遥感影像对于农业资源和林业资源的调查具有其他手段不可比拟的优势。遥感技术空间分辨率的提高使得遥感影像的质量更好，信息量更大，图像上所显示的地面物体也更容易被人们察觉。波谱分辨率的提高使人们对于林业及农业类型的区分更加准确。由于林业及农业在遥感影像上的表现差别不大，波谱分辨率提高以后可以更准确地区分农作物及各种森林的类型和分布。利用遥感技术还可以实现对同一地区不同时间段生态环境资源的变化情况的监测，在这个工作中遥感影像的时间分辨率比较重要。时间分辨率指对同一地点进行遥感采样的时间间隔，即采样的时间频率，也称重访周期。时间分辨率的提高对于判别同一地区的动态变化有着极其重要的作用，它可以使研究区域的变化过程和变化趋势更加清晰明了。利用高精度的遥感影像，再辅以少量的野外调查验证，便可以实现对农业、林业资源的准确掌握。把遥感影像提供的农业、林业资源数据数字化以后输入计算机，利用地理信息技术对由遥感技术获得的影像进行空间分析与研究，结合全球定位系统技术确定资源分布及数量，并找出适合发展农业和林业的区域，为农业和林业的现状分析和进一步开发提供科学依据。

（5）生态环境动态监测

动态监测就是通过观察物体或现象在不同时间的状态差异来确定动态变化的。通过对不同特征的卫星遥感数据融合和分析，对生态环境进行变化监测、土地利用变化分析、作物生长环境监测、草场退化及沙漠化等其他环境变化监测，实际上是将该地区在不同时期的生态环境的量化监测结果进行对比，分析其时间和空间分布的变化，以此来分析动态特征及未来发展趋势。

未来，在自然资源调查、生态地质调查、健康地质调查等工作中，以像元

级为观测尺度，利用多源遥感技术对重大生态工程与区域综合治理的进度、效率、质量及连锁效应，精细化开展定量评估和可视化分析将显示出更大的应用需求和发展潜力。

4. 无人机技术

无人驾驶飞机系统（unmanned aerial system，UAS）简称无人机。无人机与遥感技术的结合，即无人机遥感，是以无人驾驶飞行器（unmanned aerial vehicle，UAV）作为载体，通过搭载相机、光谱成像仪、激光雷达扫描仪等各种遥感传感器，来获取高分辨率光学影像、视频、激光雷达点云等数据。无人机遥感为生态工程提供了新的技术支撑手段，如在高效精准地进行植被恢复率计算时，应用无人机航测影像数据，可在实现影像土地利用分类的基础上提取植被面积（林成行等，2018）。

在生态工程中使用无人机遥感的优势如下。

1）高分辨率：无人机平台获取的光学遥感数据空间分辨率高达厘米级别，弥补了卫星因天气原因图像无法获取或者图像分辨率低的不足。

2）高时效性：无人机能第一时间获取资源变化数据，甚至可以定点实时观测。

3）云层下成像：无人机具有在云下低空飞行的能力，弥补了卫星光学遥感和普通航空摄影经常受云层遮挡获取不到影像的缺陷。

4）移动性能高：无人机平台体积小，较为轻便，移动性能好，在运输、保管环节上与有人飞机遥感平台相比费用更节省。

5. 地理信息系统

地理信息系统（GIS）可以存储、查询、分析、模拟、显示和输出地理空间动态数据，在对数据分析提供支持和结果表达方面发挥着重要作用。GIS 应用于环境生态工程中，不仅可以实现环境信息的高效管理，而且可以生成常规方法无法获取的信息，提高分析的准确性，有效实现环境的综合分析、动态监测、模式评价和辅助决策，具有巨大的应用潜力。

（1）GIS 在生态规划中的应用

环境规划是指对一个区域（或城市）进行生态环境现状调查、监测、评价、规划，预测由于经济发展可能引起的环境变化，并根据生态学原理提出调整工业部门结构、生产布局以及各种防治污染的途径，进行保护和改善环境的战略性部署。其目的是在发展经济的同时保护环境，防止和减少环境污染，使经济与环境协调发展，实现经济可持续发展。环境规划是一项复杂的系统工程，涉及对多源信息的采集、处理、分析及对不同方案的比较、模拟、预测，要求不同方式的输出与显示方式。

GIS 在信息管理方面具有突出的优越性，可以将空间信息和属性信息进行综合管理，对不同要素、不同领域的信息分层管理，并在各信息层之间建立有机的联系。将先进的 GIS 空间分析技术与基础数据和空间图形库结合起来，在环境数据的收集与管理、环境质量评价与预测，以及污染控制规划方面做出相应的处理，使环境规划决策的过程更加直观、快速、实时和有效。而未来的环境规划管理重点发展方向是能够快速应对错综复杂的环境问题，而且能够从时空的角度预测环境质量的变化趋势，为决策者提供专家经验，合理制定环境管理措施和方案。而 GIS 作为一种技术手段，正好发挥其对数据及时更新、地理空间信息和属性数据实时查询、宏观把握和微观分析的决策支持等功能优势。

（2）GIS 技术在生态环境质量评价中的应用

水是人类生存和发展不可缺少的物质条件，是工农业的重要资源，然而水源污染日趋严重并多以复合型污染为基本特征，造成大范围的水源不能饮用，因此有必要加强对水资源环境的监测和管理。水资源环境的特点是空间信息量大，而对空间信息的管理与分析正是 GIS 的优点。GIS 用于水资源环境监测，主要是对水质监测数据和空间数据进行科学有效的组织和管理，能够让管理人员便捷地对信息进行查询、修改和编辑等；通过 GIS 强大的空间分析能力，实现对空间和检测数据的分析与专题图的制作，进而为污染治理方案的制定提供有效的信息支持。

利用 GIS 可以对水资源开发的不同阶段进行分析，在水资源开发之前，可分析水资源的时空分布规律；在水资源开发过程中，可实时接收、处理、分析各种现场数据，及时提供反馈信息，为管理部门提供决策支持。此外，还可以利用 GIS 空间分析和图形表达功能，分析各水质评价因子在水质评价中的作用，对数据进行预处理，即在对污染源进行调查分析的基础上确定主要评价因素，并采用相关数据。

（3）GIS 在大气环境动态监测中的应用

随着城市工业化的发展，城市工业企业数量和机动车数量都在急剧增加，有害污染物大量排入到城市空气中，很多国家和地区都在为改善大气环境质量做着努力。而大气环境有以下特点：一是它的空间尺度大，人类赖以生存的大气圈有上百公里的厚度；二是空气在自然环境中有着最好的流动性，地面是其不可逾越的固体边界。因此，大气环境动态监测最适合用 GIS 技术进行监测和分析。利用地理信息系统技术和数据库管理技术，可以将所有对大气有污染隐患的企业及位置信息、主要污染物、污染物移动范围、周围地形进行收集、整理，并建立地理信息数据库。利用 GIS 空间分析和数据显示功能，可获得污染物在大气中的浓度分布图，进而可了解污染物的空间分布和超标情况。在这方面已经有了成功实例：欧洲的 RAINS 模式就是一个跨国界的 SO_2 排放量计算机管理系统。

（4）GIS 在生态环境影响评价中的应用

环境信息数据库是项目环境影响评价的基础。项目环境影响评价需要先期掌握区域自然与社会经济、区域环境质量、污染源、工程项目、环境标准和环境法规等环境信息。环境信息数据量大、来源广，且 85% 都与空间位置有关。可以用 GIS 集成与场地和项目有关的各种数据及用于环境评价的各种模型，进行综合分析、模拟和预测，对环境质量现状进行分析和决策。GIS 还具有很强的数据管理更新和跟踪能力，以此来协助检查和监督环境影响评价单位与工程建设单位履行各自职责，并对环境影响报告书进行事后验证。

环境影响评价的目的是确保或满足研究区域内的社会、经济和环境的协调发展，使该区域达到可持续发展战略规划的总体要求。GIS 对环境影响评价中的作用主要体现在：①能有效地管理一个大的地理区域复杂的污染源信息、环境质量信息及其他有关方面的信息，并能统计、分析区域环境影响诸因素（如水质、大气、河流等）的变化情况，以及主要污染源和主要污染物的地理属性和特征等。②叠置地理对象的功能，对同一区域不同时段的多个不同的环境影响因素及其特征进行特征叠加，分析区域环境质量演变与其他诸因素之间的相关关系，从而对区域的环境质量进行预测。③将区域的污染源数据库和环境特征数据库（如地形等）与各种环境预测模型关联，采用模型预测法对区域的环境质量进行预测。环境预测模型的建立是一个十分复杂的任务。它需要大量计算分析，即进行定性与定量分析。而这些问题由于 GIS 的开发应用都变得高效、科学，可以把基于环境预测模型的软件引进到 GIS 中，充分运用 GIS 的管理和空间分析功能进行环境预测分析。

6. 全球定位系统

通过 GPS 对环境监测站点进行定位，动态、实时采集和处理环境数据。将 GPS 与摄影测量组合，确定环境质量评价区域，动态测量各类污染源（点状、面状、线状）的位置、范围和空间关系。此外，GPS 技术在野外环境数据采集和信息化中起到导航定位的作用。

（1）对环境污染的监测

在宏观方面，可建立 GPS 控制网，在控制网的基础上，进行像控点测量，为航空遥感相片的定向提供加密点，用于宏观区域和重点区域污染情况的采集、提取；在微观方面，可利用 GPS 技术监测沟头前进速度、沟底下切速度、沟缘线后退速度，甚至可以监测典型样点污染情况。对人为环境污染的监测，可用 GPS 定期观测开挖面、堆积面的变化情况，可用 GPS 现场测量挖填方量、堆积量和弃土弃渣量，可用 GPS 在最短时间内比较准确地确定开荒、毁林及破坏水土保持设施的数量、面积等。

（2）工程规划设计放样

环境生态工程建设需要调查评价土地利用现状、典型样点水土流失状况、地面坡度等数据，以往取得这些数据主要依靠外业常规测量或借助地形图资料，存在的问题是外业常规测量时间较长，费用较高，且地形图资料不能反映最新地形地貌状况。

利用 GPS 定位技术很容易完成图斑的跟踪、样点侵蚀量的调查及坡度测量工作，尤其在设计阶段，对水保工程的设计具有很大作用，如可以用 GPS 定位技术完成数字地面模型（DTM），用计算机设计软件完成拦泥坝工程设计等。水保持工程施工放样，以往采用经纬仪、水准仪、皮尺、罗盘等，操作比较繁琐，在地形条件复杂的区域，施工放样相当困难，精度难以保证。利用 GPS 定位系统中的实时动态（RTK）技术，很容易找到待定位的目标点。如果定位的精度要求不是很高，如梯田、造林地等，利用 GPS 手持机定位放样，更简单容易。

（3）耕地退化动态监测

受经济发展影响，耕地退缩问题日趋严重，需要一个有效的手段来监控耕地的变化。对区域耕地资源扩张性或退缩性变化，利用遥感手段经过一段时间积累后可比较明显反映。对于一个市、县级行政区来说，明显地、大面积的变化区域可以通过卫星遥感图像信息确定。而对于小面积或突然发生的有较大影响的变化，卫星影像上反映不出来，或没有必要用遥感手段就能够确定其大致范围，仅 GPS 即可完成变化区域的定位。

（4）GPS 在生态环境影响评价中的应用

本书以矿山环境影响评价为例，介绍 GPS 接收机在环境影响评价工作中的应用方法。

1）绘制环境敏感目标分布图。其将矿区范围拐点坐标转换为 GPS 默认使用的 WGS-84 坐标后，将其输入 GPS 接收机中，再通过现场踏勘 GPS 定位，确定环境保护目标以及主要工业设施的位置，即可测量出相对距离。如果有公路等环境敏感目标通过矿区，采用 GPS 中的航迹功能可以形象地表示出公路在矿区内的走向、长度等关系。将 GPS 接收机采集的数据导入电脑中，即可进行环境敏感目标分布图的绘制，进而为环境影响评价提供精确的数据支撑。

2）绘制水系图。在环评工作中，经常可能遇到难以获得项目区水系资料或是水系不明确等情况。此时可以将转换后的矿区范围拐点坐标输入地图软件中，根据地图中的地形高低结合现有的资料，判断水系分布与流向，进而以地图资料为底图，采用绘图软件绘制出较为精确的水系图。

3）其他应用。采用 GPS 内置的测量面积功能，还可以测量矿山工业场地、废石场、贮矿场等的面积。但是如果场地过小，采用的 GPS 接收机精度不高，可能导致测量数据不准确，因此，该功能仅在大面积测量或是拥有高精度GPS 接收机时才有使用意义。GPS 接收机不仅可以显示出所在地点的经纬度，还可以显示所在地的海拔高度。因此，只要分别在场地的顶部和底部定点，就可以获得场地的高度数据。

7. 互联网技术

我国学者对于"互联网+"在我国生态领域的应用研究，主要体现在利用数据挖掘技术，比如利用聚类分类等机器学习算法，挖掘生态工程相关数据。

如利用遥感技术测定林地的生态环境因子，分析林区的生态环境以及林地利用情况，从而为生态修复提供数据支撑（邢凯鑫等，2016）。利用生态调查结果，掌握各类生态指标，对地区生态环境进行具体的定位分析（刘陆，2020）。同时利用互联网技术，建设大数据平台，分析地区的生态状况，建立基于生态数据的实时精准生态修复系统，制定出有针对性的生态修复方案。

随着信息通信技术的发展，国家大力支持利用云计算、大数据以及物联网等新的信息技术，实现生态工程的数字化管理，"互联网+"在生态工程中的应用将越来越广。

8. 人工智能

人工智能是计算机科学领域的一个分支，它是研究、开发用于模拟、延伸和扩展人的智能的理论、方法、技术及应用的一门新科学技术，其主要能力是存储知识，让程序通过一定的运算实现预设目标。同时，人工智能也可以对视觉图像、声音、其他传感器输入的各类数据进行处理并作出合理反应。

人工智能中的视觉图像对环境工程目前的发展推动作用明显，如目前的垃圾分类，就是利用计算机视觉技术识别垃圾种类，从而实现垃圾分类。计算机视觉技术不断发展，针对城市环境评价采用街景图像数据的研究成为一种效率更高的方法，可以实现超大规模空间范围的城市环境评价，而且不同空间、不同时间的街景数据也可以通过比较结果来进行科学研究。

人工智能技术具有自学习、自适应和自组织的独特性能，"智能+环保"应运而生，目前已被广泛地应用于水环境污染（魏潇淑等，2022）、大气污染（刘靖等，2022；Wang et al.，2015）、固废处理、气候变化和其他环境领域，是环境监管和治理的有效手段，可以为生态工程领域内的一些问题提供新的研究思路。在草原荒漠化治理过程中，现代智能设备技术有着非常重要的作用，能够很好地优化治理方案，还能够根据荒漠化的实际情况来针对性地采取相应措施，进而能够取得理想的治理效果，推动沙化地区更好向前发展。例如，在荒漠化草原，通过机械铺草固沙，再利用生物修复技术对沙地中存在的绿色植被进行恢复、对现代林木加以种植，如对甘草、枸杞等能够满足当地环境的植物，建立生物系统，恢复土地的生产力，进而恢复生态系统，让其能量能够稳定循环。

随着计算机算力提升以及人工智能的发展，人工智能与生态工程领域的技术融合还有很大的发展空间。边缘计算、深度学习等关键技术的演进发展，加上新一代 5G 通讯与人工智能技术的相互成就，其将产生融合效应，人工智能技术将快速应用在各个生态环保领域，成为环境信息全面深度监测、环境数据传输汇聚、应用场景智能高效的利器，全面提升生态环境智能决策和处理水平。

9. 数字孪生

数字孪生是充分利用物理模型、传感器更新、运行历史等数据，集成多学科、多物理量、多尺度、多概率的仿真过程，是以数字化方式创建物理实体的虚拟映射体，是一项借助历史数据、实时数据以及算法模型等完成模拟、验证、预测等物理实体全生命周期过程的技术手段，其核心技术包括物联网、大数据、人工智能、建模、仿真、云计算与边缘计算等。数字孪生是一种超越现实的概念，可以被视为一个或多个重要的、彼此依赖的装备系统的数字映射系统。

数字孪生是普遍适应的理论技术体系，可以在众多领域应用，在产品设计、产品制造、医学分析、工程建设等领域应用较多。数字孪生更适合工程应用的优化，能够降低复杂工程系统建设的费用。在国内应用最深入的是工程建设领域，关注度最高、研究最热的是智能制造领域。

数字孪生技术可将现实中的生态环境治理全程映射在虚拟的数字孪生世界，能够有效提升生态环境决策的科学化、精准化、高效化。治理部门能够通过感知设备实时采集污染源数据、气象数据等真实世界的环境数据。数字孪生系统对环境管理的各个实体要素进行动态监测、动态描述、动态预测等，实时掌握生态环境的现状和趋势，发现环境变化过程中的联系、规律，以支撑相关部门的环境决策管理。

除了监测之外，数字孪生技术可用来创建自然环境的虚拟副本，用来构建预测模型，模拟新开发、生态工程措施对当地生态环境的潜在影响，可以在这些项目实际建设开始之前预测环境变化对野生生物种群和生态系统的影响，例如，了解风电场等特定项目和工程对当地生态系统的影响，为决策者或管理层提供决策支持。

随着世界迈向更可持续的未来，数据孪生与物联网技术相结合，可以帮助捕捉大量数据，这些数据可以支持生态工程项目提高精准性和智能化。

12.2.3 生态工程与"双碳"目标

1. 碳汇扩增

通过生态工程改善或恢复现有生态系统的结构和功能，优化区域生态系统的空间布局，有效发挥森林、草原、湿地和土壤的固碳作用，保护生态系统碳库并提升生态系统碳汇能力，是实现碳达峰、碳中和目标的重要途径（周广胜等，2022），也是目前最经济、最安全、最有效的固碳手段，对构建当下的生态建设与固碳增汇协同的理论体系、应用技术和模式也具有重大意义。

在碳中和的长期目标下，基于自然的解决方案在应对气候变化中的作用将越来越显著。基于自然的解决方案能够在农业、林业、海洋和湿地等各领域依靠自然的生态功能增加碳汇，抵消工业、交通等部门的碳排放，最后实现碳中和的目标（于贵瑞等，2021b）。基于自然的解决方案中，植树造林被认为是增汇潜力最大的生态措施，因而成为中国和其他许多国家应对气候变化的优先选择，但是，植树造林的时间地点以及树种选择，则需要根据森林演替规律、生态系统本底和气候变化情景进行综合分析决策。

陆地生态系统碳汇效应在长时间尺度上将逐渐减弱，从长远来看，其固碳潜力和增汇空间是有限的。但陆地碳汇在中国"双碳"目标中仍然具有举足轻重的作用，植树造林、天然林保护、森林管理、人工种草、退牧还草等生态工程措施有助于实现增汇并延长陆地碳汇服务的窗口期，有望为"双碳"目标中的工业减排赢得时间窗口（朴世龙等，2022）。

面对我国复杂的地理格局及经济社会发展水平的区域差异，未来研究须统筹分析各区域及各发展阶段所面临的生态环境问题，重点开展或关注以下问题。

1）加强陆地生态系统碳汇监测体系和核算体系建设，有效提升模型对碳源汇动态的模拟和预测能力，发展规划陆地碳汇管理决策系统，要基于科学认知和预估对造林、种草的时机和宜林区、宜草区选择进行优化布局，为国土空间的生态工程优化布局和实施效果评估提供科学依据。

2）开展国家重大生态工程增汇潜力及其风险评价研究。以主要陆地生态系统（森林、草原、农田、湿地）为研究对象，采用地面观测、遥感观测以及包括氮沉降和对流层臭氧浓度影响过程的陆地生态系统模型相结合的研究方法。结合基于区域气候模式等动力降尺度方法获取的高时空分辨率（日、公里）的气象资料，评估国家重大生态工程增汇潜力及风险，给出不同排放情景下 2030 年和 2060 年增汇潜力，评估面临的气候变化、大气 CO_2 浓度变化以及氮沉降变化等多种因素的风险，量化气候变化和人为活动对增汇潜力的贡献，提出增汇的系统管理优化方案，服务于"双碳"目标。

3）预测各类生态碳汇工程的碳汇效益及生态环境效应，认知区域的生态系统碳循环过程及其机制的特殊性，认证生态碳汇工程的技术经济的可行性、碳汇效应及生态环境的潜在影响，为制定行之有效的增汇减排政策提供科技支撑。

2. 生态保护与气候变化协同

应对气候变化、加强生物多样性保护、共建地球生命共同体，日益成为全球可持续发展的热点和主流。我国秉承人类命运共同体理念，坚定不移地推动经济社会发展全面绿色转型，为共建清洁美丽世界贡献中国力量。2021 年 10 月，《联合国生物多样性公约》第十五次缔约方大会（COP15）第一阶段会议通过《昆明宣言》，强调采取组合措施来遏制和扭转生物多样性丧失，呼吁生物多样性相关公约要加强与《联合国气候变化框架公约》等现有多边环境协定的合作与协调行动。2021 年 11 月，《联合国气候变化框架公约》第二十六次缔约方大会（COP26）达成《格拉斯哥气候协议》，强调保护生物多样性的重要性，以及保护、养护及恢复自然和生态系统以实现《巴黎协定》温度目标的重要性。因此，加强应对气候变化与生物多样性保护统筹融合，是解决气候变化和生物多样性丧失"双重危机"的关键。

在应对气候变化领域，通过保护、修复和可持续管理生态系统，提升生态系统服务功能，增加碳汇，从而有效减缓和适应气候变化，提高气候韧性，同时为人类福祉和生物多样性带来益处，推动应对气候变化和生物多样性保护协同增效。在农业、森林和其他陆地生态系统、海岸带和沿海生态系统等领域通过提升生态系统服务功能，不同程度增加碳汇，同时还能带来保护生物多样性、促进经济发展等多元协同效果。其中，基于自然的解决方案（NbS）作为碳达峰、碳中和"1+N"政策体系十大重点领域之一，应成为碳技术减排的重要补充，推动应对气候变化和生物多样性保护协同增效。以能源、工业等作为减排重心的同时，兼顾推进 NbS 在应对气候变化国家总体战略和规划中主流化，特别要重视在能源结构优化、传统产业升级、绿色低碳技术创新等领域将 NbS 与当前碳减排技术深度融合，共同助力碳达峰、碳中和。

过去三十年，我国基本形成应对气候变化体系并取得积极成效，碳排放强度稳步降低，但仍存在重点领域政策缺乏统筹、应对气候变化体系不够健全、应对气候变化（特别是减缓气候变化）与生态保护协同不足等问题。自 1992 年加入《联合国气候变化框架公约》以来，我国始终高度重视应对气候变化问题，实施积极应对气候变化的国家战略，应对气候变化取得了显著成效，正在加快构建碳达峰、碳中和"1+N"政策体系。但是，我国应对气候变化的体系仍有改进空间：①相关参与部门间的协调机制有待加强。1994～2021 年，国家层面共出台近 150 项应对气候变化相关政策措施，参与政策制定的部门及联合颁布政策的数量逐渐增多，但经济、科技等部门的参与程度，以及各部门间的政策协同联动仍需进一步加强。②适应气候变化政策体系仍需完善。水资源、海岸带和相邻海域、城市等重点领域适应气候变化政策相对滞后，对气候变化下的综合防灾减灾亟需强化。③应对气候变化政策与生物多样性保护政策协同仍有较大提升潜力，在近 150 项应对气候变化政策措施中，关注到生物多样性保护的政策文件约占 40%，但宏观指导性或原则性措施较多，具体行动指引亟待研究。

积极探索制定 NbS 等本土化的政策保障体系和标准规范体系，强化科技、经济等政策联动，提升适应和减缓气候变化的能力，实现生态保护与应对气候变化协同增效。具体举措如下。

一是在应对气候变化政策中纳入强有力的生物多样性等生态保护修复目标和保障措施，形成有利于生态保护的气候应对机制。充分论证应对气候变化有关措施对生物多样性等的影响，在气候政策和相关行动中明确生态保护目标，推动形成积极支持生态保护的气候政策框架体系。加强国土空间生态环境管控、主体功能区战略实施、划定并严守生态保护红线等自然生态空间用途管制，为保护生物多样性、提高生态系统碳汇、增强气候变化适应能力提供更多的生态空间。

二是打通应对气候变化与生态保护信息共享渠道，实现部门信息联动，建立 NbS 参与多领域协同治理工作机制。中央、部委和地方各级政府围绕应对气候变化和生态保护多重目标开展更多对话，确定共同目标，加强协同治理政策研究，制定协同推进国家战略和行动指南，最大限度减少不同政策目标、不同领域、不同地域间的政策冲突。促进相关部门将 NbS 作为应对气候变化的重要路径之一，搭建 NbS 参与多领域协同治理平台，完善数据和信息共享机制，形成高效统筹、协调联动的工作机制。

三是加快筛选"双碳"目标下成本有效的 NbS 清单，推动 NbS 在协同应对气候变化和生态保护中的定量化和规范化应用。强化 NbS 路径的潜力及成本定量评估研究，开发 NbS 成本效益核算技术，科学定量评估 NbS 在碳汇、生物多样性保护等方面的效益，建立 NbS 监测和评估技术规范。开展"双碳"目标下成本有效的 NbS 路径研究，筛选出优先发展和纳入国家自主贡献以及应对气候变化国家战略的 NbS 清单。加快完善 NbS 的理论与技术框架，探索 NbS 规模化应用模式，加强 NbS 在山水林田湖草沙一体化保护修复、区域环境综合治理等重大工程中的应用。

四是在持续巩固生态系统碳汇提升与生物多样性保护基础上，进一步拓宽应对气候变化与生态保护的协同推进领域。在转变发展方式方面，构筑环境友好、绿色低碳的产业体系，推进产业转型升级，提高资源利用效率。在推进能源变革方面，关注新能源项目建设区域及周边区域的生态需求和生态影响，从新能源开发、生产到消费的各个环节，采取技术可行、经济合理以及环境和社会可承受的基于自然的措施，构建新能源发电、生态修复、扶贫致富、生态旅游、荒漠治理等多位一体发展模式，实现经济、生态和社会效益多元目标。在推行绿色设计和循环经济方面，研发推广绿色技术，促进自然资源的可持续利用，实现经济活动的生态化。

五是推进森林、水资源、海岸带及相邻海域、城市等重点领域生态工程，提供适应气候变化的综合能力。在森林和其他陆地生态系统、农业等重点领域，持续推进保护、修复/构建、可持续管理等适应气候变化相关措施、方案和工程；在水资源保护、海岸带和相邻海域修复、城市生态建设等领域，通过湿地保护、岸线整治修复、城市绿色基础设施建设等提升适应气候变化能力，特别是综合防灾减灾能力。

六是开展协同推进气候变化与生态保护的典型工程示范，总结推广优秀工程案例，构建多元推进机制。结合国家生态文明示范创建、"绿水青山就是金山银山"实践创新基地建设、环保模范城市建设等，开展应对气候变化与生态保护协同增效的地方实践，推动 NbS 主流化。总结推广优秀工程案例，注重效益评估和反馈机制建立，提高企业、科研机构、社会组织、公众等参与的积极性，构建多方联动推进机制。通过生态补偿、绿色金融等手段拓宽资金渠道，鼓励和引导各级财政等国内公共资金、全球环境基金和多边基金等国际公共资金，以及各类社会资本进入气候变化、生物多样性保护、碳汇扩增等相关领域和行动实践。

12.3 生态工程新范式探索

12.3.1 基于自然的生态工程范式

生态工程是推动生态恢复（ecological restoration，ER）的关键手段，其概念的提出距今已 60 多年，全球很多学者对其理论与实践进行了探讨。欧美等国家开展生态保护与恢复研究较早，通过实践形成一些成功案例，如美国黄石国家公园建设、欧洲莱茵河生态恢复、澳大利亚矿山生态恢复等。进入 21 世纪，为有效应对全球生态危机，生态工程已成为各国主要政治议题和优先事项（Aronson and Alexander，2013）。生态工程通常侧重于生态系统和景观尺度，而非更小的物种或群落尺度研究，强调生态系统自我恢复的阈值概念（Bestelmeyer，2006），重视"人"的因素在生态恢复中的作用（Shackelford et al.，2013），开展多领域、跨学科理论与方法的互鉴融合，关注生态系统的格局、过程、服务和可持续管理等科学问题，促进退化生态系统恢复和可持续生态系统构建目标协同实现，推动了生态工程学科的长足发展。2016 年，国际恢复生态学会（Society for Ecological Restoration，SER）发布《生态恢复实践的国际原则和标准》（第一版），并于 2019 年修订后发布第二版（Gann et al.，2019）。2020 年，世界自然保护联盟（International Union for Conservation of Nature，IUCN）发布基于自然的解决方案（Nature-based Solution，NbS）全球标准（IUCN，2020）。

中国早期的桑基鱼塘、多水塘系统等诸多朴素自发的生态工程实践活动是中国生态工程思想诞生和发展的起源。2013 年，中国首次提出"山水林田湖是一个生命共同体"的理念，强调遵循自然规律，注重对自然生态系统的整体保护、系统修复，充分发挥大自然的自我恢复能力，科学推进生态系统保护修复。在此理念引领下，中国在国家重点生态功能区等地区，先后实施了 25 个山水林田湖草生态保护修复工程试点，通过生态保护修复、创新管理制度、建立多元投入机制等措施，取得了生态、社会和经济等多重效益（罗明等，2019），整体提升了重点生态区和生态节点的生态系统服务功能，65 个国家级贫困县受益；中国退耕还林工程通过补偿退耕农户、植树造林等措施，在实现增加森林覆盖率、减少水土流失等生态目标的同时，也实现了工程区群众减贫等社会目标（Gao et al.，2020）。与此同时，中国学者开展了试点工程的内涵特征、理论认知、实践路径等方面研究（彭建等，2020），认为试点工程有别于以往单要素治理为主的生态工程，注重综合治理、系统治理、源头治理，但仍有待进一步揭示山水林田湖草沙等要素的生态耦合机理、区域生态系统服务时空演变特征等。

这一时期，学界有关生态工程的研究对象、尺度、目标、构成等均逐步发生了变化，研究对象从单一的自然要素转向自然—社会多重要素，研究尺度从中微观生态系统服务提升转向多尺度生态安全格局重塑，研究目标从生态系统自身结构与功能优化转向人类生态福祉提升（彭建等，2020；傅伯杰，2021），应用领域涵盖森林、草原、河湖等自然生态系统和矿山、农田、城市等人工生态系统。这些研究新动向，标志着生态工程正进入一个新的历史发展阶段，在人与自然和谐共生目标引领下，一种新的生态工程范式——基于自然的生态工程（Nature-based Ecological Engineering，NbEE）应运而生（王夏晖等，2022）。

12.3.2 NbEE 概念与特征

1. 概念

近年来，在国际生态工程学会（International Ecological Engineering Society，

IEES）的组织下，汇集全球生态学家智慧，生态工程概念逐步统一，即"为了提高人类福祉，利用生态学的基本原理和整体思维方式作为解决问题方法的一门工程学"（Mitsch，2012）。生态恢复（ecosystem restoration，ER）是生态工程学的一个重要部分，由于其与气候变化响应、生物多样性保护、可持续发展等密切相关，已经成为全球最受关注的学科领域之一（Gann et al.，2019）。SER 将 ER 定义为，对已退化、损害或彻底破坏的生态系统进行恢复的过程，并得到国际广泛认可（Martin，2017）。IUCN 将 NbS 定义为，保护、可持续利用和修复自然的或被改变的生态系统的行动，从而有效地和适应性地应对当今社会面临的挑战，同时提供人类福祉和生物多样性（IUCN，2020）。与此同时，中国学者围绕 ER 也开展大量研究，尤其是近年来在"人与自然和谐共生""山水林田湖草沙生命共同体"等生态文明理念引领下，以注重生态系统的整体性、系统性、完整性为特征的国土空间生态修复逐渐成为研究热点。

生态学研究对象逐渐从微观生命现象转向中观和宏观生态调控，进入一个多尺度、大数据、跨学科的新时代。然而，经典生态学研究多以小尺度、单一现象或过程为主体，存在系统性不足、知识片段化和分散孤立的局限（于贵瑞等，2021b），人们期望生态工程学能够提供一种"以自然之道，养万物之生"的系统性可持续解决方案，例如，IUCN 提出的 NbS 是集成了森林景观恢复（Forest and Landscape Restoration，FLR）、基于生态系统的适应（Ecosystem-based Adaptation，EbA）、生态系统方法（Ecosystem Approach，EA）等多种方法的解决方案，已被很多国家应用于生物多样性保护、气候变化适应和减缓、自然资源可持续利用等领域（IUCN，2020）。

基于人与自然关系的最新认知，依托生态保护与修复最新理论和实践进展，加之大数据、人工智能等现代新技术的推广，为生态工程范式创新提供了契机，使得多要素、多尺度、多层次、多目标的过程耦合和空间集成成为可能。NbEE 可定义为：为促进自然生态系统服务和人类社会福祉协同增益，在遵循自然演替规律和整体思维方式的前提下，通过不同空间尺度（流域或区域、景观、生态系统、地块）耦合关联，以山水林田湖草沙生态系统服务功能保育提升为关键内容，以推动构建人与自然和谐共生关系为核心目标的一种多要素、多尺度、多层次、多目标、多手段综合运用的生态保护修复活动。

2. 特征

NbEE 是在当前构建人与自然和谐共生、协同增益新关系的时代背景下发展起来的一种新的生态系统治理范式，其基本特征包括以下方面。

第一，NbEE 强调人与自然的共生关系和协同增益。生态系统服务是链接自然过程和社会过程的纽带，不同服务间具有此消彼长的权衡或相互增益的协同关系（Xu et al., 2017）。通过工程实施，促进受益者由原来的自然受益或人类受益单一关系变为人与自然同时受益的双向关系。工程目标由纯粹的修复生态环境，拓展为人与自然协同增益，实现人与自然和谐共生、经济社会与生态环境协调发展。工程涉及要素从自然要素转向自然—社会多要素及其耦合体，由生物组分和功能优化转向人类生态福祉提升，强调自然恢复与社会、人文、管理决策的耦合，推动生态产品价值实现。

第二，NbEE 强调基于自然规律实现生态系统过程耦合和自我演替。"基于自然"的核心是遵循自然演替规律，按照"整体、协调、再生、循环"生态工程基本原理（戈峰和欧阳志云，2015），发挥生态系统的强大缓冲、净化、调节、保育等生态服务功能，提高生态系统质量和稳定性，源于自然，回馈自然。考虑到自然生态系统的时空动态特征和恢复过程的不确定性，更加强调生态过程系统耦合和精准调控，注重生态系统恢复的适应性管理（Liu et al., 2015）。通过对工程实施区域范围内自然—社会要素的优化调控，提升区域整体生态服务功能。所选用的技术多为纯自然或拟自然技术，最大程度地降低人类对生态系统正向演进过程的干扰，培育提升生态系统自我演替机能。

第三，NbEE 强调系统调控、空间关联与协同效应。NbEE 坚持整体系统观，统筹要素与要素、结构与功能、人与自然的多元关系，开展生态系统的全要素、全过程、全链条优化调控。考虑不同尺度的生态问题和胁迫因子的不同，需分类型提出有针对性的生态保护与修复路径，如在种群尺度关注物种恢复和群落演替；在生态系统尺度关注结构和功能变化；在景观尺度关注生态安全格局、源—汇关系、生态廊道等；在宏观尺度关注区域大尺度生态系统状态变化，为生态监测、评估、预测、预警及可持续管理奠定基础。通过构建"格局—过程—服务—福祉"的级联关系，在时空尺度上有效耦合保护、修复、重建等生态和人类利用过程，产生生态系统服务与人类福祉全面提升的协同效应。

3. 范式比较

为深入理解 NbEE 范式，本书对生态工程领域国际主流化的不同范式进行了比较（表12-1）。选取的范式分别为 SER 的 ER 实践原则与标准（第二版）、IUCN 的 NbS 国际标准（第一版）。

表 12-1 ER、NbS 和 NbEE 范式的比较

项目	ER	NbS	NbEE
核心理念	遵循自然规律，充分发挥生态系统自我恢复力	"基于自然的"理念，依靠自然的力量应对社会挑战	"人与自然和谐共生""山水林田湖草沙是一个生命共同体"等理念
研究背景	无序人类活动导致大面积生态系统退化，生态系统服务能力受损	在应对全球变化和生物多样性丧失等危机中，人们逐渐认识到自然保护行动所发挥的重要作用	生态保护修复的系统性、整体性思维成为时代主流，依靠协同增效突破生态系统服务提升瓶颈
研究对象	退化生态系统	社会—生态系统	社会—生态系统
研究尺度	以生态系统尺度为主	以景观尺度为主	强调景观尺度，同时注重多尺度嵌套研究
研究目标	实现生态系统恢复	解决一个或多个社会挑战，同时提高人类福祉和生物多样性效益	实现经济与生态协同共赢，提升人类福祉
实施流程	规划与设计，实施，监测评估，项目实施后的维护	识别问题，筛选措施，设计方案，执行方案，沟通相关方，方案修正，量化效益	目标协同，成因诊断，格局优化，过程调控，评估反馈

1）在核心理念上，ER、NbS 和 NbEE 一脉相承，均坚持尊重自然、顺应自然、保护自然的生态理念；ER 强调遵循自然规律，侧重于自我设计与人为设计相结合，发挥生态系统自我恢复力（Gann et al., 2019）；NbS 主张"基于自然"的理念，依靠自然力量应对各类社会挑战（IUCN, 2020; Cohen-Shacham et al., 2019）；NbEE 融合了中国生态哲学思想，强调"人与自然和谐共生""山水林田湖草沙是一个生命共同体"等理念。

2）在研究背景上，三种范式均是在气候变化、生物多样性丧失等全球生

态危机背景下形成的，ER 关注退化生态系统的恢复，NbS 强调生物多样性净增长和生态系统完整性，同时也注重经济可行性、社会公平性和制度合理性（IUCN，2020），NbEE 则是在已有范式基础上，融入中国生态文明理念和重大生态工程实践经验的优化治理模式。

3）在研究对象上，ER 以退化生态系统为主要研究对象，近年来也加强社会经济和文化因素研究，为量化 ER 项目实现社会目标的程度，引入了"社会福利轮"等概念（Gann et al.，2019）；NbS 和 NbEE 在研究对象上均为社会—生态系统，强调应对社会多方面挑战，构建人与自然的共生关系和实现协同增益。

4）在研究尺度上，ER 涉及物种、种群、生态系统或景观等多尺度的恢复（Mace，2014），依据 SER 的定义，通常以生态系统尺度为主；由于生态系统通常是开放系统，会受到更大尺度的陆地和海洋生态系统的影响，因此 NbS 倾向于更大尺度的研究，通常以景观尺度为主；NbEE 则注重多尺度系统调控和空间嵌套耦合，以发挥工程实施的最大效能（傅伯杰，2021）。

5）在研究目标上，ER 不坚持将生态系统一定要恢复到原始状态，而是主张在一定程度上恢复生态系统功能，以提供和原生态系统相似的生态系统服务（Gann et al.，2019）；NbS 和 NbEE 则将保障社会可持续发展作为首要目标，特别强调实现提供人类福祉、生物多样性保护等综合效益（IUCN，2020）。

6）在实施流程上，ER 提出了规划与设计、实施、监测评估、后期维护四方面流程（Gann et al.，2019），NbS 提出了识别问题、筛选措施、设计方案、执行方案、沟通相关方、方案修正、量化效益七方面流程（Li et al.，2021），NbEE 对现有范式进行融合优化，实施流程包括目标协同、成因诊断、格局优化、过程调控、评估反馈五方面。

综上，各类范式的形成有其特定的背景、对象和目标等，是对已有理论和实践的升华。不同生态工程范式都以生态系统原理和科学规范为基础，在人与自然的相互关系认知基础上，借鉴和重视不同来源的知识，并在实践上不断总结提升。正如 SER 认为，ER 是对其他保护活动和 NbS 的补充（Gann et al.，2019），IUCN 认为 NbS 全球标准是对使用其他标准的补充而不是取代（IUCN，2020），NbEE 也应是对 ER 和 NbS 的补充、优化，是基于中国生态文明建设理念与重大实践的创新成果，有助于丰富新时期生态保护修复理论、路径和模式。

12.3.3 NbEE 范式构建

1. 概念模型

围绕人—自然互馈共生关系构建，基于人与自然共生原理和生态系统自身演替规律，有效识别"格局—过程—服务—福祉"级联关系，构建多要素、多尺度、多层次、多目标的 NbEE 概念模型（图 12-1）。其中，"多要素"是指森林、草地、湿地等自然要素和城乡、人口、产业等社会要素；"多尺度"是指种群、生态系统、景观、流域或区域等尺度；"多层次"是指生态系统的要素、结构和功能等属性层次，如傅伯杰研究国土空间修复时提出，应该从生物地理和生态功能多个层次识别重点修复区域（傅伯杰，2021）；"多目标"是指生态工程在多尺度、多要素等情景下所对应的多个目标，如 Hallett 等

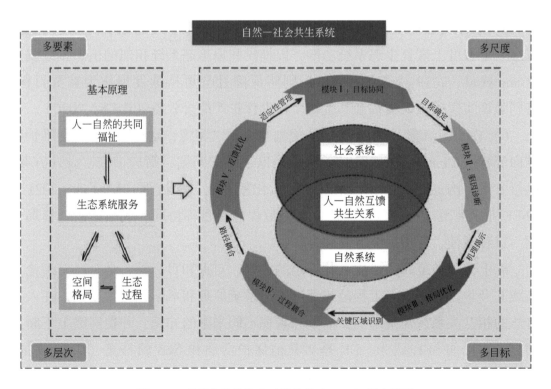

图 12-1　基于自然的生态工程范式（NbEE）概念模型

（2013）通过对 200 多个全球恢复网络工程分析，认为大多数工程都设置了生态类目标，而社会类目标对工程长期目标至关重要。

NbEE 概念模型由目标协同、驱因诊断、格局优化、过程调控、评估反馈 5 个基础模块构成，不同模块间相互影响、层次递进。基于生态系统服务协同理论认知，利用景观格局—生态过程互馈机理，该模型可识别退化生态系统的关键区域、驱动因素和互馈关系，阐释和量化人类活动对生态系统服务的影响，评估生态工程在提升生态系统质量和稳定性、人类社会可持续发展方面的综合效应，进而采取适应性管理，调控和优化工程目标路径，协同推进受损生态系统恢复和人类社会可持续发展。

2. 模块 I：目标协同——基于时空演变的工程目标确定

自然—社会共生系统的空间分布和时间演变具有尺度效应。受时空不均衡性、异质性等影响，生态系统服务间此消彼长、相互影响，需规避分割、强化协同（图 12-2）。在空间尺度上，景观尺度往往对应工程区域，注重生态安全格局优化、生态系统连通性提升等，目标定位于生态系统质量和人类福祉提高；生态系统尺度对应工程项目，由山水林田湖草沙等要素构成，注重生态系统结构调整和过程耦合等，目标定位于生态系统健康和功能提升；地块尺度对应工程单元，注重生态设计、绿色材料应用等，目标定位于退化区域生态修复、生态系统结构完善等，如 Wu（2013）认为景观恢复需深入了解景观组成、结构和功能，以及生态完整性与满足人类需求间的关系，而这些景观属性不同于在生态系统、群落、物种等尺度上进行生态恢复所考虑的属性。在时间尺度上，随着人与自然关系协调性增强，工程目标由近及远先后经历协调布局、系统治理、人地和谐三个演进阶段（傅伯杰，2021），目标协同度逐步提升，生态系统质量和稳定性逐渐增加。

3. 模块 II：驱因诊断——多层次生态系统退化驱动机理揭示

自然—社会共生系统是要素、结构、功能等自然属性和城乡、人口、产业等社会属性的集成体现，具有多层次性。厘清多尺度、多层次生态退化机理，是提高生态工程科学性的关键环节。利用压力—状态—响应（PSR）分析框架，开展生态安全评价，是揭示退化机理的基本方法（应凌霄等，2022），通

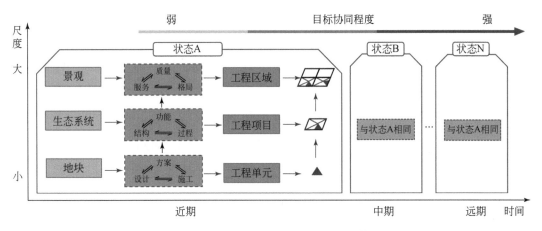

图 12-2 基于时空演变的工程目标确定模块

过评价生态系统健康状态，分析生态问题及其驱动力，揭示各类驱动因素对生态系统结构、过程和功能的影响机理，从而提出有针对性的工程和管理措施（图 12-3）。考虑到不同尺度差异性，生态问题诊断和驱因分析时，应分别从景观、生态系统、地块等不同尺度，分析生态退化驱动力，建立关键驱动因子清单。如彭羽等（2015）在研究不同尺度草场退化生态因子时的结果显示，小尺度（300m×300m）主要为海拔高度、坡向和年均降水量，中尺度（1km×1km）为年均温度、坡度、土地利用类型，大尺度（5km×5km）为年均温度（彭羽等，2015）；Gann 等（2019）认为景观恢复涉及生态系统在多个尺度上的生物等级，需考虑景观内生态系统的类型和比例，以及景观单元的空间结构和功能。

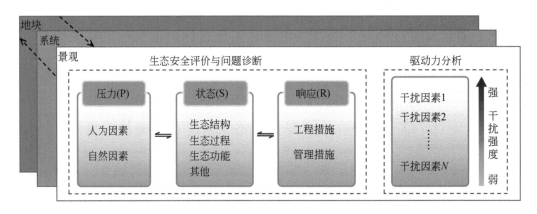

图 12-3 基于 PSR 框架的生态系统退化机理与驱动力诊断模块

4. 模块 III：格局优化——多尺度生态保护修复关键区识别

准确识别生态修复关键区域是提升工程成效的重要措施。生态安全格局由区域中某些生态源、生态节点、生态廊道及其生态网络等关键要素构成（彭建等，2017）。利用"源地—廊道—节点"识别的生态安全格局构建模式，可为确定关键生态修复区域提供方法支撑（苏冲等，2019），但仍需从自然与社会要素耦合角度，加强区划理论方法研究（傅伯杰，2021），提出生态保护修复区划方案，明确工程空间位置与准确边界、生态问题与风险、主攻方向与措施（图 12-4）。同时，生态安全格局优化具有空间异质性和尺度依赖性，即某一尺度存在的问题，需要在更小尺度上解释其成因机制，在更大尺度上寻求解决问题的综合路径（Zeng et al.，2017），如 zhang 等（2016）研究表明，降雨增加降低了高寒原生草地的土壤微生物多样性，主要原因是受大尺度气候变化和人类活动因素影响，改变了草地生态系统尺度上土壤养分和水分，进而影响了土壤微生物多样性。为此，NbEE 强调构建多尺度协同的生态安全格局。

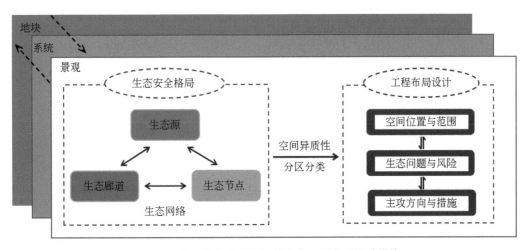

图 12-4　基于生态安全格局的生态工程布局设计模块

5. 模块 IV：过程调控——多类型生态保护与修复路径耦合

依据人为干扰程度，将生态保护与修复路径分为保育恢复、辅助再生、生态重建 3 个类型（Gann et al.，2019）；在干扰程度上，保育恢复类型最弱，辅助再生类型次之，生态重建类型最强（图 12-5）。生态工程过程调控应系统认知景观、系统、地块尺度的空间嵌套和结构、功能、服务属性的层次递进。在空间尺度上，需聚焦关键区域和主控因子，科学配置保护恢复、辅助再生、生态重建等措施。在时间尺度上，近期多为人与自然关系的不协调凸显期，工程实施以辅助再生、生态重建等措施为主，对重要生态区采取保育恢复措施；中期处于人与自然关系缓和期，辅助再生、生态重建等措施逐步减少，保育恢复措施将发挥更大作用；远期处于人与自然关系和谐期，主要措施为保育恢复。

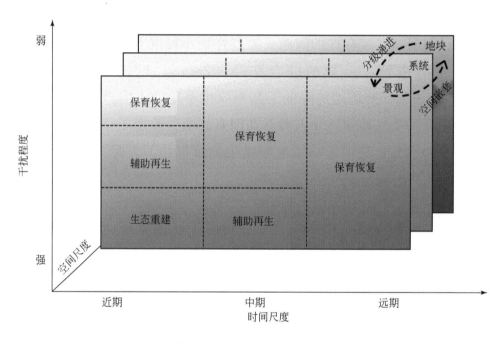

图 12-5　多类型生态保护与修复路径的过程调控模块

6. 模块 V：评估反馈——生态工程效应的动态监测与措施优化

生态工程实施通常具有长期性、复杂性和不确定性，有必要对其采取适应性管理，通过监测、评估、模拟、优化等措施，对不符合工程目标的活动及时进行调控（图 12-6）。而生态系统适应性管理的效果，也依赖于对工程目标、布局、项目、政策的全过程调控。需要按照全程监测—效果评估—场景模拟—动态反馈的思路，开展工程的动态监测与优化。同时，人类社会与山水林田湖草沙等自然生态系统共同构成了生命共同体，决定了生态工程的适应性管理需要强化人为因素管控，特别是要建立长期的可持续管护制度，消除对生态系统产生不利影响的人为干扰因子，确保工程效果可长期发挥。如 Lengefeld 等（2020）认为，解决好社会经济因素对于恢复实践的有效性至关重要，而忽视关键性社会因素的做法是危险的（Gao et al., 2014）。

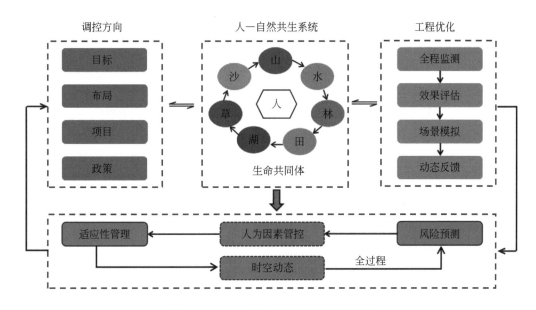

图 12-6　NbEE 动态监测与优化调控模块

12.3.4　发展方向

在全球气候变化和生态风险加剧的宏观背景下，自然生态系统与人类社会互动和影响日益加深，生态退化驱动因素趋于多源化、复合化，人类亟需在生态工程学基本原理基础上，谋求一种人与自然共生关系重塑，具备多要素、多尺度、多层次、多目标过程耦合和生态系统服务协同增益的生态保护修复新路径。随着中国"山水林田湖草生命共同体"理念引领重大生态工程的理论与实践取得新成果，推动了 NbEE 范式的形成、发展和实践。NbEE 依托生态学"格局—过程—服务—福祉"级联关系的科学认知，开展以"目标协同—驱因诊断—格局优化—过程调控—评估反馈"为核心的生态工程规律认识、布局设计和系统实施，为突破传统生态工程提升瓶颈提供了新思路和新路径。考虑到气候变化对生态系统服务和人类福祉的影响是全面的，人类社会需求增长对复杂多维自适应生态系统的胁迫是系统的，未来还需要融合更多的自然和社会多学科理论，深刻阐释全球气候变化下生态系统时空演变规律及生态工程调控机理，进一步深化和完善 NbEE 范式，将生态工程理论与实践研究推向新高度。

参 考 文 献

傅伯杰 . 2021. 国土空间生态修复亟待把握的几个要点 ［J］. 中国科学院院刊, 36（1）：64-69.

戈峰, 欧阳志云 . 2015. 整体、协调、循环、自生——马世骏学术思想和贡献 ［J］. 生态学报, 35（24）：7926-7930.

李志忠, 穆华一, 刘德长, 等 . 2021. "遥感先行"服务自然资源调查技术变革与调整 ［J］. 地质与资源, 30（2）：153-160.

刘靖, 闫秀懿, 赵建国, 等 . 2022. 人工智能在环境科学与工程领域的研究进展 ［R］. 南昌：中国环境科学学会 2022 年科学技术年会 .

刘陆 . 2020. 基于 GIS 系统的公益林资源与生态状况监测技术探析 ［J］. 防护林科技, 7：73-74.

罗明, 于恩逸, 周妍, 等 . 2019. 山水林田湖草生态保护修复试点工程布局及技术策略 ［J］. 生态学报, 39（23）：8692-8701.

马世骏 . 1983. 生态工程——生态系统原理的应用 ［J］. 生态学杂志, (4)：20-22.

聂洪峰, 肖春蕾, 任伟祥, 等 . 2021. 生态地质研究进展与展望 ［J］. 中国地质调查, 8（6）：1-8.

牛净, 邬明权 . 2023. 境外工程地球大数据监测与分析 ［M］. 北京：科学出版社 .

彭建, 李冰, 董建权, 等 . 2020. 论国土空间生态修复基本逻辑 ［J］. 中国土地科学, 34（5）：18-26.

彭建, 赵会娟, 刘焱序, 等 . 2017. 区域生态安全格局构建研究进展与展望 ［J］. 地理研究, 36（3）：407-419.

彭羽, 米凯, 卿凤婷, 等 . 2015. 影响植被退化生态因子的多尺度分析——以和林县为例 ［J］. 应用基础与工程科学学报, 23（S1）：11-19.

朴世龙, 岳超, 丁金枝, 等 . 2022. 试论陆地生态系统碳汇在"碳中和"目标中的作用 ［J］. 中国科学：地球科学, 52（7）：1419-1426.

钦佩, 安树青, 颜京松 . 2019. 生态工程学 ［M］. 南京：南京大学出版社 .

苏冲, 董建权, 马志刚, 等 . 2019. 基于生态安全格局的山水林田湖草生态保护修复优先区识别——以四川省华蓥山区为例 ［J］. 生态学报, 39（23）：8948-8956.

王夏晖, 王金南, 王波, 等 . 2022. 生态工程：回顾与展望 ［J］. 工程管理科技前沿, 41（4）：1-8.

魏潇淑, 高红杰, 陈远航, 等 . 2022. 人工智能技术在水污染治理领域的研究进展 ［J］. 环境工程技术学报, 12（6）：2057-2063.

邢凯鑫 . 2016. 遥感技术在我国林业中的应用与展望 ［J］. 黑龙江科学, 7（6）：138-139.

颜京松, 王如松 . 2001. 近十年生态工程在中国的进展 ［J］. 农村生态环境, (1)：1-8, 20.

应凌霄, 孔令桥, 肖燚, 等 . 2022. 生态安全及其评价方法研究进展与展望 ［J］. 生态学报, (5)：1-14.

于贵瑞，任小丽，杨萌，等 . 2021a. 宏观生态系统科学整合研究的多学科知识融合及其技术途径 ［J］. 应用生态学报，32（9）：3031-3044.

于贵瑞，张黎，何洪林，等 . 2021b. 大尺度陆地生态系统动态变化与空间变异的过程模型及模拟系统 ［J］. 应用生态学报，32（8）：2653-2665.

Matlock D M, Morgan A R. 2013. 生态工程设计：恢复和保护生态系统服务 ［M］. 吴巍，译. 北京：电子工业出版社 .

Aronson J, Alexander S. 2013. Ecosystem restoration is now a global priority: Time to roll up our sleeves ［J］. Restoration Ecology, 21（3）：293-296.

Bestelmeyer B T. 2006. Threshold concepts and their use in rangeland management and restoration: The good, the bad, and the insidious ［J］. Restoration Ecology, 14（3）：325-334.

Cao S X, Ma H, Yuan W P, et al. 2014. Interaction of ecological and social factors affects vegetation recovery in China ［J］. Biological Conservation, 180：270-277.

Cohen- Shacham E, Andrade A, Dalton J, et al. 2019. Core principles for successfully implementing and upscaling Nature-based Solutions ［J］. Environmental Science & Policy, 98：20-29.

Gann G D, Mcdonald T, Walder B, et al. 2019. International principles and standards for the practice of ecological restoration ［J］. Restoration Ecology, 27（S1）：1-46.

Gao Y, Liu Z, Li R, et al. 2020. Long- term impact of China's returning farmland to forest program on rural economic development ［J］. Sustainability, 12（4）：1492.

Hallett L M, Diver S, Eitzel M V, et al. 2013. Do we practice what we preach? Goal setting for ecological restoration ［J］. Restoration Ecology, 21（3）：312-321.

IUCN. 2020. Guidance for using the IUCN Global Standard for Nature-based Solutions. a User- Friendly Framework for the Verification, Design and Scaling up of Nature-based Solutions.（1st ed）［M］. Gland, Switzerland：International Union for Conservation of Nature and Natural Resources（IUCN）.

Lengefeld E, Metternicht G, Nedungadi P. 2020. Behavior change and sustainability of ecological restoration projects ［J］. Restoration Ecology, 28（4）：724-729.

Li Y J, Wang P, Xiao R B. 2021. International experience in territorial ecological restoration and its implementation path in Guangdong Province ［J］. Acta Ecologica Sinica, 41（19）：7637-7647.

Liu J, Mooney H, Hull V, et al. 2015. Systems integration for global sustainability ［J］. Science, 347（6225）：125-126.

Mace G M. 2014. Whose conservation? ［J］. Science, 345（6204）：1558-1560.

Martin D M. 2017. Ecological restoration should be redefined for the twenty- first century ［J］. Restoration Ecology, 25（5）：668-73.

Mitsch W J. 2012. What is ecological engineering? ［J］. Ecological Engineering, 45：5-12.

Mitsch W J. 2014. When will ecologists learn engineering and engineers learn ecology? ［J］. Ecological Engineering, 65：9-14.

Odum H T. 1988. Self-organization, transformity, and information [J]. Science, 242 (4882): 1132-1139.

Odum H T. 1989. Ecological engineering and self-organization [J]. Ecological Engineering: An Introduction to Ecotechnology, 101: 79-101.

Odum H T. 1996. Environmental accounting: emergy and environmental decision making [M]. New York: John Wiley.

Shackelford N, Hobbs R J, Burgar J M, et al. 2013. Primed for change: Developing ecological restoration for the 21st century [J]. Restoration Ecology, 21 (3): 297-304.

Tedesco A M, López-Cubillos S, Chazdon R, et al. 2023. Beyond ecology: Ecosystem restoration as a process for social-ecological transformation [J]. Trends in Ecology & Evolution, 38 (7): 643-653.

Wu J. 2013. Landscape sustainability science: Ecosystem services and human well-being in changing landscapes [J]. Landscape Ecology, 28 (6): 999-1023.

Wang P, Liu Y, Qin Z D, et al. 2015. A novel hybrid forecasting model for PM10 and SO_2 daily concentrations [J]. Science of the Total Environment, 505: 1202-1212.

Xu S, Liu Y, Wang X, et al. 2017. Scale effect on spatial patterns of ecosystem services and associations among them in semi-arid area: A case study in Ningxia Hui Autonomous Region, China [J]. Science of the Total Environment, 598: 297-306.

Zeng H, Chen L D, Ding S Y. 2017. Landscape ecology [M]. Beijing: Higher Education Press.

Zhang Y, Dong S, Gao Q, et al. 2016. Climate change and human activities altered the diversity and composition of soil microbial community in alpine grasslands of the Qinghai-Tibetan Plateau [J]. Science of the Total Environment, 562: 353-363.